Ralph-Hardo Schulz

Codierungstheorie

Ralph-Hardo Schulz

Codierungs-theorie

Eine Einführung

2., aktualisierte und erweiterte Auflage

Bibliografische Information Der Deutschen Bibliothek
Die Deutsche Bibliothek verzeichnet diese Publikation in der Deutschen Nationalbibliografie;
detaillierte bibliografische Daten sind im Internet über <http://dnb.ddb.de> abrufbar.

Prof. Dr. Ralph-Hardo Schulz
Freie Universität Berlin
Fachbereich Mathematik und Informatik
2. Mathematisches Institut
Arnimallee 3
14195 Berlin
schulz@math.fu-berlin.de

1. Auflage 1991
2., aktualisierte und erweiterte Auflage September 2003

Alle Rechte vorbehalten
© Friedr. Vieweg & Sohn Verlag / GWV Fachverlage GmbH, Wiesbaden 2003

Der Vieweg Verlag ist ein Unternehmen der Fachverlagsgruppe BertelsmannSpringer.
www.vieweg.de

Umschlaggestaltung: Ulrike Weigel, www.CorporateDesignGroup.de

Gedruckt auf säurefreiem und chlorfrei gebleichtem Papier.

ISBN-13: 978-3-528-16419-5   e-ISBN-13: 978-3-322-80328-3
DOI: 10.1007/978-3-322-80328-3

Vorwort zur 1. Auflage

Codierungstheorie! Mein Interesse an ihr wurde schon während meiner Assistenten-Zeit geweckt, als wir in einem Seminar von Peter Dembowski die Lecture Notes von van Lint lasen. Beeindruckte der Stoff doch durch eleganten Aufbau und geschickte Schlussweisen und versah darüberhinaus die von den Studenten als allzu theoretisch empfundene Reine Mathematik mit einem unbestreitbaren Anwendungsbezug. Inzwischen hat die eng mit der Codierungstheorie verbundene digitale Signalverarbeitung auch für den Laien sichtbar Einzug in das Alltagsleben gefunden, etwa durch Computerkassen, Compact-Disc, Glasfaser-Telefonleitungen, Fernseher mit digitaler Technik.

Demgemäß ist der vorliegende Text inhaltlich etwas breiter angelegt: Außer den Kompressionsmethoden der Quellencodierung und der algebraischen Theorie der Kanalcodierung werden unter anderem auch Prüfzeichenverfahren und Themen aus der Kryptographie angesprochen. Es handelt sich dabei stets um eine Einführung in diese Teilgebiete mit vielen Literaturhinweisen für selbständiges Weiterlesen; so wird man den einen oder anderen Begriff, Satz oder Algorithmus erst beim Selbststudium entdecken.

Zielgruppe des Buches sind Studenten und Lehrer der Mathematik und der Informatik und alle anderen, die Vorkenntnisse haben in mathematischer Nomenklatur, in elementarer Wahrscheinlichkeitsrechnung und den Anfängen der Algebra und der Linearen Algebra. Nur in einigen (besonders gekennzeichneten und überschlagbaren) Paragraphen werden verstärkt Kenntnisse der Algebra herangezogen, nicht ohne die verwandten Tatsachen noch einmal explizit aufzuführen. (Man beachte auch die Zusammenstellung im Anhang!)

Dieses Buch ist entstanden aus einer *Vorlesung*, die ich während eines "Streik"-Semesters an der Freien Universität Berlin gehalten habe, jedenfalls zu Anfang des Semesters. Um sich nicht unsolidarisch mit ihren streikenden Kommilitonen zu zeigen, hatten dann die Teilnehmer ein "autonomes Seminar" mit mir als Berater gegründet; nach häuslichem Studium meiner Notizen wurde in diesem Seminar dann über evtl. Verständnislücken diskutiert, ein Umstand, der mich manchen Mangel des Textes erkennen ließ und die Beseitigung ermöglichte. Den Studenten dieser für alle Teile anstrengenden Veranstaltung danke ich für viele wertvolle Diskussionsbeiträge, u.a. den Damen B. Damman, S. Gebhardt, U. Minne. Für Erklärungen und weitere Hinweise vor oder nach Erstellen des Skripts bin ich den Herren Prof. H. Lenz, Dr. H.-J. Matt, Dr. B. Schomburg und Chr. Tismer verbunden. Frau M. Thoelldte vom 2. Mathematischen Institut der Freien Universität gilt mein besonderer Dank für die schwierige Arbeit des Schreibens des Manuskripts in Latex, außerdem Herrn M. Wilhelm für das Lösen von Layout-Problemen und das Anfertigen einiger Figuren in diesem System.

Berlin, im Mai 1991 Ralph-Hardo Schulz

Vorwort zur 2. Auflage

Beim Erstellen der zweiten Auflage des Buches waren wichtige Entwicklungen in der Codierungstheorie zu berücksichtigen. So sind als Themen u.a. hinzugekommen: DVD-Datenträger, Ergänzungen zu Prüfzeichensystemen, MDS–Codes und Bögen, Codes über $\mathbb{Z}_4$, Quantencodes, Zero-Knowledge-Protokolle, Quantenkryptographie und elliptische Kurven in der Kryptographie. Dadurch übersteigt der Umfang des Stoffes wesentlich denjenigen einer Vorlesung, so dass für eine solche Veranstaltung eine Auswahl aus den dargestellten Gebieten zu treffen ist.

Für die Hilfe beim Erstellen des überarbeiteten Skripts danke ich den Herren Prof. M. Aigner, Dr. G. Hein, J. Heringlehner sowie Frau M. Barrett, Frau S. Giese und Frau S. Hoemke.

Berlin, im Juli 2003   Ralph-Hardo Schulz

Inhaltsverzeichnis

Kap.I: EINLEITUNG

1 Wörter über einem Alphabet: Beispiele

Wir behandeln hier unter anderem die Darstellung von Nachrichten, die von einem Sender
(– der Quelle –) zu einem Empfänger übertragen werden (vgl. das Schema von Bild 1.1).

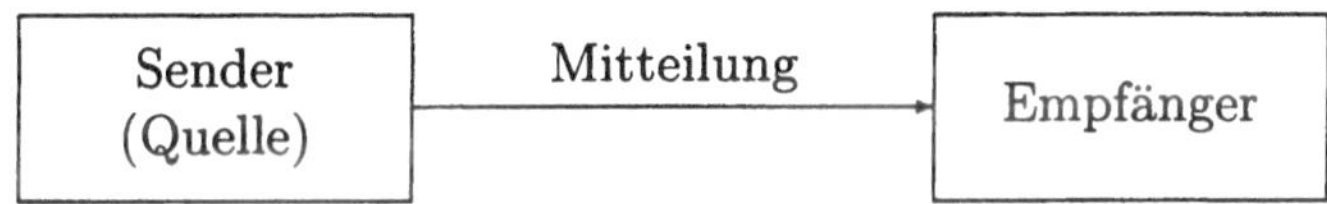

Bild 1.1: Einfachstes Schema der Nachrichtenübertragung

Die Mitteilungen können z.B. in folgende Form gekleidet sein: gesprochene oder geschrie-
bene Wörter, Gesten oder Signale (elektrische oder elektromagnetische Impulse beim Te-
lefonieren, Funken, Morsen; Flaggenzeichen der Marine; Zeigerstellungen beim optischen
Telegraphen).

Sie setzen sich aus einer Folge von **Zeichen** zusammen. Wir nehmen hier meist an, dass
die Menge A der von einer Quelle benutzten Zeichen *endlich* ist. Wir nennen A dann
den *Zeichenvorrat*, das **Alphabet** der Quelle. Falls keine Reihenfolge (Anordnung) der
Zeichen vorgegeben ist, so legen wir eine willkürlich fest.

1.1 Beispiele eines Alphabets

- $\{A, B, C, \ldots, Y, Z\}$ gewöhnliches Alphabet

- $\{0, 1, \ldots, 8, 9\}$ Dezimalziffern

- $\{0, 1, \ldots, 8, 9, A, B, C, D, E, F\}$ Hexadezimalziffern.

  Diese Ziffern werden benutzt, um Zahlen im "hexadezimalen Positionssystem" darzustellen. Dabei steht A für 10, B für 11 usw. Es gilt definitionsgemäß:

$$a_n \ldots a_o\,{}_H \text{ (hexadezimal)} = \sum_{i=o}^{n} a_i \cdot 16^i \text{ (dezimal)}$$

Beispiel: $2A1_H = 2 \cdot 16^2 + 10 \cdot 16 + 1 \cdot 1$ (wegen $A_H = 10$)

- alphanumerischer Zeichenvorrat: Alphabet, das die Buchstaben des gewöhnlichen
                                             Alphabets und die Ziffern 0 bis 9 enthält.
- Zeichensatz des ASCII-Codes (s.u. 1.2(i))

- $\{\,\cdot\,,-,\text{Pause}\,\}$ Zeichen des Morse-Codes

- $\{A, G, C, T, U\} \cup \{\emptyset\}$ Zeichen für die Nukleotiden (Adenin, Guanin, Cytosin, Thymin, Uracil) des Genetischen Codes im DNS-Molekül einschließlich einer "Dummy-Variablen" für Auslassungen ($\longrightarrow$ Molekularbiologie; s. auch 1.2 (iv))

- $\{0, 1, 2\}$ ternäres Alphabet

- $\{0, 1\}$ binäres Alphabet

Anmerkung: Jedes Zeichen des letztgenannten Alphabets heißt "**Bit**" (binary digit). Mit Folgen aus 0 und 1 lassen sich Zahlen und Wörter "dual" darstellen (s.u.). Für ein Schriftzeichen (inclusive der Markierung als solches) benutzt man dabei oft 8 Bit ($=1$ **Byte**).

Statt $\{0, 1\}$ kann man auch $\{0, \mathrm{L}\}$ benutzen oder $\{+1, -1\}$ { "Spin up", "Spin down"} (bei Elementarteilchen in der Physik) oder { "Strom fließt", "Strom fließt nicht" }, { "Laser-Impuls", "kein Laser-Impuls" } oder {"Schalter offen", "Schalter geschlossen"}.

1.2   Beispiele eines Alphabet-Wechsels

Oft ist es aus technischen oder anderen Gründen notwendig, *von dem ursprünglichen Alphabet der Quelle zu einem anderen Alphabet überzugehen.* Wir behandeln dazu exemplarisch einige Beispiele.

(i) Beispiel 1: ASCII-Code

Der heute übliche Standard zur binären Darstellung von Buchstaben, Zahlen und Zeichen in einem Computer ist der *ASCII-Code* (American Standard Code for Information Interchange) bzw. seine deutsche Ausprägung (s. Tabelle 1.1). Hier werden 128 ($= 2^7$) alphanumerische Zeichen (große und kleine Buchstaben, Umlaute, Satz-, Sonder- und Steuerzeichen) durch 7- bzw. 8-Bit Codewörter dargestellt (wobei oft die 8. Position 0 oder 1 gesetzt wird derart, dass die Gesamtzahl der mit 1 besetzten Positionen gerade ist). Ein erweiterter Zeichensatz setzt sich aus 256 Zeichen zusammen.

Beispiele:

(a) K Dezimale Nummer des Zeichens: 75
            Hexadezimale Nummer des Zeichens : $4B$
            (wegen $75 : 16 = 4$ Rest $11/16$ und $11 = B_H$)
            direkte binäre Codierung der Ziffern: $100|1011$ wegen $4_H = 100$ (binär)
            und $B_H = 11 = 1011$ (binär); rückwärts gelesen: $1101\,001$.

(b) S Dezimale Nummer: 83
            Hexadezimale Nummer: 53 (wegen $5 \cdot 16 + 3 = 83$)
            Binäre Darstellung: 1100101 (wegen $5|3 = 101|0011$)

(S. Tabelle 4.1, vgl. z.Bsp. Heise & Quattrocchi [1995] p.21, A. Schulz [1973] p.69-79)

D	Z	H	C	
48	0	30	0000	110
49	1	31	1000	110
50	2	32	0100	110
51	3	33	1100	110
52	4	34	0010	110
53	5	35	1010	110
54	6	36	0110	110
55	7	37	1110	110
56	8	38	0001	110
57	9	39	1001	110
58	:	3A	0101	110
59	;	3B	1101	110
60	<	3C	0011	110
61	=	3D	1011	110
62	>	3E	0111	110
63	?	3F	1111	110

D	Z	H	C	
64	@	40	0000	001
65	A	41	1000	001
66	B	42	0100	001
67	C	43	1100	001
68	D	44	0010	001
69	E	45	1010	001
70	F	46	0110	001
71	G	47	1110	001
72	H	48	0001	001
73	I	49	1001	001
74	J	4A	0101	001
75	K	4B	1101	001
76	L	4C	0011	001
77	M	4D	1011	001
78	N	4E	0111	001
79	O	4F	1111	001

D	Z	H	C	
80	P	50	0000	101
81	Q	51	1000	101
82	R	52	0100	101
83	S	53	1100	101
84	T	54	0010	101
85	U	55	1010	101
86	V	56	0110	101
87	W	57	1110	101
88	X	58	0001	101
89	Y	59	1001	101
90	Z	5A	0101	101
91	[	5B	1101	101
92	\	5C	0011	101
93	]	5D	1011	101
94	^	5E	0111	101
95	–	5F	1111	101

Tabelle 1.1: Auszug aus der ASCII-Code-Tabelle
       D: Dezimale Nummer , H: Hexadezimale Nummer,
       Z: Zeichen vor der Codierung,
       C: Codewort (H ziffernweise binär geschrieben)

(ii) Beispiel 2: Tonverarbeitung

Eine Tonquelle liefert i.A. ein kontinuierliches (sogenanntes analoges) Signal; aus Kapazitäts- und Qualitätsgründen wird dieses oft in Signale über einem endlichen Alphabet umgewandelt, zum Beispiel in binäre Signale bei der Compact-Disc, (**CD**), der **DVD**-Audio-Disc oder dem Digital-Audio-Tape, (**DAT**). Dazu ist die Amplitudenskala in endlich viele Intervalle eingeteilt, also quantisiert; bei der Umwandlung wird in sehr kurzen Zeitabständen abgetastet, in welchem dieser Intervalle gerade der Amplitudenmesswert liegt ("Zeit"- und "Wert-Diskretisierung", vgl. Bild 1.2). So entsteht eine Folge von Zeichen aus einem endlichen Alphabet. [1] Diese Analog-Digital-Umwandlung besteht also aus zwei Diskretisierungen, der **Abtastung** (dem "Sampling") und der **Quantisierung**. Bei genügend großer Abtastfrequenz (z.B. 44100 mal in der Sekunde bei der CD) ist eine sehr gute Rekonstruktion des analogen Signals aus der digitalen Folge erreichbar.
Über die Möglichkeit fehlerfreier Rekonstruktion eines (durch Ω in der Frequenz - Bandbreite) beschränkten Signals bei geeigneter Abtastfrequenz (T^{-1} mit $T \geq \pi/\Omega$) macht das sogenannte *Abtasttheorem von Shannon* eine Aussage (die als Interpolationssatz wohl schon de la V. Poussin, Hadamard und Whittaker bekannt war); auf dieses Abtasttheorem können wir hier aber nicht eingehen.

---

[1]Die Speicherung erfolgt bei CD und DVD in digitaler Form als eine spiralförmige Spur, bestehend aus einer Folge von mikroskopisch kleinen Vertiefungen (im μm-Bereich),'pits' genannt, mit dazwischen liegenden 'lands' ; jeder Übergang "land/pit" und "pit/land" wird als eine 1 interpretiert, alle anderen Bits sind 0. Bei der DVD sind die Pits kleiner als bei der CD, die Spuren näher zusammen und die Datenspuren auf bis zu 4 verschiedene Ebenen (Layer) verteilt; auch die Modulationen, die Wellenlänge des abtastenden Lasers und die fehlerkorrigierenden Codierungen (s. 15.14 bzw. 15.15 !) sind unterschiedlich.

Das beschriebene Vorgehen bildet die Grundlage für die *Pulscodemodulation* (**PCM**), eines der wichtigsten Verfahren der digitalen Tonverarbeitung. Bei der Tonspur der DVD-Video-Disc wird das ursprüngliche PCM–Format zusätzlich (mit Verlust) komprimiert.[2] Ein oft benutztes Kompressionsformat für CD's ist MP3 (MPEG Layer 3).

Für die Speicherung und Übertragung wird das digitale Signal noch durch einen fehler-korrigierenden Code (s. Kap.III) gesichert, z.B. bei der CD mittels des Cross-Interleaved Reed-Solomon Codes (CIRC), bei der DVD durch einen RS-Produkt-Code (s. §15 !).

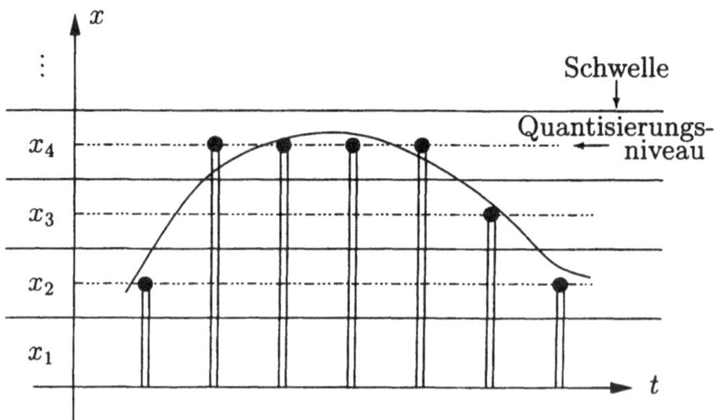

Bild 1.2: Abtastung und Quantisierung eines kontinuierlichen Signals.

(iii) Beispiel 3: Bildverarbeitung

Auch bei der Bildverarbeitung (z. Bsp. dem Fernsehen oder bei Satelliten-Aufnahmen) findet eine Abtastung und eine Quantisierung statt. Dazu wird z.B. für jede der drei Komplementärfarben (rot, grün, blau) ein dann einfarbiges Bild durch **Rasterung** in einzelne *Bildelemente* (picture elements, **Pixels**) aufgeteilt; für jedes dieser Pixels wird die Helligkeit (Intensität) im Mittelpunkt oder als Mittelwert (bzw. Median) gemessen. Auch hier wird die Intensitätsskala in verschiedene Intervalle (Helligkeitsstufen, 'Grauwerte') eingeteilt und deren aktueller Wert bei der Abtastung der Pixels festgestellt (vgl. Bild 1.3). Ein einzelner Bildpunkt liegt auf diese Weise in einem 3-dimensionalen Zustandsraum, dem "RGB-Raum", wobei die Intensitätswerte der einzelnen Farben meistens mit 8 Bit dargestellt werden. [3]

Das DVD-Video ist gewöhnlich von einem digitalen Studio-Masterband im MPEG-2 - Format codiert; bei der Kompression werden redundante Informationen (z.B. sich nicht ändernde Bildteile) und dem menschlichen Auge nicht bemerkbare Informationen unter-drückt. MPEG benutzt dabei eine "blockbasierte bewegungskompensierte" Voraussage, MCP; die Differenzen zwischen Voraussage und Daten werden einer orthogonalen "dis-kreten Cosinus-Transformation" (vgl. 7.10) unterworfen, die Transformationskoeffizienten

---

[2]im MPEG-1 oder -2 Audio- bzw. Dolby Digital AC-3 Standard mit einer Abtastfrequenz von 48 kHz zu 16 bzw. 20 bzw. 24 Bits und einer Bitrate von durchschnittlich 384 kbps.

[3]Üblich ist heute eine "Auflösung" von mindestens 512×512 Bildelementen pro Bild und $256 \ (= 2^8)$ Intensitätsstufen, bei der DVD-Video-Disc von 720×480 bzw. für PAL/SECAM von 720×576 Pixels; beim hochauflösenden HDTV hat man sogar mehr als 1100 Zeilen pro Bild.

dabei in Zick-Zack-Form abgebildet, um die Lauflängen der Null statistisch zu erhöhen; die Koeffizienten der Vektoren werden einheitlich skalar quantifiziert und lauflängen-codiert (s. auch 6.1), die Lauflängensymbole dann nach einem modifizierten Huffman-Schema (s. 6.3) codiert. [4]

Literaturhinweise zu den Beispielen 2 und 3:
Neidhardt [1964] p. 138 ff, Oberschelp [1986] Kurseinh. 5 p. 9 ff, Rupprecht [1982], Schulz [1987], Seiler & Jung [2000], Seydel & Bulirsch [1986], Stein & Jones [1967] p. 196 ff, Strutz [2002] p. 188 ff., van Lint [2000], Willems [1999] 1.2.24.
http://www.dvddemystified.com/dvdfaq.html, www.crs4.it/ luigi/MPEG/ .

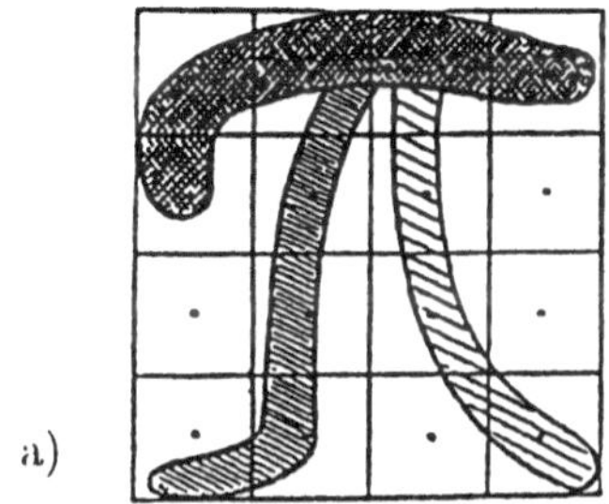

Bild 1.3: Digitalisierung eines Bildes (stark vereinfacht)
    a) vor der Rasterung und Quantisierung
    b) Codierung der Grautöne, c) digitales "Bild"

(iv) Beispiel 4: Genomprojekt und Evolutionstheorie

Das menschliche Genomprojekt (HGP) ist ein internationales Programm, das sich ein besseres Verständnis der menschlichen Vererbung, eine effektivere Präventivmedizin und Entwicklung von Medikamenten zum Ziel gesetzt hat. Das Projekt umfasst die Entwicklung von Karten der 23 menschlichen Chromosompaare und die DNA -Sequenzierung (s.u.) dieser Chromosomen (mit 50.000 bis 100.000 Genen).
Auch bei der Untersuchung von Herkunfts-Verwandtschaften von Lebewesen spielen diese Erb-Informationen eine Rolle; sie sind in den Zellen in Form von Desoxyribonucleinsäuren (DNS bzw. engl. DNA) gespeichert. Deren Moleküle sind Strickleitern vergleichbare, jedoch verknäulte Ketten (s. Bild 1.4); die Sprossen bestehen aus jeweils zwei der vier organischen Basen (Nukleotiden) Adenin, Cytosin, Guanin und Thymin. Die Information ist in der Reihenfolge dieser Basen codiert, als Wort über der schon erwähnten Zeichenmenge.

Bei Modell-Rechnungen wird aber auch das $\{R, Y\}$-Alphabet (also ein binäres Alphabet) der "Purin-Pyrimidin"-Codierung von Nukleinsäuren herangezogen, da es in der Regel erhebliche Vereinfachungen bietet, ohne dass wesentliche Züge verloren gehen. (Purin ist ein Stoff, aus dem die Zelle die Basen Adenin und Guanin herstellt.)

---

[4]Die mittlere Datenrate von z.Zt. 3,5 bis 5 Mbps und Farbtiefe von 24 bit führt zu einer Qualität mit fast nicht mehr feststellbaren Einbußen gegenüber dem Masterband von 6 Mbps (bei $750 \times 576 \times 12 \times 24$ Mbps für die Filmquelle).

Andere Verfahren benutzen bei der Kompression eine Zerlegung in (dann unterschiedlich quantisierte) "Hoch- und Tiefpass"-Bilder mittels "diskreter Wavelettransformation" (vgl. 7.10 !).

Literaturhinweis: Winkler-Oswatitsch, Dress & Eigen [1986], Topsœ[1974], Wiley [1981],
Dress, Huber & Moulton [2001], www.eibe.org.

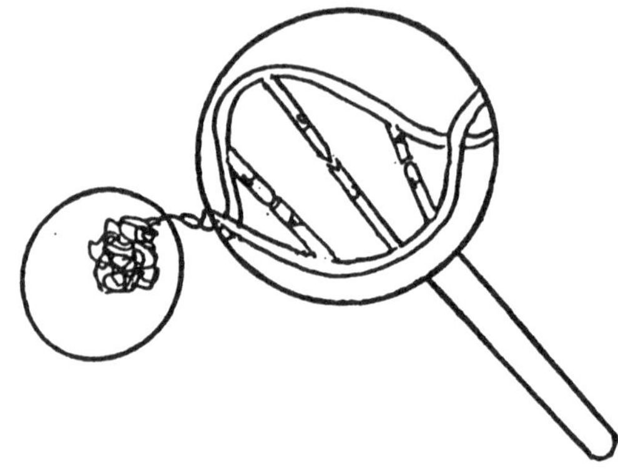

Bild 1.4: Genetischer Code

1.3 Wörter

Aus den Zeichen eines Alphabets A werden im Allgemeinen Zeichenreihen (*Wörter*, s.u.)
beliebiger oder fester Länge gebildet: Eine Zeichenreihe der Länge n hat die Form
$$z_1 z_2 \ldots z_n \text{ mit } z_1, \ldots, z_n \in A.$$

Dabei sind $z_1, \ldots, z_n$ die Komponenten dieser Zeichenreihe. Im "sequentiellen Modus"
wird eine solche Reihe von links nach rechts buchstabenweise gelesen. Dabei kann man
sich die gerade abzufragende Komponente durch einen *Zeiger* markiert vorstellen (s. Bild
1.5).

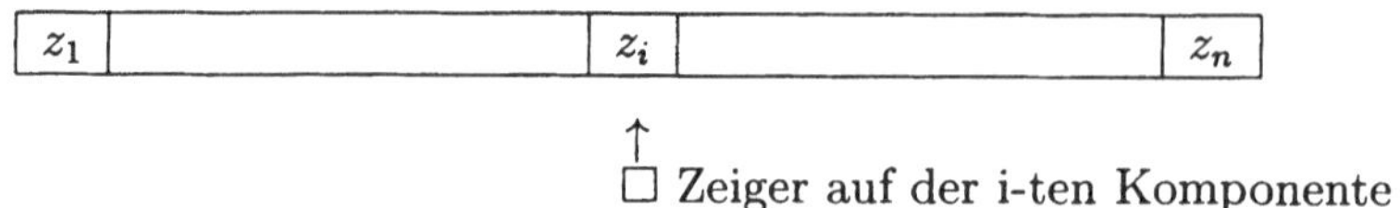

Bild 1.5: Zeiger auf eine Wort-Komponente

Die sukzessive Abfrage aller Komponenten kann man theoretisch zu einer Abbildung der
(geordneten) Menge $\mathbb{N}_n := \{1, \ldots, n\}$ in das Alphabet A mit der Abbildungsvorschrift
$i \longmapsto z_i$ zusammenfassen. So gelangt man zu folgender *Präzisierung des Begriffes Wort*.

1.3.1 Definitionen

(a)
> Unter einem **Wort** [5] der *Länge* $n \in \mathbb{N}$ über einem Alphabet A versteht man ein
> n-Tupel $(z_1, \ldots, z_n)$ von Elementen aus A; es wird meist ohne Klammern und
> Kommata geschrieben: $z_1 \ldots z_n$. (Dabei heißt z_i die i-te *Komponente* des Wortes.)

Alternative Bezeichnungen sind: *Zeichenkette*, *String* der Länge n, *Variation mit
Wiederholung* der Länge n über A, *Folge* über A der Länge n, gegebenenfalls: *Vektor*.

---

[5]Plural: Wörter (nicht Worte).

(b) *Erinnerung:* Es sei daran erinnert, dass man unter einem n-*Tupel* über A eine Abbildung $f : \{1, \ldots, n\} \longrightarrow A$ mit $i \longmapsto z_i$ bezeichnet, bei der man die Urbilder i als Indizes interpretiert. Bei dieser Auffassung ist ein Wort $z_1 \ldots z_n$ also eine Abbildung

$$f = \begin{pmatrix} 1 & \ldots & i & \ldots & n \\ z_1 & \ldots & z_i & \ldots & z_n \end{pmatrix} \text{ mit Funktionstabelle } \begin{array}{c||c|c|c|c} i & 1 & 2 & \ldots & n \\ \hline f(i) & z_1 & z_2 & & z_n \end{array}.$$

(c) Die *Menge aller Wörter der Länge n* (n-Tupel) über A (mit konstantem n und festem A) wird mit A^n bzw. $A^{\{1,\ldots,n\}}$ bezeichnet.

Beispiel: $A = \{0, 1\}$, $n = 3 : A^3 = \{000, 001, 010, 011, 100, 101, 110, 111\}$

Anmerkung: Die Menge A^n kann man selbst als Alphabet auffassen; dazu definiert man auf A^n eine lineare Ordnung, zum Beispiel die *lexikographische Ordnung*

$x_1 \ldots x_n < y_1 \ldots y_n \Longleftrightarrow \exists k \in \mathbb{N}_n : x_i = y_i$ für $i = 1, \ldots, k - 1$ und $x_k < y_k$
(bzgl. der Ordnung von A).

d) Die **Menge aller Wörter über** A (unterschiedlicher, aber endlicher Länge) wird mit A^* bezeichnet; also

$$A^* := \bigcup_{i=0}^{\infty} A^i$$

Hierbei enthält A^0 nur das "leere Wort" $\emptyset$. Meist interessiert aber nur $\bigcup_{i=0}^{n} A^i$ für ein (genügend großes) n.

Beispiel: $A = \{0, 1\}, n = 3$
(Graphische Darstellung s. Tabelle 1.2 und Bild 2.2)
$\bigcup_{i=0}^{3} A^i = \{\emptyset, 0, 1, 00, 01, 10, 11, 000, 001, 010, 011, 100, 101, 110, 111\}$.

A^0	A^1	A^2	A^3
ϕ	0	00	000
			001
		01	010
			011
	1	10	100
			101
		11	110
			111

Tabelle 1.2: $\bigcup_{i=0}^{3} A^i$ (geordnet nach Anfangsstücken, s.u.) für $A = \{0, 1\}$

Literaturhinweis:
Kirsch [1973 a], Kameda & Weihrauch [1973] Anhang C, DIFF [1976] V,1.

1.4   Anzahlen

> Es gibt genau $|A|^n$ Wörter der Länge n über A

Beweisskizze: Es folgt $|A^n| = |A \times \ldots \times A| = |A|^n$ aus Eigenschaften der Mächtigkeit eines kartesischen Produktes. (Für jede Komponente hat man, unabhängig von den anderen Komponenten, $|A|$ Möglichkeiten, ein Element von A "einzusetzen".) $\square$

Beispiel: $n = 3$, $|A| = 3$ (ternäres Alphabet) s. Bild 1.6.

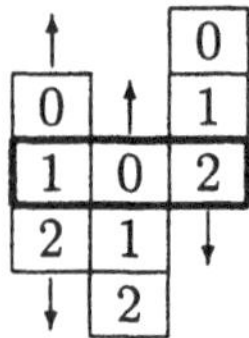

Bild 1.6: 3^3 Möglichkeiten für ternäre Wörter der Länge 3

2 Erste Strukturierungen

In diesem Paragraphen beginnen wir damit, Mengen von Wörtern (hier über dem Alphabet $\{0,1\}$) eine Struktur zu geben. Wir werden später weitere Strukturierungen vornehmen, um so die Wörter in verschiedenen mathematischen Theorien untersuchen oder sie aus dort behandelten Modellen gewinnen zu können (s.u.a. §10, §13, §17). Erst die Kenntnis der verschiedenen Darstellungen ermöglicht eine wirkliche Theorie der Codierung.

A) Binäre Wörter als Teilmengen

2.1 Interpretation der Wörter über $A = \{0,1\}$ als Teilmengen

(a) Die Zuordnung

$$z_1 \ldots z_n \longmapsto \{\, i \mid z_i = 1 \,\}$$

liefert eine Abbildung T von $\{0,1\}^n$ in $\mathcal{P}(\{1,\ldots,n\})$.

Hierbei bezeichnet $\mathcal{P}(\{1,\ldots,n\})$ die Potenzmenge von $\mathbb{N}_n := \{1,2,\ldots,n\}$, d.h. die Menge aller Teilmengern von $\mathbb{N}_n$.

Beispiele:

$$010011 \ \longmapsto \ \{2,5,6\} \in \mathcal{P}(\mathbb{N}_6)$$
$$000000 \ \longmapsto \ \emptyset \in \mathcal{P}(\mathbb{N}_6)$$

(b) T ist sogar Bijektion: Die Umkehrabbildung

$$\chi : \quad \mathcal{P}(\mathbb{N}_n) \ \longrightarrow \ \{0,1\}^n$$
$$U \ \longmapsto \ z_1 \ldots z_n \qquad \text{mit } z_i = 1 \text{ für } i \in U \text{ und } z_i = 0 \text{ sonst}$$

heißt *charakteristische Funktion*; sie gibt an, welche Elemente zu einer Teilmenge U gehören und welche nicht, ist also eine "Indikator"–Funktion.

Beispiel: Potenzmenge und charakteristische Funktion für $n = 3$:

$$
\begin{array}{ccc}
\mathcal{P}(\mathbb{N}_3) & \longrightarrow & \{0,1\}^3 \\
\{1,2,3\} & & 111 \\
\{1,2\} & & 110 \\
\{1,3\} & & 101 \\
\{2,3\} & & 011 \\
\{1\} & & 100 \\
\{2\} & & 010 \\
\{3\} & & 001 \\
\emptyset & & 000
\end{array}
$$

Aus 1.4 folgt mit χ sofort Teil a) von 2.2:

2.2   Weitere Anzahlen

(a)

> Es gilt $|\mathcal{P}(M)| = 2^{|M|}$ für endliche Mengen M.

Für spätere Zwecke benötigen wir noch, dass gilt:

(b)

> Die Anzahl der Wörter aus $\{0,1\}^n$, die genau m Komponenten 1 haben, ist gleich der Anzahl $\binom{n}{m}$ der m-Teilmengen (also der m-elementigen Teilmengen) einer n-Menge, nämlich gleich dem "Binomialkoeffizienten": [6]
> $$b_{n,m} := \frac{n!}{m!\,(n-m)!} \quad (\text{für } m \in \{0,\ldots,n\}).$$

Beweis: Der erste Teil der Aussagen ist klar (1.4 und Anwendung der Funktion χ aus 2.1). Die Behauptung über die Anzahl der m-Teilmengen folgt durch vollständige Induktion nach m: Sei M eine Menge mit $|M| = n$. Für $m = 0$ ist $\emptyset$ die einzige m-Menge und $\binom{n}{0} = 1 = n!/m!(n-m)!$ (lt. Definition von 0!).

Sei die Behauptung richtig für $m < n$; dann gibt es $\binom{n}{m} = b_{n,m}$ m-Teilmengen von M; jede davon kann auf $(n-m)$ Weisen zu einer $(m+1)$-Teilmenge von M ergänzt werden. Umgekehrt enthält jede $(m+1)$-Teilmenge von M genau $m+1$ Teilmengen der Mächtigkeit m (Entfernung eines Elementes), ist also $m+1$ mal bei obigem Vorgang gebildet worden. Wir erhalten
$$\binom{n}{m+1} = \frac{1}{m+1}\binom{n}{m}(n-m) = \frac{n!(n-m)}{(m+1)m!(n-m)!} = b_{n,m+1}. \qquad \square$$

2.2.1   Anmerkung: Pascalsches Dreieck

Es gilt:
$$\binom{n+1}{m} = \binom{n}{m} + \binom{n}{m-1};$$

die Summe ist nämlich gleich $\dfrac{n!\,(n-m+1)}{m!(n-m)!(n-m+1)} + \dfrac{n!\cdot m}{(m-1)!(n-m+1)!\cdot m}$

Daher erhält man die Binomial-Koeffizienten aus dem "Pascalschen Dreieck" (Bild 2.1; s. auch Aufgabe A 3.4).

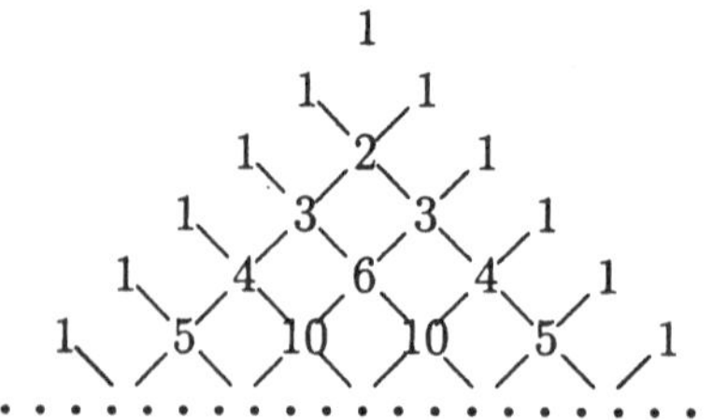

Bild 2.1: Pascalsches Dreieck (Ausschnitt)

A 2.1: Zeigen Sie, dass für eine nicht-leere Menge M der Mächtigkeit n die Menge der geraden Teilmengen [7] und die Menge der ungeraden Teilmengen gleichmächtig sind und

---

[6] Hierbei verwenden wir die Bezeichnungen $n! := 1 \cdot 2 \cdot 3 \ldots (n-1) \cdot n = \prod_{i=1}^{n} i$ und $0! = 1$.

[7] d.h. Teilmengen gerader Mächtigkeit

dass somit für $n > 0$ gilt: [8]

$$\sum_{k=0}^{\lfloor n/2 \rfloor} \binom{n}{2k} = \sum_{k=1}^{\lceil n/2 \rceil} \binom{n}{2k-1} \, .$$

B) Klassenbildung nach Anfangsstücken

Nun behandeln wir eine weitere Strukturierung von Wörtern (jetzt wieder über beliebigem Alphabet), nämlich ihre Einteilung nach Anfangsstücken. Natürlich kann man sich *jedes Wort* einer Länge größer als 1 *aus Wörtern kleinerer Länge zusammengesetzt* denken, z.Bsp. 110 aus 1 als "Anfangsstück" (Präfix, s.u.) und 10 als "Endstück". (Diese Zerlegung ist allerdings nicht eindeutig). Bei der Aufzählung einer Menge von Wörtern lässt sich eine Gliederung (Sortierung, Einteilung in Klassen) nach Anfangsstücken vornehmen (vgl. Tabelle 1.2!).

Während der Übertragung eines Wortes der Länge n über einen Kanal bestimmt das schon gesendete Anfangsstück, bevor die Übertragung beendet ist, eine Klasse von Wörtern aus A^n, in der das in Übertragung befindliche Wort liegt. Mit zunehmender Länge der Anfangsstücke werden die Klassen kleiner und kleiner, bis schließlich das Wort ganz gesendet ist. Demgemäß ist die Menge A^n (bzw. $\bigcup_{i=0}^{n} A^i$) durch Unterscheidung der Anfangsstücke in Klassen einteilbar. Wir behandeln diese Strukturierung:

2.3 Klassenbildung nach Präfixen

(a) Definition: Präfix

Ein Wort $x_1 \ldots x_k \in A^k$ heißt **Präfix** (Anfangsstück) eines Wortes $y_1 \ldots y_m \in A^m$, falls $k \le m$ ist und $x_1 \ldots x_k = y_1 \ldots y_k$ gilt.

Anmerkung: Es ist sinnvoll, auch das *"leere Wort"* $\emptyset$ der Länge 0 als Präfix jedes Wortes zuzulassen.

(b) Mittels der *Präfix-Beziehung* ("x ist Präfix von y ") sind die Elemente von $\bigcup_{i=0}^{m} A^i$ teilweise geordnet. Als Beispiel ist in Bild 2.2 die Präfix-Relation auf $\bigcup_{i=0}^{3} \{0,1\}^i$ dargestellt; (vgl. auch Tabelle 1.2). Dabei ist jedes Element Präfix aller Elemente, mit denen es durch eine nach "rechts" gehende Strichfolge verbunden ist, und auch von sich selbst. So hat 111 die Präfixe $\emptyset, 1, 11$ und 111.

---

[8] $\lfloor m \rfloor$ bezeichnet die größte ganze Zahl, die kleiner gleich m ist ("nach unten gerundet"), $\lceil m \rceil$ die kleinste ganze Zahl, die größer gleich m ist ("nach oben gerundet").

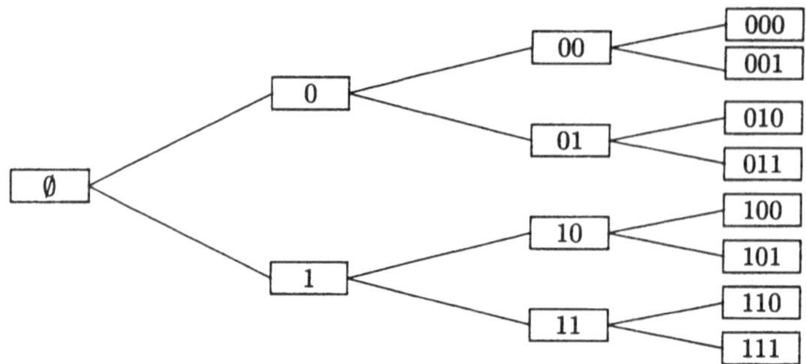

Bild 2.2: Beispiel zur Präfix-Relation

bedeutet: x ist Präfix von y.

(c) **Wörter mit gleichem Präfix:**

Nun können wir die Menge aller Wörter $y_1 \ldots y_m \in A^m$ bilden, die ein festes Wort $x_1 \ldots x_k$ als Präfix haben:

$$\{x_1 \ldots x_k y_{k+1} \ldots y_m \mid y_{k+1}, \ldots, y_m \in A\} =: x_1 \ldots x_k \square_{k+1} \ldots \square_m$$

Beispiel: Für $A = \{0,1\}, m = 3, k = 1$ ist $1\square_2\square_3 = \{100, 101, 110, 111\}$ die Menge der Wörter aus A^3 mit Präfix 1.

(d)
> Die Mengen der Wörter aus A^m mit gleichem Präfix der Länge k liefern eine *Partition* (Klasseneinteilung, s.u.) von A^m:
>
> $$\pi_k := \{x_1 \ldots x_k \square_{k+1} \ldots \square_m \mid x_1, \ldots, x_k \in A\}$$

Beweisskizze s.u.

Unter einer **Partition** (Zerlegung, Klasseneinteilung) einer Menge M versteht man dabei eine Menge $\pi = \{T_1, \ldots, T_r\}$ von Teilmengen von M mit

$$T_i \cap T_j = \emptyset \text{ für } i \neq j \text{ und } \bigcup_{i=1}^{r} T_i = M.$$

Die T_i heißen Komponenten (Klassen) der Partition.

Beispiel: Zerlegung nach einem Präfix.
Wieder seien $A = \{0,1\}$, $m = 3$, $k = 1$. Die Klassen sind dann:

$0\,\square_2\,\square_3$	$1\,\square_2\,\square_3$
000, 001, 010, 011	100, 101, 110, 111

Beweisskizze zur Aussage (d):
Durch $y_1 \ldots y_m \approx z_1 \ldots z_m \iff y_1 = z_1, \ldots, y_k = z_k$ wird auf A^m eine Äquivalenzrelation definiert. Die Äquivalenzklassen sind gerade die Komponenten von π_k.

$\Box$

(e) Man kann nun eine "Hierarchie" solcher Klasseneinteilungen aufbauen:

$$\pi_1, \pi_2, \ldots, \pi_m.$$

Diese besteht aus sukzessiven Verfeinerungen. Dabei nennen wir eine Partition $\pi = \{T_1, \ldots, T_t\}$ **Verfeinerung** von $\pi' = \{S_1, \ldots, S_s\}$, falls jedes $S_i \in \pi'$ Vereinigung von Elementen aus π ist .

Anmerkung: Als graphische Darstellung erhalten wir ein Schema (einen Baum, s.u.) wie in Bild 2.3 (mit $\pi_0 := \{A^m\}$); als abkürzende Darstellung für dieses wird ebenfalls das Bild 2.2 benutzt (wobei dann z.B. 00 für $00\Box_3$ steht). Das Bild 2.2 läßt damit zwei Interpretationen zu: Darstellung der Präfixrelation und Darstellung der Klasseneinteilungen.

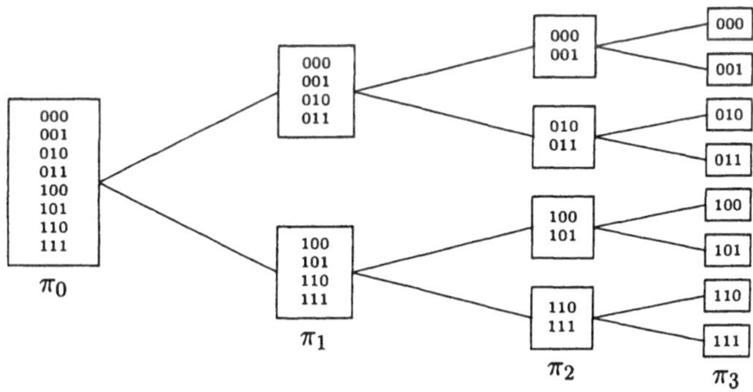

Bild 2.3: Hierarchie der Einteilung von $\{0,1\}^3$ nach Präfixen unterschiedlicher Länge.

2.4 Fragestrategie und Präfix

Eng mit der Präfixrelation hängt der Begriff der Fragestrategie zusammen. Unter einer *Fragestrategie* versteht man einen Plan für eine Vorgehensweise, gemäß dem ein (beliebiges) unbekanntes Element x einer gegebenen Menge M durch (evtl. an ein allwissendes *"Orakel"* gerichtete) Ja-Nein-Fragen herausgefunden werden kann. Bei jeder Frage wird dabei die Menge der möglichen Kandidaten für x eingeengt. Da die Strategie nicht auf ein festes x zugeschnitten sein soll, bedeutet dies, bei jedem Schritt von einer Partition von M zu einer feineren überzugehen – solange, bis alle Komponenten einelementig sind:

1. **Frage:** "Gehört x zu M_1 ?" (für ein festes $M_1 \subsetneq M$)

Ist diese Frage mit **ja** beantwortet, gehört also x zu M_1, so lautet die

2. **Frage:** "Gehört x zu M_{11} ?"
    (wobei $M_{11} \subsetneq M_1$ durch die Strategie von vornherein festgelegt ist).

Wurde die 1. Frage mit **nein** beantwortet, so gilt [9] $x \in M_2 = \mathcal{C}_M M_1$. Die
    2. Frage sei dann: "Gehört x zu M_{21}" (mit $M_{21} \underset{\neq}{\subseteq} M_2$)
usw. bis x feststeht.

Die Partition beim 1. Schritt ist $\{M_1, M_2\}$, beim 2. Schritt $\{M_{11}, M_{12}, M_{21}, M_{22}\}$, wobei M_{12} das Komplement von M_{11} in M_1 bezeichnet, usw..

Ordnen wir auf jeder Stufe jeweils einer der beiden möglichen Teilmengen eine 1, der komplementären Menge eine 0 zu, so entspricht einem $x \in M$ eine Folge von $0-1-$Zeichen, also ein binäres Wort; und bei jedem Schritt gehört zu der Teilmenge, die x enthält, ein Anfangsstück dieser Folge.

Fortsetzung des obigen Plans: Man setzt z. Bsp.: $M \,\hat{=}\, \emptyset$

$$M_1 \,\hat{=}\, 0 \qquad M_{11} \,\hat{=}\, 00 \qquad M_{12} \,\hat{=}\, 01$$
$$M_2 \,\hat{=}\, 1 \qquad M_{21} \,\hat{=}\, 10 \qquad M_{22} \,\hat{=}\, 11$$

Das Schema von Bild 2.2 lässt sich so auch interpretieren als Darstellung einer Fragestrategie nach 8 Elementen, die den "Endecken" entsprechen. (In 5.2 kommen wir auf Fragestrategien zurück.)

Zusammenfassung zu §2:

A) Binäre Wörter der Länge n lassen sich als Teilmengen von $\mathbb{N}_n$ interpretieren (als Indexmengen der von 0 verschiedenen Komponenten).

B) A^n lässt sich nach Anfangsstücken der Länge k (mit $k \leq n$) in Klassen einteilen. Die zugehörigen Partitionen werden mit zunehmendem k feiner.

---

[9] $\mathcal{C}_X Y$ bezeichnet das Komplement der Teilmenge Y von X in X, also die Menge der Elemente von X, die nicht in Y liegen.

3 Exkurs: Graphen und Bäume

Dieser Paragraph dient zur Vertiefung des Begriffs "Baum". Dieser liegt den Bildern 2.2 und 2.3 zugrunde und hat eine graphische Darstellung von der Art der Bilder 3.1 und 3.2a. Ein solcher Baum besteht aus "Knoten" (– in Bild 3.1 z.B. dargestellt durch die Punkte –) und (gerichteten) "Kanten" (– in Bild 3.1 die durch Anfangs- und Endknoten bestimmten Pfeile –), ist also ein spezieller Graph (s.u.).

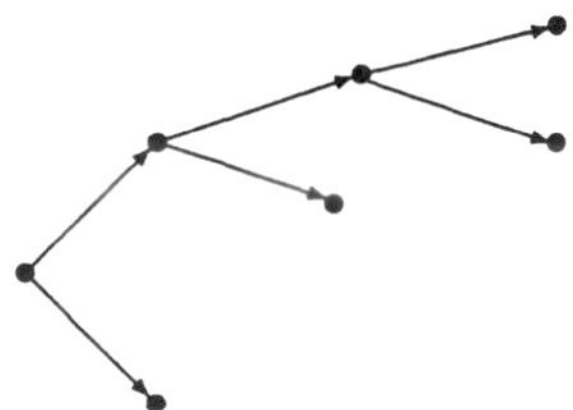

Bild 3.1: Graphische Darstellung
       eines Baumes (Beispiel)

A) Definitionen und Beispiele

3.1 Definition: Graph

a) **Gerichteter Graph**

Unter einem *gerichteten Graphen* (Digraph, directed graph) versteht man ein Paar (V, E), bestehend aus einer Menge $V \neq \emptyset$, deren Elemente *Knoten* (*Punkte,Ecken*) heißen, und einer Teilmenge E von V^2 (mit $V \cap E = \emptyset$), deren Elemente *Kanten* (*Bögen*) genannt werden. Jede Kante ist also ein *geordnetes* Paar von Knoten. Ist $(v_1, v_2) \in E$, so verbindet man zur graphischen Darstellung v_1 und v_2 im Mengendiagramm durch einen (evtl. gekrümmten) Pfeil, anderenfalls nicht (vgl. Bild 3.2).

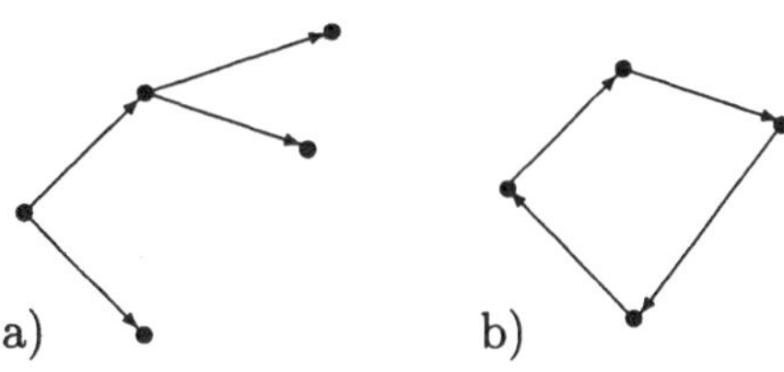

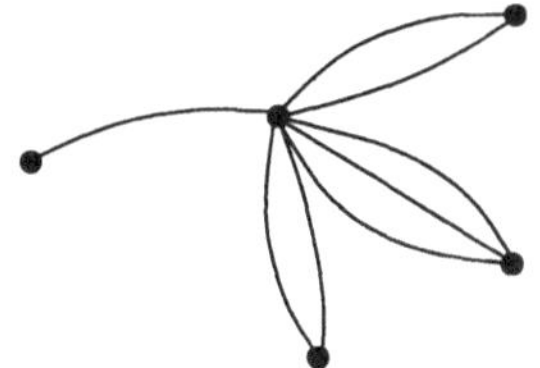

Bild 3.2: Graphische Darstellung
von gerichteten Graphen (Beispiele)
a) Baum b) Kreis

Bild 3.3: Graphische Darstellung
     eines Multigraphen

Oft ist die Richtung der Kanten eines Graphen nicht von Interesse. Wir behandeln auch den Begriff des ungerichteten Graphen:

b) **Ungerichteter Graph**

Unter einem *ungerichteten (oder einfachen) Graphen* verstehen wir ein Paar $G = (V, E)$, bei dem $V \neq \emptyset$ eine Menge ist, deren Elemente wieder *Knoten, Punkte oder Ecken* heißen, und E eine Menge von *2-Teilmengen* von V, in Zeichen:

$$E \subseteq \binom{V}{2}.$$

Dabei heißt $e = \{a, b\} \in E$ eine Kante mit Eck(punkt)en a und b. Eine Kante ist hier also ein *ungeordnetes Paar* von Knoten.

Mögliche Darstellung: Ecken als Punkte der Zeichenebene (vgl. Bild 3.4)
Kanten als sich nicht selbst kreuzende Kurven.

c) Ein **Multigraph** (V, E) ist ein "Graph" bei dem jede Kante in einer bestimmten Vielfachheit gezählt wird (vgl. Bild 3.3), also Vielfachkanten auftreten können. (Eine Menge, deren Elementen Vielfachheiten zugeordnet sind, heißt Multimenge.)

d) $G = (V, E)$ heißt *endlich*, falls $|V| < \infty$ ist.

e) **Zusammenfassung zu 3.1: Definition Graph**

(V, E)	gerichteter Graph	ungerichteter Graph	Multigraph
Knotenmenge	$V \neq \emptyset$		
Kantenmenge	$E \subseteq V^2$ gerichtet	$E \subseteq \binom{V}{2}$ ungerichtet	E Multimenge[10]

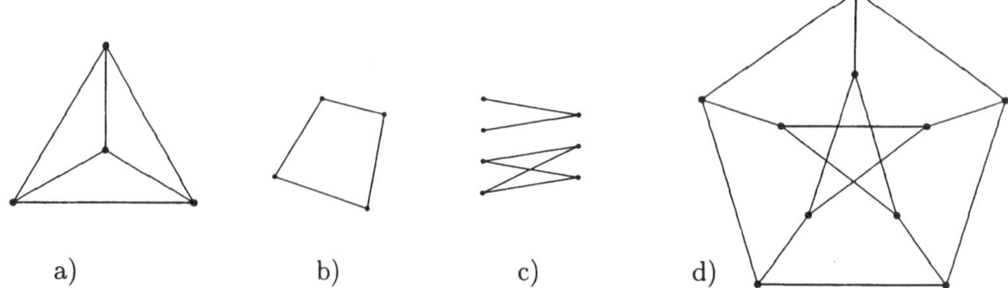

Bild 3.4: Graphische Darstellung von ungerichteten Graphen (Beispiele)
  (a) vollständiger Graph K_4 (b) Kreis C_4
  (c) bipartiter Graph (Beispiel)   (d) Petersen-Graph

(f) **Beispiele von Graphen**

 (i) $K_n := (\mathbb{N}_n, \binom{\mathbb{N}_n}{2})$ heißt **vollständiger Graph** auf n Ecken (vgl. Bild 3.4a): Er ist dadurch charakterisiert, dass je zwei der n Ecken durch eine Kante verbunden sind.

  Anwendungsbeispiel: Beschreibung eines Computersystems mit n Computern, bei dem je zwei verbunden sind.

---

[10]von Elementen aus $\binom{V}{2}$ (bzw. V^2 im gerichteten Fall)

(ii) *Petersen-Graph* (graphische Darstellung s. Bild 3.4.d)

(iii) *Bipartite Graphen:* Graphen $G = (V, E)$ mit $V = L \cup R$ und $L \cap R = \emptyset$ sowie der Eigenschaft, dass jedes Element von E einen Knoten in L und einen in R hat (s. Bild 3.4c).

(iv) **Weg** (path) der Länge n: ein Graph (gerichtet oder ungerichtet) mit Knoten $p_0, \ldots, p_n$, die paarweise verschieden sind (evtl. mit der Ausnahme $p_0 = p_n$), und Kanten (p_{i-1}, p_i) (Vorwärtskante) oder (p_i, p_{i-1}) (Rückwärtskante) bzw. $\{p_{i-1}, p_i\}$ (im ungerichteten Fall). Enthält ein Weg nur Vorwärtskanten, so heißt er *gerichteter Weg*. (Schreibweise: $p_0 \longrightarrow p_1 \longrightarrow \ldots \longrightarrow p_n$; s. Bild 3.5!)

(v) **Kreis** (geschlossener Weg): Weg mit $p_0 = p_n$ (s. Bild 3.4.b). Ein Kreis mit n Knoten wird mit C_n bezeichnet.

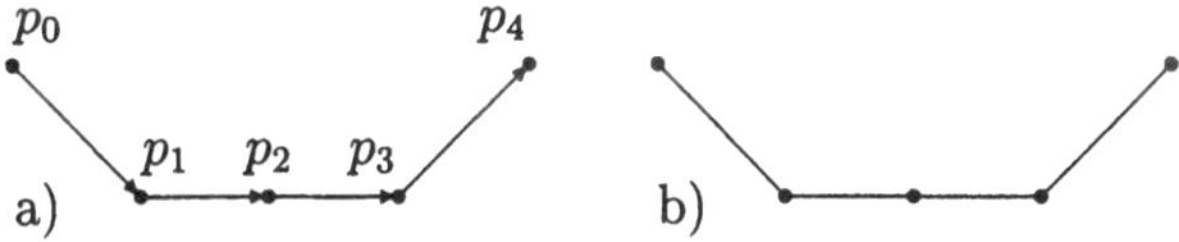

Bild 3.5: Weg der Länge 4.
    a) gerichtet $p_0 \longrightarrow p_1 \longrightarrow p_2 \longrightarrow p_3 \longrightarrow p_4$. b) ungerichtet.

g) Ein Weg bzw. Kreis in einem Graphen G ist ein Weg bzw. Kreis (s.o.), dessen Knoten und Kanten aus G sind.

h) Ein Graph heißt **zusammenhängend**, falls je zwei Ecken durch einen (nicht notwendig gerichteten) Weg verbunden sind.

Literaturhinweis: Aigner [1984], Diestel [2000], Penfold-Street & Wallis [1977], West [1996], Jungnickel [1990].

3.2   Anmerkung: Zugrundeliegender Multigraph

Aus jedem gerichteten Graphen $G = (V, E)$ erhält man einen ungerichteten Multigraphen $G = (V, E')$, falls jede gerichtete Kante $c = (a, b)$ durch eine ungerichtete Kante $c' = \{a, b\}$ ersetzt wird. (Dieser *Multigraph* heißt der dem *gerichteten Graph zugrundeliegende Multigraph* bzw. *Graph.*) Zum Beispiel geht bei diesem Prozess der gerichtete Kreis aus Bild 3.2b in den Kreis von Bild 3.4b über, der gerichtete Weg aus Bild 3.5a in den ungerichteten von Bild 3.5b.

3.3   Grad eines Knotens

a) *Definition*
Für jeden Knoten P eines (ungerichteten) Graphen (V, E) heißt die Anzahl r_P der P enthaltenden Kanten der *Grad* (oder die *Valenz*) des Knotens P.

Beispiel: In K_n ist $r_P = n - 1$ und in C_n gilt $r_P = 2$ für alle Knoten P.

b) **Hilfssatz**

> Ist $G = (V, E)$ endlicher Graph, so gilt $\sum\limits_{P \in V} r_P = 2|E|$.

Beweis-Idee: Methode der doppelten Abzählung: Man zählt die Paare (P, e) mit $P \in e$ auf zwei Arten ab:

$$\sum_{P \in V} r_P = \sum_{P \in V} |\{(P,e) \mid P \in e, e \in E\}| = \sum_{e \in E} |\{(P,e) \mid P \in e, P \in V\}| = 2|E|. \qquad \Box$$

c) Folgerung:

> In jedem endlichen Graphen ist die Anzahl der Ecken ungeraden Grades gerade.

3.4 Definition: Baum

(i) Unter einem **Baum** (tree) versteht man einen (endlichen) zusammenhängenden Graphen ohne Kreise.
Knoten, die Eckpunkte nur einer Kante sind, heißen **Blätter** oder *Endknoten* des Baumes; die Kanten heißen auch **Zweige**.

(ii) Ein *Wurzelbaum*, oft ebenfalls nur Baum genannt, ist ein *gerichteter* Baum $G = (V, E)$ (d.h. ein Graph, dessen zugrundeliegender ungerichteter Graph Baum ist,) mit einem ausgezeichneten Knoten, der **Wurzel** w, folgender Eigenschaft: Zu jedem Knoten $v \neq w$ gibt es einen gerichteten Weg $w = v_0 \longrightarrow \ldots \longrightarrow v_k = v$ mit $(v_i, v_{i+1}) \in E$; (dieser ist als Weg in einem Baum eindeutig bestimmt). Dabei bezeichnet $\ell(v) := k$ die Länge des Weges (Anzahl der Kanten) von w zu v und heißt **Niveau** von v (auch *Abstand* von v zu w, **Länge** von v) (s. Bild 3.6).

Anmerkung: Markierung der Kantenrichtung
Oft wird die Richtung der Kanten eines Baumes in einer Skizze nicht explizit markiert, sondern ist nur durch die Lage in der Zeichenebene bestimmt, z.B. von oben nach unten verlaufend (wie in Bild 3.6) oder von links nach rechts (wie in Bild 3.8).

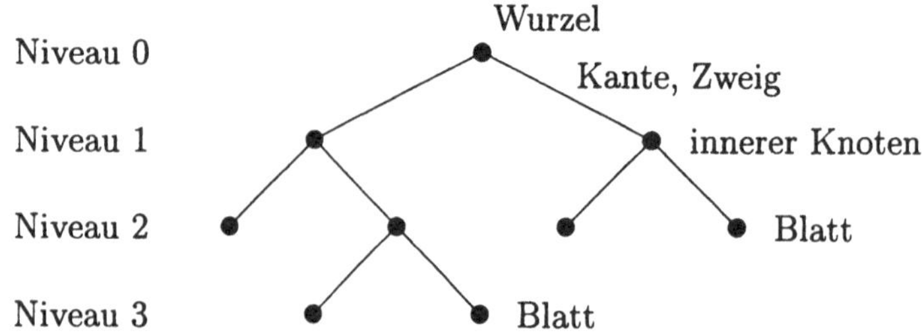

Bild 3.6: Wurzelbaum: Skizze zur Verdeutlichung einiger Begriffe

Anmerkung: Zur Bedeutung des Baumes
Die durch einen Baum repräsentierte hierarchische Ordnung mathematischer Objekte oder Begriffe ist eine der bedeutenden Strukturierungen, die in Mathematik und Informatik vorkommen. Insbesondere beim Sortieren ist der Baum ein wichtiges Mittel zur Analyse der Vorgänge.

Beispiele von Bäumen:
In Bild 3.7 a–d sind (bis auf die Bezeichnung der Knoten) alle Wurzelbäume mit 4
Knoten dargestellt und in Bild 3.7 e–f (bis auf die Bezeichnung der Elemente von
V) alle ungerichteten Bäume mit 4 Knoten.
In Bild 3.8 ist ein Wurzelbaum skizziert, dessen Blättern die Wörter der Länge 3
über $\{0, 1\}$ entsprechen. (Man vergleiche damit Bild 2.2 !)
Der *triviale* Baum besteht nur aus einem Knoten, der Wurzel.

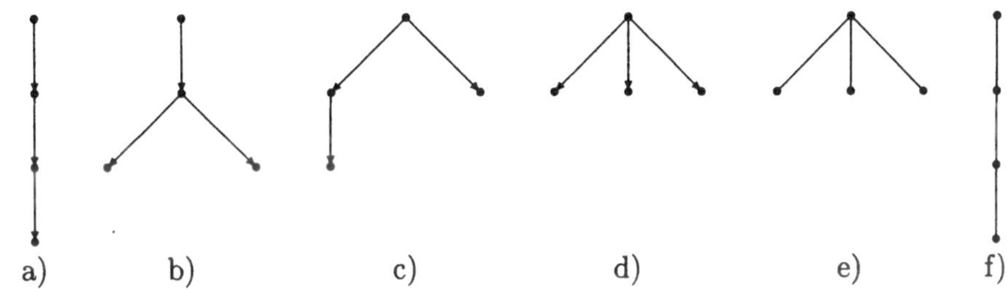

Bild 3.7: Bäume mit 4 Knoten
         a) — d) Wurzelbäume   e) — f) ungerichtete Bäume.

(iii) Unter einem **binären Baum** (bzw. d–nären Baum) verstehen wir einen Wurzel-
baum mit der Eigenschaft, dass von jedem Knoten höchstens 2 (bzw. höchstens d)
Zweige wegführen. Im Fall $d = 3$ sprechen wir auch von einem **ternären Baum**.
Ein **regulärer** binärer (bzw. d–närer) Baum ist ein Wurzelbaum, bei dem von
jedem Knoten, der nicht Blatt ist, genau 2 (bzw. d) Zweige wegführen. Er heißt
vollständig, wenn zusätzlich alle Blätter gleichen Abstand von der Wurzel haben.
(Beispiel s. Bild 3.8) Ein Baum heißt *gewichtet*, falls seinen Kanten "Gewichte" zugeordnet sind, und *geordnet*, falls für jeden Knoten die von ihm ausgehenden Kanten
mit linear geordneten Gewichten versehen sind. (Bei geordneten d–nären Bäumen
benutzt man bei jedem Knoten meist eine Teilmenge von $\{0, 1, \ldots, d-1\}$ als Menge
der Gewichte.)

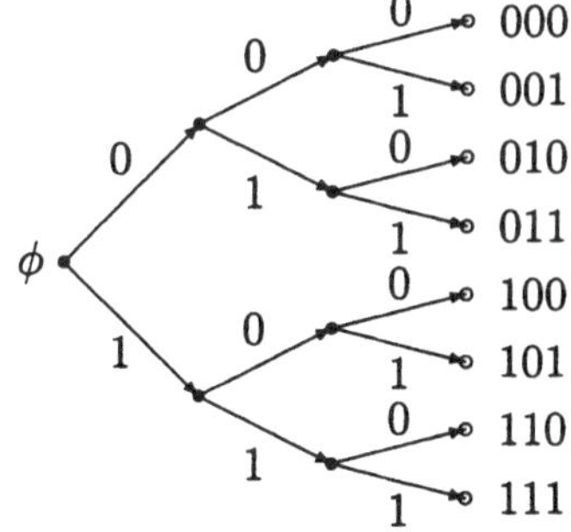

Bild 3.8: Darstellung eines (vollständigen binären) Wurzelbaums (Beispiel)

A 3.1

Beweisen Sie: Ist $G = (V, E)$ Baum, so gilt $|E| = |V| - 1$, d.h. es existiert eine Kante weniger als es Knoten gibt.

A 3.2

Ein t–närer Baum habe n Blätter. Zeigen sie, dass er als höchstes Niveau mindestens $\lceil \log_t n \rceil$ hat! [11]

A 3.3

Es seien n völlig gleich aussehende Münzen gegeben, von denen $n - 1$ exakt das gleiche Gewicht haben und eine, die gefälschte Münze, leichter ist. Zur Ermittlung der gefälschten Münze steht eine Balkenwaage zur Verfügung. Zeigen sie: Mit $\lceil \log_3 n \rceil$ Wägungen ist es möglich, die gefälschte Münze zu bestimmen (vgl. A 3.2).

3.5   Anmerkung: Darstellung von Wörtern in einem Baum

(i) Ist A Alphabet mit $|A| = d$, so lässt sich in einem d–nären Baum jede von einem Knoten wegführende *Kante* mit einem Element aus A benennen (siehe Bild 3.8 für $d = 2$ und einen vollständigen binären Baum und 3.10 für $d = 3$ und einen vollständigen ternären Baum). Ist der Baum nicht regulär, so bleiben je nach Grad des Knotens Elemente des Alphabets unbenutzt; (vgl. Bild 3.9).

Ein Baum, dessen Kanten so mit Elementen von A bezeichnet sind, wird durch die Ordnung von A geordnet. Zum Beispiel gibt es (gemäß Bild 3.9) zwei verschiedene geordnete Bäume vom Typ des Bildes 3.7c.

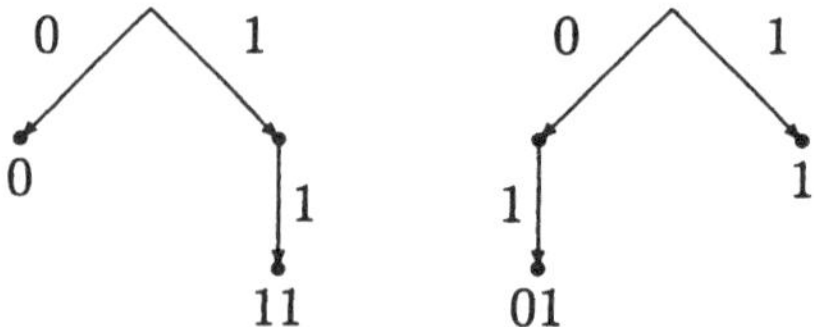

Bild 3.9: Zwei geordnete binäre Bäume mit 4 Knoten
          (Kanten benannt mit Elementen aus $\{0, 1\}$).

(ii) Den *Knoten* des i-ten Niveaus eines so benannten d–nären Baumes können dann Wörter der Länge i über A zugeordnet werden, entsprechend dem Weg von der Wurzel zum betreffenden Knoten. Jedes Wort eines solchen Weges ist Präfix der nachfolgenden Wörter. Ist der Baum vollständig, so lassen sich den Knoten des i-ten Niveaus genau alle Elemente von A^i zuordnen; (s. Bild 3.10 !). Wir erhalten so eine Darstellung von A^i, (evtl. als Menge von Präfixen interpretierbar), und schließlich von A^n (bei n Niveaus).

---

[11] $\lceil m \rceil$ bezeichnet die kleinste ganze Zahl, die größer gleich m ist; vgl. Fußnote 8 !

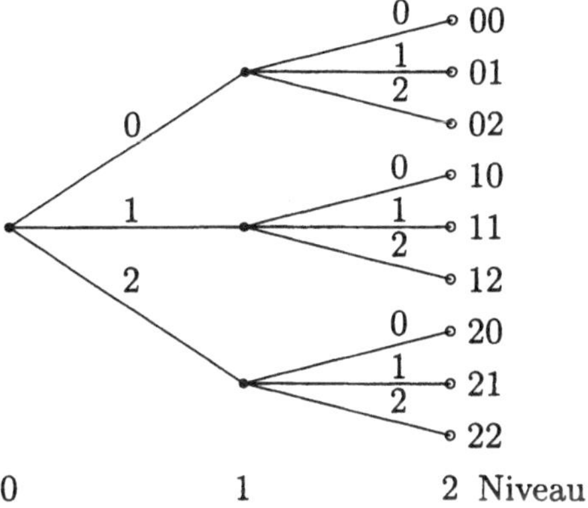

Bild 3.10: Vollständiger ternärer Baum zur Beschreibung von $\{0, 1, 2\}^2$

(iii) Dabei liefert jedes Niveau i eines vollständigen d–nären Baums eine *Partition* der Elemente von A^n nach folgendem Merkmal: "Die ersten i Komponenten (der Wörter einer Klasse) sind gleich." (Vgl. auch Bild 2.3 !)

(iv) Auch andere Partitionen und deren Verfeinerungen lassen sich mit Hilfe von Bäumen darstellen, s. z.B. den *Partitionsbaum* von Bild 3.11.

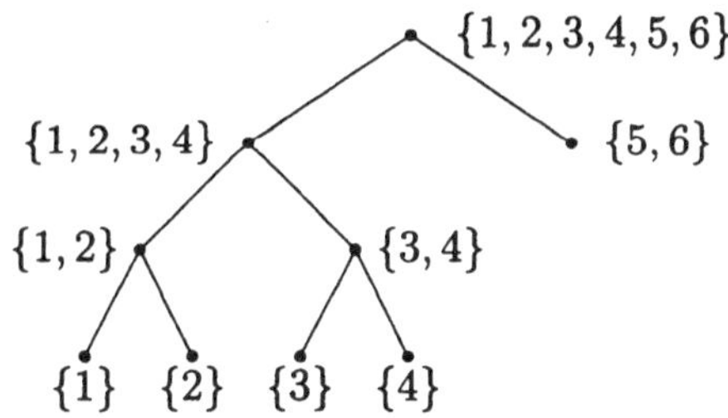

Bild 3.11: Partitionsbaum (Beispiel)

3.6 Anmerkung: Weitere Anwendungen von Bäumen

Allgemein ist es so, dass die Knoten (insbesondere die Blätter) eines Baums "Informationsstellen" und die Verzweigungen mögliche (Such-) Entscheidungen darstellen können.

So weisen wir hin auf folgende Beispiele von **Anwendungen von Bäumen** bzw. deren Diagramme:

- Codebäume; (s.u. 4.5)

- Struktur von Datenbanken (Sortieren bzgl. hierarchisch geordneter Merkmale)

- Suchbäume (s. z. Bsp. Knuth [1968, 1969, 1973])

- Darstellung von algebraischen Termen und ihrer Hierarchie bzw. Syntax-Struktur bei der Verknüpfung (s.z. Bsp. Dresch, Frobel & Koschorreck [1986] p.130, Oberschelp [1986], Kurs 5, 7.4 p. 66ff)

- Beschreibung von Computersytemen mit Hierachie (Haupteinheit als Wurzel)

- Beschreibung der Wirkung einer Maschine mit k Zuständen (s.u. 3.10) bzw. eines endlichen Automaten (s. OBERSCHELP [1986] Kurs 5, 7.1, p.13ff)

Weiterer Literaturhinweis: Heidemann & Heidemann [1988]

Wir gehen nun noch auf einen Satz ein, der bei der Frage nach Präfix-Codes (s.u.) eine Rolle spielen wird und die Existenz von Wurzel-Bäumen mit vorgegebenen Abständen der Blätter zur Wurzel zum Gegenstand hat.

B) Die Kraftsche Ungleichung

3.7   Satz (Kraftsche Ungleichung)

Seien $m_1, \ldots, m_n \in \mathbb{N}_0$ ($= \mathbb{N} \cup \{0\}$) gegeben. Genau dann existiert ein d−närer Wurzel-Baum mit n Blättern, deren Abstände von der Wurzel $m_1, \ldots, m_n$ sind, wenn gilt:

$$(*) \qquad\qquad \sum_{i=1}^{n} d^{-m_i} \leq 1.$$

Gleichheit gilt im Falle, dass der Baum regulär ist (d.h. hier, dass von jedem *Knoten*, der nicht Blatt ist, genau d Zweige wegführen).

Beweis:

(i) Sei B ein d-närer Baum mit n Blättern. Wie jeder d−näre Baum lässt sich B zu einem regulären d−nären Baum B_0 erweitern. Dabei bleibt ein Blatt ein Blatt; die Anzahl der Blätter wird also höchstens vergrößert, so dass die Summe links in $(*)$ sich nicht verkleinert. Sei also o.B.d.A. B_0 regulärer Baum mit n Blättern der Längen $m_1, \ldots, m_n$. Wir zeigen $\sum_{i=1}^{n} d^{-m_i} = 1$ durch vollständige Induktion nach n. Für $n = 1$, d.h. dem regulären Baum mit nur einem Blatt, ist $m_1 = 0$. Sei also $n \geq 2$ und die Behauptung richtig für $n - 1$. Wir ersetzen in B_0 die Verzweigung mit d Blättern $v_1, \ldots, v_d$ und $\ell(v_1) = \ldots = \ell(v_d) = m$ durch ein Blatt (vgl. Bild 3.12) v mit $\ell(v) = m - 1$.

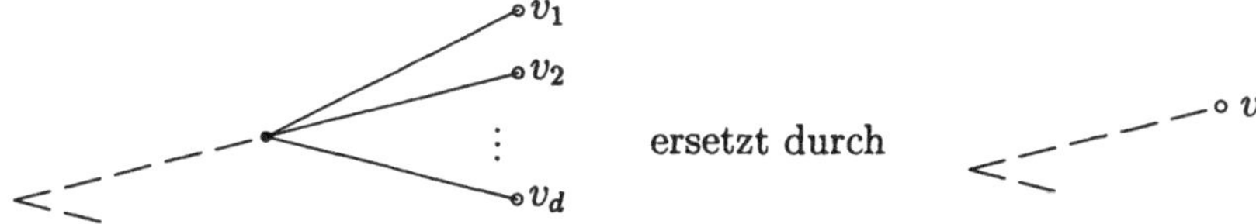

Bild 3.12: Zum Beweis von 3.7.

Für den entstandenen Baum B_0' ist die Induktionsvoraussetzung erfüllt. So folgt das letzte Gleichheitszeichen in der Gleichung

$$\sum_{i=1}^{n} d^{-m_i} = d \cdot d^{-m} + \sum_{i=d+1}^{n} d^{-m_i} = d^{-(m-1)} + \sum_{i=d+1}^{n} d^{-m_i} = 1.$$

(ii) Seien nun umgekehrt die Ungleichung (∗) erfüllt und der Baum B gesucht. Wir formen die Ungleichung um und bezeichnen mit w_j die Anzahl der Blätter der Länge j, also $w_j = |\{i \mid m_i = j\}|$ sowie mit $N = \max_i m_i$ die maximale Länge. Nach Multiplikation mit d^N lautet die Bedingung (∗) nun

(∗∗) $\qquad w_0 \cdot d^N + w_1 \cdot d^{N-1} + \ldots + w_j \cdot d^{N-j} + \ldots + w_{N-1} \cdot d + w_N \leq d^N.$

Jetzt konstruieren wir den gesuchten Baum B induktiv. Beginnend mit der Wurzel fügen wir auf jedem Niveau j genau w_j Blätter ein (und auf den Wegen zu ihnen so viele innere Knoten wie möglich). Wir zeigen, dass dies möglich ist, wenn (∗∗) gilt.

Für $j = 0$ ist $w_0 = 0$ oder [$w_0 = 1$ und, nach (∗∗), $N = 0$]. Die Konstruktion sei für alle $i \leq j$ ausgeführt. In einem vollständigen d−nären Baum gibt es d^j Knoten der Länge j. Ein in einem abgeänderten Baum auf dem i-ten Niveau (mit $i < j$) liegendes Blatt macht davon d^{j-i} Knoten als Blätter unmöglich. Der im j-ten Schritt konstruierte Baum hat also neben w_j Endknoten noch $s_j = d^j - \sum_{i=0}^{j} w_i d^{j-i}$ verfügbare Knoten der Länge j. Genau dann können wir daher im $(j+1)$-ten Schritt w_{j+1} Blätter vom Niveau $j + 1$ anbringen, wenn $w_{j+1} \leq ds_j$ ist. Dies ist der Fall genau für

$$w_{j+1} \leq d^{j+1} - \sum_{i=0}^{j} w_i \cdot d^{j-i+1},$$

eine Ungleichung, die (- wie man durch Multiplikation mit d^{N-j-1} sieht,) zu

$$w_0 \cdot d^N + w_1 \cdot d^{N-1} \ldots + w_j \cdot d^{N-j} + w_{j+1} \cdot d^{N-j-1} \leq d^N$$

äquivalent ist und damit aus (∗∗) folgt.

Am Ende der Konstruktion nicht benötigte Knoten werden dann sukzessive weggestrichen. $\qquad\qquad\qquad\qquad\qquad\qquad\qquad\qquad\qquad\qquad\qquad\qquad\qquad\qquad\square$

3.8 Beispiel zur Kraftschen Ungleichung

Seien $n = 5$, $d = 2$, $m_1 = 1$, $m_2 = m_3 = 3$, $m_4 = m_5 = 4$; damit ist
$w_0 = 0$, $w_1 = 1$, $w_2 = 0$, $w_3 = 2$, $w_4 = 2$, $N = 4$ und
$$0 \cdot 2^4 + 1 \cdot 2^3 + 0 \cdot 2^2 + 2 \cdot 2 + 2 \cdot 2^0 \le 2^4.$$
Die Konstruktion des gesuchten Baums ist in Bild 3.13 wiedergegeben:

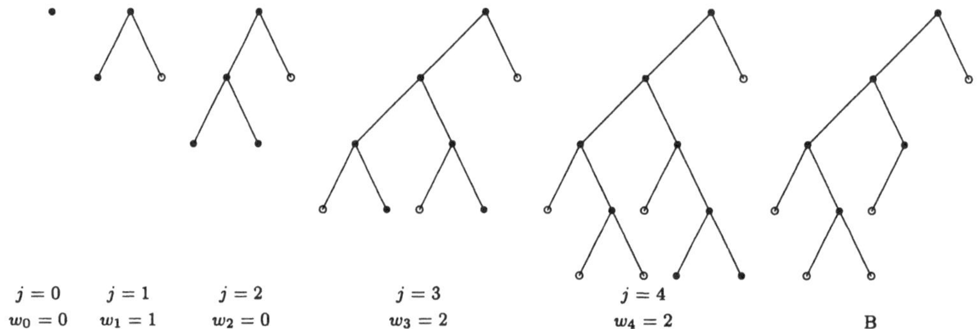

Bild 3.13: Konstruktion eines Baums mit vorgegebener Länge der Blätter.

Literaturhinweise: Heise & Quattrocchi [1995], Kameda & Weihrauch [1973] 1.8.1,
Oberschelp [1986] Kurseinheit 5, 7.2/3, Peters [1974], Topsœ[1974] I.3 p.20.

C) Wege in Netzen, Spaliergraphen

3.9 Anmerkung: Wege in einem Netz

Nicht nur in Bäumen, sondern auch in anderen Graphen lassen sich Wörter darstellen,
zum Beispiel als Wege in einem "netzförmigen" Graphen (Gitter), dessen Kanten mit
Elementen aus A belegt wurden.

Beispiel *(Wege in einem Gitter)*:
Die Wörter von $\{0, 1\}^4$ mit genau zwei Einsen entsprechen den Wegen (ohne Umweg) von
a nach b im "Netz" von Bild 3.14. Dicker markiert ist der zu 0 1 1 0 gehörende Weg.

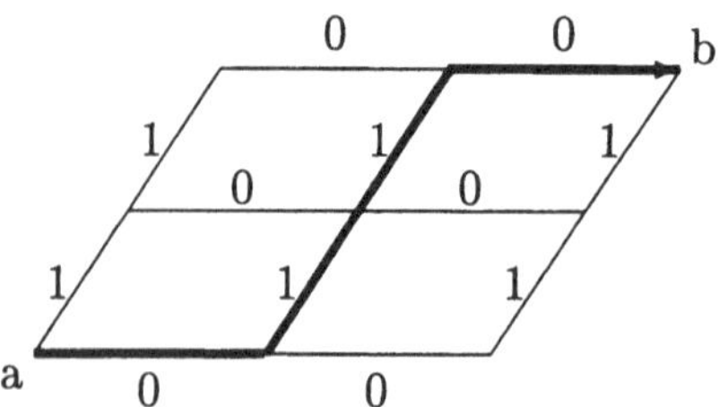

Bild 3.14:   0 1 1 0 als Weg in einem netzförmigen Graphen.

A 3.4

In einer Stadt mit Einbahnstraßen gemäß Bild 3.15 sei die Straßenkreuzung der Straße i
mit der Straße j mit (i, j) bezeichnet. Bestimmen Sie die Anzahl der Wege ohne Umweg
von $(0, 0)$ zu (i, j) (Anzahl der Wege in einem Gitter !), und zeigen Sie den Zusammenhang
mit dem Schema des Pascalschen Dreiecks (s. 2.3).

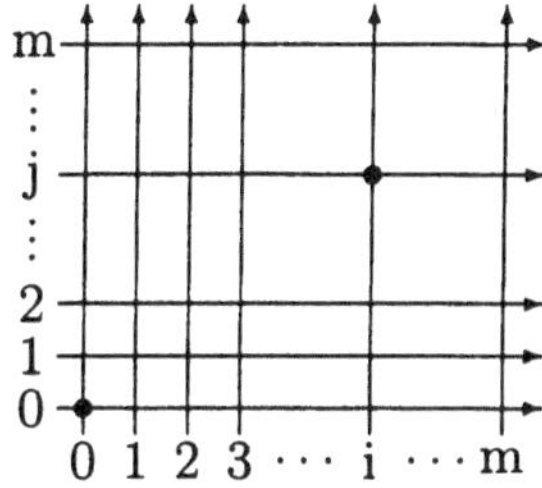

Bild 3.15: Einbahnstraßensystem (zu A 3.4).

3.10 Anmerkung:

(i) Wie schon erwähnt, kann ein Baumdiagramm auch zur Beschreibung der **Wirkung einer Maschine** (eines Automaten) mit k Zuständen dienen.

Die Zustände der Maschine seien $s_0, \ldots, s_{k-1}$ mit dem Anfangszustand s_0; die möglichen Eingaben in die Maschine seien $\{0, 1, \ldots, q-1\}$, die Ausgaben aus A^n.

Als *Beispiel* ist in Bild 3.16 a) eine Übergangstabelle angegeben mit $q = 2$, $A = \{0, 1\}$, $n = 2$ und $k = 4$. (Entnommen aus: J.W. Wolf [1973])

Zu einer Beschreibung durch einen gewichteten (unendlichen) Baum assoziieren wir mit jeder neuen Eingabemöglichkeit ein Niveau, mit dem Knoten jeden Niveaus die verschiedenen Zustände der Maschine, ferner die von einem Knoten weggehenden Zweige mit den Eingaben; die Gewichte der Zweige seien die Ausgaben der Maschine (s. Bild 3.16b).

nächster Zustand	Ausgabe	Eingabe	
		0	1
s_0	aktueller Zustand	(1,0) s_0	(0,1) s_1
s_1		(0,0) s_2	(0,1) s_3
s_2		(1,1) s_3	(1,0) s_1
s_3		(0,1) s_0	(1,1) s_1

a)

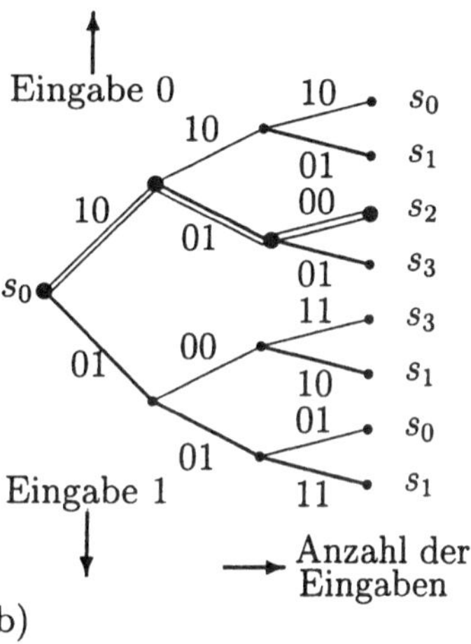

b)

Bild 3.16: a) Übergangstabelle einer Maschine mit $k = 4$ Zuständen (Beispiel)
b) Zugehöriger Baum (Ausschnitt); hervorgehoben ist: Eingabe 010 resultierende Ausgabe (Codierung): 100100

Durch Identifizierung der Knoten, die auf gleichem Niveau gleiche Zustände beschreiben, entsteht ein sogenanntes *Spalierdiagramm (Trellis)* (s. Bild 3.16c). Dieses ist Diagramm eines Spaliergraphen.

(ii) Dabei versteht man unter einem **Spaliergraphen (Trellis)** einen gerichteten Graphen folgender Eigenschaften:
   (1)   Es gibt genau einen Knoten, in dem keine Kante endet (Wurzel).
   (2)   Jeder andere Knoten kann durch mindestens einen gerichteten Weg von der Wurzel aus erreicht werden.
   (3)   Alle Wege von der Wurzel zu einem gegebenen Knoten haben dieselbe Länge.

(Manchmal wird auch noch gefordert: (4) Die Eigenschaften (1) bis (3) gelten auch, wenn die Richtungen aller Zweige umgedreht werden; vgl. J. Massey, Foundations and methods of Channel Encoding !)

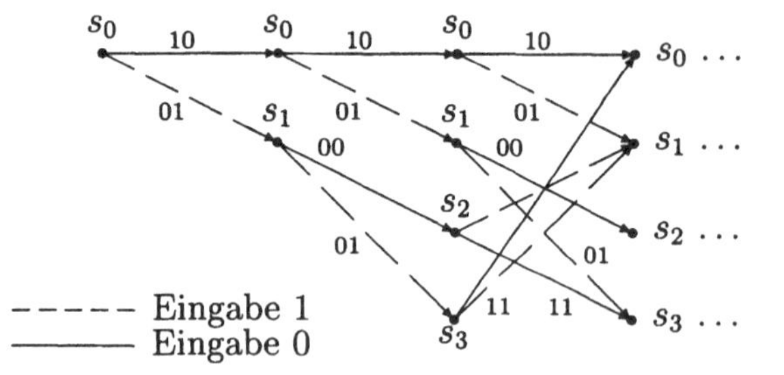

Bild 3.16c): Zugehöriges Spalierdiagramm

Aufgaben:

A 3.5 Das Problem der Missionare und Kannibalen
   (vgl. Berge & Ghouila-Houri [1969])

Drei Missionare wollen mit drei Kannibalen einen Fluß mit einem Boot überqueren, das nur zwei Personen aufnehmen kann. Sind in einem Augenblick mehr Kannibalen als Missionare zusammen (auch beim Anlegen), so haben die Missionare keine Überlebenschancen. Wie müssen die Missionare die Flussüberquerung organisieren, damit alle sechs Personen gesund übersetzen?
Lösungshinweis: Einer der möglichen Lösungswege beginnt folgendermaßen: Die Situation, dass sich m Missionare und k Kannibalen am Ausgangsufer befinden, werde mit (m, k) bezeichnet. Man skizziere den Graphen, dessen Knoten ungefährliche Situationen (m, k) sind und dessen Kanten mögliche Übergänge darstellen.

Der Vorbereitung des nächsten Paragraphen dient die folgende Aufgabe:

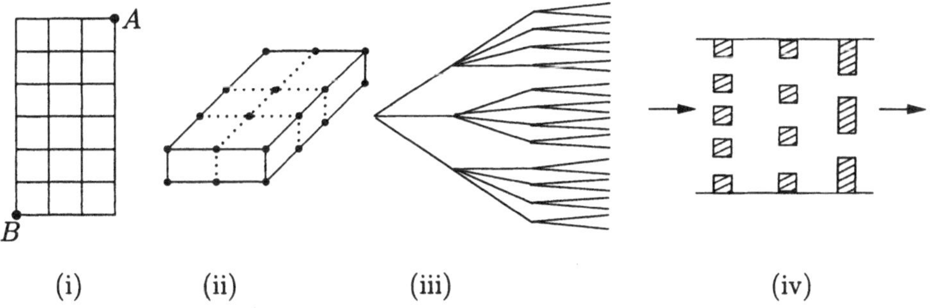

Bild 3.17 (i)—(iv): Zu A 3.6.

A 3.6 (analog KIRSCH [1973 b]).
Bestimmen Sie die Elementezahl der Menge aller
a. kürzesten Gitterwege von A nach B in Bild 3.17(i).
b. neunstelligen Wörter über $\{r, h\}$, in denen genau dreimal der Buchstabe r auftritt.
c. dreielementigen Teilmengen von $\mathbb{N}_9 := \{1, 2, 3, 4, 5, 6, 7, 8, 9\}$.
d. sechselementigen Teilmengen von $\mathbb{N}_9$.
e. Zerlegung eines 10 km langen Autobahnstückes in vier durch Kilometersteine begrenzte Teile.
f. Lösungen der Gleichung $x_1 + x_2 + x_3 + x_4 = 6$ mit $x_i \in \mathbb{N}_0$.
g. Lösungen der Gleichung $x_1 + x_2 + x_3 + x_4 = 10$ mit $x_i \in \mathbb{N}$.
h. natürlichen Zahlen unter 10000, die Quersumme 6 haben.
i. Lösungen der Ungleichung $x_1 + x_2 + x_3 \leq 6$ mit $x_i \in \mathbb{N}_0$.
j. Gitterpunkte auf der Oberfläche des Quaders in Bild 3.17 (ii).
k. Wege zu den Spitzen des Baumdiagramms von Bild 3.17 (iii).
l. Fluchtwege durch das in Bild 3.17 (iv) skizzierte Torysystem.
m. Teiler der Zahl 360.
n. Schlüssel des gleichen Typs wie in Bild 3.18a [12], die sich in der Öffnung drehen lassen.
o. möglichen Damenwahlen in einer Gesellschaft mit 4 Damen und 4 Herren.
p. möglichen Damenwahlen in einer Gesellschaft mit 3 Damen und 4 Herren.
q. dreistelligen Wörter über dem Alphabet $\{a, b, c, d\}$, in denen kein Buchstabe mehrfach vorkommt.

---

[12]wobei die Segmente in jeder Reihe senkrecht zur Schlüsselachse nicht unterbrochen seien, s. Bild 3.18b!

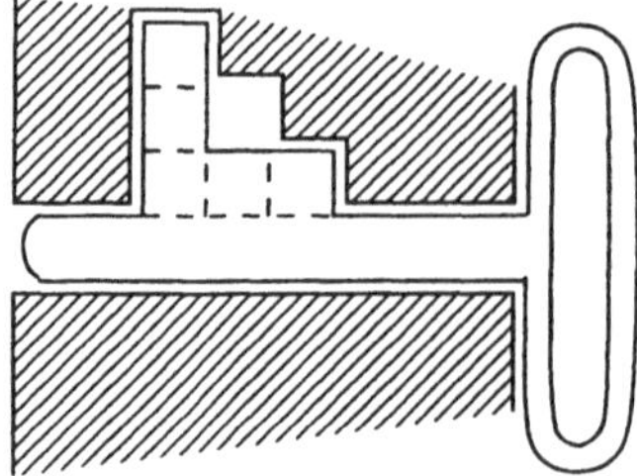 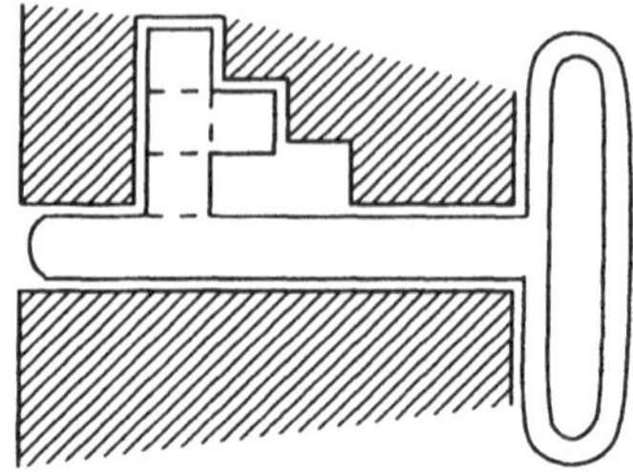

a)   b)

Bild 3.18 a): Zu A 3.6n.   b): Beispiel eines in A 3.6n ausgeschlossenen Schlüsseltyps.

Zusammenfassung zu §3 :

A) Wörter der Länge n über einem d–nären Alphabet lassen sich durch Wege der Länge n oder durch Blätter des Niveaus n in einem d–nären Baum darstellen, A^n insgesamt in einem vollständigen d–nären Baum mit Niveau n.

B) Genau dann existiert ein d–närer Wurzel-Baum mit n Blättern der Länge $m_1, \ldots, m_n$, wenn die Kraftsche Ungleichung erfüllt ist:

$$\sum_{i=1}^{n} d^{-m_i} \leq 1 \ .$$

C) Es gibt alternative Darstellungsmöglichkeiten für Wörter in Graphen, z.Bsp. durch Netze oder durch Spaliergraphen.

Kap. II: QUELLENCODIERUNG

4 Quellen und direkte Quellencodierungen

A) Informations-Quellen

Wir behandeln zunächst zwei Modelle von Informations-Quellen. Obwohl bei vielen natürlichen Quellen die gesendeten Zeichen nicht unabhängig voneinander sind, ist es für eine Reihe von Betrachtungen möglich und sinnvoll, die Unabhängigkeit der Quellen-Signale von der Vorgeschichte der Quelle anzunehmen, insbesondere wenn man die Abhängigkeiten zuvor durch "Präcodierungen" oder durch Zusammenfassung von Zeichen zu Signalen einer "Superquelle" (s. §6) abgemildert hat. So kommt man zu folgender Definition:

4.1 Definition: Quelle ohne Gedächtnis, Nachrichten

(i) *Eine diskrete Informationsquelle ohne Gedächtnis* $Q = (A, \boldsymbol{p})$ ist gekennzeichnet durch ein Alphabet $A = (a_1, \ldots, a_N)$, das *Quellenalphabet*, bestehend aus den *Signalen* (Symbolen, Zeichen) der Quelle $a_1, \ldots, a_N$, und einer Wahrscheinlichkeitsverteilung $\boldsymbol{p} = (p_1, \ldots, p_N)$ mit $p_i = p(a_i) \in [0,1]$ (*Signalwahrscheinlichkeit* des Signals a_i) und $\sum_{i=1}^{N} p_i = 1$. Man setzt oft $p_i \neq 0$ voraus.

Wir schreiben auch $Q = \begin{pmatrix} a_1 & \cdots & a_N \\ p_1 & \cdots & p_N \end{pmatrix}$. Mathematisch genauer kann eine solche Quelle aufgefasst werden als ein Wahrscheinlichkeitsraum[13] $(A, \mathcal{P}(A), \boldsymbol{p})$.

(ii) Eine *Nachricht* der Quelle Q ist ein Wort $b_1 \ldots b_n$ *mit* $b_i \in A$; durch

$$\boldsymbol{p}^n(b_1 \ldots b_n) = \prod_{j=1}^{n} \boldsymbol{p}(b_j)$$

wird einer Nachricht der Länge n eine Wahrscheinlichkeit zugeordnet. (Diese entspricht der Wahrscheinlichkeit der n-fachen unabhängigen [14] Wiederholung des Experiments: "Die Quelle sendet ein Signal".) Mathematisch genauer betrachtet man die n-te Potenz des Wahrscheinlichkeits-Raumes Q, nämlich $Q^n = (A^n, \mathcal{P}(A^n), \boldsymbol{p}^n)$.

Nur kurz gehen wir hier auf einen anderen Quellen-Typ ein, durch den sich natürliche Quellen, z.Bsp. die der *natürlichen Sprache*, approximieren lassen.

4.2 Markov-Quellen [15]

Eine *Markov-Quelle* mit Alphabet $A = (a_1, \ldots, a_u)$ befindet sich zu jedem Zeitpunkt $t_i \in (t_0, t_1, t_2, \ldots)$ in einem Zustand $Z_i = S_m$ aus einer Menge $S = \{S_1, \ldots, S_w\}$ und gibt eine Nachricht a_s mit Wahrscheinlichkeit $p_{m,s}$ aus; zum Zustand S_m gehört also ein Wahrscheinlichkeitsraum $(A, \boldsymbol{p}_m)$ mit $\boldsymbol{p}_m := (p_{m,1}, \ldots, p_{m,u})$ (für $m = 1, \ldots, w$). Zum

---

[13]s. Anhang A
[14]entsprechend der Voraussetzung, dass die Quelle kein Gedächtnis hat
[15]Dieser Abschnitt kann bei Bedarf ausgelassen werden.

Zeitpunkt t_{i+1} geht die Quelle in einen Zustand $Z_{i+1} = \zeta(S_m, a_s)$ über. Zum Zeitpunkt t_0 befinde sich die Quelle in einem zufällig ausgewählten Zustand Z_0 aus dem Raum $(\mathcal{S}, \boldsymbol{\pi_0})$. Von Interesse ist die Wahrscheinlichkeitsverteilung der verschiedenen Zustände und die der Signale bei jedem der Zustände.

Wir behandeln hier nur Markov-Quellen, bei denen die Zustände gerade aus den Wörtern der Länge r bestehen, also $\mathcal{S} = Q^r$ ist, und die Abbildung ζ durch $\zeta(a_1 \ldots a_r, a) = a_2 \ldots a_r a$ definiert ist; (damit ist $w = u^r$). Solche Quellen heißen **Markov-Quellen der Rückwirkung (Ordnung) r** . Bei diesen Quellen hängt der Zustand Z_i zum Zeitpunkt t_i und die Auswahl des Signals stochastisch allein von den r vorher gesendeten Signalen ab. Die Übergangswahrscheinlichkeit vom Zustand S_m zum Zustand S_j ergibt sich dann zu [16]

$$p(S_j|S_m) = \sum_{a_s \in \{a \in A | \zeta(S_m, a_s) = S_j\}} p_{m,s}.$$

Die $w \times w-$Matrix $M = (p(S_j|S_m))$ dieser Übergangswahrscheinlichkeiten zusammen mit der Zustandsmenge $\mathcal{S}$ definiert eine "Markov-Kette"; deren Anfangsverteilung (der Zustände) ist $\boldsymbol{\pi_0}$. Bezeichnet man die Wahrscheinlichkeitsverteilung der Zustände $S_1, \ldots, S_w$ zum Zeitpunkt t_i mit

$$\begin{pmatrix} \mathcal{S} \\ \boldsymbol{\pi_i} \end{pmatrix} = \begin{pmatrix} S_1 & \ldots & S_w \\ \pi_{i,1} & \ldots & \pi_{i,w} \end{pmatrix},$$

so erhält man diejenige zum Zeitpunkt t_{i+1} als

$$\boldsymbol{\pi_{i+1}} = (\pi_{i+1,1} \ldots \pi_{i+1,w}) = \left(\sum_{m=1}^{w} \pi_{i,m} p(S_1|S_m), \ldots, \sum_{m=1}^{w} \pi_{i,m} p(S_w|S_m) \right) = \boldsymbol{\pi_i} \cdot M,$$

insgesamt also

$$\boldsymbol{\pi_{i+1}} = \boldsymbol{\pi_i} \cdot M^{i+1}.$$

Die Zustandsverteilung zum Zeitpunkt t_i ergibt sich also in dieser einfachen Weise aus der Anfangsverteilung und der "Markov-Matrix" M. Mehr als die Wahrscheinlichkeiten der Zustände sind die Wahrscheinlichkeiten der Quellensignale zu den einzelnen Zeitpunkten von Interesse. Die Markov-Quelle befindet sich zum Zeitpunkt t_i mit Wahrscheinlichkeit $\pi_{i,m}$ im Zustand S_m und sendet in diesem Zustand mit Wahrscheinlichkeit $p_{m,s}$ das Zeichen a_k. Die Wahrscheinlichkeit von a_s zum Zeitpunkt t_i ist daher gleich $p_s^{(i)} = \sum_{m=1}^{w} \pi_{i,m} p_{m,s}$. Zum Zeitpunkt t_i hat man damit eine Quelle Q_i mit Wahrscheinlichkeitsverteilung

$$\begin{pmatrix} A \\ \boldsymbol{p_i} \end{pmatrix} := \begin{pmatrix} a_1 & \ldots & a_u \\ p_1^{(i)} & \ldots & p_u^{(i)} \end{pmatrix}.$$

Definiert man

$$P := \begin{pmatrix} p_{1,1} & \ldots & p_{1,u} \\ \vdots & & \vdots \\ p_{w,1} & \ldots & p_{w,u} \end{pmatrix}, \text{ so folgt } \boldsymbol{p_i} = \boldsymbol{\pi_i} \cdot P.$$

Die Quelle $Q_i = (A, \boldsymbol{p_i})$ zum Zeitpunkt t_i ist also direkt aus der Zustandsverteilung berechenbar.

---

[16]Zu bedingten Wahrscheinlichkeiten s. Anhang A !

Unter den Markov-Quellen sind u.a. diejenigen von Interesse, für die $\pi_0 \cdot M = \pi_0$ gilt, also π_0 Eigenvektor von M ist. Solche Quellen heißen **stationäre** Markov-Quellen . Bei diesen Quellen hängt die Zustandsverteilung π_i und die Wahrscheinlichkeitsverteilung der Signale $p_i = \pi_0 \cdot P =: p$ nicht vom Zeitpunkt t_i ab. Das bedeutet allerdings nicht, dass die Signale unabhängig voneinander gesendet werden, sondern nur, dass von einem Beobachter ohne Kenntnis der Vorgeschichte der Quelle diese wie eine Quelle (A, p) aufgefasst werden kann und sich durch diese approximieren lässt.

Literaturhinweis: Heise & Quattrochi [1989] 2.2.2, Tschach & Hasslinger [1993] 1.4/5.

B) Codierungen

Zeichen und Wörter, die von einer Quelle ausgehen, werden oft unter Verwendung eines anderen Alphabets "umgewandelt" (vgl. auch (1.2)).

Eine solche *Codierung* kann aus folgenden Gründen erforderlich sein:

- Anpassung an technische Gegebenheiten der Weiterleitung

- Reduzierung der Datenmengen (*Kompression*, s. §6.)

- Sicherung vor Fehlern, insbesondere vor zufälligen Veränderungen (*Fehlererkennende und fehlerkorrigierende Codes*, s. Kap. III)

- Geheimhaltung, Sicherung vor unbefugter Kenntnisnahme (*Chiffrierung* in der Kryptographie, s. §19)

- Schutz vor unbefugter Veränderung, Beweis der Urheberschaft, Nachweis der Abwicklung (Identifizierung bzw. *Authentifikation*)

Hierbei ist (nach alter DIN-Norm) ein *Code* (vgl. Bauer & Goos [1971]):

1. eine Vorschrift, die eindeutige Zuordnung (*Codierung*) der Zeichen eines Zeichenvorrats zu denjenigen eines anderen Zeichensatzes (Bildmenge)

2. der bei der Codierung als Bildmenge auftretende Zeichenvorrat.

Dabei können die Zeichen von Urbild- oder Bildmenge selbst Wörter über (evtl. unterschiedlichen) Alphabeten sein. Ein Schema der Nachrichtenübertragung mit Codierung ist in Bild 4.1 angegeben.

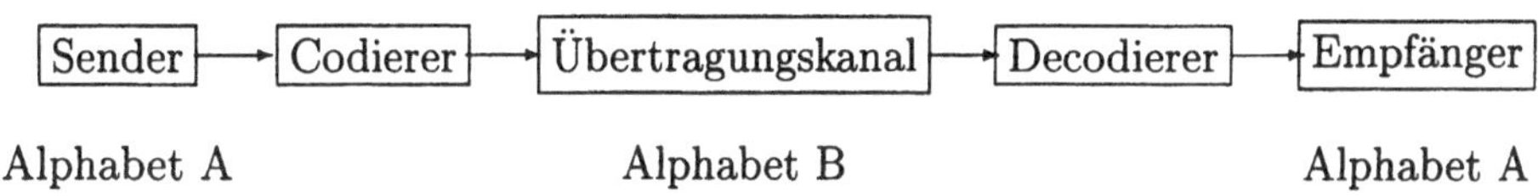

Bild 4.1: Schema einer Nachrichtenübertragung mit Codierung

Wir wollen den Begriff der Codierung nun noch exakter fassen:

4.3   Definition: Codierung, Code

Seien A und B nicht-leere Mengen und $N \in \mathbb{N}$; dann lässt sich eine *injektive* Abbildung

$$\underline{c} : A \longrightarrow \bigcup_{i=1}^{N} B^i \quad (\textit{Codierung des Alphabets } A \textit{ durch Wörter über } B)$$

zu einer Abbildung $\underline{c}^*$ von der Menge A^* der Wörter über A in die Menge B^* fortsetzen, indem sukzessive jeder Komponente das Bild unter $\underline{c}$ zugeordnet wird, genauer:

$$\underline{c}^* : \underline{c}^*(a_1 a_2 \ldots a_n) := \underline{c}(a_1)\underline{c}(a_2)\ldots\underline{c}(a_n) \ (\text{und } \underline{c}^*(\emptyset) = \emptyset).$$

$\underline{c}^*$ heißt wie $\underline{c}$ **Codierung**, das Bild von $\underline{c}$ **Code**, seine Elemente **Codewörter**. Manchmal bezeichnet man auch $\underline{c}$ zusammen mit Bild($\underline{c}$) als Code. Oft versteht man aber unter einem **Code** auch nur eine beliebige Teilmenge von $\bigcup_{i=1}^{N} B^i$; ist dabei $B = \{0, 1\}$, so spricht man auch von einem *binären Code*, ist $B = \{0, 1, 2\}$, so von einem *ternären Code*.

4.4   Anmerkung zur Injektivität

Im Allgemeinen ist $\underline{c}^*$ nicht unbedingt injektiv, obwohl die Injektivität von $\underline{c}$ ja gefordert ist:
Beispiel: Für $\underline{c}$ mit $\underline{c}(x) = 1$, $\underline{c}(y) = 0$, $\underline{c}(z) = 01$ ist $\underline{c}^*(yx) = \underline{c}^*(z)$.
Unter gewissen Voraussetzungen folgt jedoch die Injektivität von $\underline{c}^*$, z. Bsp. wenn alle $\underline{c}(a)$ für $a \in A$ die gleiche Länge haben (sogenannter **Block-Code**).
Auf weitere Beispiele von Codierungen gehen wir in 4.6 ein. Zuvor behandeln wir die graphische Darstellung mittels Codebaum.

4.5   Definition: Codebaum

Falls das Alphabet A und die maximale Länge N der Codewörter nicht zu groß ist, lässt sich die Codierung $\underline{c} : A \longrightarrow \bigcup_{i=1}^{N} B^i$ durch ein Baumdiagramm veranschaulichen. Dazu wird ein Teilbaum des (vollständigen $|B|$-nären) Wurzel-Baumes zu B^N verwandt; (bei diesem sind jeweils die von einem Knoten wegführenden Zweige mit den Elementen von B bezeichnet; s. 3.5 und Bilder 3.8 und 3.10). Einem Element $a \in A$ wird dabei der Knoten zugeordnet, der mit der Wurzel durch den Weg $\underline{c}(a) = b_1 \ldots b_n$ verbunden ist. Alle nicht für solche Wege benötigten Zweige und Knoten des vollständigen Baumes zu B^N werden gestrichen. Der so gewichtete Baum heißt **Codebaum** (s. als Beispiel Bild 4.2) (Achtung! Manchmal wird diese Bezeichnung auch im Sinne von Trellis verwendet, wie z.B. in Furrer [1981]).

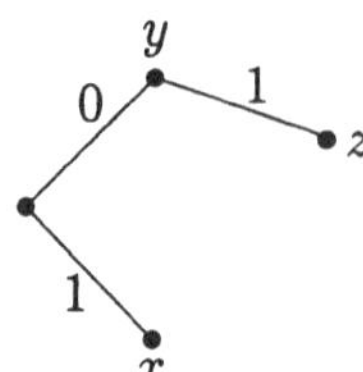

Bild 4.2: Beispiel eines Codebaumes zur Codierung aus 4.2.
Literatur: Duske& Jürgensen [1977] p. 43.f, Kameda & Weihrauch [1973] p.49f.

4.6 Beispiele von Codierungen

(a) Wir nennen zunächst folgende Codierungen der Quelle:

- den **Strichcode** auf den Verpackungen von Waren (EAN-Artikel-Nummern); s.u. 8.2;

- den **ISBN-Code** für Bücher; s.u. 8.1;

- den **Caesar-Code** der Kryptographie, bei dem jeder Buchstabe durch den um 3 Stellen im Alphabet verschobenen Buchstaben ersetzt wird, s.u. 19.2;

- die **Flaggencodes** (s. z. Bsp. Bauer & Goos [1971] p.27);

- den **Morsecode**, bei dem Text unter Verwendung des Alphabets $\{-, \cdot, \text{Pause}\}$ übertragen wird. Das Zeichen "Pause" trennt die unterschiedlich langen Codewörter voneinander; (s. z.Bsp. Heise & Quattrocchi [1995] , den Codebaum in Bauer & Goos [1971] p.34, Waldschmidt & Walter [1986] p.315);

- den **Lochkartencode** bzw. den **Lochstreifencode**, (s. z.Bsp. Flensberg & Zeising [1974] p.75/76 oder Bauer & Goos [1971] p.26, Waldschmidt & Walter [1986] p.311, Dotzauer [1971] p. 355). Diese beiden Codierungen dienten früher zur Eingabe von Programmen und Daten in Computer. Beim Lochstreifencode wurde der Zeichenvorrat des **internationalen Telegraphencodes CCIT-2** benutzt, (s. auch Tabelle 4.1).

(b) Der heute übliche Standard zur Codierung von Buchstaben, Zahlen und Zeichen ist der **ASCII-Code**, auf den wir schon in §1 Beispiel 1 eingegangen sind; (s. auch Tabelle 4.1).

(c) Zahlen lassen sich u.a. als "Dualzahlen", d.h. im Stellenwertsystem zur Basis 2, schreiben oder durch Codierung der Ziffern $\{0, \ldots, 9\}$ der Dezimaldarstellung.

(i) Bei der Darstellung als **Dualzahl** ist eine Zahl z als Summe von 2-er Potenzen zu schreiben und die Zuordnung

$$z = \sum_{i=-m}^{m} b_i 2^i \longmapsto b_n b_{n-1} \ldots b_1 b_0, b_{-1} b_{-2} \ldots b_{-m}$$

vorzunehmen. (Zur erwähnten Summe gelangt man durch sukzessive Division durch 2; vgl. Dworatschek [1970] p. 94 f.)

(ii) Von den üblichen Codierungen der Ziffern $\{0 \ldots, 9\}$ sind in Tabelle 4.2 einige wichtige herausgegriffen. (Es ist hierbei üblich, beim Begriff "Code" auch die Codierung mit einzubeziehen.)

Signale	direkt	Exzess-3	Aiken	Gray	2-aus-5	CCIT-2	ASCII
0	0000	0011	0000	0000	11000	01101	00001100
1	0001	0100	0001	0001	00011	11101	10001101
2	0010	0101	0010	0011	00101	11001	01001101
3	0011	0110	0011	0010	00110	10000	11001100
4	0100	0111	0100	0110	01001	01010	00101101
5	0101	1000	1011	0111	01010	00001	10101100
6	0110	1001	1100	0101	01100	10101	01101100
7	0111	1010	1101	0100	10001	11100	11101101
8	1000	1011	1110	1100	10010	01100	00011101
9	1001	1100	1111	1101	10100	00011	10011100

$$\underbrace{\hspace{6cm}}_{\text{Tetraden-Codes}} \qquad \uparrow \qquad \uparrow \qquad \uparrow$$

$$\text{Kontrollbits}$$

Tabelle 4.1: Einige binäre Codierungen der Ziffern 0 bis 9.

Beim **direkten Code** (BCD, b̲ináry c̲oded d̲ecimal, direkter binärer Dezimalcode) werden die Ziffern als Dualzahlen geschrieben: Von den 16 möglichen Wörtern der Länge 4 (**Tetraden**) bleiben 6 unbenutzt (sogenannte Pseudotetraden). Der **Exzess-3-Code** (auch **Stiebitz-Code** genannt) geht aus dem direkten Code durch "Verschiebung" um 3 Tetraden, d.h. durch Addition von 0011 (duale 3) hervor. So werden die Tetraden 0000 (Stromunterbrechung) und 1111 (Dauerton) vermieden. Wie die direkte Codierung ist die **Aiken-Codierung** eine **Stellenwertcodierung**, d.h. jede 1 der Tetrade wird entsprechend der Position im Wort bewertet; der Wert der 1., 2., 3., bzw. 4. Komponente ist hierbei 2, 4, 2 bzw. 1. Dadurch "liegen" die Tetraden symmetrisch: Das Wort für die Ziffer $9 - x$ geht aus dem Wort für x hervor, indem man 0 und 1 vertauscht:

Beispiel: $8 = 1110$ und $1 = 0001$.

Der **Gray-Code** ist dadurch ausgezeichnet, dass sich Tetraden aufeinander folgender Ziffern nur in einer Komponente unterscheiden (einschrittiger Code); diese Eigenschaft ist für automatische Messungen mit analog-digital-Umwandlung von Interesse, weil sich dann bei Übergang von einem Level zu einem benachbarten die digitale Darstellung nur in einem Bit ändert. Wir stellen den Gray-Code in einer sogenannten Karnaugh-Veitch-Tafel dar (s. Bild 4.3a), einer Anordnung von 16 Feldern, bei der der rechte mit dem linken Rand identifiziert gedacht wird, und der obere mit dem unteren Rand (- wie auf einem Torus angeordnet).

Literatur: Bauer, Gnatz & Hill [1975], Dworatschek [1970].

Ein **m-aus-n-Code** ist definiert durch die Eigenschaft, dass jedes Wort des binären Codes Länge n hat und dabei genau m der Komponenten 1 sind. Die maximale Anzahl der Wörter in einem solchen Code ist nach (2.2.b) gleich $\binom{n}{m}$ Für $m = 2$ benötigt man daher zur Codierung der Ziffern 0 bis 9 mindestens Wörter der Länge 5 $\left(\binom{5}{2} = 5 \cdot (5 - 1)/2 = 10\right)$. Der in Tabelle 4.1 aufgeführte **2-aus-5-Code** war längere Zeit zur Codierung von Postleitzahlen in Benutzung. Bis auf die Ziffer 0 handelt es sich um eine Stellenwertcodierung (hier mit den Werten $7 - 4 - 2 - 1 - 0$) mit angehängtem Kontrollbit.

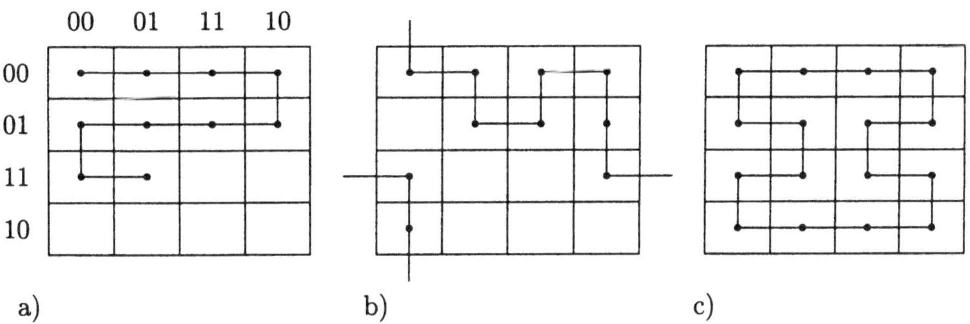

Bild 4.3: Einschrittige Tetradencodes.
a) Gray-Code, b), c) zyklische "einschrittige" Codes für 10 bzw. 16 Zeichen.

(d) Interessant ist die Codierung durch einen **Kettencode**. Einen solchen erhält man, indem man bei einer "geeigneten" zyklischen Anordnung von höchstens 2^n Bits ein "Ablesefenster" wandern lässt, das je n aufeinander folgende Bits herausgreift.

Eine mathematische äquivalente Darstellung erhält man folgendermaßen: Man betrachte den "vollständigen **Übergangsgraphen**"; dessen Knoten sind definiert als die Menge der Wörter der Länge n und dessen (gerichtete) Kanten als die Paare $(a_1 \ldots a_n, a_2 \ldots a_n 0)$ und $(a_1 \ldots a_n, a_2 \ldots a_n 1)$ (s. Bild 4.4 b). Einem Kettencode entspricht nun definitionsgemäß in diesem Graphen ein geschlossener Weg, der jeden Knoten genau einmal enthält und damit jede Kante höchstens einmal durchläuft, ein sogenannter geschlossener **Hamiltonscher Weg** (Kreis) (s. z. Bsp. Diestel [2000]). Ein *Beispiel* eines Kettencodes für $n = 3$ ist in Bild 4.4 a. angegeben.

Literaturhinweis: Bauer & Goos [1971], Dotzauer [1971], p.350f, Schulz, A. [1973] p.63, Siebel [1972].

Aufgaben:

A. 4.1: Entwerfen Sie ein Computer-Programm zur Umwandlung einer Zahl von der dezimalen zur dualen bzw. hexadezimalen Darstellung.

A. 4.2: Zeichnen Sie den Codebaum für den Excess-3-Code (Literatur: Bauer & Goos p.36)

A. 4.3: Wieviel mögliche Codierungen von $\{0, \ldots, 9\}$ mit Tetraden gibt es ?

A. 4.4: Finden Sie einen Kettencode der Wortlänge 4, mit dem man die Zahlen $0, 1, \ldots, 15$ verschlüsseln kann.

A. 4.5: Zeigen Sie, dass ein bipartiter Graph (s. 3.1 f(iii)) mit Knotenmengen der Mächtigkeit m und n höchstens dann einen geschlossenen Hamiltonschen Weg enthält, wenn $m = n$ gilt. (s. Penfold-Street & Wallis [1977] p.393).

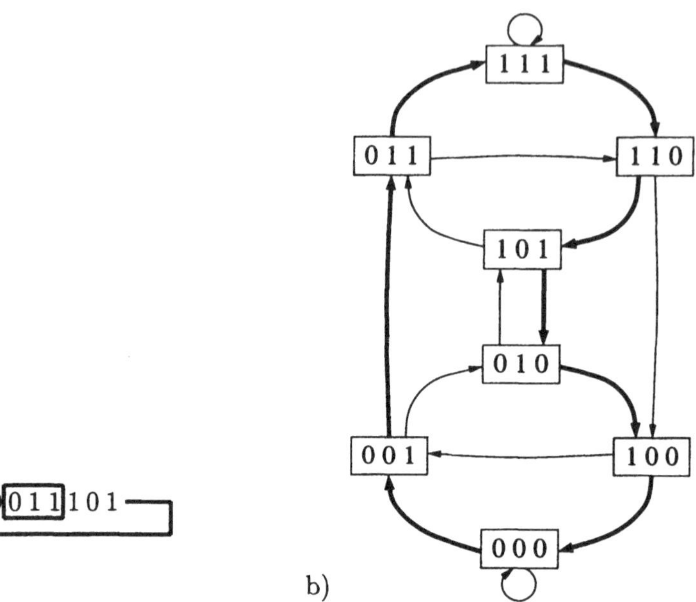

a)   b)

Bild 4.4: a) 3-stelliger Kettencode
          b) vollständiges Übergangsdiagramm mit Hamiltonschem Weg.

In Vorbereitung des nächsten Paragraphen bearbeite man folgende Aufgabe:
A 4.6

a) Ein Sender kann 4 Nachrichten aussenden:

> "Die Börse ist sehr fest."
> "Sollen wir verkaufen ?"
> "Die Kurse fallen."
> "Helft uns gegensteuern !"

Diese werden durch 00 , 11, 01 bzw. 10 verschlüsselt. Eines Tages werden die Ziffern ...00110011001... empfangen. Die zuerst geschickte Ziffer wurde jedoch verpasst, und man weiß auch nicht, wo die Mitteilung aufhört, da der Sender immer weiter sendet. Welche Nachricht wollte der Sender geben ? (Abgeändert nach unbekanntem Autor.)

b) Gegeben sei das Alphabet $A = \{0, 1\}$. Ist (unter dem Aspekt von Teil a) die Menge $X = \{1, 011, 01110, 1110, 10011\}$ ein geeigneter Code für 5 Nachrichten ?

5 Präfixcodes

Wie wir in 4.4 sahen, führt eine (umkehrbare eindeutige) Codierung $\underline{c} : A \longrightarrow \cup B^i$ von Quellensignalen nicht unbedingt zu einer injektiven Codierung $\underline{c}^*$ der Wörter über A, also der Nachrichten. (Eine ähnliche Situation liegt auch in Aufgabe A 4.6 vor.)

Wir wollen aber erreichen, dass es zu jeder Folge $b_1 \ldots b_m$ von Code-Signalen höchstens eine Folge von Quellensignalen gibt. Wir sprechen dann von **eindeutiger Decodierbarkeit** des Codes. Diese ist z. B. gegeben bei Block-Codes, also wenn alle Codewörter $\underline{c}(a_i)$ die gleiche Länge haben. Aber auch folgende Bedingung ist **hinreichend**: "Kein Codewort aus C ist Präfix eines anderen Codeworts"; dann kann man jeweils sofort decodieren, sobald man ein Codewort empfangen hat (ein solcher Code heißt *sofort decodierbar*, engl.: instantaneous) und die verbleibende Bitfolge lässt sich ebenfalls decodieren. (Ausnahme: Situationen wie in A 4.6 a)

5.1 Definition: Präfix-Code

Ein Code C heißt Präfix-Code (irreduzibler Code), wenn kein Codewort aus C Präfix eines anderen Codeworts von C ist.

Beispiele: (i) Jeder Blockcode ist ein Präfixcode. (ii) Jeder sofort decodierbare Code ist ein Präfixcode; denn wäre das Codewort c Präfix eines anderen Codeworts, so könnte das erste c in der Folge cc nicht decodiert werden, bevor nicht mindestens ein weiteres Symbol empfangen würde.

Wie wir uns in der Einleitung dieses Paragraphen überlegt haben, gilt:

5.2 Eigenschaft von Präfixcodes

(a)

Jeder Präfixcode ist eindeutig decodierbar und sofort decodierbar.

Auch überzeugt man sich leicht, dass gilt:

(b)

Bei einem **Präfixcode** sind im zugehörigen Codebaum die Codewörter durch **Blätter** repräsentiert. Umgekehrt ist dies kennzeichnend für einen Präfixcode.

Da eine Fragestrategie ebenfalls eine Darstellung durch ein Baumdiagramm erlaubt - jeder Ja-Nein-Frage entspricht eine Verzweigung - und die zu erfragenden Elemente den Spitzen entsprechen (s. 2.4) , folgt ferner:

(c)

Jede **Fragestrategie** führt zu einem binären Präfixcode, und umgekehrt entspricht jedem binären Präfixcode eine Fragestrategie .

5.3   Zusammenfassung zu binären Präfixcodes:

Es entsprechen sich

- binäre Präfixcodes

- binäre Codebäume mit den Codewörtern an den Blättern

- Fragestrategien.

Durch Anwendung der **Kraftschen Ungleichung** (3.7) erhalten wir aus (5.2b) sofort den folgenden Satz:

5.4   Existenz von Präfix-Codes mit Wörtern vorgeschriebener Länge (Satz von Kraft, 1949)

Jeder d−näre Präfix-Code $\mathcal{C}$ mit $|\mathcal{C}| = n$ und Wörtern der Längen $m_1, \ldots, m_n$ erfüllt die Ungleichung von Kraft:

$$(*) \quad \sum_{i=1}^{n} d^{-m_i} \leq 1.$$

Sind umgekehrt $n, m_1, \ldots, m_n$ natürliche Zahlen mit $(*)$, so existiert ein d−närer Präfix-Code $\mathcal{C}$ mit $|\mathcal{C}| = n$ und Wortlängen $m_1, \ldots, m_n$.

Anmerkung: Man kann zeigen, dass jeder eindeutig decodierbare binäre Code Wortlängen hat, die die Ungleichung von Kraft erfüllen [17] (Satz von Mc Millan 1956, s.z. Bsp. Heise & Quattrocchi [1995] oder Roman [1997] p. 38), sodass es also zu jedem eindeutig decodierbaren binären Code einen Präfix-Code derselben Anzahl von Codewörtern und derselben Codewortlängen gibt.

Aufgaben (mir nicht bekannter Autoren)

A 5.1

Zu jedem $n \in \mathbb{N}$ konstruiere man einen binären Präfixcode mit n Codewörtern der Länge $1, 2, \ldots$ und n. Man beweise, dass jeder solche Code genau eine überflüssige "Ziffer" hat. Wo befindet sich diese ?

A 5.2

Ein binärer Präfixcode $\mathcal{C}$ für n Nachrichten besitzt ein Codewort mit mindestens $\lceil \log_2 n \rceil$ Ziffern.

---

[17]D.h. auch, dass die Codewörter genügend lang sein müssen, um kleine Werte $1/d^{m_i}$ zu liefern.

6 Datenkompression

Ein wesentlicher Gesichtspunkt bei der Auswahl einer Codierung ist der der *Datenkompression*. Durch diese soll der Speicherplatz-Bedarf, die Zugriffszeit bzw. die Übertragungszeit verringert werden; (die Kompression und Dekompression nimmt normalerweise weniger Zeit in Anspruch, als durch die Kompression eingespart wird).

Bei den Techniken zur Verringerung der Datenmenge unterscheidet man zwischen **verlustlosen** und **verlustbehafteten Kompressionsverfahren** (engl.: lossless compression bzw. lossy compression); bei den letzteren wird die Signal-*Information* verringert, wobei die Änderung des Signals beim Empfänger lediglich zu tolerierbaren Einbußen führen darf. Einige der verlustlosen Verfahren dienen dazu, die Beziehungen und Abhängigkeiten zwischen den Quellensymbolen zu reduzieren (**"Präcodierung"**, engl.: precoding). Es ist eine Vielzahl von Kompressionstechniken bekannt (s.z.Bsp. Held [1983], Strutz [2002]; vgl. auch die Ausführungen zu 1.2(ii) und (iii)!); wir beschreiben hier einige ausgewählte verlustlose Verfahren in aller Kürze :

6.1 Datenkompressions-Techniken

(a) *Null-Unterdrückung* (Blank-Suppression)

In einem Datenstrom mit vielen Nullen werden Strings aufeinanderfolgender Nullen unterdrückt und statt dessen ihre Anzahl (nach einem speziellen Kompressions-Indikator) übermittelt.

Beispiel: ursprünglicher String $X\,Y\,Z\,0\,0\,0\,0\,Q\,R\,X$
komprimierter String $X\,Y\,Z\,S_c\,4\,Q\,R\,X$
(mit S_c als speziellem Kompressionsindikator)

(b) *Lauflängen-Codierung* (Run-length-C.)

Im Datenstrom werden längere Strings gleicher aufeinanderfolgender Symbole unterdrückt, die jeweilige Anzahl nach einem Indikator-Zeichen übertragen.

Beispiel: ursprünglicher String $X\,0\,0\,0\,0\,Y\,Z\,Z\,Z\,Z$
komprimierter String $X\,S_c\,0\,4\,Y\,S_c\,Z\,5$

(c) *Bit-Markierung (bit mapping)*

Ein häufig vorkommendes Symbol, z.Bsp. E, wird unterdrückt; im komprimierten Datenstring werden die Positionen von E und der anderen Symbole durch eine 0-1-Folge ("bit-map-character") repräsentiert.

Beispiel: ursprünglicher String: $X\,E\,E\,Y\,E\,E\,E\,Z$
komprimierter String $\boxed{1\,0\,0\,1\,0\,0\,0\,1}\,X\,Y\,Z$
Bit-map-character

(dies ergibt eine Einsparung nach der binären Codierung, bei der das E der Quelle mehr als 1 Bit beanspruchte).

(d) *Paarcodierung (diatomic encoding)*

Hierbei werden jeweils Paare von Symbolen als neues Symbol aufgefasst.

(e) *Musterersetzung (pattern substitution)*

Hierbei werden häufig vorkommende Symbolfolgen durch neue Symbole ersetzt.

(f) *Codierung der Differenzen*
Diese Methode ist anwendbar, wenn die Symbole des Datenstroms häufig nur wenig
voneinander abweichen (wie z. Bsp. bei der Bildübertragung). Codiert wird entweder
die Differenz zu einer Bezugsgröße ("relative encoding") oder die Differenz zum
vorhergehenden Signal.

Im Gegensatz zu den Techniken der Präcodierung benutzen die folgenden Verfahren lediglich die Wahrscheinlichkeiten oder Häufigkeiten der oft als voneinander
unabhängig angenommenen Symbole:

(g) *Statistische Codierung* (Entropiecodierung, engl. statistical encoding)
Bei dieser Methode werden evtl. unterschiedliche Wahrscheinlichkeiten der Quellen-
symbole (oder von Gruppen solcher Symbole) ausgenutzt, und zwar nach folgendem

> **Prinzip: Häufig zu erwartende Symbole werden durch kurze Code-
> wörter, seltenere Symbole durch längere Codewörter beschrieben.**

Wir gehen im Folgenden auf zwei Verfahren ein[18], auf die Codierung nach *Fano*
(1949) und die Codierung nach *Huffman* (1952). Beide Methoden führen zu einem
binären Präfix-Code. Sie werden angewandt, wenn die zu codierenden Symbole als
Signale einer *diskreten Informationsquelle ohne Gedächtnis* (s. 4.1) aufgefasst werden
können. Dazu werden die Wahrscheinlichkeiten der Quellensignale vor der Codierung
abgeschätzt oder - bei der *adaptiven Quellencodierung* - durch eine fortlaufend aktualisierte Häufigkeitsstatistik der momentanen Situation angepasst. Verfahren der
adaptiven Huffman-Codierung werden zur Kompression von Computerfiles (z.B. bei
Übernahme auf Diskette) eingesetzt und erzielen sehr gute "Kompressionsraten".

6.2 Codierung nach Fano

Die zu codierenden Signale der Quelle $a_1, \ldots, a_N$ seien so geordnet, dass für die Wahrscheinlichkeiten $p_i = \boldsymbol{p}(a_i)$ gilt: $p_1 \geq p_2 \geq \ldots \geq p_N$. Unter Beibehaltung dieser Ordnung
werden die Signale so in 2 Gruppen aufgeteilt, dass die beiden Teilmengen *etwa* gleiche
Wahrscheinlichkeit besitzen. Mit den entstandenen Teilmengen (–die mit 0 und 1 codiert
werden–) verfährt man dann ebenso, solange bis alle Teilmengen einelementig sind, man
also eine Codierung erhalten hat. (Jeder Teilung entspricht dabei einer Verzweigung im
Codebaum.) Man erhält den sogenannten Shannon-Fano-Code

Beispiel zur Fano-Codierung: Als Quelle Q_1 wählen wir $\begin{pmatrix} W & H & G & S \\ 0{,}4 & 0{,}1 & 0{,}2 & 0{,}3 \end{pmatrix}$.

(Das Alphabet ist das von Bild 1.3; die Wahrscheinlichkeiten sind etwas verschieden von
den dort beobachteten relativen Häufigkeiten.) Zur Codierung nach Fano siehe Bild 6.1!

6.3 Codierung nach Huffman

Bei diesem Verfahren wird die Signalmenge nicht (wie bei der Fano-Codierung) sukzessive geteilt, sondern es werden jeweils zwei Signale "verschmolzen". (Dies entspricht im
Codebaum der sukzessiven Verschmelzung zweier Ecken.) Genauer:

---

[18]Zu weiteren Verfahren s. z.Bsp. Strutz[2002] p.31 ff.!

Quellensymbole a_i (geordnet nach Wahrscheinlichkeit)	Wahrscheinlichkeiten p_i	Summe der Wahrscheinlichkeiten "von unten" bis p_i				Codewort
W	0,4	1	0			0
S	0,3	0,6			0	10
G	0,2	0,3	1	1	0	110
H	0,1	0,1			1	111

(a)

Bild 6.1 a) Codierung nach Fano (Beispiel)
         b) Zugehöriger Codebaum c) codiertes Bild zu Bild 1.3c

> Bei der Huffman-Codierung fasst man bei jedem Schritt zwei Quellensymbole der geringsten Wahrscheinlichkeit zusammen (– hier hat man evtl. Wahlmöglichkeiten –) und ersetzt sie durch ein neues Zeichen. Mit der so entstandenen gedachten neuen Quelle verfährt man analog, bis man zu einer Quelle mit 2 Signalen gelangt.

Der zugehörige Algorithmus ist ein Greedy-Algorithmus, d.h. ein Verfahren, bei dem das momentan optimale Paar (minimaler Wahrscheinlichkeit) behandelt wird, (also hier verschmolzen und gemäß seiner Wahrscheinlichkeit eingeordnet).

Beispiel zur Huffman-Codierung:
Wir wählen die gleiche Quelle Q_1 wie beim Beispiel zu (6.2) und erhalten eine Codierung (Bild 6.2), die bis auf unwesentliche Änderungen (Vertauschung der Symbole 0 und 1 sowie von G und H) der von Bild 6.1 entspricht.
Allerdings kann es auch vorkommen, dass Huffman- und Fano-Codierungen zu wesentlich unterschiedlichen Ergebnissen gelangen, s. Aufgabe A 6.1.

A 6.1
Vergleichen Sie Huffman- und Fano-Codierung für die Quelle

$$\begin{pmatrix} W & H & G & S & M \\ 0,40 & 0,19 & 0,19 & 0,12 & 0,10 \end{pmatrix}$$

und berechnen Sie jeweils die mittlere Wortlänge (s. 6.4) !

Daher fragen wir nach einem Beurteilungskriterium für solche Codierungen bzw. für die Güte der Kompression. Es bietet sich folgende Begriffsbildung an:

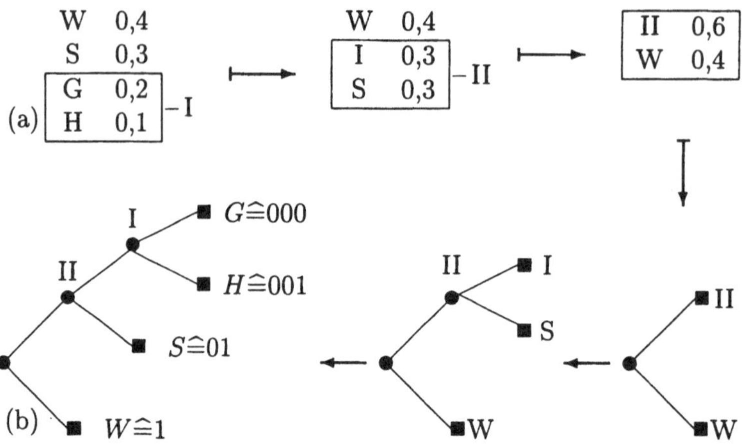

Bild 6.2: a) Codierung nach Huffman (Beispiel) b) Zugehörige Codebäume

6.4   Definition: Mittlere Codewortlänge

Sei $\underline{c}$ eine binäre Codierung einer diskreten Informationsquelle $Q = \begin{pmatrix} a_1 \ldots a_N \\ p_1 \ldots p_N \end{pmatrix}$.
Bezeichnet ℓ_i die Länge des Codeworts $\underline{c}(a_i)$ zu a_i so heißt

$$\overline{\ell} := \sum_{i=1}^{N} p_i \, \ell_i \ [\text{Bit/Symbol}]$$

die *mittlere Codewortlänge der Codierung* (auch *mittlerer Codieraufwand* bzw. wirkliche Entropie). Es handelt sich dabei um die mit den Wahrscheinlichkeiten des Auftretens gewichteten Summen der Codewortlängen, also den Erwartungswert[19] von ℓ.

Beispiel (Fortsetzung)
Bei den beiden obigen Beispielen (6.2 und 6.3) ergibt sich jeweils als mittlere Wortlänge
$\overline{\ell} = 1 \cdot 0,4 + 2 \cdot 0,3 + 3 \cdot (0,2 + 0,1) \ [\text{Bit/Symbol}] = 1,9 \ [\text{Bit/Symbol}]$.
Bei einer Codierung mit einem Blockcode der Länge 2 erhält man $\overline{\ell} = 2 [\text{Bit/Symbol}]$.
Beide Längen weichen ab von der gemittelten tatsächlichen Wortlänge pro Symbol 2,06 [Bit/Symbol] der Codierung von Bild 1.3c (vgl. Bild 6.1c). (Hier wäre eine Blockcodierung günstiger gewesen.) Wenn die Quelle aber tatsächlich eine Wahrscheinlichkeits-Verteilung wie im behandelten Beispiel hat, würde sich schließlich dieser ungünstigere Wert ausgleichen. Denn es gilt:

---

[19]s. Anhang A 8

6.5 Satz (Optimalität der Huffman-Codierung):

> Zu gegebener diskreter Informationsquelle ohne Gedächtnis hat keine Präfixcodierung der Einzelzeichen kleinere mittlere Codewortlänge als die Huffman-Codierung. Die Huffman-Codierung ist in diesem Sinne also eine optimale[20] Codierung.

Beweis:

<u>Idee:</u> *Wir zeigen durch vollständige Induktion, dass die beim i-ten Schritt entstandene Quelle Q_i optimal codiert ist (mit Code C_i und mittlerer Länge $\bar{\ell}_i$, $i = 0, \ldots, N - 2$).*

Für die Quelle Q_{N-2} mit 2 Symbolen ist dies richtig (Länge 1). Es gelte für die Quelle Q_k mit $k \leq N - 2$. Die Quelle Q_{k-1} entsteht aus Q_k durch "Aufspalten" eines Symbols (bzw. einer Endecke im zugehörigen Baum). Die zugehörige Wortlänge erhöht sich dabei jeweils um 1, ist aber mit der Wahrscheinlichkeit zu gewichten. Für die mittlere Länge $\bar{\ell}_{k-1}$ von C_{k-1} gilt daher $\bar{\ell}_{k-1} = \bar{\ell}_k + h_{k-1}$, wobei h_{k-1} die Summe zweier minimaler Wahrscheinlichkeiten der Quelle Q_{k-1} ist. Habe nun Q_{k-1} eine Codierung durch einen Präfix-Code C'_{k-1} mit kleinerer mittlerer Länge $\bar{\ell}'_{k-1}$. Wir können C'_{k-1} optimal wählen: Da es nur endlich viele relevante Codierungen dieser Quelle gibt, wird die untere Grenze der möglichen Längen angenommen. Wegen der Optimalität von C'_{k-1} liegen im zugehörigen Codebaum die beiden Blätter minimaler Wahrscheinlichkeit, die beim Aufspalten beteiligt waren, o.B.d.A. auf gleichem Niveau [21] und sind benachbart [22], sodass sie sich verschmelzen lassen.Die Huffman-Konstruktion liefert dann aus C'_{k-1} einen Code C'_k mit mittlerer Länge

$$\bar{\ell}'_k = \bar{\ell}'_{k-1} - h_{k-1} < \bar{\ell}_{k-1} - h_{k-1=} = \bar{\ell}_k,$$

ein Widerspruch zur Optimalität der Codierung mit C_k. Insbesondere ist der Huffman-Code optimal für die ursprüngliche Quelle. $\square$

6.6 Anmerkung: Wort-Codierung

Es ist zu beachten, dass Satz 6.5 eine Aussage über die Codierung von Einzelzeichen beinhaltet. Dabei wird die Wahrscheinlichkeit dieser Zeichen berücksichtigt. Oft trifft die Annahme jedoch nicht zu, dass die Quelle kein Gedächtnis hat, also die Wahrscheinlichkeit des Auftretens eines Zeichen von dem vorher gesendeten Signal unabhängig ist. Insbesondere dann lohnt es sich gegebenenfalls, Paare oder Tripel von Quellenzeichen, allgemein Wörter über dem Quellenalphabet zu codieren, - man spricht dabei von **Wortcodierung** (bzw. bei Wörtern der Länge 2 von einer **Paarcodierung**, vgl. 6.1d) [23]. Alternativ kann man auch Differenzen bzw. Sprünge quantifizieren und codieren - *Codierung der Differenzen* vgl. 6.1f - bzw. Abweichungen von allgemeineren Vorhersagen (*Prädiktionen* , vgl. 7.10 a) codieren.

Literatur: Rupprecht [1982], in vereinfachter Darstellung Schulz [1987]; zur Häufigkeit des Auftretens von Buchstaben, Buchstaben-Paaren bzw. -Tripeln in der deutschen Sprache s. Bauer & Goos [1971] p. 46-48 und 19.4 des vorliegenden Buches.

---

[20] auch kompakte Codierung genannt

[21] Durch Vertauschen mit Wörtern größerer Wahrscheinlichkeit auf höherem Niveau würde sich die mittlere Codewortlänge verkleinern.

[22] Andernfalls vertauscht man die entsprechenden Wörter gleicher Wahrscheinlichkeit.

[23] Evtl. wird ein zusätzliches Zeichen eingeführt, um bei ungerader Nachrichtenlänge eine Paarcodierung bis zum Ende zu ermöglichen.

Aber auch bei Quellen ohne Gedächtnis kann eine Wortcodierung sinnvoll sein.
Als **mittlere Codewortlänge** (pro Zeichen) bezeichnet man bei einer Wortcodierung die mittlere Wortlänge dieses Codes dividiert durch die Länge der codierten Wörter.

6.6.1   Beispiel (zur Paarcodierung):

Die Quelle

$$Q_1 : \begin{pmatrix} W & S & G & H \\ 0,4 & 0,3 & 0,2 & 0,1 \end{pmatrix}$$

führt, vorausgesetzt die Signale werden unabhängig voneinander gesendet, zu einer Paarverteilung gemäß Tabelle 6.1. (Man beachte 6.2ii !)

WW	WS	WG	WH	SW	SS	SG	SH	GW	GS
16	12	8	4	12	9	6	3	8	6

GG	GH	HW	HS	HG	HH
4	2	4	3	2	1

Tabelle 6.1 Wahrscheinlichkeiten der Signalpaare der Quelle aus Beispiel 6.6.1 in % .

Die Codierung nach Huffman ist in Bild 6.3 und Tabelle 6.2 wiedergegeben. Die mittlere Codewortlänge für ein Paar ist gemäß Tabelle 6.1

$$\overline{\ell}_2 = \frac{1}{100}[3\cdot(16+12+12+9)+4\cdot(8+8+6+6+4)+5\cdot(4+4+3+3+2)+6(2+1)] = 3,73$$

(gemessen in [Bit/Paar]), für ein Quellensymbol also $\overline{\ell} = 3,73/2 = 1,865$[Bit/Quellenzeichen]. Dies stellt eine Verbesserung gegenüber der Einzelcodierung dar. Die Huffman-Codierung der Symbole ist also nur für diese Einzelcodierung optimal.

Es erhebt sich *die Frage, wie weit die mittlere Codewortlänge pro Quellenzeichen gedrückt werden kann,* evtl. durch sehr aufwendige Codierung von Wörtern größerer Länge. Um Grenzen für $\overline{\ell}$ angeben zu können, benötigt man den Begriff der Information und der Entropie, auf den wir im folgenden Paragraphen eingehen.

A 6.2

Schreiben Sie ein Programm zur Huffman-Codierung. Testen Sie es am Beispiel folgender Quelle (Wahrscheinlichkeiten in %):

$$\begin{pmatrix} A & B & C & D & E & F & G & H & I & J & K & L & M & N & 0 & P \\ 8 & 16 & 8 & 6 & 10 & 7 & 7 & 5 & 13 & 3 & 1 & 2 & 7 & 3 & 3 & 1 \end{pmatrix}$$

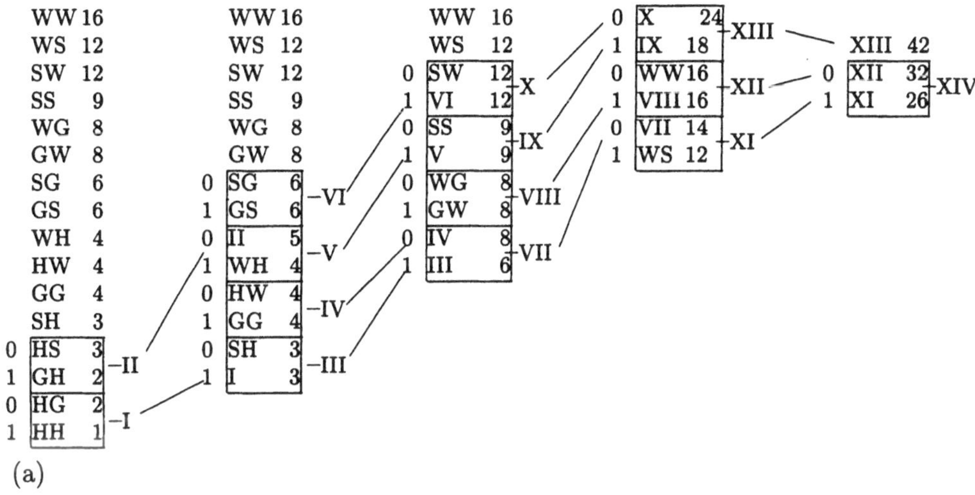

(a)

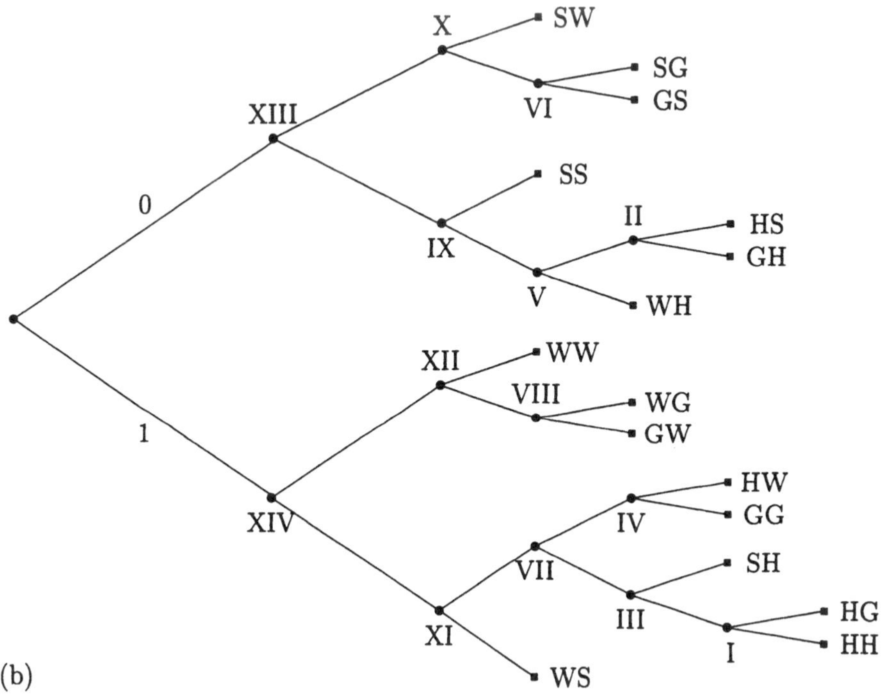

(b)

Bild 6.3: Huffman-Codierung der Paare von Tabelle 6.1
a) Algorithmus   b) Codebaum

Literaturauswahl:

Held [1983], Heise & Quattrocchi [1983], Flensberg & Zeising [1974], Kameda & Weihrauch [1973], Oberschelp [1986] Kurseinheit 5, Peters [1974] p. 200 f., Roman [1992], [1997], Rupprecht [1982], Sacco et alii [1988], Schulz [1987], Strutz [2002], Wagner [2002], Wefelscheid [1974], Aho et alii [1983].

Kurze Zusammenfassung:

Die Huffman-Codierung liefert eine optimale Präfixcodierung der Einzelzeichen. Durch Wortcodierung lassen sich evtl. noch kürzere mittlere Wortlängen erzielen.

7 Information, Entropie und Codierungsaufwand

Gegenüber der Umgangssprache hat der Begriff der *Information* in Mathematik und Informatik eine eingeengte Bedeutung: Das subjektive Interesse an einer Nachricht bleibt unberücksichtigt. Hingegen fordert man: Der Zahlenwert der Information soll nur von der Wahrscheinlichkeit der Quellensignale abhängen (objektives Maß; s. 7.1(i)). Der Informationszuwachs nach Kenntnis eines Signals wird als Abbau der vorher bestehenden Unsicherheit über dessen Auftreten aufgefasst; je kleiner die Wahrscheinlichkeit dieses Signals ist, desto unsicherer ist sein Eintreffen und desto größer die Information als die Beseitigung dieser Unsicherheit. Unterscheiden sich die Wahrscheinlichkeiten zweier Nachrichten nur geringfügig, so soll das auch für ihren Informationsgehalt gelten (vgl. 7.1(ii)). Die Gesamtinformation zweier voneinander unabhängig durch die Quelle gelieferter Signale soll sich außerdem additiv aus den Einzelinformationen zusammensetzen (vgl. 7.1(iii)). So kommt man zu

7.1 Forderungen an das Informationsmaß

Für eine diskrete ("Informationen" liefernde) Quelle ohne Gedächtnis mit Signalmenge $A = \{a_1, \ldots, a_N\}$ (mit $N \geq 2$) und Wahrscheinlichkeiten $p(a_i) > 0$ fordern wir von einem *"Informationsmaß"* I:

(i) I ist lediglich eine Funktion f der Wahrscheinlichkeiten: $I(a_i) = f(p(a_i))$.
Für diese Funktion f gelte:[24]
(ii) $f :]0,1[\longrightarrow \mathbb{R}$ ist stetig und streng monoton fallend sowie
(iii) $f(p_i \cdot p_j) = f(p_i) + f(p_j)$ für alle $p_i, p_j \in]0,1[$.

Sei f eine Funktion der Eigenschaften (ii) und (iii). Dann ist die Funktion $h := f \circ \exp$ (Hintereinanderausführung der Exponentialfunktion und von f) ebenfalls stetig und erfüllt die Bedingung

$$h(x+y) = h(x) + h(y) \text{ für } x,y \in \exp^{-1}(]0,1[).$$

Man kann zeigen, dass die Funktionen h_k mit $h_k(x) = k \cdot x$ die einzigen sind, die dieser Funktionalgleichung genügen. (Man betrachte nacheinander $h(-1) =: -k, h(-n), h(-\frac{n}{m})$, $h(r)$!) Daraus folgt mit $f(e^y) = h_k(y) = ky$ sofort $f(x) = k \cdot \ln x$. Bis auf einen konstanten Faktor ist damit f eindeutig bestimmt. Aus der Forderung fallender Monotonie ergibt sich $k < 0$. Wir haben noch die Freiheit zu normieren. Setzt man nun [25]

(iv) $f(\frac{1}{2}) = 1$

(die Information über den Ausgang eines Alternativexperiments mit 2 gleichwahrscheinlichen Ausgängen sei 1), so ergibt sich [26]

$$k = f(1/2)/\ln(1/2) = 1/-\ln 2, \text{ also } f(x) = -\ln x/\ln 2 = -\log_2 x = \log_2(1/x).$$

Diese Funktion f hat umgekehrt die erwähnten Eigenschaften. Somit gelangt man zu folgender Definition:

---

[24]$]0,1[:= \{x \in \mathbb{R} \mid 0 < x < 1\}$
f heißt streng monoton fallend, wenn für je zwei x,y aus dem Definitionsbereich mit $x < y$ die Ungleichung $f(x) > f(y)$ gilt. Zum Stetigkeitsbegriff s. Bücher über Analysis!
[25]Bei einem Codealphabet der Größe d ist $f(\frac{1}{d}) = 1$ eine sinnvolle Alternative.
[26]$y = \ln x / \ln d \Rightarrow \ln x = y \cdot \ln d \Rightarrow x = d^y \Rightarrow y = \log_d x$ (hier für $d = 2$).

7.2   Information

a) Definition (nach Shannon)[27]

> Bei einer diskreten Quelle ohne Gedächtnis ist die Information, die durch das mit Wahrscheinlichkeit $p_i > 0$ eintretende Signal a_i geliefert wird, definiert durch
>
> $$I(a_i) := \log_2(1/p_i) \; [\text{bit}],$$
>
> Maßeinheit: bit (kleingeschrieben) oder Sh (Shannon).

b) Eigenschaften:

> Die so definierte Funktion I erfüllt die Forderungen 7.1 an ein Informationsmaß.

7.3   Beispiel und Anmerkung:

a) Als *Spezialfall* betrachten wir eine Quelle Q_2 mit $N = 2^m$ Signalen gleicher Wahrscheinlichkeit p. Wegen $N \cdot p = 1$ folgt $p = 1/N = 1/2^m$. Für jedes Quellenzeichen a gilt daher

$$I(a) = \log_2(1/p) = \log_2(2^m) = m.$$

Wir erinnern uns, dass Q_2 durch die Elemente von $\{0,1\}^m = C$ codiert werden kann. (Auch die Huffman-Codierung führt zu diesem Code.) Im zugehörigen Codebaum, einem vollständigen binären Baum, entsprechen den Codewörtern die Blätter (Niveau m bei Zählung ab 0). Als Block-Code bzw. Huffman-Code ist C ein Präfixcode. Bei der entsprechenden Fragestrategie benötigt man für jedes Quellenzeichen m Fragen. Die Information eines Zeichens a entspricht im behandelten Spezialfall der Anzahl der Fragen, mit der man a herausfinden kann.

b) Im allgemeinen Fall kann man sich theoretisch vorstellen, dass zur Berechnung der Information $I(a_i)$ die von a_i verschiedenen Symbole in $1/p_i$ Gruppen derselben Wahrscheinlichkeit wie a_i zusammengefasst werden können, sodass ausgehend vom Fall gleicher Wahrscheinlichkeiten auf diese Weise die Definition $I(a_i) = \log_2(1/p_i)$ auch für den allgemeinen Fall motiviert wird.

Im Allgemeinen ist man aber nicht an der Information eines *einzelnen* speziellen Quellensymbols interessiert. Ähnlich wie wir uns in Paragraph 6 mit gemittelten Wortlängen beschäftigten, so behandeln wir nun die von der Quelle im Mittel pro Signal gelieferte Information, genauer den Erwartungswert von I, die sogenannte Entropie der Quelle.

---

[27]Bei d Codesymbolen wird auch $I_d(a_i) := \log_d(1/p_i)$ als Information definiert.

7.4 Definition: Entropie

a) Gegeben sei eine Quelle Q ohne Gedächtnis[28] mit Zeichen $a_1, \ldots, a_N$ und Wahrscheinlichkeitsverteilung $\boldsymbol{p} = (p_1, \ldots, p_N)$. Dann heißt

$$H(Q) := \sum_{i=1}^{N} p_i \log_2(1/p_i) \ [\text{bit/Symbol}]$$

die (ideelle) *Entropie* von Q (oder der mittlere Informationsgehalt von Q). Maßeinheit: [bit/Symbol] oder [Sh/Symbol].

b) Verwendet man ein Codealphabet mit d Elementen, so ist auch folgende Definition einer d–nären Entropiefunktion H_d sinnvoll, die sich von H nur um einen konstanten Faktor unterscheidet [29]:

$$H_d(Q) := \sum_{i=1}^{N} p_i I_d(a_i) = \sum_{i=1}^{N} p_i \log_d(1/p_i) = \frac{H(Q)}{\log_2 d} \ .$$

7.5 Anmerkung

Man beachte, dass $H(Q)$ allein von der Wahrscheinlichkeitsverteilung $\boldsymbol{p} = (p_1, \ldots, p_N)$ der Quelle abhängt; man schreibt daher auch nur $H(\boldsymbol{p})$ oder $H(p_1, \ldots, p_N)$. Durch die Setzung $0 \cdot \ln 0 = 0$ kann man die Definition auch verwenden, wenn man die Voraussetzung "$p_i \neq 0$" fallen lässt.

7.6 Beispiele

(a) Fortsetzung von 7.3: Es gilt $H(\frac{1}{N}, \ldots, \frac{1}{N}) = \sum_{i=1}^{N} \frac{1}{N} \log_2 N = \log_2 N$. Für $N = 2^m$ folgt erwartungsgemäß $H(\frac{1}{N}, \ldots, \frac{1}{N}) = m = I(a_i)$ $(i = 1, \ldots, 2^m)$.

(b) Ist $\boldsymbol{p} = (p, 1-p)$, so folgt $H(\boldsymbol{p}) = -p \log_2 p - (1-p) \log_2(1-p)$. Die Entropiefunktion (auch Shannon-Funktion genannt) nimmt ihr Maximum für $p = 1 - p = \frac{1}{2}$ an. Einen Graph der Funktion zeigt Bild 7.1.

---

[28] Bei einer stationären Markov-Quelle, s. §4, mit Alphabet A und Wahrscheinlichkeitsverteilung der Signale $\boldsymbol{p}$ heißt $H_d(\boldsymbol{p})$ die *unbedingte Entropie*; diese gibt die mittlere Information einer Quelle $Q = (A, \boldsymbol{p})$ an, die ein Beobachter der Quelle ohne Vorkenntnis ihrer Vergangenheit und ihres momentanen Zustands erhält. Bei Kenntnis des Zustandes S_m der Quelle ist die *bedingte Entropie* im Zustand S_m gleich $H_d(Q|S_m) = \sum_{j=1}^{u} p_{m,j} \log_d(1/p_{m,j})$. Kennt man die Vergangenheit der Quelle, so ist $H_d(Q_i|Q_0 Q_1 \ldots Q_{i-1}) = \sum_{z_0 \ldots z_{i-1} \in A^i} p(z_0 \ldots z_{i-1}) H_d(Q_i|z_0 \ldots z_{i-1})$ mit $H_d(Q_i|z_0 \ldots z_{i-1}) = \sum_{z_i \in A} p(z_i|z_0 \ldots z_{i-1}) \log_d(1/p(z_i|z_0 \ldots z_{i-1}))$ die bedingte Entropie der Quelle zum Zeitpunkt t_i. Man kann zeigen, dass die Folgen $(H_d(Q_0 \ldots Q_{i-1})/(i+1))_{i \in \mathbb{N}_0}$ und $(H_d(Q_i)|Q_0 \ldots Q_{i-1}))_{i \in \mathbb{N}_0}$ für $i \to \infty$ monoton fallend gegen eine gemeinsame Grenzfunktion $H_d^{(\infty)}(Q)$ konvergieren, für die gilt: $H_d^{(\infty)}(Q) = \sum_{m=1}^{w} \pi(S_m) H_d(Q|S_m) \leq \log_d(u)$. *(Satz über die Entropie einer stationären Markov-Quelle; s. z.Bsp. Heise & Quattrocchi [1989] p.124 .)*

[29] Es ist $\log_d x = \ln x / \ln d$, vgl. oben, daher $\log_2 x / \log_2 d = \frac{\ln x / \ln 2}{\ln d / \ln 2} = \log_d x$; vgl. die früheren Fußnoten!

$$H(p, 1-p)$$

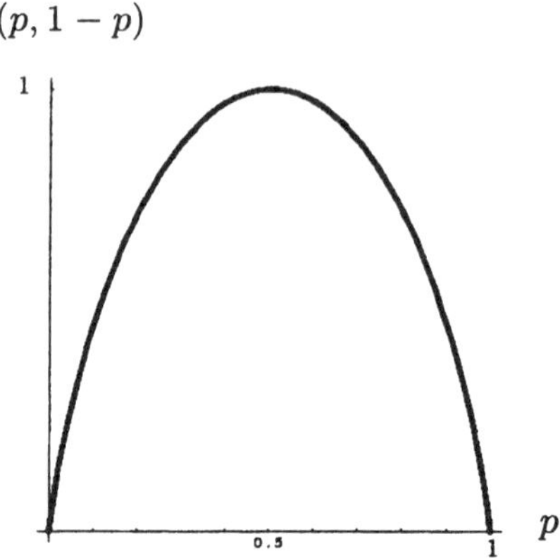

Bild 7.1: Graphische Darstellung
der Entropiefunktion $H(p, 1-p)$

(c) Auch allgemein kann man zeigen, dass unter allen Quellen mit N Signalen diejenige die größte Entropie hat, deren Signale alle die gleiche Wahrscheinlichkeit haben. Diese maximale Entropie (bei festem Alphabet) wird mit H_0 oder $H_{\max}$ bezeichnet und heißt "Entscheidungsgehalt".

(d) Fortsetzung des Beispiels aus §6: Die dortige Quelle Q_1 hat Wahrscheinlichkeitsverteilung $(0,4; 0,1; 0,2; 0,3)$ und damit die Entropie $H(Q_1) \approx 1,846$ [bit/Symbol].

7.7   Hilfssatz: Produkte von Quellen

> (a) Seien $Q_1 = (A_1, \boldsymbol{p}_1)$ und $Q_2 = (A_2, \boldsymbol{p}_2)$ diskrete Informationsquellen ohne Gedächtnis. Dann folgt für die Quelle $Q_1 \times Q_2$, deren Zeichen die Elemente von $A_1 \times A_2$ sind und deren Wahrscheinlichkeitsverteilung $\boldsymbol{p}((a_1, a_2)) = \boldsymbol{p}_1(a_1) \cdot \boldsymbol{p}_2(a_2)$ für $a_i \in A_i$ erfüllt, die Beziehung
>
> $$H_d(Q_1 \times Q_2) = H_d(Q_1) + H_d(Q_2).$$
>
> (b) Insbesondere gilt für die Quelle Q^k, deren Signale aus den Wörtern der Länge k von Zeichen der Quelle Q ohne Gedächtnis bestehen, die Gleichung
>
> $$H_d(Q^k) = k \cdot H_d(Q).$$

Beweis:

(a) Laut Definition der Entropie ist

$$H_d(Q_1 \times Q_2) = - \sum_{xy \in A_1 \times A_2} \boldsymbol{p}(xy) \log_d \boldsymbol{p}(xy).$$

Wegen der Bedingung an $\boldsymbol{p}$ folgt

$$
\begin{aligned}
H_d(Q_1 \times Q_2) &= -\sum_{x \in A_1} \sum_{y \in A_2} \boldsymbol{p}_1(x) \cdot \boldsymbol{p}_2(y) \log_d(\boldsymbol{p}_1(x) \cdot \boldsymbol{p}_2(y)) \\
&= -\sum_{x \in A_1} \sum_{y \in A_2} \boldsymbol{p}_1(x)\boldsymbol{p}_2(y)(\log_d \boldsymbol{p}_1(x) + \log_d \boldsymbol{p}_2(y)) \\
&= -\sum_{x \in A_1} \boldsymbol{p}_1(x) \log_d \boldsymbol{p}_1(x) \sum_{y \in A_2} \boldsymbol{p}_2(y) - \sum_{y \in A_2} \boldsymbol{p}_2(y) \log_d \boldsymbol{p}_2(y) \sum_{x \in A_1} \boldsymbol{p}_1(x) \\
&= -\sum_{x \in A_1} \boldsymbol{p}_1(x) \log_d \boldsymbol{p}_1(x) - \sum_{y \in A_2} \boldsymbol{p}_2(y) \log_d \boldsymbol{p}_2(y) = H_d(Q_1) + H_d(Q_2).
\end{aligned}
$$

(b) Folgt unmittelbar aus (a). $\qquad\qquad\square$

Wie in 7.3 und 7.6a) gesehen, stimmt bei einer Quelle mit 2^m Signalen gleicher Wahrscheinlichkeit die durch ein Signal gelieferte Information und damit die Entropie mit dem minimalen mittleren Codieraufwand überein. Dies gilt nicht allgemein, jedoch werden wir zeigen, dass die mittlere Codewortlänge durch die Entropie der Quelle beschränkt ist. Bezeichnet man mit $\bar{\ell}_{opt}(Q)$ den minimalen mittleren Codieraufwand bei der Einzelcodierung – also die mittlere Codewortlänge einer optimalen Codierung der einzelnen Quellenzeichen durch einen Präfixcode –, so gilt sogar:

7.8 Satz (Schranken für die mittlere Codewortlänge)

> Für eine diskrete Quelle Q ohne Gedächtnis gilt bei der Einzelzeichen-Codierung mit d Zeichen:
> $$ H_d(Q) \leq \bar{\ell}_{opt}(Q) < H_d(Q) + 1 $$

Beweis (vgl. Topsœ[1974] p. 24 f.):
Die Quelle Q habe die Wahrscheinlichkeitsverteilung $\boldsymbol{p} = (p_1, \ldots, p_N)$ mit $p_i \neq 0$ und sei durch einen Präfixcode C über einem Alphabet mit $d \geq 2$ Zeichen codiert. Nach 3.7 existiert ein aus N Wörtern der Längen $\ell_1, \ldots, \ell_N$ bestehender Präfixcode C genau dann, wenn die Kraftsche Ungleichung gilt:

$$
\sum_{i=1}^{N} \frac{1}{d^{\ell_i}} \leq 1 = \sum_{i=1}^{N} p_i.
$$

Einerseits folgt aus dieser Gleichung mit Eigenschaften der log-Funktion ($\ln x \leq x - 1$, also $\log_d x \leq \frac{1}{\ln d} \cdot (x - 1)$), die folgende Abschätzung für die mittlere Codewortlänge $\bar{\ell}$ von C:

$$
\begin{aligned}
H_d(Q) - \bar{\ell} &= -\sum_{i=1}^{N} p_i \log_d p_i - \sum_{i=1}^{N} p_i \ell_i = \sum_{i=1}^{N} p_i \log_d(\frac{1}{p_i} \cdot d^{-\ell_i}) \\
&\leq \frac{1}{\ln d} \cdot \sum_{i=1}^{N} p_i(\frac{1}{p_i} d^{-\ell_i} - 1) = \frac{1}{\ln d}(\sum_{i=1}^{N} d^{-\ell_i} - \sum_{i=1}^{N} p_i) \leq 0.
\end{aligned}
$$

Damit gilt $H_d(Q) \leq \bar{\ell}$ für jede Präfix-Codierung, also auch für eine optimale. Wählt man andererseits $\ell_i \in \mathbb{N}$ mit $-\log_d p_i \leq \ell_i < -\log_d p_i + 1$ $(i = 1, \ldots, N)$, so ist für diese ℓ_i die Kraftsche Ungleichung erfüllt $(d^{-\ell_i} \leq p_i)$, und es gibt einen Präfixcode C_1 mit diesen Wortlängen. (Ein solcher Code heißt **Shannon-Code**.) Mit dem Codieraufwand $\bar{\ell}$ von C_1 erhalten wir

$$\bar{\ell}_{opt}(Q) \leq \bar{\ell} = \sum_{i=1}^{N} p_i \ell_i < \sum_{i=1}^{N} -p_i \log_d p_i + \sum_{i=1}^{N} p_i = H_d(Q) + 1. \qquad \square$$

Wie wir im Beispiel zu 6.6 sahen, kann man durch Zusammenfassen von jeweils k Quellenzeichen zu Superzeichen (Wort-Codierung) die mittlere Anzahl der Codesymbole pro Quellenzeichen noch unter $\bar{\ell}_{opt}$ drücken. Es erhebt sich die Frage, ob bei steigender Länge der gebildeten Wörter auch allgemein eine Reduzierung der mittleren Codewortlänge möglich ist, und wenn ja, ob es eine untere Grenze gibt. Die Antwort darauf gibt der folgende 1. **Hauptsatz der Informationstheorie:**

7.9   Fundamentalsatz über die Quellencodierung (Shannon)

> Bei einer diskreten Quelle Q ohne Gedächtnis ist der mittlere Codieraufwand pro Quellenzeichen (bei der Codierung der Quellenwörter fester Länge k mittels eines Präfixcodes über einem Alphabet mit d Zeichen) durch die Entropie $H_d(Q)$ nach unten beschränkt. Bei geeignet großer Wortlänge k lässt sich aber eine Codierung finden, deren mittlerer Codieraufwand beliebig nahe bei $H_d(Q)$ liegt.

Beweis:
Statt der Quelle Q mit Zeichenmenge $A = \{a_1, \ldots, a_N\}$ betrachtet man die "Super-Quelle" Q^k, deren Zeichen gerade die Wörter der Länge k über $\{a_1, \ldots, a_N\}$ sind; wegen der Unabhängigkeit der Signale folgt für Q^k aus 7.7 die Aussage $H_d(Q^k) = k \cdot H_d(Q)$. Aus 7.8 erhalten wir damit für den mittleren Codieraufwand pro Quellenzeichen, also für $\frac{1}{k} \cdot \bar{\ell}(Q^k)$, die Ungleichung

$$H_d(Q) = \frac{1}{k} \cdot H_d(Q^k) \leq \frac{1}{k} \cdot \bar{\ell}_{opt}(Q^k) < \frac{1}{k} \cdot [H_d(Q^k) + 1] = H_d(Q) + \frac{1}{k}.$$

Die Länge des Intervalls $[H_d(Q), H_d(Q) + \frac{1}{k}]$ kann durch genügend großes k beliebig klein gemacht werden. $\qquad \square$

Wir weisen ausdrücklich darauf hin, dass wir bei der Einzelzeichencodierung nur Quellen mit unabhängiger Signalfolge betrachtet haben. Wie schon erwähnt, gibt es aber bei der Folge der Quellenzeichen in der Realität meist Abhängigkeiten. Letztere können zum Teil durch Wortcodierungen oder durch Präcodierungen reduziert werden.

7.10   Anmerkung zu Dekorrelationstechniken

a) Bei vorhandenen statistischen Abhängigkeiten innerhalb einer Folge von Signalwerten ist die **Prädiktion** ein Verfahren, um eine Ungleichverteilung der Werte herbeizuführen und so eine nachfolgende Entropiecodierung zu begünstigen. Bei der Voraussage wird versucht, die Amplitude des zeitdiskreten Originalsignals (nach vorgegebener Regel) zu schätzen; übertragen wird dann nur der Prädiktionsfehler. *Literatur:* Strutz [2002].

b) Eine andere "Dekorrelations"-Technik ist die der (diskreten) Signal-Transformation, z.B. die *Diskrete Cosinus-Transformation* (DCT, vgl. Strutz [2002]p. 90) oder eine **diskrete "Wavelet"-Transformation** (vgl. Strutz l.c. p. 92 ff.). Ziel ist hierbei stets, das Originalsignal als Linearkombination weniger Basisfunktionen darzustellen (darunter solchen für die grobe Approximation, sogenannte Skalierungsfunktionen, und anderen für die Details, die Wavelet-Funktionen im engeren Sinne). Zu übertragen sind dann nur die weniger korrelierten Koeffizienten der benutzten Basisfunktionen. Beispiele einer "Transformationsbasis" erhält man u.a. mittels einer "Mutter"-Wavelet-Funktion, aus der sich alle anderen Wavelets der Basis durch Stauchen und Dehnen bzw. Verschieben konstruieren lassen; (s. Bild 7.2 für eine besonders einfache Mutter-Wavelet-Funktion; s. Strutz [2002] für andere Waveletfamilien, z.B. die von Ingrid Daubechies).

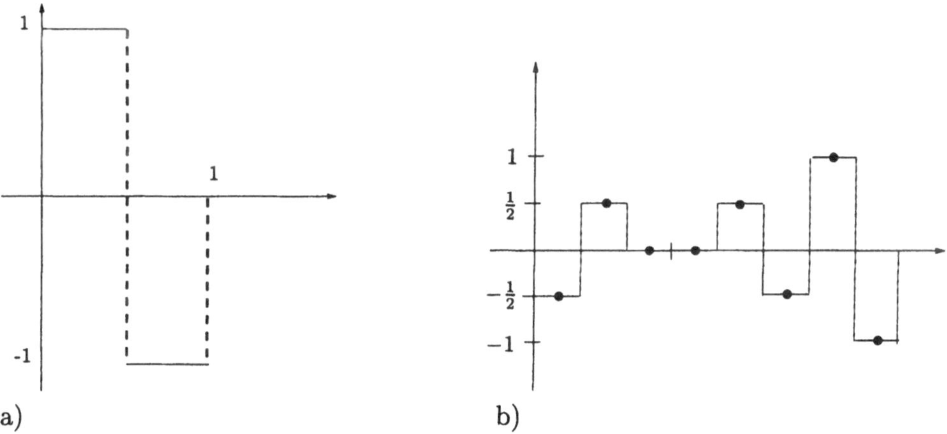

a)   b)

Bild 7.2: Beispiele von Wavelets: a) Mutter-Wavelet-Funktion der Haar-Transformation b) Beispiel einer aus der Muttter-Wavelet gewonnenen Funktion. (Die Punkte bilden den Graphen des zugehörigen diskretisierten Wavelets.)

7.11   Zum Begriff der Redundanz

Die Differenz zwischen der mittleren Codewortlänge $\bar{\ell}$ einer Codierung $\underline{c}$ und der Entropie $H_d(Q)$ der codierten Quelle heißt absolute **Redundanz der Codierung**; sie ist ein Maß dafür, wie komprimiert die Information der Quelle Q übertragen wird. Meist betrachtet man aber die auf die Codesymbole bezogene relative Redundanz der Codierung $1 - H_d(Q)/\bar{\ell}$; hierbei lässt sich Eff($\underline{c}$) := $H_d(Q)/\bar{\ell}$, die sogenannte *Effizienz* oder *Datenkompressionsrate* deuten als die im Mittel pro Codesymbol übertragene Information. Nach dem Beweis zu 7.8 gilt Eff($\underline{c}$) ≤ 1.

Von der erwähnten Redundanz zu unterscheiden ist die (relative) **Redundanz der Quelle** $1 - H(Q)/H_{\max}$, die die Abweichung der Entropie der Quelle (ermittelt unter Berücksichtigung von Abhängigkeiten in der Signalfolge) von der Entropie einer Quelle mit ebenso vielen, aber gleichwahrscheinlichen Symbolen quantifiziert. Für die 30 Buchstaben der *deutschen Schriftsprache* (einschließlich Zwischenraum und Interpunktion) ergibt sich eine Redundanz von ca. 67% (vgl. Bauer & Goos [1982] p. 301, Bauer[1995] p.181 bzw. Rupprecht [1982] p. 177ff). Dies lässt sich dahingehend interpretieren, dass in einem

geschriebenen deutschen Text mehr als die Hälfte der Buchstaben für die Entzifferung
entbehrlich ist. Auch ohne Berücksichtigung der semantischen Struktur (Grammatik und
Sinn) lässt sich ein Text oft trotz Druckfehler oder Lücken entziffern.

Literaturhinweise:

Bauer & Goos [1971] oder [1982], Cramer et alii [1989], Duske & Jürgensen [1977] I.1,
Guiasu & Shenitzer [1985], Jaglom & Jaglom [1965], Kameda & Weihrauch [1973], Mas-
sey[1983], McEliece [1977], Mildenberger [1990], Roman [1997], Schulz [1988], Strutz[2002],
Topsœ[1974], Tzschach & Haßlinger [1993].

Kurze Zusammenfassung:

> Die Entropie einer Quelle ohne Gedächtnis ist zugleich untere Grenze für die mittlere
> Codewortlänge; die Differenz zwischen Entropie der Quelle und mittlerer Codewortlänge
> (- die Redundanz-) ist ein Gütemaß für die Kompression mittels eines Präfixcodes.

Kap. III
Fehlererkennende und fehlerkorrigierende Codes

In diesen Kapitel gehen wir zunächst auf Prüfzeichen-Verfahren für dezimale Wörter ein,
also für solche über dem Alphabet $\{0, 1, \ldots, 9\}$, und kommen dann zu Verallgemeinerungen auf andere fehlererkennende Codes. Danach thematisieren wir den Begriff des
Abstandes zwischen Wörtern und klären damit Grundlagen für die Fehlerkorrektur, insbesondere bei binären Codes. Anschließend behandeln wir ausführlich die Theorie der
linearen fehlerkorrigierenden Codes.

8 Prüfzeichenverfahren

Prüfziffern sind uns bekannt von Kontonummern bei Banken und Bausparkassen oder von
Versicherungsnummern, wohl auch von den Kenn-Nummern für Bücher (ISBN, Interna-
tional Standard Book Number) oder der Europäischen Artikelnummer (EAN, European
Article Number). Auf die beiden letzten Beispiele gehen wir im Folgenden kurz ein, bevor
wir allgemeine Prüfziffern-Methoden behandeln.

A) Einführung

8.1 ISBN (Internationale Standard-Buchnummer)

Bücher werden seit einiger Zeit mit Nummern gekennzeichnet, aus denen Land, Verlag
und Buch zu identifizieren sind. Zum Beispiel hat das Buch von Bauer & Goos [1971]
(neben der USA-Nr.) die ISBN 3-540-05303-4, wobei 3 das Land, 540 den Verlag und
05303 das Buch kennzeichnet. Die letzte Ziffer, 4, ist eine Prüfziffer, die Erkennen einer
fehlerhaften Angabe der Nummer ermöglichen soll.

Schreibt man die Nummer in der Form $a_1 a_2 \ldots a_{10}$, so errechnet sich die Prüfziffer a_{10} als
Rest von $\sum_{i=1}^{9} i \cdot a_i$ bei Divison durch 11; es gilt also die Formel[30] $a_{10} \equiv \sum_{i=1}^{9} i \cdot a_i \pmod{11}$.
Allerdings ist für die Prüfziffer das Alphabet zu erweitern: Ergibt sich $a_{10} \equiv 10 \pmod{11}$,
so setzt man $a_{10} = X$. In unserem Beispiel erhalten wir:
$$a_{10} \equiv 1 \cdot 3 + 2 \cdot 5 + 3 \cdot 4 + 4 \cdot 0 + 5 \cdot 0 + 6 \cdot 5 + 7 \cdot 3 + 8 \cdot 0 + 9 \cdot 3 \equiv 4 \pmod{11}.$$
Ein Fehler (z.Bsp. 3-440-05303-4) ergäbe ein anderes a_{10} (im Beispiel $a_{10} \equiv 101 \equiv 2$
(mod 11)), und würde daher auffallen.

8.2 EAN (Europäische Artikelnummer)

Durch die Entwicklung opto-elektronischer Lesegeräte und ihres Einsatzes wurde es z.B.
im Einzelhandel möglich, die Kassiererinnen zu entlasten und gleichzeitig Übersicht über
den Lagerbestand zu behalten. Dazu ist jede Warenpackung mit einer Artikelnummer

---

[30]Hierbei bedeutet $a \equiv b \pmod{m}$, dass m Teiler von $a - b$ ist, also $a = b + k \cdot m$ gilt; (s. auch Anhang
B 3 oder SCHEID [1991] KAP. III). $a \equiv b \pmod{m}$ wird gelesen als "a ist kongruent b modulo m".

versehen, die für das Lesegerät durch einen Strichcode (s. Bild 8.1) verarbeitbar wird. Die EAN besteht aus 13 Ziffern, deren erste zwei das Ursprungsland bezeichnen und deren letzte eine Prüfziffer ist. Diese berechnet sich aus der Formel

$$a_{13} \equiv -(1 \cdot a_1 + 3 \cdot a_2 + 1 \cdot a_3 + 3 \cdot a_4 + \ldots + 1 \cdot a_{11} + 3 \cdot a_{12}) \pmod{10}.$$

Bild 8.1 Beispiel einer EAN

Beim Strichcode, der durch Rand- und Mittelzeichen unterteilt ist, wird $a_1 \ldots a_{13}$ durch eine Folge von "ausgefüllten" (1) oder "leeren" (0) Balken repräsentiert (s. Bild 8.2 und Tabelle 8.2). Dabei sind die 6 Ziffern $a_2, \ldots, a_7$ durch zwei Codierungen A,B, die weiteren 6 Zeichen durch eine Codierung C verschlüsselt; die Codierung A ist in Tabelle 8.1a dargestellt, die Codierung B erhält man aus der A-Codierung durch Vertauschung von 0 und 1 und Umkehrung der Reihenfolge der Komponenten, die Codierung C aus der A-Codierung durch Vertauschen von 0 und 1. Die 13. Ziffer, nämlich a_1, ist durch die Reihenfolge der Codierungen A, B dargestellt (Codierung D gemäß Tabelle 8.1b).
Wir werden sehen, dass bei der EAN alle Fehler an nur einer Stelle, aber nicht alle Zahlendreher erkannt werden können. Wegen der Verwendung von Scannern an den Computerkassen hat letzteres aber keine großen Auswirkungen.
Literatur: Schmidt [1984] p. 60 ff., Beutelspacher [1986], Herget [1989].

Zeichen	Code A
0	0 0 0 1 1 0 1
1	0 0 1 1 0 0 1
2	0 0 1 0 0 1 1
3	0 1 1 1 1 0 1
4	0 1 0 0 0 1 1
5	0 1 1 0 0 0 1
6	0 1 0 1 1 1 1
7	0 1 1 1 0 1 1
8	0 1 1 0 1 1 1
9	0 0 0 1 0 1 1

Wert der Ziffer	Code für die Ziffer					
a_1	a_2	a_3	a_4	a_5	a_6	a_7
0	A	A	A	A	A	A
1	A	A	B	A	B	B
2	A	A	B	B	A	B
3	A	A	B	B	B	A
4	A	B	A	A	B	B
5	A	B	B	A	A	B
6	A	B	B	B	A	A
7	A	B	A	B	A	B
8	A	B	A	B	B	A
9	A	B	B	A	B	A

a)   b)
Tabelle 8.1 Code zur Strichcodierung der EAN

8.3 Anmerkung zur Fehlererkennung

Im vorliegenden Paragraphen befassen wir uns ausschließlich mit Prüfzeichen-Verfahren, die lediglich der Fehlererkennung dienen. An eine automatische Korrektur ist dabei nicht

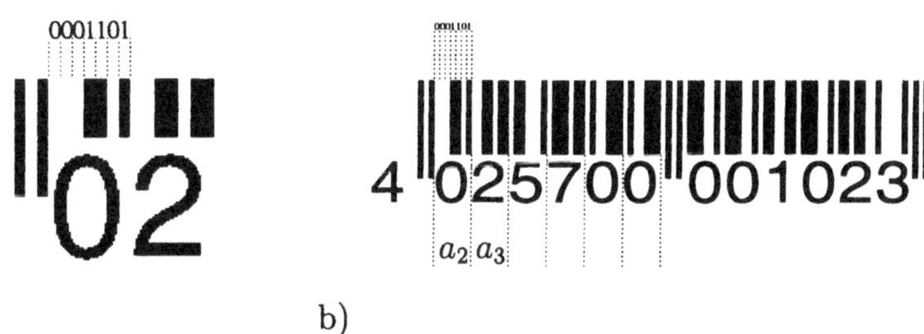

Bild 8.2: Zum Strichcode
a) Ausschnitt mit Andeutung der Codierung b) EAN

a_1	$a_2 \dots a_7$	$a_8 \dots a_{13}$
Codierung D	Codierung A bzw. B	Codierung C

Tabelle 8.2: Codierung der EAN mittels Strich-Code

gedacht. Voraussetzung ist daher, dass man eine Quelle hat, bei der man rückfragen kann. In der Praxis heißt das zum Beispiel bei der EAN, dass die Kassiererin das Lesegerät nochmals ansetzt, die Nummer eintippt oder in einem Katalog nach der richtigen Zahl sucht.

8.4 Fehlertypen

Zur Beurteilung von Prüfzeichen-Verfahren ist auch eine Untersuchung möglicher Fehler und der Häufigkeit des Auftretens nötig. Das Ergebnis zweier empirischer Untersuchungen von Verhoeff [1969] (Stichprobe mit 12.112 sechsstelligen Zahlen-Paaren) und Beckley [1967] ist Tabelle 8.3 zu entnehmen. Es zeigt, dass für Übermittlung durch den Menschen Einzelfehler und Nachbartranspositionen die wichtigsten sind.

Fehlertyp		relative Häufigkeit [31]	
		Verhoeff	Beckley
Einzelfehler (Verwechslung einer Ziffer)	$\dots a \dots \rightsquigarrow \dots a' \dots$	79.0% (60-95)	86 %
Nachbartranspositionen(Ziffern-Dreher, Vertauschung benachbarter Ziffern)	$\dots a\,b \dots \rightsquigarrow \dots b\,a \dots$	10.2%	8 %
Sprungtranspositionen(Vertauschung einer Ziffer mit der übernächsten)	$\dots acb \dots \rightsquigarrow \dots bca \dots$	0.8%	
Zwillingsfehler	$\dots aa \dots \rightsquigarrow \dots bb \dots$	0.6%	6%
phonetische Fehler [32] (für $a \geq 2$)	$\dots a0 \dots \leftrightarrow \dots 1a \dots$	0.5%	
Sprung-Zwillings-Fehler	$\dots aca \dots \rightsquigarrow \dots bcb \dots$	0.3%	
übrige Fehler (zufällige Fehler)		8.6%	

Tabelle 8.3: Fehlertypen und ihre Häufigkeit bei zwei Stichproben

Einen Überblick über die gebräuchlichen Prüfzeichenverfahren ist in Ecker & Poch [1986]
wiedergegeben. Wir wählen einige davon aus.

B) Elementare Methoden

8.5   Prüfungen modulo 10

(i) Als Prüfziffer für $a_1 a_2 \ldots a_{n-1}$ lässt sich die mit Gewichten $w_1, \ldots, w_{n-1}$ gewichtete
Summe modulo 10 wählen:

$$a_n \equiv - \sum_{i=1}^{n-1} w_i a_i \ (\mathrm{mod}\ 10) \ \text{und} \ a_n \in \{0, \ldots, 9\}.$$

Beispiel: Bei den EAN-Prüfziffern ist $w_i = 1$ für ungerades i und $w_i = 3$ für gerades
i gewählt sowie $n = 10$.
Etwas allgemeiner gehen wir aus von der Bedingung (**Prüfgleichung, Kontrollgleichung**)

$$\sum_{i=1}^{n} w_i a_i \equiv 0 \ (\mathrm{mod}\ 10),$$

d.h. a_n sei so gewählt, dass $\sum_{i=1}^{n} w_i a_i$ durch 10 teilbar ist. Dabei setzen wir voraus, dass
w_n teilerfremd zu 10 ist (– dann existiert zu jedem Wort $a_1 \ldots a_{n-1}$ eine Prüfziffer
a_n). Ein einfacher Fehler $a_j \rightsquigarrow a_j'$ führt nach Einsetzen in die linke Seite der Prüfgleichung zu folgender Formel[33]

$$\sum_{\substack{i=1 \\ i \neq j}}^{n} w_i a_i + w_j a_j' = \sum_{i=1}^{n} w_i a_i + w_j(a_j' - a_j) \equiv 0 + w_j(a_j' - a_j) \ (\mathrm{mod}\ 10).$$

Damit der Fehler erkannt werden kann, muss $w_j(a_j' - a_j) \not\equiv 0$ (mod 10) sein. *Als
notwendig und hinreichend für die Vermeidung einfacher Fehler ist somit die Bedingung, dass jedes w_j teilerfremd zu 10 ist.* Dies bedeutet aber, dass die Abbil-
dung[34] $i \longmapsto R_{10}(w_j \cdot i)$ eine Permutation des Alphabets $\{0, 1, \ldots 9\}$ ist. Zum *Bei-
spiel* liefert $w_j = 3$ die Permutation $\begin{pmatrix} 0 & 1 & 2 & 3 & 4 & 5 & 6 & 7 & 8 & 9 \\ 0 & 3 & 6 & 9 & 2 & 5 & 8 & 1 & 4 & 7 \end{pmatrix}$, ist also als
Gewicht günstig.

In Verallgemeinerung wird folgende *Definition für Dezimalcodes* mod 10 sinnvoll:

---

[31] Die angegebenen relativen Häufigkeiten beziehen sich auf die Fälle, bei denen überhaupt ein Fehler
bei der Übermittlung stattfand.

[32] Ein phonetischer Fehler resultiert dabei aus einer akustischen Verwechslung (im Deutschen z. Bsp.
von "fünfzehn" und "fünfzig" etc.), ist also auch abhängig von der benutzten Sprache (– bei Verhoeff, s.
Tabelle 8.3, der holländischen Sprache).

[33] Aus $b_1 \equiv b_2$ (mod m) folgt $a + b_1 \equiv a + b_2$ (mod m), wie man aus der Definition von "$\equiv$" sieht.

[34] Mit $R_n(a)$ bezeichnen wir den Rest von a bei Division durch n. Alternativ benützen wir a MOD n.

(ii)
> Sei $a_1, \ldots, a_{n-1}(n \geq 2)$ ein Wort über dem Alphabet $A = \{0, 1, \ldots, 9\}$. Dann ist eine *Prüfziffern-Codierung modulo 10* mit *einem redundanten Prüfbit* $a_n \in A$ definiert durch n Permutationen $\delta_1, \ldots, \delta_n$ von A zusammen mit der *Kontrollgleichung* $\sum_{i=1}^{n} \delta_i(a_i) \equiv 0 \pmod{10}$.

Beispiele:

a) EAN-Code (s. 8.2)

b) IBM Code

$$\delta_{n-1} = \delta_{n-3} = \ldots := \begin{pmatrix} 0 & 1 & 2 & 3 & 4 & 5 & 6 & 7 & 8 & 9 \\ 0 & 2 & 4 & 6 & 8 & 1 & 3 & 5 & 7 & 9 \end{pmatrix}$$

$$\delta_n = \delta_{n-2} = \ldots := \mathrm{id}_A \text{ (Identität auf } A\text{)}$$

c) Code der deutschen Postgironummern (bei 9-stelligen Nummern) [35]:

$$\delta_1 = \delta_4 = \delta_7 = \begin{pmatrix} 0 & 1 & 2 & 3 & 4 & 5 & 6 & 7 & 8 & 9 \\ 1 & 2 & 3 & 4 & 5 & 6 & 7 & 8 & 9 & 0 \end{pmatrix} \text{ bzw. } x \mapsto R_{11}(1 \cdot x + 1)$$

$$\delta_2 = \delta_5 = \delta_8 = \begin{pmatrix} 0 & 1 & 2 & 3 & 4 & 5 & 6 & 7 & 8 & 9 \\ 2 & 4 & 6 & 8 & 0 & 1 & 3 & 5 & 7 & 9 \end{pmatrix} \text{ bzw. } x \mapsto R_{11}(2 \cdot x + 2)$$

$$\delta_3 = \delta_6 = \begin{pmatrix} 0 & 1 & 2 & 3 & 4 & 5 & 6 & 7 & 8 & 9 \\ 3 & 6 & 9 & 1 & 4 & 7 & 0 & 2 & 5 & 8 \end{pmatrix} \text{ bzw. } x \mapsto R_{11}(3 \cdot x + 3)$$

$$\delta_9(a_9) \equiv -a_9 \pmod{10}.$$

Je nach den zu vermeidenden Fehlertypen haben die δ_i noch weitere Bedingungen zu erfüllen. Nicht alle Fehlertypen können erkannt werden (s. auch 8.16). Eine auführlichere Diskussion findet man bei Ecker & Poch [1986].

A 8.1
Zeigen Sie, dass Prüfziffern-Codierungen modulo 10 gemäß 8.5 (ii) einfache Fehler erkennen lassen. Untersuchen Sie, unter welchen Bedingungen solche Dezimal-Codes mod 10 (Nachbar-)Transpositionen erkennen. Wenden Sie das Ergebnis auf die Beispiele b) und c) an!

8.6 Prüfungen modulo 11

Auch hier wird oft eine Prüfgleichung mit Gewichten w_i benutzt: $\sum_{i=1}^{n} w_i a_i \equiv 0 \pmod{11}$.

Beispiele: a) *ISBN-Code* (s. 8.1) b) *Geometrischer modulo 11-Code:* Bei diesem Prüfcode werden als Gewichte Potenzen eines Elementes a gewählt, z.B. $w_i = 2^i$ $(i = 1, \ldots, n)$. Nun ist 2 "primitive 10-te Einheitswurzel" modulo 11, d.h. es gilt $\{R_{11}(2^i) \mid i = 1, 2, \ldots, 10\} =$

---

[35]Bei j-stelligen Nummern mit $j \in \{8, 7, \ldots, 4\}$ werden $\delta_1, \delta_2, \ldots, \delta_{j-1}$ wie definiert verwendet und $\delta_j = \delta_9$ gesetzt; vgl. Paasche [1977]; nicht alle Nachbartranspositionen können erkannt werden, s. Kittler [1978]!

$\{1, 2, 3, \ldots, 10\}$. Daher lassen sich alle in Tabelle 8.3 aufgeführten Fehler außer den zufälligen Fehlern erkennen; (vgl. A 8.3 !).

A 8.2
Untersuchen Sie den modulo 11 Code mit Gewichten $10, 9, 8, 7, \ldots 2, 1, 10, 9, \ldots$ ("arithmetischer modulo 11 Code") daraufhin, ob Einzelfehler, Drehfehler, Sprungtranspositionen, Sprung-Zwillingsfehler entdeckt werden können!

A 8.3
Zeigen Sie, dass bei einem geometrischen mod 11 Code mit $w_i = a^i$ und $a^2 \equiv 1 (\mathrm{mod}\ 11)$ Sprungtranspositionen nicht entdeckt werden. Untersuchen Sie den Code, falls im Gegensatz dazu $a = 2$ gewählt wird !

8.7   Prüfungen modulo 9

Bei den von der Europäischen Zentralbank herausgegebenen Euro-Banknoten ist die Prüfziffer so gewählt, dass sich für die Kennzahl nach Ersetzung des Buchstabens (z.Bsp. 4 für L, 7 für X oder 8 für P) als Quersumme eine durch 9 teilbare Zahl ergibt; (dies heißt auch, dass die nach wiederholter Quersummenbildung erhaltene einziffrige Zahl konstant ist).
Beispiel X10158303314 (Nummer eines 10-Euro-Scheines) hat Quersumme $7 + 1 + 0 + 1 + 5 + 8 + 3 + 0 + 3 + 3 + 1 + 4 = 36$; diese Zahl ist durch 9 teilbar (bzw. hat Quersumme 9).

C) Verallgemeinerung auf Gruppen

Die angegebenen elementaren Verfahren haben, wie wir sahen, Nachteile: Entweder werden wichtige Fehlertypen nicht erkannt (mod 10) oder es ist eine Erweiterung des Alphabets nötig (mod 11). Man hat daher nach Alternativen gesucht und sie auch gefunden. Eine Durchsicht der oben geschilderten Verfahren zeigt, dass von den Restklassenringen $\mathbb{Z}_{10}, \mathbb{Z}_{11}$ etc. (s. Anhang B 2/3) im Wesentlichen nur die additive Gruppe benötigt wurde; die Multiplikation diente lediglich der Erzeugung einer Permutation der Ziffern. So kann man die Definition 8.5(ii) verallgemeinern zu der folgenden auf Gruppen:[36]

8.8   Definition: Prüfzeichen-Codierung über einer Gruppe

Sei A ein Alphabet und $G = (A, \cdot)$ eine Gruppe mit zugrundeliegender Menge A. Dann ist eine Prüfzeichen-Codierung über der Gruppe G definiert durch n Permutationen $\delta_1, \ldots, \delta_n$ von A, ein Element $c \in G$ zusammen mit der Kontrollgleichung [37]

$$\prod_{i=1}^{n} \delta_i(a_i) = c \ .$$

---

[36]Zum Gruppenbegriff s. Anhang B 1. (Beispiele s. 8.18 !)

[37]$\prod_{i=1}^{n} g_i$ bezeichnet das Produkt $g_1 \cdot g_2 \cdots g_n$.

8.9 Eigenschaften:

> (i) Eine Prüfzeichen-Codierung über der Gruppe G lässt alle Einzelfehler erkennen.

Bedingungen, unter denen weitere Fehler korrigiert werden können, zeigt Tabelle 8.4.[38]

Fehlertyp	Bedingungen für die Fehlererkennung
(ii) Transpostition benachbarter Elemente	$x\delta_{i+1}\delta_i^{-1}(y) \neq y\delta_{i+1}\delta_i^{-1}(x)$ für alle $x,y \in G$ mit $x \neq y$ und alle $i = 1,\ldots,n-1$.[39]
(iii) Sprungtransposition	$x \cdot y \cdot \delta_{i+2}\delta_i^{-1}(z) \neq z \cdot y \cdot \delta_{i+2}\delta_i^{-1}(x)$ für alle $x,y,z \in G$ mit $x \neq z$ und alle $i = 1,\ldots,n-2$.
(iv) Zwillingsfehler	$x\delta_{i+1}\delta_i^{-1}(x) \neq y\delta_{i+1}\delta_i^{-1}(y)$ für alle $x,y \in G$ mit $x \neq y$.[40]
(v) Sprungzwillingfehler	$xy\delta_{i+2}\delta_i^{-1}(x) \neq zy\delta_{i+2}\delta_i^{-1}(z)$ für alle $x,y,z \in G$, $x \neq z$.

Tabelle 8.4: Bedingungen für die Fehlererkennung bei einer Prüfzeichen-Codierung über einer Gruppe.

Beweisskizze:

Eine Transposition $a_i a_{i+1} \rightsquigarrow a_{i+1} a_i$ wird entdeckt, falls $\delta_i(a_i)\delta_{i+1}(a_{i+1}) \neq \delta_i(a_{i+1})\delta_{i+1}(a_i)$ ist. Mit $\delta_i(a_i) =: x$ und $\delta_i(a_{i+1}) =: y$ ist dies äquivalent zu

$$x\,\delta_{i+1}\delta_i^{-1}(y) \neq y\delta_{i+1}\delta_i^{-1}(x).$$

Weil δ_i Permutation ist, muss zur Erkennung von Nachbar-Transpositionen diese Bedingung für alle $x,y \in G$ mit $x \neq y$ erfüllt sein. Die übrigen Aussagen folgen analog. $\square$
Setzt man $T := \delta_{i+1}\delta_i^{-1}$, so wird nach 8.9 (ii) folgende Definition bedeutsam: [41]

8.10 Definition: Anti-symmetrische Abbildung

Eine Permutation T der Gruppe G heißt anti-symmetrisch, falls gilt:

$$(*) \qquad x \cdot T(y) \neq y \cdot T(x) \text{ für alle } x,y \in G \text{ mit } x \neq y.$$

8.11 Anmerkung: Existenz anti-symmetrischer Abbildungen

(i) Auf die Existenz anti-symmetrischer Abbildungen im Falle abelscher Gruppen gehen wir im Abschnitt D ein. (ii) Gallian und Mullin vermuteten 1995, dass *jede nicht-abelsche Gruppe anti-symmetrische Abbildungen zulässt*. Für viele Gruppen (u.a. alle Gruppen ungerader Ordnung und die symmetrischen und alternierenden Gruppen vom Grad größer 2) konnten sie die Existenz beweisen. Weitere Existenzaussagen findet man auch in Broecker et al. [1997] (s. auch unten, Abschnitt F), Damm [1998], Ecker & Poch [1986], Schulz [1991a,b, 1996, 2000]. Stefan Heiss veröffentlichte 1997 einen Beweis für die Vermutung im Fall endlicher nicht-auflösbarer Gruppen. Dem Autor dieses Buches liegt ein 1997 angekündigtes Preprint vor, in dem Stefan Heiss die Richtigkeit der vollen Vermutung beweist.

---

[38]Statt $\delta \circ \eta$ schreiben wir hier nur $\delta\eta$ für die Hintereinanderausführung.
[39]d.h.: für diese i sind $T_i := \delta_{i+1}\delta_i^{-1}$ anti-symmetrische Abbildungen, s. 8.10 !
[40]d.h.: die $T_i := \delta_{i+1}\delta_i^{-1}$ sind vollständige Abbildungen, s. 8.12 !
[41]Verallgemeinerung einer Bedingung von R. Schauffler [1956].

D) Spezialfall abelscher Gruppen

Ist die Gruppe $G = (A, \cdot)$ abelsch, so lässt sich die Bedingung $(*)$ umschreiben zu

$$(**) \qquad xT(x)^{-1} \neq yT(y)^{-1} \text{ für alle } x, y \in G, \ x \neq y.$$

8.12 Definition: vollständige Abbildung und Orthomorphismus

Ist $G = (A, \cdot)$ eine Gruppe. Dann heißt die Permutation δ von A nach Mann (1942) eine *vollständige Abbildung*, wenn durch $\eta(x) = x \cdot \delta(x)$ wieder eine Permutation von A gegeben ist, und *Orthomorphismus* (Differenzenabbildung), falls $(**)$ gilt.

8.13 Anti-symmetrische Abbildungen im abelschen Fall

Wir schreiben die abelsche Gruppe G jetzt additiv. Die Permutation, die jedem Gruppenelement die additive Inverse zuordnet, bezeichnen wir mit "inv", also inv: $x \longmapsto -x$. Für eine *abelsche* Gruppe $G = (A, +)$ und eine Permutation T von G gilt dann:

> T ist anti-symmetrisch $\iff$ T ist Orthomorphismus $\iff$ inv $\circ\, T$ ist vollständig.

8.14 Erkennung von Nachbartranspositionen bei abelschen Gruppen

> Eine Prüfzeichencodierung $\underline{c}$ über einer abelschen Gruppe $G = (A, +)$, die Einzelfehler und Nachbar-Transpositionen[42] erkennen lässt, existiert genau dann, wenn eine vollständige Abbildung von A existiert.

Beweis: Lässt $\underline{c}$ Einzelfehler und[42] Nachbar-Transpositionen erkennen, so ist nach 8.9(ii) die Permutation $T := \delta_{i+1}\delta_i^{-1}$ von A anti-symmetrisch und inv $\circ T$ nach 8.13 eine vollständige Abbildung. Ist umgekehrt δ vollständige Abbildung von G, so wählen wir $\delta_i :=$ (inv $\circ$ $\delta)^i$. Durch $x \longmapsto x - \delta_{i+1}\delta_i^{-1}(x) = x -$ inv $\circ\, \delta(x) = x + \delta(x)$ sind dann Permutationen von G gegeben, sodass 8.9 (ii) für $\delta_1, \ldots, \delta_n$ erfüllt ist. $\qquad\square$

Daher ist im Fall abelscher Gruppen für uns die Existenz vollständiger Abbildungen von Interesse. Diese spielen auch in der Theorie der Lateinischen Quadrate (s.u.) eine Rolle.

8.15 Existenz vollständiger Abbildungen

> (i) Ist G Gruppe ungerader Ordnung, so ist die Identität auf G vollständig.
>
> (ii) Eine Gruppe G der Ordnung $n = 2m$ mit m ungerade lässt keine vollständige Abbildung zu.[43]

---

[42]nicht unbedingt bei gleichzeitigem Auftreten

[43]Man beachte, dass nur im **abelschen** Fall für diese Ordnung keine anti-symmetrische Abbildung existiert und daher bei einem Prüfzeichensystem über G nicht alle Nachbartranspositionen erkannt werden können; vgl. 8.16 und 8.20 !

> (iii) Ist G endliche abelsche Gruppe gerader Ordnung, so existiert eine vollständige Abbildung genau dann, wenn G mehr als eine Involution (also mehr als ein Element g mit $g^2 = 1 \neq g$) enthält (Paige 1947). [44]
>
> (iv) Für zyklische Gruppen ungerader Ordnung m ist die Abbildung $x \mapsto x^k$ genau dann anti-symmetrisch, wenn $\mathrm{ggT}(k, m) = 1 = \mathrm{ggT}(k - 1, m)$ ist. Allgemeiner:
>
> (v) Ist G abelsch und T Automorphismus[45] von G, dann ist T anti-symmetrisch genau dann, wenn T fixpunktfrei ist.

Zum Beweis: (i) Sei $m = 2k + 1$ die Ordnung von G (d.h. die Anzahl der Elemente von G). Aus dem Satz von Lagrange[46] folgert man $y^m = 1$ für alle $y \in G$. Damit gilt $(y^{k+1})^2 = y^{2k+1} \cdot y = y$. Die Abbildung $G \longrightarrow G$ mit $x \longmapsto x^2$ ist also surjektiv und (aus Anzahlgründen) injektiv. (ii) Einen elementaren Beweis findet man in Siemon [1981] p.108f. oder in Damm [1998] Th.2. (iii) s. Paige, L.J. [1947]. (iv) Für ein erzeugendes Element g müssen g^k und g^{k-1} Ordnung m haben; (s. Siemon [1981] oder Ecker und Poch [1986]) (v) Die Behauptung folgt durch einfaches Nachrechnen, vgl. Schulz [1996]. □
Aus 8.14 und 8.15 (iii) ergibt sich :

8.16 Eigenschaften von Prüfziffern-Codierungen mod 10

> Es gibt keine Prüfziffern-Codierung modulo 10, die alle Einzelfehler und alle Nachbar-Transpositionen erkennen lässt.

Durch diese Tatsache angeregt wurde die Untersuchung einer anderen Gruppe mit 10 Elementen, nämlich der "Diedergruppe" D_5. In Verallgemeinerung betrachten wir in Abschnitt E dieses Paragraphen Prüfzeichen-Systeme über den Gruppen $G = D_n$.

E) Spezialfall: Diedergruppe D_n

8.17 Definition: Diedergruppe

Unter einer *Diedergruppe* (der Ordnung $2n$) versteht man die Gruppe
$D_n = \{1, d, d^2, \ldots, d^{n-1}, s, ds, d^2s, \ldots, d^{n-1}s\}$, wobei d, s zwei erzeugende Elemente sind, die den Relationen

$$d^n = 1 \ (\text{und } d^m \neq 1 \text{ für } 1 \leq m < n), s^2 = 1 \neq s \text{ und } s \cdot d = d^{n-1} \cdot s$$

genügen. (Abkürzende Schreibweise: $D_n = < d, s \mid d^n = 1 = s^2, sd = d^{n-1}s > .$)

---

[44]Nach Hall & Paige [1955] ist eine für die Existenz vollständiger Abbildungen notwendige Bedingung an eine endliche Gruppe G gerader Ordnung, dass die 2−Sylowgruppen (maximale Untergruppen von 2−Potenzordnung) von G nicht-zyklisch sind. Für auflösbare Gruppen ist diese Bedingung auch hinreichend.

[45]siehe Anhang B 1 !

[46]siehe Anhang B 1 !

Anmerkung: D_n ist interpretierbar als die Symmetriegruppe "des" regelmäßigen n-Ecks, dabei d als Drehung um $360°/n$ sowie s als geeignete Klappung. (Vgl. die Beispiele, s.u.!) Für ungerades n kann D_n auch als Matrix-Gruppe geschrieben werden:

$$\left\{ \begin{pmatrix} a & 0 \\ b & 1 \end{pmatrix} \mid a,b \in \mathbb{Z}_n, a \in \{1,-1\} \right\} \text{ und } d = \begin{pmatrix} 1 & 0 \\ -1 & 1 \end{pmatrix}, s = \begin{pmatrix} -1 & 0 \\ 0 & 1 \end{pmatrix}.$$

Literaturhinweis: DIFF-Studienbrief II, 2 [1972] §2.3.

8.18   Beispiele von Diedergruppen:

(i) $D_3 = \{1, d, d^2, s, ds, d^2s\}$ mit $sd = d^2s$. Diese Gruppe ist auffassbar als die Symmetriegruppe "des" gleichseitigen Dreiecks mit d als der Drehung um $360°/3$ um den Schwerpunkt des Dreiecks und s als der Klappung, die eine Ecke festlässt und die beiden anderen vertauscht. (Es gilt $D_3 \cong \mathcal{S}_3$.)

(ii) $D_5 = \, < d, s \mid d^5 = 1 = s^2, sd = d^4s >$. Diese Gruppe ist auffassbar als die Symmetriegruppe des regelmäßigen 5-Ecks; d ist bei dieser Interpretation eine Drehung um $72°$, s eine Klappung des 5-Ecks auf sich; die d^i sind dann die 5 möglichen Drehungen (einschließlich Identität) und d^is die 5 Klappungen an den Symmetrieachsen (s. Bild 8.3).

d s

Bild 8.3: Geometrische Interpretation der Erzeugenden von D_5.

Die Elemente von D_5 können mit den Ziffern 0 bis 9 codiert werden, z.B. durch $d^j \longmapsto j$ und $d^js \longmapsto j+5$ $(j = 0, \ldots, 4)$. Damit ergibt sich die Multiplikationstafel der Tabelle 8.5; (vgl. zum Beispiel mit Verhoeff [1969] p. 83, Ecker & Poch [1986], Gumm [1985], Schulz [2001], Wagner [2002], Wagon [1999]).

8.19   Anwendung: Nummerierung der deutschen Geldscheine[47]

Die Verschlüsselung mit der Diedergruppe D_5 (s. 8.18 ii) fand eine Anwendung bei den durch Prüfziffern gesicherten "Nummern" (α-numerischen Zeichen) der Geldscheine, die die Deutsche Bundesbank von Herbst 1990 bis Ende 2001 ausgab: Nach Ersetzen der in solchen Kennzeichen vorkommenden Buchstaben gemäß Tabelle 8.6 handelte es sich dabei um 11-stellige Nummern (bei DM 5.– Scheinen um 10-stellige) mit Alphabet $\{0, 1, \ldots, 9\}$. Jede solche Nummer $a_1 a_2 \ldots a_{11}$ erfüllt die Prüfgleichung

---

[47]Herrn Albrecht Beutelspacher danke ich herzlich für die freundliche Auskunft über dieses System.

$$T(a_1) * T^2(a_2) * \ldots * T^{10}(a_{10}) * a_{11} = 0$$

mit $T = \begin{pmatrix} 0 & 1 & 2 & 3 & 4 & 5 & 6 & 7 & 8 & 9 \\ 1 & 5 & 7 & 6 & 2 & 8 & 3 & 0 & 9 & 4 \end{pmatrix}$; um dem Leser Arbeit zu ersparen, geben wir auch die weiteren Potenzen von T an:

$$T^2 = \begin{pmatrix} 0 & 1 & 2 & 3 & 4 & 5 & 6 & 7 & 8 & 9 \\ 5 & 8 & 0 & 3 & 7 & 9 & 6 & 1 & 4 & 2 \end{pmatrix} \quad T^3 = \begin{pmatrix} 0 & 1 & 2 & 3 & 4 & 5 & 6 & 7 & 8 & 9 \\ 8 & 9 & 1 & 6 & 0 & 4 & 3 & 5 & 2 & 7 \end{pmatrix}$$

$$T^4 = \begin{pmatrix} 0 & 1 & 2 & 3 & 4 & 5 & 6 & 7 & 8 & 9 \\ 9 & 4 & 5 & 3 & 1 & 2 & 6 & 8 & 7 & 0 \end{pmatrix} \quad T^5 = \begin{pmatrix} 0 & 1 & 2 & 3 & 4 & 5 & 6 & 7 & 8 & 9 \\ 4 & 2 & 8 & 6 & 5 & 7 & 3 & 9 & 0 & 1 \end{pmatrix}$$

$$T^6 = \begin{pmatrix} 0 & 1 & 2 & 3 & 4 & 5 & 6 & 7 & 8 & 9 \\ 2 & 7 & 9 & 3 & 8 & 0 & 6 & 4 & 1 & 5 \end{pmatrix} \quad T^7 = \begin{pmatrix} 0 & 1 & 2 & 3 & 4 & 5 & 6 & 7 & 8 & 9 \\ 7 & 0 & 4 & 6 & 9 & 1 & 3 & 2 & 5 & 8 \end{pmatrix}$$

$$T^8 = \begin{pmatrix} 0 & 1 & 2 & 3 & 4 & 5 & 6 & 7 & 8 & 9 \\ 0 & 1 & 2 & 3 & 4 & 5 & 6 & 7 & 8 & 9 \end{pmatrix} \quad T^9 = T \qquad \text{und } T^{10} = T^2.$$

$i * j$	$0 \leq j \leq 4$	$5 \leq j \leq 9$
$0 \leq i \leq 4$	$R_5(i+j)$	$5 + R_5(i+j)$
$5 \leq i \leq 9$	$5 + R_5(i-j)$	$R_5(i-j)$

$$\text{(mit } R_5(a) \quad := \quad a \bmod 5$$
$$= \quad \text{Rest von } a \text{ bei Division durch 5)}$$

Tabelle 8.5 a) : Von D_5 induzierte Verknüpfung $*$ auf $\{0, 1, \ldots, 8, 9\}$

$*$	0	1	2	3	4	5	6	7	8	9
0	0	1	2	3	4	5	6	7	8	9
1	1	2	3	4	0	6	7	8	9	5
2	2	3	4	0	1	7	8	9	5	6
3	3	4	0	1	2	8	9	5	6	7
4	4	0	1	2	3	9	5	6	7	8
5	5	9	8	7	6	0	4	3	2	1
6	6	5	9	8	7	1	0	4	3	2
7	7	6	5	9	8	2	1	0	4	3
8	8	7	6	5	9	3	2	1	0	4
9	9	8	7	6	5	4	3	2	1	0

Tabelle 8.5 b) : Von D_5 induzierte Verknüpfung $*$ auf $\{0, 1, \ldots, 8, 9\}$
(ausführliche Verknüpfungstafel)

A	D	G	K	L	N	S	U	Y	Z
0	1	2	3	4	5	6	7	8	9

Tabelle 8.6: Zuordung der Buchstaben in den Kennzeichen deutscher Banknoten
zu Elementen von $\{0, 1, \ldots, 9\}$

Es zeigt sich, dass die durch Verhoeff [1969] angegebene Permutation T anti-symmetrisch ist, so dass nach 8.9 (i) und (ii) alle Einzelfehler und alle Vertauschungen benachbarter Zeichen (außer evtl. der beiden letzten [48]) erkannt werden können. Zusätzlich können noch weitere Fehlertypen zu hohen Prozentsätzen erkannt werden.

Ein Beispiel der Prüfung der Kenn-Nummer eines 100- DM Scheins ist in Bild 8.4 wiedergegeben.

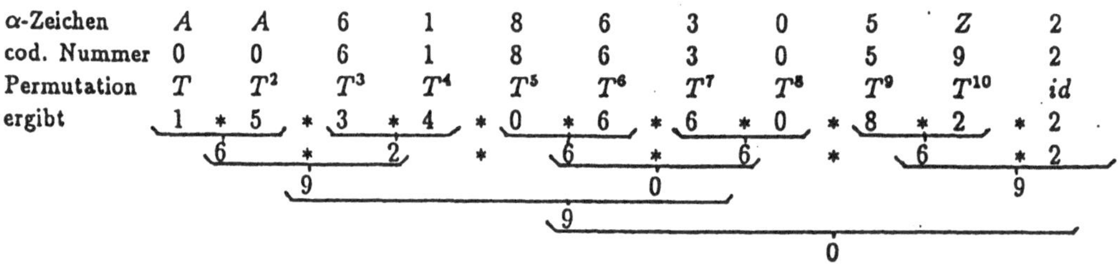

a)

Bild 8.4: Prüfung der Kenn-Nummer eines Geldscheins
     a) In vorliegendem Fall gibt es kein Anzeichen für einen Übertragungsfehler.
     b) s.u.

b) Die Kenn-Nummer existierte.

Die Wahl $\delta_i := T^i$ mit einer festen Permutation T ist auch bei anderen Prüfziffernsystemen zu finden. So beschreibt Gumm [1985] Prüfzeichen-Systeme (s. 8.20) für Diedergruppen D_n mit beliebigem ungeraden n, unter denen als Spezialfälle auch die Systeme von Black [1972] (für D_5), Ecker & Poch [1986] und Gallian und Mullin [1995] vorkommen.[49]

---

[48] Bei den Banknoten war aber eines dieser beiden Zeichen ein Buchstabe, so dass kein Zahlendreher auftreten konnte.

[49] Bei der Matrizendarstellung von D_n mit ungeradem n erhält man anti-symmetrische Abbildungen z.Bsp. (s. Schulz [1991]) durch:

$$T\left(\begin{pmatrix} a & 0 \\ b & 1 \end{pmatrix}\right) := \begin{pmatrix} a & 0 \\ u_a - ab & 1 \end{pmatrix} \text{ mit } u_1 \neq u_{-1}.$$

8.20 Satz: Prüfzeichen-Codierung auf D_n

Sei $D_n = <d, s \mid d^n = 1 = s^2, sd = d^{n-1}s>$ Diedergruppe mit n ungerade, $n \geq 3$.

(a) Dann ist für $c, t \in \mathbb{Z}_n$, $t \neq 0$ die folgende Permutation $T : D_n \longrightarrow D_n$ antisymmetrisch :
$$T(d^i) = d^{t+c-i} \text{ und } T(d^i s) = d^{t-c+i}s$$

(b) Damit gestattet es die Prüfzeichen-Codierung über D_n, die durch die Permutationen $\delta_i = T^i$ $(i = 1, \ldots, n)$ definiert ist, Einzelfehler oder Nachbar-Transpositionen zu erkennen. [50]

Beweis:

(a) Man verifiziert leicht, dass T Permutation von D_n ist. Für die Überprüfung der weiteren Eigenschaften untersuchen wir 3 Fälle; wegen der Symmetrie der Bedingung in x und y handelt es sich um eine vollständige Fallunterscheidung.

<u>1. Fall:</u> $x = d^i$, $y = d^j$ mit $i, j \in \{0, \ldots, n-1\}$ und $i \neq j$.
Aus der Annahme $(\Diamond)$ $x \cdot T(y) = y \cdot T(x)$ folgte $d^i d^{c+t-j} = d^j d^{c+t-i}$ und daraus $d^{2(i-j)} = 1$. Da n und damit die Ordnung [51] von d ungerade ist, kann dies nur gelten, wenn n Teiler von $i - j$ ist, woraus sich wegen $0 \leq i, j \leq n-1$ aber $i = j$ ergäbe.

<u>2. Fall:</u> $x = d^i$, $y = d^j s$ mit $i, j \in \{0, \ldots, n-1\}$.
Aus $(\Diamond)$ folgte nun $d^i d^{t-c+j}s = d^j s\, d^{t+c-i}$, daraus und aus $sd = d^{-1}s$ dann $d^{i+j+t-c}\,s = d^{j-t-c+i}s$ und damit $d^{i+j-j-i+2t} = 1$; da die Ordnung von d ungerade ist, ergibt sich $d^t = 1$, ein Widerspruch zu $d \neq 1$ bzw. $0 < t \leq n-1$.

<u>3. Fall:</u> $x = d^i s$, $y = d^j s$ mit $i, j \in \{0, \ldots, n-1\}$ und $i \neq j$.

Aus $(\Diamond)$ erhielte man $d^i s d^{t-c+j}s = d^j s d^{t-c+i}s$, also $d^{i-t+c-j}s^2 = d^{j-i-t+c}s^2$; daraus ergäbe sich $d^{2(j-i)} = 1$; wie im 1. Fall ist dies nur für $i = j$ möglich.

(b) Die Aussage folgt mit Teil a) aus 8.9 (i) und (ii). $\square$

8.21 Anmerkung: Äquivalenz von Prüfzeichensystemen über D_5

Nach Verhoeff [1969] gibt es genau 34.040 anti-symmerische Abbildungen[52] von D_5. Zum Vergleich dieser Systeme ist es sinnvoll, einen Äquivalenzbegriff einzuführen. Dabei nutzt man aus, dass mit einer anti-symmetrischen Abbildung T der Gruppe G und einem Automorphismus [53] α von G bzw. einem Anti-Automorphismus[54] β auch $\alpha^{-1}T\alpha$ und $\beta^{-1}T^{-1}\beta$ anti-symmetrisch sind (Schulz, Damm). Aus mehreren Möglichkeiten greifen wir zwei heraus:

---

[50]Vgl. dazu die Fußnote zu Tabelle 8.7 !
[51]s. Anhang B 1 !
[52]nachgeprüft von M. Damm [1998] und S. Giese [1999].
[53]s. Anhang B 1 !
[54]Permutation β von G mit $\beta(xy) = \beta(y)\beta(x)$

8.21.1 Definition: Äquivalenz anti-symmetrischer Abbildungen

Zwei anti-symmetrische Abbildungen T_1 und T_2 von G bzw. die zugehörigen Prüfzeichen-systeme heißen *(automorphie-)äquivalent*, falls ein Automorphismus[55] α von G existiert mit $T_2 = \alpha^{-1} \circ T_1 \circ \alpha$; und T_1 und T_2 heißen *stark äquivalent* , falls sie äquivalent sind oder falls ein Anti-Automorphismus[56] ψ von G existiert mit $T_2 = \psi^{-1} \circ T_1^{-1} \circ \psi$.

8.21.2 Eigenschaften

Es handelt sich bei beiden Relationen um Äquivalenzrelationen; die für uns interessanten Fehlererkennungseigenschaften sind jeweils für Systeme einer Äquivalenzklasse gleich. S. Giese hat (mit dem Programmpaket MAGMA) die Äquivalenzklassen der beiden Relationen im Falle der Gruppe D_5 untersucht (s. Giese [1999] oder Schulz [2000]). Im Fall der Automorphie-Äquivalenz unterscheidet sie bei den 1.706 Äquivalenzklassen 6 Typen entsprechend den Fehlererkennungsraten (s. Tabelle 8.7). Die anti-symmetrische Abbildung von Verhoeff aus 8.19 liegt in einer der beiden Klassen vom Typ I ; die in Satz 8.20 eingeführten Abbildungen gehören für D_5 zu Typ VI.
Ähnliche Untersuchungen gibt es von S. Ugan für Prüfzeichensysteme über (dizyklischen) Gruppen der Ordnung 8 und 12 (s. Schulz [2000]).

	Type I	II a	II b	III	IV	V	VI
Einzelfehler bzw. Nachbartranspositionen	100%	100%	100%	100%	100%	100%	100%
Zwillingsfehler[57]	95.56	95.56	91.11	91.11	91.11	nicht vom Typ VI,	55.56
Sprungtranspositionen	94.22	92.00	94.22	92.00	90.22	mindestens eine	66,67
Sprungzwillingsfehler	94.22	92.00	94.22	92.00	90.22	Rate unter 90 %	66.67
Entdeckungsrate für alle 5 Fehlertypen[58]	99.90	99.87	99.87	99.84	99.82	99.85–99.42	99.30

Tabelle 8.7: Typen anti-symmetrischer Abbildungen von D_5 (nach S. Giese [1999]).

Literaturhinweis: Verhoeff [1969], Ecker & Poch [1986], Belyavskaya et al. [2003], Beutelspacher[1995], Black [1972], Damm [2000], Gumm [1985], Gallian & Winters [1988], Gallian & Mullin [1995], Schulz [1990], [1991], [2000], [2001], Wagner [2002].

F)$^{\triangle}$ Gute Automorphismen

Wir gehen nun kurz auf solche (algebraisch anspruchsvollere) Prüfzeichensysteme ein, die alle 5 Fehlertypen (außer den phonetischen bzw. zufälligen) erkennen lassen. Dabei verwenden wir folgende

---

[55]s. Anhang B 1 !

[56]Permutation β von G mit $\beta(xy) = \beta(y)\beta(x)$

[57]Nach Damm[2000] besitzen auch alle anderen D_n, für $n > 2$ ungerade, keine Prüfzeichensysteme, die alle Sprungtranspositionen oder alle Zwillingsfehler oder alle Sprungzwillingsfehler erkennen können.

[58]gewichtet mit ihrer relativen Häufigkeit (ohne phonetische Fehler) in Verhoeffs Stichprobe

8.22   Definition: Guter Automorphismus

Ein Automorphismus T einer endlichen Gruppe G heißt *gut* , falls für alle $x \in G$ mit $x \neq 1$ die Elemente $T(x)$ und $T^2(x)$ weder zu x noch zu x^{-1} konjugiert[59] sind (s. Broecker et al. [1997]).

8.23   Eigenschaften guter Automorphismen

> Ein guter Automorphismus ist anti-symmetrisch und gestattet – mittels der Prüfglei-chung $T(a_1) \cdot T^2(a_2) \cdots T^n(a_n)$ – das Erkennen von Einzelfehlern, Nachbartranspositionen, Sprungtranspositionen, Zwillingsfehlern und Sprungzwillingsfehlern.

Beweis: durch Nachrechnen der Bedingungen aus Tabelle 8.4.

8.24   Beispiele von guten Automorphismen

1. Sei $q = 2^m > 2$ und G die Gruppe der Ordnung q^3, die von den Matrizen

$$Q(x,y) = \begin{pmatrix} 1 & x & y \\ 0 & 1 & x^q \\ 0 & 0 & 1 \end{pmatrix} \quad \text{mit } x, y \in GF(q^2) \text{ und } y + y^q + x^{q+1} = 0$$

   gebildet wird[60]. *Der Automorphismus* [61] $T : Q(x,y) \longmapsto Q(x\lambda^{2q-1}, y\lambda^{q+1})$ *für* $\lambda \in \mathrm{GF}(q^2) \setminus \{0\}$ *ist genau dann ein guter Automorphismus, wenn die multiplikative Ordnung von λ kein Teiler von $q+1$ ist. Allgemeiner:*

2. *Ist T Automorphismus einer $p-$Gruppe P und gilt* $\mathrm{ggT}\left(o(T), p(p-1)\right) = 1$, *dann ist T genau dann gut, wenn T fixpunktfrei auf P operiert.* In einem Spezialfall ergibt sich:

3. Ist $S = \{ \begin{pmatrix} 1 & 0 \\ v & 1 \end{pmatrix} \mid v \in \mathrm{GF}(q)\}$ mit $q = 2^m$ und $m > 1$, sowie $T := \begin{pmatrix} t & 0 \\ 0 & t^{-1} \end{pmatrix}$ mit $t \in \mathrm{GF}(q) \setminus \{0,1\}$, dann operiert T fixpunktfrei auf der Gruppe[62] S und liefert damit einen guten Automorphismus von S.

Literaturhinweis: Broecker et al. [1997].

---

[59] Dabei heißen die Elemente $x, y \in G$ konjugiert, falls ein $z \in G$ existiert mit $z^{-1}xz = y$.

[60] Es handelt sich um die *2-Sylow Gruppe der unitären Gruppe* $\mathrm{SU}(3, q^2)$.

[61] Dieser ist induziert durch die Konjugation mit der Matrix

$$H_\lambda = \begin{pmatrix} \lambda^{-q} & 0 & 0 \\ 0 & \lambda^{q-1} & 0 \\ 0 & 0 & \lambda \end{pmatrix} .$$

[62] S ist die 2-Sylowgruppe von $\mathrm{PSL}(2,q)$. Ähnlich lassen die 2-Sylowgruppen von anderen Chevalley-Gruppen über $\mathrm{GF}(q)$ mit $q = 2^m$ gute Automorphismen zu, falls q nur groß genug ist; s. Broecker et al. [1997]Result 2 !

G) Prüfzeichen-Codierung über Quasigruppen bzw. Lateinischen Quadraten

Wir werden in diesem Abschnitt sehen, dass man auch ohne Gültigkeit des Assoziativgesetzes bei der benutzten Verknüpfung vernünftige Prüfzeichenverfahren konzipieren kann. Wir verallgemeinern also den Begriff der Gruppe und definieren die (wohlbekannten) Begriffe der "Quasigruppe" und (damit zusammenhängend) des "lateinischen Quadrats". Nach Beispielen wenden wir sie dann bei Prüfzeichen-Codierungen an.

Motivation: Geht man davon aus, dass zu den ersten i Ziffern eines Wortes $a_1 \ldots a_i$ schon ein Beitrag a zur Prüfziffer berechnet wurde - so bestimme nun a_{i+1} einen Beitrag $a*a_{i+1} = b$ zur Prüfziffer; aus diesem soll das Zeichen a_{i+1} durch a bzw. a durch a_{i+1} eindeutig bestimmt sein. Dies führt zu folgender Definition:

8.25   Quasigruppen und Lateinische Quadrate

8.25.1   Definition: Quasigruppe

Eine Verknüpfungstruktur $Q = (A,*)$ auf A heißt *Quasigruppe*, falls für jedes Paar a,b aus A die Gleichungen $a*x = b$ und $y*a = b$ genau eine Lösung x bzw. y haben.

Bevor wir zu Beispielen kommen, untersuchen wir Eigenschaften der Verknüpfungstafel einer endlichen Quasigruppe: Die Bedingung für Quasigruppen bedeutet, dass jedes Element von A in jeder Zeile und in jeder Spalte der Verknüpfungstafel genau einmal steht.

8.25.2   Definition: Lateinisches Quadrat

Eine $n \times n-$Matrix L mit Einträgen aus einer n-Menge A heißt *lateinisches Quadrat*, falls in jeder Zeile und in jeder Spalte von L jedes Element von A genau einmal auftritt (-also die Zeilen und Spalten von L Permutationen von A sind). Oft wird $A = \mathbb{N}_n$ oder[63] $A = \mathbb{Z}_n$ bzw. $A = \{0, \ldots, n-1\}$ gewählt.

8.25.3   Zusammenhang zwischen Lateinischen Quadraten und Quasigruppen

Jedes Lateinische Quadrat ist Verknüpfungstafel einer endlichen Quasigruppe und umgekehrt.

Anmerkung: Lateinische Quadrate spielen in der Diskreten Mathematik eine große Rolle. *Literatur:* Dénes & Keedwell [1974, 1991], Siemon [1981], Beth, Jungnickel & Lenz[1999].

8.26   Beispiele: Lateinische Quadrate und Quasigruppen

(a) Jede Gruppe ist Quasigruppe, jede Gruppentafel lateinisches Quadrat.

---

[63]Hierbei verwenden wir die Bezeichnung $\mathbb{Z}_n = \mathbb{Z}/n\mathbb{Z}$ für die Menge $\{\overline{0}, \ldots, \overline{n-1}\}$ der Restklassen modulo n (s. Anhang B 3 !).

(b)

$$\begin{array}{c|ccc}
* & 0 & 1 & 2 \\
\hline
0 & 0 & 1 & 2 \\
1 & 2 & 0 & 1 \\
2 & 1 & 2 & 0
\end{array}$$

ist Verknüpfungstafel einer Quasigruppe, die keine Gruppe ist: Verletzt ist das Assoziativgesetz: $(1 * 2) * 2 = 1 * 2 = 1 \neq 2 = 1 * 0 = 1 * (2 * 2)$.

(c) Beachten Sie auch Beispiel 8.28 a (s.u.)!

(d) Seien $m > 1$ und h, k, l ganze Zahlen mit $\mathrm{ggT}(h, m) = 1 = \mathrm{ggT}(k, m)$. Die Operation $*$ mit $\overline{a} * \overline{b} := \overline{(h \cdot a + k \cdot b + \ell)}$ (mod m) definiert dann auf $\mathbb{Z}_m$ eine Quasigruppe $Q_m = (\mathbb{Z}_m, *)$.

Beweis: Aus $\overline{a} * \overline{x} = \overline{b}$, also $ha + kx + \ell \equiv b$ (mod m), ergibt sich $\overline{x} = \overline{k}^{-1}(\overline{b} - \overline{ha} - \overline{\ell})$, wobei wegen $\mathrm{ggT}(k, m) = 1$ die Inverse $\overline{k}^{-1}$ von $\overline{k}$ in $\mathbb{Z}_m$ existiert (- die Elemente $\overline{k} \cdot \overline{r}$ mit $\overline{r} \in \mathbb{Z}_m$ sind alle verschieden, daher kommt unter ihnen $\overline{1}$ vor). Analog folgt die eindeutige Lösbarkeit der Gleichung $\overline{y} * \overline{a} = \overline{b}$. $\qquad\Box$

Lässt sich dem Alphabet A eine Quasigruppen-Struktur aufprägen, so erhalten wir damit ein Prüfzeichen-Verfahren.

8.27 Prüfzeichen-Codierung mittels Quasigruppen bzw. Lateinischer Quadrate

(a) Definition: Ist $Q = (A, *)$ eine Quasigruppe und $n \geq 3$, so ordnen wir einem Wort $a_1 \ldots a_{n-1} \in A^{n-1}$ ein Prüfzeichen auf folgende Weise zu:

$$a_n = (\ldots((a_1 * a_2) * a_3)\ldots) * a_{n-1}.$$

(b) Eine Prüfzeichen-Codierung über der Quasigruppe Q lässt alle Einzelfehler erkennen. Nachbar-Transpositionen sind genau dann aufspürbar, wenn für Q folgende Bedingungen gelten:

(α) $(a * b) * c \neq (a * c) * b$ und

(β) $b * c \neq c * b$ für alle $a, b, c \in Q$ mit $b \neq c$ (**Anti-Symmetrie**[64] von Q).

(γ) Aus $d * b = a$ und $d * a = b$ folgt $a = b$ für alle $a, b, c, d \in Q$.

(Dabei betrifft (γ) lediglich die Transpositionen der letzten beiden Ziffern.)

Beispiel zu a) Verwenden wir das Beispiel 8.26 b, so ist 1 die Prüfziffer zu 122.

Beweis von (b):

---

[64]Nach Damm [1998] heißt eine Quasigruppe Q **total anti-symmetrisch**, wenn die Bedingungen (α) und (β) erfüllt sind. Zur Existenz solcher Quasigruppen für jede ungerade Ordnung s. Damm l.c. Satz 50 !

(i) Ein Fehler an der Stelle n fällt auf, da a_n durch $a_1, \ldots, a_{n-1}$ bestimmt ist. Sei $a_1 \ldots a_i' a_{i+1} \ldots a_n$ statt $a_1 \ldots a_i a_{i+1} \ldots a_n$ für $i \in \{1, \ldots, n-1\}$ übertragen worden; der Fehler bliebe unentdeckt, wenn $(\ldots((a_1 * a_2) * \ldots) * a_i') * a_{i+1}) * \ldots) * a_{n-1} = a_n = (\ldots(a_1 * a_2) * \ldots) * a_i) * a_{i+1}) * \ldots) * a_{n-1}$ wäre. Dies ist aber nur für $a_i = a_i'$ möglich, wie man durch mehrfache Anwendung der beiden folgenden Kürzungsregeln für Quasigruppen sieht:

(ii) Für beliebige Quasigruppen gelten die Kürzungsregeln [65]:
$$x * a = y * a \Rightarrow x = y \quad \text{und} \quad a * x = a * y \Rightarrow x = y.$$

(iii) Wir untersuchen nun Nachbar-Transpositionen.
Sei $a_1 \ldots a_{i+1} a_i \ldots a_n$ statt $a_1 \ldots a_i a_{i+1} \ldots a_n$ übertragen worden (mit $a_i \neq a_{i+1}$ und $i < n-1$). Genau dann bleibt der Fehler unentdeckt, wenn

$$(1) \quad (\ldots(a_1 * a_2 * \ldots) * a_{i+1}) * a_i) * \ldots) * a_{n-1} = $$
$$(\ldots(a_1 * a_2 * \ldots) * a_i) * a_{i+1}) * \ldots) * a_{n-1} \text{ gilt.}$$

Im Falle $i > 1$ ergibt geeignete Kürzung von rechts bei (1) die Gleichung $(a * b) * c = (a * c) * b$ für $a := ((a_1 * a_2) * \ldots) * a_{i-1}$ und $b := a_{i+1} \neq a_i =: c$. Damit ist in diesem Fall Bedingung (α) hinreichend dafür, dass man Nachbar-Transpositionen erkennen kann; sie ist auch notwendig, da man zu gegeben a, b, c mit $b \neq c$ geeignete a_i finden kann. Im Falle $i = 1$ ergibt die Kürzung von rechts in (1) $a_i * a_{i+1} = a_{i+1} * a_i$; damit greift die Bedingung (β).

(iv) Sei schließlich $a_1 \ldots a_n a_{n-1}$ (mit $a_n \neq a_{n-1}$) statt $a_1 \ldots a_{n-1} a_n$ zu prüfen. Der Fehler bleibt genau dann unentdeckt, wenn (mit $d := (\ldots(a_1 * a_2) * \ldots) * a_{n-2}$) gilt: $a_{n-1} = d * a_n$ und $a_n = d * a_{n-1}$. Diese Bedingung widerspricht (γ). Ist umgekehrt (γ) nicht erfüllt, so gibt es ein Wort, nämlich zum Beispiel
$$a_1 a_2 \ldots a_{n-3} y a b \quad \text{mit} \quad (\ldots(a_1 * a_2) * \ldots) * a_{n-3}) * y = d,$$
bei dem eine Transposition der letzten beiden Zeichen nicht entdeckt wird. $\qquad \square$

8.28 Beispiele

(a) Das lateinische Quadrat $\begin{pmatrix} 0 & 1 & 2 & 3 \\ 2 & 3 & 0 & 1 \\ 3 & 2 & 1 & 0 \\ 1 & 0 & 3 & 2 \end{pmatrix}$ führt zu einer Quasigruppe.

Eigenschaft 8.27 b(β) ist unmittelbar aus dem Fehlen zweier zur Diagonalen symmetrischen Positionen mit gleichem Eintrag ersichtlich. *Neben (β) gilt auch die Bedingung (α).* Zum Nachweis sind Fallunterscheidungen günstig; für $a = 0$ ergibt sich dies wie bei (β); die übrigen Fälle erfordern elementare, aber langweilige Rechnungen. Schließlich sieht man, dass (γ) *nicht erfüllt* ist, z.B. daraus, dass sowohl 2 1 3 0 als auch 2 1 0 3 Codewörter sind. Somit sind alle Nachbar-Transpositionen außer denen der Prüfziffer mit der vorherstehenden Ziffer erkennbar.

---

[65] Dies folgt aus der Forderung der Eindeutigkeit der Lösungen zu $x * a = b$ bzw. $a * y = b$.

> (b) Die in Beispiel 8.26 d definierten Quasigruppen $Q_m = (\mathbb{Z}_m, *)$ mit
>
> $\overline{a} * \overline{b} = \overline{(ha + kb + \ell)} \pmod{m}$ mit $\mathrm{ggT}(h, m) = 1 = \mathrm{ggT}(k, m)$ erfüllen die Bedingungen aus 8.27 (b) genau dann, wenn (neben h und k) auch $h - 1$ und $h - k$ sowie $k + 1$ teilerfremd zu m sind.

Beweisskizze: Zu (α) und (β) s. Aufgabe A 8.5. Zu (γ) : Aus $d * b = a$ und $d * a = b$ erhält man $a \equiv hd + kb + \ell \pmod{m}$ und $b \equiv hd + ka + \ell \pmod{m}$; dies ergibt $a - b \equiv k(b - a) \pmod{m}$; somit folgt $a \equiv b \pmod{m}$, also (γ), wenn $\mathrm{ggT}(k+1, m) = 1$ vorausgesetzt ist. Sei umgekehrt $\mathrm{ggT}(k + 1, m) = s \neq 1$ und $r = m/s$. Wir wählen a beliebig und setzen $b \equiv (a + r) \pmod{m}$; dann bestimmen wir d aus der Bedingung $hd \equiv a - kb - \ell \pmod{m}$ (–dies ist wegen $\mathrm{ggT}(h, m) = 1$ möglich[66]). Dann folgt einerseits $a \equiv hd + kb + \ell \pmod{m}$, also $a = d * b$; andererseits gilt $(k + 1) \cdot r \equiv 0 \pmod{m}$ und damit $b \equiv a + r \equiv hd + kb + \ell + r \equiv hd + k(a + r) + r + \ell \equiv hd + ka + \ell \equiv d * a \pmod{m}$. Dies zeigt die Notwendigkeit der Bedingung $\mathrm{ggT}(k + 1, m) = 1$ für (γ). $\qquad\square$

Wir vermerken, dass $\mathrm{ggT}(h - 1, m) = 1 = \mathrm{ggT}(h, m)$ nur für ungerades m möglich ist. Analog zu Ecker & Poch [1986], Corollary 5.1.1, erhalten wir folgende Aussage:

8.29   Beispiele: Prüfzeichen-Codierung mittels Quasigruppen

> Seien m ungerade, $m \geq 3$, ferner $q \in \mathbb{N}$ mit $1 \leq q \leq m - 2$ und $\mathrm{ggT}(q, m) = 1$ sowie $\mathrm{ggT}(q + 1, m) = 1$. Dann ist durch $\overline{a} * \overline{b} = \overline{-qa + b} \pmod{m}$ eine Quasigruppe Q_m auf $\mathbb{Z}_m$ definiert, und die Prüfzeichen-Codierung über Q_m gestattet es, sowohl Einzelfehler als auch Nachbar-Transpositionen (nicht unbedingt gleichzeitig) zu erkennen.

Beweis: Setzen wir $h = -q$, $k = 1$ und $\ell = 0$, so sind folgende Zahlen teilerfremd (relativ prim) zu m: $h, k, h - 1, h - k$ und $k + 1$. Nach 8.28b und 8.27 folgt die Behauptung. $\qquad\square$

Auch für Quasigruppen auf $\mathbb{Z}_{2m}$ sind Prüfzeichen-Verfahren untersucht worden, s. Ecker & Poch [1986]. Dabei setze man $a_n = (\ldots (a_1 * Ta_2) * T^2 a_3) * \ldots) * T^{n-2} a_{n-1}$ für eine Permutation T von $\mathbb{Z}_{2m}$.

8.30   Anmerkung

(a) Für das Prüfverfahren mittels Quasigruppen gibt es noch eine leicht geänderte Variante (s. Verhoeff [1969] p.34). Statt $a_n = ((\ldots (a_1 * a_2) * a_3) \ldots) * a_{n-1}$ als Prüfzeichen für $a_1 \ldots a_{n-1} \in A^{n-1}$ zu nehmen, wählt man zu fest gegebenem $c \in A$ als Prüfzeichen a'_n die eindeutig bestimmte Lösung der Gleichung $a_n * x = c$. Damit genügt $a_1 \ldots a_{n-1} a'_n$ der Prüfgleichung $((\ldots (a_1 * a_2) * \ldots) * a_{n-1}) * a'_n = c$.

> (b) Auch diese Codierung lässt alle Einzelfehler erkennen und alle Nachbar-Transpositionen genau dann, wenn $Q = (A, *)$ die Bedingungen (α) und (β) von 8.27 erfüllt.

Man beachte, dass nun Bedingung (γ) entbehrlich ist! Beweis als A 8.6.

---

[66] vgl. den Beweis zu 8.26 (d)!

(c) **Beispiel** (Fortsetzung zu 8.28a: Wir wählen Q wie in 8.28 und das System aus 8.30 a) mit $c = 0$. Die Information 213 ergibt $a_4 = 0 = a_4'$, also 2130 als Codewort. 2103 genügt aber nicht der Prüfgleichung: $((2 * 1) * 0) * 3 = 2 \neq 0$.

(d) Unter Verwendung der Prüfgleichung $(\ldots (\varphi^n(x_n) * \varphi^{n-1}(x_{n-1})) * \ldots) * x_0 = c$ über der Quasigruppe $Q = (\mathbb{Z}_{10}, *)$ mit

$$x * y := \begin{cases} x + y & (\bmod\ 10) \quad \text{falls } x \text{ gerade} \\ x - y - 2 & (\bmod\ 10) \quad \text{falls } x \text{ ungerade ist,} \end{cases}$$

und einer geeigneten Permutation φ gibt Damm [1998] Prüfzeichensysteme an, deren Fehlererkennungsraten über denen für D_5 liegen.[67]

Aufgaben

A 8.4 Eine Maschine mit m Zuständen gestatte m Eingaben. Jede Eingabe führe verschiedene Zustände der Maschine auch in verschiedene Zustände über; verschiedene Eingaben führen einen Zustand in verschiedene Zustände über. Untersuchen Sie die Übergangsmatrix dieser Maschine!

A 8.5 Beweisen Sie für das Beispiel 8.28b die Äquivalenz von Aussage (α) zu $\mathrm{ggT}(h-1, m) = 1$ und von (β) zu $\mathrm{ggT}(h-k, m) = 1$!

A 8.6 Beweisen Sie die Aussagen aus 8.30.b !

Literatur: Ecker & Poch [1986], Verhoeff [1969], Gumm [1985], Belyavskaya et al. [2003], Beutelspacher [1986] §8, Black [1972], Dénes & Keedwell [1991], Gallian & Winters [1988], Padberg & Bruns [1979], Schulz [1991 a, b].

H) Prüfzeichensysteme mit 2 Prüfzeichen

In diesem Abschnitt behandeln wir Codes mit zwei Prüfzeichen, die die Erkennung von *Doppelfehlern* gestatten, also von Fehlern an zwei Wortpositionen gleichzeitig; wir nennen solche Codes auch 2-*fehlererkennend.*. Dazu definieren wir zwei verschiedene Systeme $(\star)$ und $(\star\star)$:

8.31   Definition: Prüfzeichensysteme mit 2 Prüfzeichen

Sei $(G, +)$ die additive Gruppe des endlichen Körpers $\mathrm{GF}(q)$. Wir definieren zwei Systeme, beide mit der Codierung $g_1 \ldots g_n \mapsto g_1 \ldots g_n g_{n+1} g_{n+2}$ und mit zwei Prüfgleichungen:

(a) Für $s \in G \setminus \{0, 1\}$ setzen wir $g * h := s \cdot g + h$ und definieren ein Prüfzeichensystem

$$(\star) \qquad \text{durch} \qquad \begin{cases} (1) & g_{n+1} := g_1 + g_2 + \ldots + g_n \text{ und} \\ (2) & g_{n+2} := (\ldots (g_1 * g_2) * g_3 \ldots) * g_n\ . \end{cases}$$

---

[67]Mittels $\varphi = \begin{pmatrix} 0 & 1 & 2 & 3 & 4 & 5 & 6 & 7 & 8 & 9 \\ 2 & 0 & 9 & 6 & 8 & 1 & 3 & 5 & 7 & 4 \end{pmatrix}$ lassen sich z.Bsp. $99{,}8\%$ aller 6 nicht-zufälligen Fehlerarten (einschließlich phonetischer Fehler) erkennen; s. Damm l.c. !

(b) Sind $v_i, w_j \in G \setminus \{0\}$ für $i = 1, \ldots, n+1$ und $j = 1, \ldots, n, n+2$ und $w_{n+1} \in G$, dann definieren wir ein Prüfzeichensystem

$$(\star\star) \qquad \text{durch} \qquad \sum_{i=1}^{n+1} v_i g_i = 0 \text{ und } \sum_{j=1}^{n+2} w_j g_j = 0.$$

8.32   Eigenschaften

> (a) Das Prüfzeichensystem $(\star)$ ist 1-fehler- und 2-fehlererkennend, falls n kleiner gleich der multiplikativen Ordnung von m ist.
>
> (b) Das Prüfzeichensystem $(\star\star)$ ist 1- fehlererkennend und 2-fehlererkennend genau dann, wenn $v_j^{-1} w_j \neq v_i^{-1} w_i$ für alle $i, j = 1, \ldots, n+1$ mit $i \neq j$ gilt.

Beweis durch Nachrechnen; vgl. auch die Aufgaben A 8.8 und A 8.10 !

8.33   Beispiele und Anmerkungen

ad (a) Für $Q = \mathbb{Z}_{11}$ und $s = 2^{-1} = 6$ sowie $n = 10$ erhalten wir ein System der Form $(\star)$ mit Prüfzeichen

$$g_{11} \equiv \sum_{i=1}^{10} g_i (\mathrm{mod}\ 11) \text{ und } g_{12} = \sum_{i=1}^{10} 2^i g_i (\mathrm{mod}\ 11)$$

mit Gewichten $2, 4, 8, 5, 10, 9, 7, 3, 6, 1$; z.Bsp. ist $123456789X09$ ein Codewort.

ad (b) Die Wichtigkeit der Quotienten $v_j^{-1} w_j$ im System $(\star\star)$ war wohl schon Selmer 1964 bekannt. Das für die Norwegischen Registrierungsnummern verwandte System (vgl. Selmer [1967]) benutzt $n = 9$ und $(\mathbb{Z}_{11}, +)$ mit den Gewichten $(v_1, \ldots, v_{10}) = (3, 7, 6, 1, 8, 9, 4, 5, 2, 1)$ und $(w_1, \ldots, w_{11}) = (5, 4, 3, 2, 7, 6, 5, 4, 3, 2, 1)$, woraus sich $(v_i^{-1} w_i)_{i=1,\ldots 10} = (9, 10, 6, \mathbf{2}, 5, 8, 4, 3, 7, \mathbf{2})$ ergibt. Einzelfehler und Doppelfehler bis auf solche in Position 4 und 10 werden erkannt. Mit $v_{10} = 2$ könnten alle Doppelfehler erkannt werden (s. Schulz [1996]). Eine Modifikation von Larsen [1983] lässt ebenfalls keine Einzel- und Doppelfehler, aber auch keine Vertauschung von zwei 2-Ziffern-Komponenten unerkannt. Andere Systeme mit zwei (bzw. drei) Prüfzeichen sind auch von Stevens [1991] vorgeschlagen worden.

Aufgaben:

A 8.7 Zeigen Sie, dass die in 8.31a) definierten Strukturen $(G, +)$ und $(G, *)$ orthogonale Quasigruppen[68] sind. Dabei heißen zwei Lateinische Quadrate $(a_{ij})_{i,j=1,\ldots,n}$ und $(b_{ij})_{i,j=1,\ldots,n}$ (und die zugehörigen Quasigruppen) über G **orthogonal**, falls $\{(a_{ij}, b_{ij}) \mid i, j = 1, \ldots, n\} = G \times G$ ist.

---

[68]vgl. auch 8.26 d !

A 8.8 Untersuchen Sie ein ($\star$) entsprechendes Prüfzeichensystem, bei dem $(G, +)$ beliebige endliche abelsche Gruppe und $g * h := \alpha(g) + h$ mit fixpunktfreiem Automorphismus α von $(G, +)$ ist.

A 8.9 Betrachten Sie statt des "expliziten" Systems ($\star$) das "implizite" ($\star'$) mit :

$$\begin{cases} (1') & g_1 + g_2 + \ldots + g_{n+1} & = 0 \text{ und} \\ (2') & (\ldots (g_1 * g_2) \ldots) * g_{n+1}) * g_{n+2} & = 0 \ ! \end{cases}$$

A 8.10 Sei $(G, +)$ endliche abelsche Gruppe, und seien $\beta_1, \ldots \beta_{n+1}, \gamma_1, \ldots \gamma_n, \gamma_{n+2}$ Automorphismen von G und γ_{n+1} Automorphismus oder die Nullabbildung. Untersuchen Sie das System ($\star\star'$) mit den Prüfgleichungen

$$\sum_{k=1}^{n+1} \beta_k(g_k) = 0 \text{ und } \sum_{k=1}^{n+2} \gamma_k(g_k) = 0$$

auf Doppelfehler–Erkennbarkeit! Stellen Sie einen Bezug zu 8.32b her ! *Hinweis:* Betrachten Sie $\beta_j^{-1} \beta_i \gamma_i^{-1} \gamma_j$!

Literaturhinweis zu Abschnit H:
Selmer [1964], Larsen [1983], Sethi et al. [1978], Stevens [1991], Andrew [1972], Schulz [1996].

9   Nachrichtenübertragung bei gestörten Kanälen

Bei der Behandlung der Prüfzeichen-Verfahren haben wir gesehen, dass gewisse Übertragungsfehler durch geeignete Codierung durchaus erkannt werden können. Auch bei Wörtern über dem Alphabet $\{0, 1\}$ existiert ein Verfahren, Einzelfehler zu erkennen. Dabei gehen wir davon aus, dass die Signale der Quelle bereits binär (quellen-) codiert und evtl. komprimiert sind. Den Strom der gelieferten Signale teilen wir in Wörter gleicher Länge auf, die wir über den Kanal übertragen wollen. Um das Prüfzeichen-Verfahren im binären Fall zu erklären, benötigen wir folgende Definition:

9.1   Definition: Parität

Ein Codewort $a_1 \ldots a_n \in \{0, 1\}^n$ heißt von *gerader Parität*, falls die Anzahl der Zeichen 1 unter den a_i gerade ist, anderenfalls von *ungerader Parität*. (Beispiel: 11011 hat gerade, 11001 ungerade Parität.)

Man sieht sofort, dass ein Fehler in einer Komponente von $a_1 \ldots a_n$ die Parität von $a_1 \ldots a_n$ ändert. Diese Beobachtung führt zu folgender Codierung mittels einer Prüfstelle:

9.2   Paritätskontrolle

(a) *Definition:* Die Codierung $c : \{0, 1\}^{n-1} \longrightarrow \{0, 1\}^n$ mit $a_1 \ldots a_{n-1} \longmapsto a_1 \ldots a_{n-1} a_n$

für [69] $a_n \equiv \sum_{i=1}^{n-1} a_i \pmod{2}$ führt zum sogenannten **Paritätscode**.

(b) *Eigenschaft:* Der Paritätscode besteht nur aus Codewörtern gerader Parität; diese erfüllen also die Paritäts-Kontrollgleichung

$$\sum_{i=1}^{n} a_i \equiv 0 \pmod{2}.$$

Durch Nachprüfen dieser Gleichung ist es möglich, Einzelfehler bei der Übertragung zu erkennen.

9.3   Anmerkungen

(a) Die Möglichkeit einer Fehlererkennung wird wieder durch eine um 1 größere Länge der Codewörter erkauft. (b) Natürlich wäre ein Verfahren begrüßenswert, das nicht nur Fehler erkennt, sondern sie auch korrigiert. Eine einfache, aber aufwendige Möglichkeit ist die 3-fache Wiederholung eines Zeichens; diese führt zur Codierung

$$0 \longmapsto 0\,0\,0 \text{ und } 1 \longmapsto 1\,1\,1$$

mit dem **Wiederholungscode** $\{000, 111\}$ als Code und einer Decodiervorschrift gemäß dem Schema von Tabelle 9.1; aus dieser ist ersichtlich, dass 1 Fehler pro Codewort korrigiert werden kann; aber 2 oder 3 Fehler führen zu falscher "Korrektur". (c) Es existieren

---

[69]Hierbei ist noch die Summenbildung in $\mathbb{N}$ benutzt. Fasst man $0, 1$ als Elemente von GF(2) auf (s. §10), so ergibt sich $a_n = \sum_{i=1}^{n-1} a_i$.

Wort	korrigiert zu	decodierte "Nachricht"
0 0 0		
1 0 0	0 0 0	0
0 1 0		
0 0 1		
0 1 1		
1 0 1	1 1 1	1
1 1 0		
1 1 1		

Tabelle 9.1:   Decodierschema zum Wiederholungscode

damit grundsätzlich Verfahren zur Fehlerkorrektur. Bevor wir aber hierauf weiter eingehen, befassen wir uns zunächst mit Modellen von Übertragungskanälen. Denn ob es sinnvoll ist, nur von einem oder möglichst wenig Fehlern auszugehen, hängt vom jeweiligen
Kanal ab. Verfälscht er mit großer Wahrscheinlichkeit eine 0 zu einer 1 oder umgekehrt,
so würde das Schema der Tabelle 9.1 nicht viel nützen.

Nachrichten-Kanäle, über die Information von einer Quelle zu einem Empfänger übertragen wird (z.B. Telefonleitungen, Kabel, Funkstrecken), sind im Allgemeinen durch
atmosphärisches Rauschen, Reflexionen in der Leitung, Verschmieren der übertragenen
Impulse gestört. (Auch die Gegebenheiten bei Übermittlung von Kontonummern, ISBN-
Nummern etc. können als Kanal interpretiert werden; dann besteht die Störung etwa in
einem Irrtum der an der Übertragung beteiligten Personen.)
Für die Störung stellt man sich eine zusätzliche Quelle, die *Störquelle*, als verantwortlich
vor. So ergibt sich das (gegenüber den Bildern 1.1 und 4.1 verfeinerte) Schema eines
Nachrichtenübertragungssystems, wie es in Bild 9.1 wiedergegeben ist.

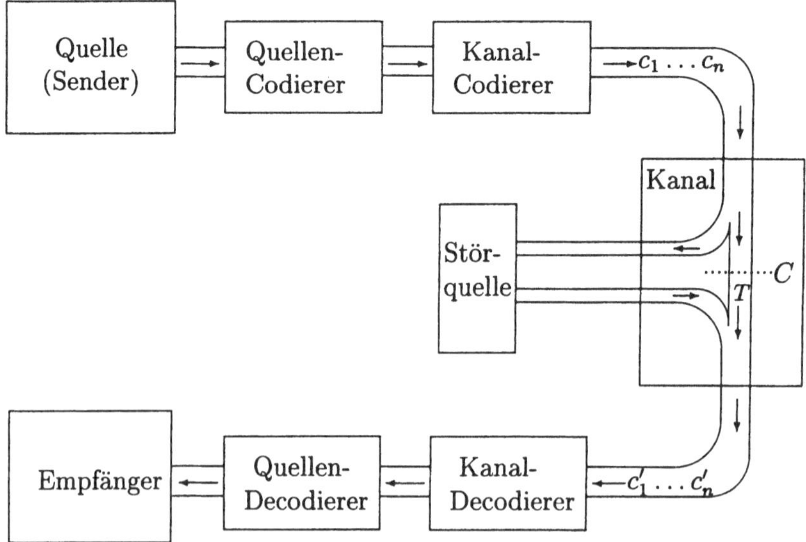

Bild 9.1:   Schema eines Nachrichtenübertragungssystems mit gestörtem Kanal

9.4   Binäre Kanäle

(a) **Definition:** Am Eingang des Kanals sei (schon nach Quellencodierung) eine Quelle X mit den Zeichen $x_o = 0$ und $x_1 = 1$ (*Kanal-Eingabe-Alphabet*) und der Entropie $H(X)$ gegeben. Am Ausgang des Kanals mögen die Signale $y_o = 0$ und $y_1 = 1$ empfangen werden (*Kanal-Ausgangs-Alphabet*). Zu jedem gesendeten Zeichen werde also ein identifizierbares Signal empfangen. (Die Verwendung von x und y dient dabei nur der Unterscheidung zwischen Kanal-Eingang bzw. -Ausgang.)

Infolge Störung sei ein Teil der empfangenen Signale von den gesendeten verschieden. Erneut vereinfachend wollen wir annehmen, dass die Sendung des Zeichens x_i das Zeichen y_j mit einer festen Wahrscheinlichkeit $p_{ij} = \boldsymbol{p}\,(y_j \mid x_i)$ (Wahrscheinlichkeit von y_j unter der Bedingung x_i) hervorruft (s. Bild 9.2); also ist p_{ij} die Wahrscheinlichkeit, dass das Zeichen y_j bei Sendung von x_i empfangen wird. Außerdem habe der Kanal kein Gedächtnis, sodass also früher übertragene Signale diese Wahrscheinlichkeiten nicht beeinflussen. Einen solchen Kanal nennen wir einen *binären Kanal*.

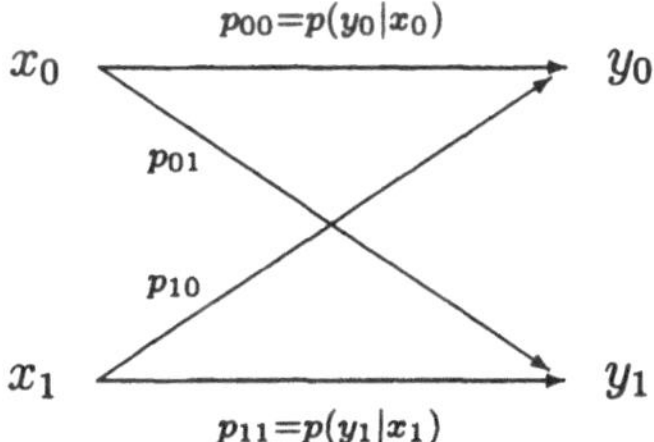

Bild 9.2: Binärer Kanal (mit Übergangs-Wahrscheinlichkeiten).

Der Spezialfall $p_{00} = p_{11}$ liefert ein einfaches Modell eines Kanals, das für viele Zwecke ausreicht; wir bezeichnen einen solchen Kanal als **binären symmetrischen Kanal (BSC)** mit Fehlerwahrscheinlichkeit $p = p_{10} = p_{01} = 1 - p_{00} = 1 - p_{11}$.

(b) **Transinformation**
Auch den Kanal-Ausgang können wir als Quelle Y auffassen. Durch die Störquelle geht im Kanal Information verloren; denn obwohl wir die Signale bei Y beobachten können, kennen wir die wirklich bei X gesendeten Signale nicht genau; die verlorene mittlere Information pro Zeichen heißt *Äquivokation* oder *Vieldeutigkeit des Kanals*; wir können diese auffassen als die Entropie einer gedachten Quelle $X \mid Y$ des Informationsverlustes; um diesen Verlust zu quantifizieren, stellen wir uns eine Quelle mit Signalen (x_i, y_j) vor, bei der y_j jeweils bekannt und x_i unbekannt ist; die zugehörige *(bedingte) Entropie* (Äquivokation, engl.: conditional entropy) wird mit $H(X \mid Y)$ oder $H_{X|Y}$ bezeichnet. Die mittlere Information pro Zeichen, die als Teil der ursprünglichen durch den Kanal gelangt, ist dann

$$\boxed{\text{(i)} \qquad\qquad T(X) = H(X) - H(X \mid Y)\,.}$$

Sie heißt *Transinformation* (Synentropie), vgl. Bild 9.3, und wird auch mit H_{XY} bezeichnet.

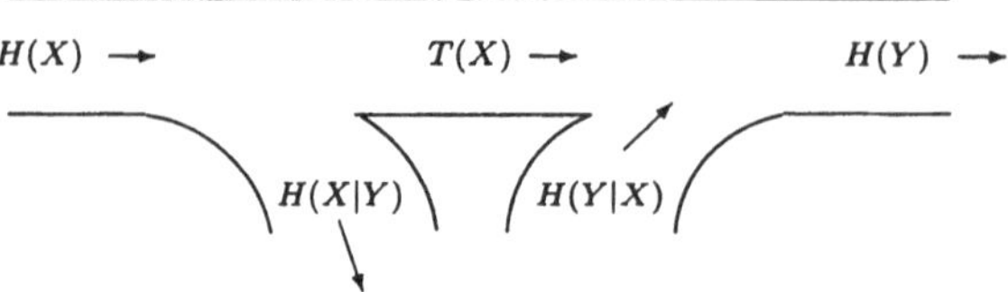

Bild 9.3:   Informationsfluss in einem gestörten Kanal
(sogenanntes Bergersches Diagramm)

Zur Andeutung der *Berechnung der Transinformation* gehen wir davon aus, dass das Zeichen y_j am Ende des Kanals beobachtet wird; die Wahrscheinlichkeit dafür, dass x_i gesendet wurde, ist $\boldsymbol{p}(x_i \mid y_j)$, die Information über diese Tatsache (bei bekanntem y_j) also $-\log_2 \boldsymbol{p}(x_i \mid y_j)$; diese Information geht im Kanal verloren (und dies auch, wenn $x_i = y_j$ ist, da man das erst sicher weiß, wenn man das gesendete Signal erfahren hat). Das beschriebene Ereignis (x_i, y_j) tritt mit der Wahrscheinlichkeit[70]

$$\boldsymbol{p}(x_i, y_j) = \boldsymbol{p}(y_j) \cdot \boldsymbol{p}(x_i \mid y_j)$$

ein; es ergibt sich

(ii) $$H(X \mid Y) = -\sum_{j=0}^{1} \sum_{i=0}^{1} \boldsymbol{p}(y_j)\boldsymbol{p}(x_i \mid y_j) \log_2 \boldsymbol{p}(x_i \mid y_j)$$

(Hierbei ist $\sum_i \boldsymbol{p}(x_i \mid y_j) \log_2 \boldsymbol{p}(x_i \mid y_j)$ der Anteil an der Entropie, der sich für festes beobachtetes y_j ergibt.) Hat die Quelle am Eingang des Kanals die Form

$$X = \begin{pmatrix} 0 & 1 \\ p_0 & p_1 \end{pmatrix} \text{ mit } p_0 + p_1 = 1, \text{ dann ist}$$

$$\boldsymbol{p}(x_i, y_j) = \boldsymbol{p}(x_i) \cdot \boldsymbol{p}(y_j \mid x_i) = p_i \cdot p_{ij} \text{ und } \boldsymbol{p}(y_j) = \boldsymbol{p}(0, y_j) + \boldsymbol{p}(1, y_j) = p_0 p_{0j} + p_1 p_{1j}.$$

Es ergibt sich dann $H(X) = -p_0 \cdot \log_2 p_0 - p_1 \log_2 p_1$ und

$$\begin{aligned}
H(X \mid Y) &= -\sum_{i,j=0}^{1} \boldsymbol{p}(x_i, y_j) \log_2 \frac{\boldsymbol{p}(x_i, y_j)}{\boldsymbol{p}(y_j)} &= -\sum_{i,j=0}^{1} p_i p_{ij} [\log_2 p_i + \log_2 p_{ij} - \log_2 \boldsymbol{p}(y_j)] \\
H(Y) &= -\sum_{j=0}^{1} \boldsymbol{p}(y_j) \log_2 \boldsymbol{p}(y_j) &= -\sum_{i,j=0}^{1} p_i p_{ij} \log_2 \boldsymbol{p}(y_j).
\end{aligned}$$

Formal durch Vertauschung der Rollen von X und Y erhält man aus den Definitionen:

$$H(Y \mid X) = -\sum_{i,j} \boldsymbol{p}(x_i, y_j) \log_2 \boldsymbol{p}(y_j \mid x_i) = -\sum_{i,j} p_i p_{ij} \log_2 p_{ij} \ .$$

Man entnimmt diesen Gleichungen die Beziehungen

(iii) $$H(X) - H(X \mid Y) = T(X) = H(Y) - H(Y \mid X) \qquad \text{und damit}$$

$$\boxed{\text{(iv)} \qquad H_{XY} = T(X) = -\sum_{i,j=0}^{1} p_i p_{ij} [\log_2(p_0 p_{0j} + p_1 p_{1j}) - \log_2 p_{ij}]}$$

---

[70]s. Anhang A

Gleichung (iii) bestätigt übrigens die in Bild 9.2 wiedergegebene Vorstellung vom Informationsfluss.

Beispiele:

- Ist $p_{ii} = 1$ und $p_{ij} = 0$ für $i \neq j$ (*ungestörter Kanal*), so erhält man aus (iv)
$$T(X) = -p_0 p_{00}(\log_2 p_0 p_{00} - \log_2 p_{00}) - p_1 p_{11}(\log_2 p_1 p_{11} - \log_2 p_{11}) = H(X).$$

- Ist $p_{ij} = \frac{1}{2}$, so ergibt sich $\boldsymbol{p}(y_i) = \frac{p_0 + p_1}{2} = \frac{1}{2}$, damit $H(Y) = 1$ und folglich
$$T(X) = 1 - H(Y \mid X) = 1 + \sum_{j=0}^{1} \sum_{i=0}^{1} \frac{p_i}{2} \log_2 \frac{1}{2} = 1 - 1 = 0.$$ Man spricht hierbei vom *total gestörten Kanal*. (Bei $p_{01} > \frac{1}{2}$ ließe sich durch Vertauschen von 0 und 1 noch Information übertragen.)

- Für den binären symmetrischen Kanal mit Fehlerwahrscheinlichkeit p erhält man (mit $p = p_{01} = p_{10}$ und $1 - p = p_{00} = p_{11}$)
$$H(Y \mid X) = -\sum_{\substack{i=0 \\ j \neq i}}^{1} p_i p \log_2 p - \sum_{\substack{i=0 \\ j=i}}^{1} p_i (1-p) \log_2 (1-p) =$$
$$-(p_0 + p_1) p \log_2 p - (p_0 + p_1)(1-p) \log_2 (1-p) = H(p, 1-p),$$
  also:

(v) $T_{BSC} = H(Y) + p \log_2 p + (1-p) \log_2 (1-p)$ (für den binären symmetrischen Kanal).

(c) Kanalkapazität

Die Transformation hängt nicht nur vom Kanal, sondern auch von der Quelle X ab. Die maximal mögliche Transinformation (bei festem Kanal über alle möglichen binären Quellen ermittelt)[71]

> (i) $\qquad C = \max_{X \text{ binäre Quelle}} T(X)$ heißt die *Kapazität des Kanals*.

Sie ist eine Größe, die den Kanal kennzeichnet. Ihr Wert liegt zwischen 0 und 1 (s. (b)(iii), (iv)). In unserem *Beispiel* des BSC ist $H(Y \mid X)$ (ausnahmsweise) unabhängig von X und daher $T(X)$ maximal für maximales $H(Y)$; für eine *gleichverteilte Quelle* $(p_0 = p_1 = \frac{1}{2})$ ergibt sich $\boldsymbol{p}(y_j) = p_0 p_{0j} + p_1 p_{1j} = \frac{1}{2}(p_{0j} + p_{1j}) = \frac{1}{2}$ und damit $H(Y) = 1$, der maximal mögliche Wert. Folglich gilt für die Kapazität des binären symmetrischen Kanals:

> (ii) $\qquad C_{BSC} = 1 + p \log_2 p + (1-p) \log_2 (1-p).$

Beispiel: Beim total gestörten Kanal $(p = \frac{1}{2})$ ist die Kapazität 0, beim ungestörten Kanal $(p = 0)$ ist sie 1.

(d) **Anmerkung**: Oft werden die Größen H_X, $T(X)$ und C auch auf eine Übertragungszeit-Einheit bezogen; man spricht dann von Informationsfluss, Transinformationsfluss und wieder von Kanalkapazität. Für den mittleren Informationsfluss H_X' gilt dann $H_X' = H_X \cdot f_s$, wobei f_s die Symbolfrequenz bezeichnet.

---

[71] Wegen der Stetigkeit von $T(X)$ in der Variablen p_0 wird das Supremum angenommen; man beachte $p_1 = 1 - p_0$!

(e) **Zum 2. Hauptsatz der Informationstheorie:** Wie der Name es vermuten lässt, ist die Kapazität eines Kanals eine Schranke für die Möglichkeit, mit diesem Kanal informationsreich und zugleich fehlerarm zu übertragen. Tatsächlich ist es nach dem 2. Hauptsatz der Informationstheorie, **dem Fundamentalsatz über die Kanalcodierung** von SHANNON, möglich, die Nachrichten einer diskreten Quelle X mit Informationsfluss $H(X)$ so zu codieren, dass bei Übertragung durch einen gestörten Kanal der Kapazität C im Falle $H(X) < C$ der Informationsverlust $H(X \mid Y)$ beliebig klein wird. Ist $H(X) > C$, so ist für jede Codierung $H(X \mid Y) > H(X) - C$.

Dieser Satz lässt sich auch wie folgt interpretieren: *Trotz Störung des Kanals können Nachrichten mit beliebiger Genauigkeit übertragen werden, falls der Sender (bezogen auf den Kanal) nicht mit zu großer mittlerer Information pro Zeichen sendet.*

Für den binären symmetrischen Kanal heißt das z.Bsp., dass es zu $\epsilon > 0$ und R mit $0 < R < C$ sowie genügend großem n einen Code $C_0 \subseteq \{0,1\}^n$ mit einer *"Informationsrate"* [72] nahe bei R gibt derart, dass sich die am Kanalausgang empfangenen Wörter mit einer Wahrscheinlichkeit größer als $1 - \epsilon$ richtig decodieren lassen. (Dies ist Inhalt eines weiteren Satzes von Shannon zur Kanalcodierung.) Zum Beweis der Sätze verweisen wir z. Bsp. auf Heinze & Homuth [1974] und van Lint [1982], vermerken hier nur, dass die zuletzt erwähnte Codierung eine *"Zufallscodierung"* ist. Der Beweis liefert daher kein Verfahren für die Codierung im konkreten Fall.

Literaturhinweise: Henze & Homuth [1974], Kameda & Weihrauch [1973], van Lint [1982], Roman [1992, 1997], Rupprecht [1982], Topsœ[1974], Tzschach & Haßlinger [1993], Wefelscheid [1974].

9.5   Maximum-Likelihood-Decodierung

Unser Kanal sei nun ein binärer symmetrischer Kanal mit der Fehlerwahrscheinlichkeit $p < \frac{1}{2}$. Bei Übertragung eines Wortes der Länge n ist dann die Wahrscheinlichkeit w_s von Fehlern an s fest vorgegebenen Stellen gleich $w_s = (1 - p)^{n-s} \cdot p^s$. Für t ebenfalls fest vorgegebene Stellen folgt aus $t > s$ (wegen $p < 1 - p$ bzw. $p^{t-s} < (1 - p)^{t-s}$ und damit $p^t(1 - p)^{n-t} < p^s(1 - p)^{n-s}$) sofort $w_t < w_s$. Wurde nun am Ende des Kanals ein Wort empfangen, das kein Codewort ist, so korrigiert man daher zu einem Codewort, das sich vom empfangenen Wort in möglichst wenig Komponenten unterscheidet; diese Art der Korrektur führt unter den angegebenen Bedingungen jeweils zu einer der am wahrscheinlichsten gesendeten Nachrichten und heißt daher *Maximum-Likelihood-Decodierung*. Ein Beispiel sehen wir in der Decodierung des Wiederholungscodes gemäß Tabelle 9.1.[73]

Im Folgenden werden wir stets von einer Maximum-Likelihood-Decodierung ausgehen.

---

[72]Die Informationsrate eines binären Blockcodes C der Länge n ist definiert als der Wert $\frac{1}{n} \log_2 \mid C \mid$; sie ist ein Maß für die Relation zwischen benutzter Codewortlänge n und der unteren Schranke für die mindestens benötigte Wortlänge eines (binären Block-) Codes mit $\mid C \mid$ Elementen; diese Relation spielt eine Rolle beim Vergleich von benötigten Übertragungszeiten.

[73]Eine davon abweichende Decodierung ist z.B. die *Listen-Decodierung*, bei der eine kurze Liste von Kandidaten erzeugt wird, unter denen auch das ursprünglich gesendete Wort sein sollte, s.z.B. Sudan [1997].

9.6 Bemerkung

Wir fragen uns nun: Aus welchen Gründen gestattet es der Wiederholungscode, einen Fehler zu korrigieren, der Paritätscode aber nur, einen Fehler zu erkennen. Betrachten wir zum Beispiel das Wort 0 0 0 1 0 ; es kann aus 0 0 0 1 **1** oder aus 0 0 0 **0** 0 oder anderen Codewörtern des Paritätscodes der Länge 5 durch einen Fehler entstanden sein. Ein solcher Fall tritt immer dann auf, wenn *die Codewörter "zu nahe beieinander" liegen*. Durch mehrfache selektive Paritätskontrolle lässt sich der Unterschied zwischen Codewörtern vergrößern, wie folgendes *vereinfachtes Beispiel* zeigt:

9.7 Beispiel: Mehrfache Paritätskontrolle

Wir codieren die Tetraden über $\{0,1\}$, indem wir ihre Komponenten im Quadrat anordnen und zeilen- und spaltenweise Paritätskontrollzeichen zufügen (s. Bild 9.4) (cf. Furrer [1981]p. 58/59, Schulz [1984] p. 117).

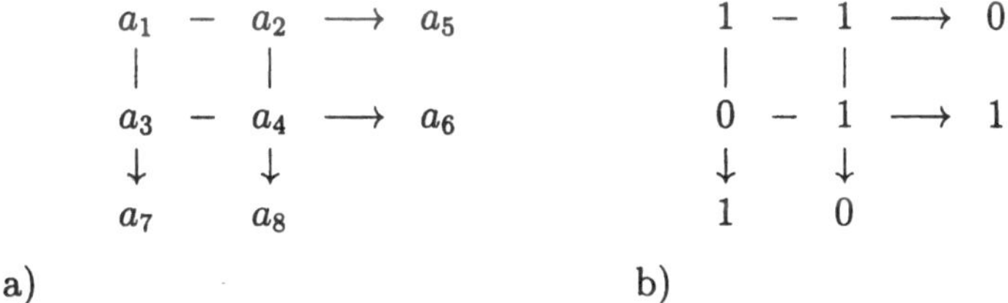

a)   b)

Bild 9.4: Mehrfache Paritätskontrolle a) schematisch b) Beispiel 1101 $\longmapsto$ 1101 0110

So erhalten wir eine Codierung $\{0,1\}^4 \longrightarrow \{0,1\}^8$ mit $a_1 \ldots a_4 \mapsto a_1 \ldots a_4 \, a_5 \ldots a_8$. Im Codewort sind $a_1, \ldots, a_4$ die sogenannten *"Informations-Bits"*, $a_5, \ldots, a_8$ die *"Kontroll-Bits"*.
Die Kontrollbits liegen durch die Informationsbits fest. Ein Fehler bei ihnen fällt damit auf. Jede Änderung eines Informationsbits ändert zwei Kontrollbits, die die Position des Fehlers kennzeichnen. Dadurch lässt sich ein (Einzel-) Fehler erkennen und korrigieren (s. Bild 9.5).

Bild 9.5:   Fehlerkorrektur beim Code von Beispiel 9.7
$\square$ Fehler $\otimes$ Bits, an denen der Fehler erkennbar ist.

Die 4 Paritätskontrollen, die die Korrektur von Einzelfehlern ermöglichen, können nach dem Schema von Tabelle 9.2 vorgenommen werden. Eine Änderung von 2 Informationsbits ändert mindestens ein Kontrollbit. Daher unterscheiden sich zwei verschiedene Codewörter mindestens in 3 Stellen.

	a_1	a_2	a_3	a_4	a_5	a_6	a_7	a_8
1.Kontrolle	×	×			×			
2.Kontrolle			×	×		×		
3.Kontrolle	×		×				×	
4.Kontrolle		×		×				×

Tabelle 9.2: Schema der mehrfachen Paritätskontrolle beim Code aus 9.7.

9.8   Verallgemeinerung

Man erkennt leicht, dass das in 9.7 behandelte Codierungsprinzip *auch auf Wörter der Länge $a \cdot b$* für $a, b > 2$ angewandt werden kann; zu den Informationsbits kommen dann $a+b$ Kontrollbits hinzu. Wieder sind Einzelfehler korrigierbar. Weitere Verallgemeinerungen folgen im weiteren Verlauf des Kapitels (s. §11).

Aufgaben:

A 9.1 Diskutieren Sie analog zu 9.5 die Situation eines binären symmetrischen Kanals mit Fehlerwahrscheinlichkeit $p > \frac{1}{2}$!

A 9.2 Behandeln Sie das in 9.8 angegebene Codierungsverfahren ausführlicher!

10 Der Sequenzraum: Codes und Kugelpackungen

Wir betrachten im Folgenden Codes fester Länge n, sogenannte **Blockcodes**, also Teilmengen von A^n. Dabei wollen wir zunächst die Bemerkung (9.6) präzisieren. Wir führen dazu einen *Abstandsbegriff* ein:

10.1 Hamming-Abstand, Sequenzraum

(a) **Definition: Hamming-Abstand**

Seien $a = a_1 \ldots a_n$ und $b = b_1 \ldots b_n$ Wörter der Länge n über dem Alphabet A; dann bezeichnet $d_H(a, b)$ die Anzahl der unterschiedlichen Komponenten von a und b. Diese Zahl $d_H(a, b) = |\{i \mid a_i \neq b_i\}|$ heißt *Hamming-Abstand (Hamming-Distanz)* zwischen a und b. (Wir schreiben oft nur d statt d_H).

Beispiel:

$$d(0001\underline{0}, 0001\underline{1}) \;=\; 1 \;=\; d(000\underline{1}0, 000\underline{0}0).$$
$$d(000\underline{11}, 000\underline{00}) \;=\; 2 \;=\; d(\underline{1}000\underline{1}, \underline{0}000\underline{0}).$$

(b) *Eigenschaft:*

> Der Hamming-Abstand $d_H : A^n \times A^n \to \mathbb{N}_0$ ist eine *Metrik* auf A^n,

d.h. es gilt (für alle $x, y, z \in A^n$):

(i) $d(x, y) \geq 0$ (Positivität) (ii) $d(x, y) = 0 \implies x = y$

(iii) $d(x, y) = d(y, x)$ (Symmetrie)

(iv) $d(x, y) + d(y, z) \geq d(x, z)$ (Dreiecksungleichung) .

Beweisskizze
(i), (ii) und (iii) sind offensichtlich: Die Dreiecksungleichung (iv) sieht man folgendermaßen ein: Ist i die Nummer einer Komponente, in der sich x und z unterscheiden ($x_i \neq z_i$), so gilt mindestens eine der Beziehungen $x_i \neq y_i$ oder $y_i \neq z_i$. Eine Komponente, die einen Beitrag 1 zu $d(x, z)$ liefert, gibt einen solchen auch für $d(x, y)$ oder für $d(y, z)$. $\qquad\square$

(c) **Definition: Sequenzraum**

Der metrische Raum (A^n, d_H), bestehend aus der Menge aller Wörter der Länge n über A und dem Abstand d_H, heißt *Sequenzraum*. Ist speziell $A = \{0, 1\}$, so spricht man auch vom $n-$dimensionalen **Einheitswürfel**.

(Der Sequenzraum spielt u.a. auch in der Evolutionstheorie, vgl. Beispiel 1.2 (iv), eine Rolle; die Hamming-Distanz zwischen zwei Genen ist dort die minimale Anzahl der Punktmutationen, die nötig ist, um das Muster eines der beiden Gene in das des anderen umzuwandeln.).

10.2   Beispiel:

$(\{0,1\}^3, d_H)$ lässt sich mittels eines Würfels der Kantenlänge 1 im 3-dim reellen Raum darstellen; die Wörter von $\{0,1\}^3$ sind den Ecken des Würfels zugeordnet; der Abstand zweier Wörter ist die Länge des kürzesten Weges zwischen den zugeordneten Ecken längs einer Würfelkante (s. Bild 10.1). Eine Darstellung von $(\{0,1\}^5, d_H)$ mittels eines 5-dimensionalen Würfels findet man z. Bsp. in Graf [1981] p. 51.

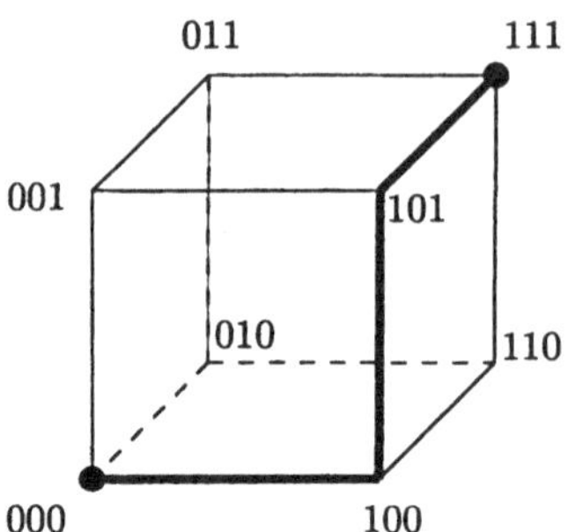

Bild 10.1: Darstellung des Sequenzraums $(\{0,1\}^3, d_H)$.
(Markiert ist ein kürzester Weg von 000 zu 111;
seine Länge ist 3 – entsprechend dem Hamming-Abstand.)

A 10.1
Zeigen Sie: Zu gegebenem Wort $z \in A^n$ gibt es $\binom{n}{m}(|A| - 1)^m$ Wörter in A^n, die Abstand m von z haben (für $0 \leq m \leq n$).

Das Begehen von t Fehlern bei Übermittlung eines Codeworts c führt zu einem Wort x des Sequenzraums, das sich von c in t Komponenten unterscheidet. Dieser Sachverhalt legt es nahe, Sphären oder Kugeln um Codewörter zu betrachten; dabei sind Kugeln wie in metrischen Räumen üblich definiert:

10.3   Definition: Kugel

Ist $z \in A^n$ und $t \in \mathbb{N} \cup \{0\}$, dann heißt

$$K_t(z) := \{x \in A^n \mid d_H(x, z) \leq t\}$$

Kugel vom Radius t um den Mittelpunkt z.

10.4   Beispiel (Fortsetzung):

Bild 10.2 skizziert die Kugeln $K_1(000) = \{000, 100, 010, 001\}$ und $K_1(111) = \{111, 011, 101, 110\}$ vom Radius 1 in $(\{0,1\}^3, d_H)$.

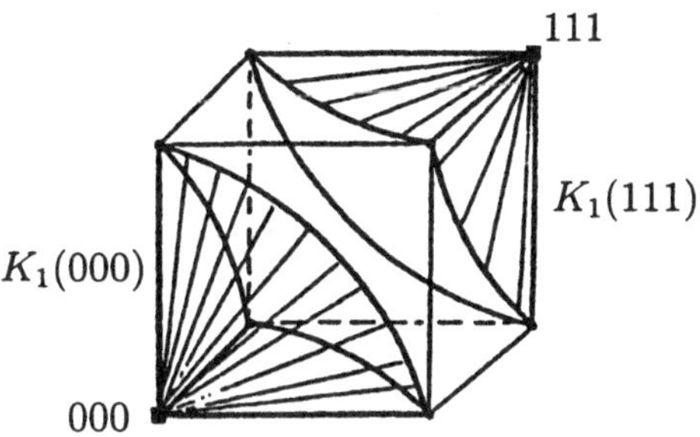

Bild 10.2: Zwei Kugeln vom Radius 1 in $(\{0,1\}^3, d_H)$.

10.5 Bemerkungen: Kugeln und Fehlerkorrektur

(i) Die Elemente von A^n, die aus $z \in A^n$ durch *Fehler in bis zu t Komponenten* entstehen, liegen in $K_t(z)$. Umgekehrt kann jedes Wort von $K_t(z)$ aus z durch t oder weniger Fehler entstanden sein.

(ii) Ist $b \in K_t(z_1) \cap K_t(z_2)$, so kann b durch bis zu t Fehler aus z_1 oder aus z_2 entstanden sein.

(iii) Ist C ein Blockcode mit der Eigenschaft

$$(*) \quad K_t(c_i) \cap K_t(c_j) = \emptyset \text{ für alle } c_i, c_j \in C \text{ mit } c_i \neq c_j,$$

so lassen sich (durch Decodierung zum Mittelpunkt derjenigen Kugel, in der das fehlerhafte Wort liegt) Wörter mit bis zu t Fehlern korrigieren.

(iv) Ein einfaches *Decodierschema* besteht dabei aus der Auflistung der Kugeln um Codewörter und ihrer Elemente mit der Vorschrift, zum Kugelmittelpunkt hin zu decodieren. Alle nicht erfassten Wörter gehören zum *Decodierungsausfall*, sind nicht decodierbar und werden als "fehlerhaft" gemeldet.

Durch (10.5)(ii) und (iii) wird die folgende Definition motiviert:

10.6 Definition: Fehlerkorrigierender Code

Ein Code C, der die Eigenschaft $(*)$ von 10.5(iii) besitzt, heißt *t-fehlerkorrigierender Code*. Er hat die Eigenschaft, dass bei ihm fehlerhafte Wörter mit Fehlern in m Komponenten für $m \leq t$ auf die in 10.5 (iii) angegebene Weise richtig decodiert werden können.
Jeder t-fehlerkorrigierende Code ist also auch $(t-1)-$fehlerkorrigierend, $(t-2)-$fehlerkorrigierend, usw..

Beispiel (Fortsetzung):
$C_1 = \{000, 111\}$ ist nach 10.4 ein 1-fehlerkorrigierender Code. Die fehlerhaften Wörter (in Bild 10.2 durch $\bullet$ markiert) werden zum Kugelmittelpunkt (mit $\blacksquare$ markiert) korrigiert.

10.7 Kugelpackungen

Es ist also in unserem Zusammenhang sinnvoll, nach einer disjunkten Überdeckung von
A^n (bzw. der Überdeckung einer Teilmenge von A^n) durch Kugeln vom Radius t zu
fragen, nach sogenannten *Kugelpackungen*. Die Kugel-Mittelpunkte können dann als Elemente eines Codes $\mathcal{C}$ gewählt werden, der t-fehlerkorrigierend ist. (Vgl. Bild 10.3 !)

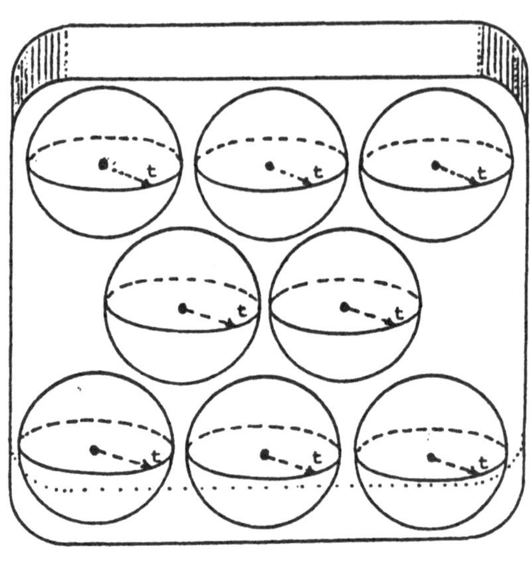

a)   b)

Bild 10.3: Kugelpackung a) modellhaft b) schematisch

Wir behandeln *Schranken* für die Möglichkeit, solche Packungen zu finden. Dazu betrachten wir zunächst die Mächtigkeit einer Kugel und dann die Anzahl der durch die Kugeln
abgedeckten Wörter.

10.8 Anzahlen

(a) **Kugel-Mächtigkeit**

> Für eine Kugel vom Radius t in A^n gilt (mit $\mid A \mid = q$ und $\boldsymbol{c} \in \mathcal{C}$):
>
> $$\mid K_t(\boldsymbol{c}) \mid = \sum_{i=0}^{t} \binom{n}{i}(q-1)^i$$

(b) **Kugelpackungs-Schranke** (Hamming-Volumenschranke)

> Existiert ein t-fehlerkorrigierender Code $\mathcal{C}$ in A^n, so gilt folgende Ungleichung (mit
> $\mid A \mid = q$):
>
> $$(**)\quad \sum_{i=0}^{t} \binom{n}{i}(q-1)^i |\mathcal{C}| \leq q^n.$$

Beweis:

(a) Nach Aufgabe A 10.1 gibt es $\binom{n}{i}(q-1)^i$ Wörter vom Abstand i von c; in $K_t(c)$ liegen alle diese Wörter für $i = 0$ bis t.

(b) Definitionsgemäß sind die $|\mathcal{C}|$ Kugeln vom Radius t um Codewörter disjunkt; es gilt also

$$\left| \, \dot{\bigcup_{c \in \mathcal{C}}} K_t(c) \, \right| = \sum_{c \in \mathcal{C}} |\, K_t(c)\,| = |\,\mathcal{C}\,| \cdot K_t(c) =: s \;.$$

Alle betrachteten Wörter liegen in A^n. Es gilt also $s \leq |\,A^n\,| = q^n$. $\qquad\square$

(c) **Kugelüberdeckung**

> In der Ungleichung $(**)$ *gilt die Gleichheit genau dann*, wenn die zum Code gehörige Kugelpackung die Eigenschaft hat, dass jedes Wort von A^n in einer (eindeutig bestimmten) Kugel vom Radius t liegt. Ein Code dieser Eigenschaft heißt *perfekter Code*.

Genauer:

10.9 Definition: Perfekter Code

Ein Code $\mathcal{C} \subseteq A^n$ heißt **t–perfekt** (mit $t \in \mathbb{N} \cup \{0\}$), falls gilt:

(i) $K_t(c_1) \cap K_t(c_2) = \emptyset$ für alle $c_1, c_2 \in \mathcal{C}$ mit $c_1 \neq c_2$ (d.h. $\mathcal{C}$ ist t-fehlerkorrigierend) und

(ii) $A^n = \bigcup_{c \in \mathcal{C}} K_t(c)$ (d.h. die Kugeln vom Radius t um Codewörter überdecken A^n).

Statt t–perfekt sagt man auch nur **perfekt**.

10.10 Anmerkung zu perfekten Codes

(a) **Beispiele von perfekten Codes:**
Triviale perfekte Codes über dem Alphabet A sind:
- A^n (mit $t = 0$),
- nur aus einem einzigen Codewort der Länge n bestehende Codes (mit $t = n$) und
- im Falle $A = \{0,1\}$ die Wiederholungscodes $\{00\ldots0, 11\ldots1\}$ der (ungeraden) Länge $2m + 1$ (mit $t = m$).

Wir erwähnen noch folgende perfekten Codes:

- einen binären Code der Länge $n = 23$ mit 2^{12} Wörtern (für $t = 3$), den sogenannten *binären Golay-Code* $\mathcal{G}_{23}$, s. 15.13 (d),

- einen ternären Code der Länge $n = 11$ mit 3^6 Wörtern (für $t = 2$), den sogenannten *ternären Golay-Code*,

- eine Serie von Codes $\mathcal{H}_{q,r}$ mit $n = (q^r - 1)/(q-1), |\mathcal{H}_{q,r}| = q^{n-r}$ (mit $t = 1$) für jede Primzahlpotenz q, die sogenannten *Hamming-Codes* ; (s. §12 !)

(b)   Perfekte Codes sind deswegen interessant, weil sie den Raum A^n gut ausschöpfen und weil die Decodierung für jedes Wort erklärt ist. Auch in anderem Zusammenhang gibt es Anwendungen; (s. Teil d)!).

(c)   Nach weitgehender Vorarbeit von J.H. van Lint (s. auch [1971]) ist es A. Tietäväinen (und unabhängig davon V.A. Zinovjev und K.V. Leontjev) gelungen, die $t-$perfekten Codes über Alphabeten von Primzahlpotenz-Ordnungen zu kennzeichnen, (s. van Lint [1982], Pless [1982]):

> **Satz über perfekte Codes:**
> *Ist C ein nicht-trivialer perfekter Code über einem Alphabet A mit $|A| = p^m$, p prim, dann hat C die gleichen Parameter wie ein Hamming- oder ein Golay-Code.*

Für $t > 2, t \neq 6$ ist nach M.R. Best die Voraussetzung " q Primzahlpotenz" überflüssig.

(d)   Mit Hilfe eines perfekten Codes über dem Alphabet $\{0, 1, 2\}$ lässt sich das Problem von **Garantiesystemen bei Toto-Wetten** behandeln. Sei der Ausgang von 13 Fußballspielen vorauszusagen; unter Verwendung der Codierung: $0 \overset{\wedge}{=}$ Unentschieden, $1 \overset{\wedge}{=}$ Heimsieg, $2 \overset{\wedge}{=}$ Heimniederlage wird das Ergebnis einer Ausspielung zu einem Wort v aus $\{0, 1, 2\}^{13}$. Von einem Tipp c mit 12 Richtigen hat v den Abstand 1; die richtige Tippreihe v liegt daher in $K_1(c)$. Wie aus Teil (a) zu ersehen (– s. auch 12.4 –), gibt es einen perfekten Code in $\{0, 1, 2\}^{13}$, den *ternären Hamming-Code* $\mathcal{H}_{3,3}$ *der Länge 13*. Man kann dann (theoretisch) die Mittelpunkte der (den Raum überdeckenden) Kugeln vom Radius 1 um Codewörter als Tippreihen wählen und hat dann mit Sicherheit 12 Richtige zu erwarten. Nach 10.8(c) gibt es jedoch $3^{13}/(1 + 13 \cdot 2) = 3^{10}$ solcher Punkte, für praktische Zwecke eine zu große Anzahl.

Allgemein kann man bei einer Toto-Wette mit n Tippreihen fragen, ob es ein Wettsystem gibt, das $n - t$ Richtige garantiert. Eine Lösung würden t-perfekte ternäre Codes mit Wortlänge n liefern. Für $t = 1$ sind nicht wesentlich andere Zahlen zu erwarten als beim eben behandelten Beispiel. Für $t > 1$ gibt es (nach Tietäväinen und Pless), im Wesentlichen nur einen einzigen nicht-trivialen ternären $t-$perfekten Code, und zwar mit $n = 11$, $|C| = 3^6 = 729$ und $t = 2$ (d.h. 9 Richtige garantiert), den bereits erwähnten *ternären Golay-Code*. Wegen der zu großen Anzahl von nötigen Tipps und lediglich garantiertem Nebengewinn ist das Verfahren nicht lukrativ. Somit ist das Toto-System noch nicht zusammengebrochen.

Zwar ist die Voraussetzung einer *disjunkten* Überdeckung mit Kugeln gleichen Radius nicht *notwendige* Voraussetzung für ein Garantiesystem. Jedoch ist nicht zu erwarten, dass andere geeignete Überdeckungen mit wesentlich weniger Mittelpunkten auskommen als die der erwähnten perfekten Codes.

(e)   Wie bemerkt, ist bei obigen Beispielen die Disjunktheit der Kugeln nicht wesentlich (ausser für deren Anzahl). Wir definieren in diesem Zusammenhang:

Ist $C \subseteq A$, dann heißt $\rho(C)$ **Überdeckungsradius** von C, falls $\rho(C)$ der kleinste Radius ρ ist mit der Eigenschaft, dass die Kugeln vom Radius ρ um Codewörter die

Menge A^n überdecken, also $A^n = \bigcup_{c \in \mathcal{C}} K_\rho(\mathcal{C})$ gilt. Bei einem t–perfekten Code $\mathcal{C}$ ist $\rho(\mathcal{C}) = t$, und zusätzlich sind die erwähnten Kugeln disjunkt. Ja es gilt sogar:

$\mathcal{C}$ ist t–perfekt genau dann, wenn $\rho(\mathcal{C}) = t$ ist und je zwei Codewörter mindestens den Hamming-Abstand $2t + 1$ haben.

Um bei gegebenen Code $\mathcal{C}$ dessen Fehlerkorrektur-Eigenschaften zu bestimmen, ist es nicht nötig, die Kugeln vom Radius t um Codewörter auf Disjunktheit zu untersuchen. Es reicht dazu, den Abstand je zweier Codewörter zu kennen, genauer den minimalen Wert dieses Abstands:

10.11 Minimalabstand

(a) *Definition:* Sei $\mathcal{C} \subseteq A^n$; dann ist der Minimalabstand von $\mathcal{C}$ definiert als

$$d_{\min}(\mathcal{C}) := \min_{c_1,c_2 \in \mathcal{C}, c_1 \neq c_2} d_H(c_1, c_2) \ .$$

(b) *Eigenschaften:*

> $\mathcal{C} \subseteq A^n$ ist t-fehlerkorrigierend genau dann, wenn gilt: $d_{\min}(\mathcal{C}) \geq 2t + 1$.

Beweis: "$\Rightarrow$" Sei $d_{\min}(\mathcal{C}) =: s \leq 2t$. Dann existieren $c_1, c_2 \in \mathcal{C}$ mit $d_H(c_1, c_2) = s$. Ist $s < t$, so gilt $c_2 \in K_t(c_1)$. Ist $s \geq t$, so kann man bei c_1 unter den s Komponenten, in denen sich c_1 und c_2 unterscheiden, t Komponenten in solche von c_2 umändern. Es entsteht ein Wort z mit $d_H(c_1, z) = t$ und $d_H(c_2, z) = s - t$. Wegen $s - t \leq t$ folgt $K_t(c_1) \cap K_t(c_2) \neq \emptyset$. Damit ist $\mathcal{C}$ nicht t-fehlerkorrigierend (s. 10.6).

"$\Leftarrow$" Ist $\mathcal{C}$ nicht t-fehlerkorrigierend, so existieren $c_1, c_2 \in \mathcal{C}$ und $v \in A^n$ mit $v \in K_t(c_1) \cap K_t(c_2)$. Aus der Dreiecksungleichung (10.1b) ergibt sich
$$d_{\min}(\mathcal{C}) \leq d_H(c_1, c_2) \leq d_H(c_1, v) + d_H(v, c_2) \leq t + t. \qquad \square$$

(c) **Beispiel:** Beim Wiederholungscode $\mathcal{C}_1 = \{000, 111\}$ aus Beispiel (10.4) ist trivialerweise $d_{\min}$ gleich 3, in Übereinstimmung damit, dass $\mathcal{C}_1$ 1-fehlerkorrigierend ist.

A 10.2
Untersuchen Sie direkt (ohne 10.11.b) den Minimalabstand des Codes aus Beispiel 9.7 und der Verallgemeinerung aus 9.8 !

A 10.3
Zeigen Sie, dass für einen 2-fehlerkorrigierenden Code $\mathcal{C} \subseteq \{0,1\}^8$ gilt: $|\mathcal{C}| \leq 6$. Ist Gleichheit möglich?

A 10.4
Beschreiben Sie $d(c_1, c_2)$ mit Hilfe der Abbildung $J : A^n \times A^n \to \mathcal{P}(\mathbb{N}_n)$, die durch $J(a_1 \ldots a_n, b_1 \ldots b_n) := \{i \mid a_i \neq b_i\}$ definiert ist. Formulieren sie damit die Beweise der Dreiecksungleichung und von (10.11.b)!

A 10.5
Wir nennen einen Code $\mathcal{C}$ *1-fehlerkorrigierend und gleichzeitig 2-fehlererkennend*, falls die

Kugeln vom Radius 1 um Codewörter paarweise disjunkt sind (– daher also 1-fehlerkorrigierend) und Wörter mit Abstand 2 von einem Codewort nicht in eine solche Kugel fallen (– diese Wörter sind dann bei der Fehlerkorrektur nicht decodierbar, werden aber auch nicht fälschlich "korrigiert"). Zeigen Sie, dass ein solcher Code C vorliegt, falls $d_{min}(C) \geq 4$ gilt.

A 10.6

Geben Sie ein Beispiel eines Codes an, der je nach Decodierverfahren gestattet, entweder

(i) 1 Fehler pro Codewort zu korrigieren (also 1-fehlerkorrigierend ist) oder

(ii) 2 Fehler pro Codewort zu erkennen,

bei dem es aber nicht möglich ist, (i) und (ii) gleichzeitig zu erreichen.
(Daher ist Vorsicht mit der Bezeichnung " 2-fehlererkennend " geboten !)

10.12   Anmerkung: Isometrien und äquivalente Codes

(i) Die Eigenschaft eines Codes, bei der Decodierung die Korrektur gewisser Fehler zu gestatten, hängt - wie gesehen - entscheidend von den Abständen zwischen den Codewörtern ab. Generell können Fehler in t Komponenten korrigiert werden, wenn der Minimalabstand genügend groß ist, nämlich $d_{\min} \geq 2t + 1$ gilt.

Existiert bei zwei Codes $C_1, C_2 \subseteq A^n$ eine Bijektion zwischen C_1 und C_2, die Abstände zwischen den Codewörtern erhält und sich sogar zu einer abstandstreuen Bijektion *(Code-Isomorphie)* des ganzen Raumes A^n auf sich fortsetzen lässt, so haben C_1 und C_2 entsprechende Korrektureigenschaften. Es ist daher sinnvoll, sich mit abstandstreuen Permutationen (**Isometrien**) von Sequenzräumen zu beschäftigen.

(ii) Als Beispiele nennen wir Permutationen von A^n, die wie folgt beschrieben werden:

a) *Austausch zweier fester Komponenten bei allen Wörtern (Transposition):*

$$a_1 \ldots a_i \ldots a_j \ldots a_n \longmapsto a_1 \ldots a_j \ldots a_i \ldots a_n$$

b) *Permutationen der Einträge in einer festen Komponente:*

$$a_1 \ldots a_i \ldots a_n \longmapsto a_1 \ldots \sigma(a_i) \ldots a_n \text{ (mit } \sigma \text{ Permutation von } A).$$

Im Falle $A = \{0, 1\}$ wäre das Invertieren einer festen Komponente eine solche Permutation: $a_1 \ldots a_i \ldots a_n \longmapsto a_1 \ldots (a_i + 1) \ldots a_n$.

c) *Kombinationen von Abbildungen der vorherstehenden Typen.*[74]

Bekanntlich lässt sich jede Permutation von $\{1, \ldots, n\}$ als Produkt von Vertauschungen zweier Elemente (Transpositionen) der Menge $\{1, \ldots, n\}$ schreiben (s. z.B. Lüneburg [1973] II, §5). Damit sind im Fall $A = \{0, 1\}$ die unter c) angegebenen Beispiele genau die Verknüpfungen einer festen Permutation der Wörter- Komponenten mit der Addition eines festen n-Tupels.

---

[74]Wir verweisen auf die Charakterisierung von Code-Isometrien als derartige Abbildungen durch Constantinescu & Heise [1996].

(iii) Zwei Codes $C_1, C_2 \subseteq A^n$, die auf die unter (ii) angegebene Weise auseinander hervorgehen, heißen **äquivalente Codes**. [75]

10.13 Beispiel: Äquivalente Codes

$\{010, 101\}$ und $\{001, 110\}$ sind untereinander und zu $\{000, 111\}$ äquivalente Codes. In Bild 10.4 sind die zugehörigen Äquivalenzumformungen geometrisch interpretiert (vgl. Siebel [1972]).

A 10.7
Sei $A = \{0, 1\}$ und f Isometrie von (A^n, d_H) auf sich. Zeigen Sie, dass dann f Verkettung einer Permutation der Komponenten mit der Addition eines festen Vektors aus A^n (also insbesondere von einem in (ii) aufgeführten Typ) ist.

Lösungshilfe: Durch Verkettung mit geeigneten Abbildungen des gesuchten Typs erreicht man nacheinander Abbildungen, die $00\ldots0$ festlassen, die $00\ldots0$, $10\ldots0$ festlassen, die $0\ldots0$, $10\ldots0$, $010\ldots0$ festlassen usw..

A 10.8
Lässt sich jede Isometrie durch eine Abbildung der in (ii) aufgeführten Form darstellen?

A 10.9
Die Menge der Isometrien von (A^n, d_H) auf sich bildet eine Gruppe, die sogenannte **Symmetriegruppe** von (A^n, d_H). Man berechne deren Ordnung(d.h. Elementeanzahl) im Falle $A = \{0, 1\}$.

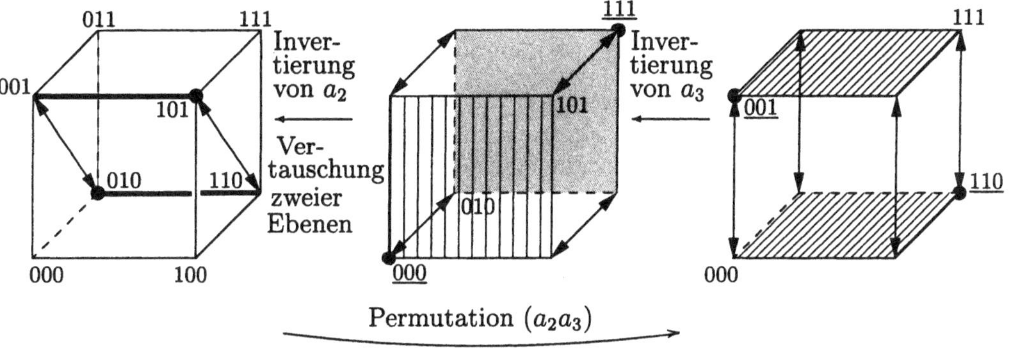

Bild 10.4: Beispiele äquivalenter Codes mit $d_{\min} = 3$.

Im Hinblick auf die weitere Theorie wollen wir viele der Sequenzräume mit einer weiteren Struktur versehen. Dazu nutzen wir z. Bsp. aus, dass das Alphabet $A = \{0, 1\}$ (– wie bereits oft verwandt –) eine Addition mod 2 gestattet. Durch Hinzunahme einer geeigneten Multiplikation wird A zu einem Körper[76] $K = (A, +, \cdot)$ mit 2 Elementen, Galoisfeld 2 genannt und mit GF(2) oder auch $\mathbb{F}_2$ bezeichnet. Die Verknüpfungstafeln sind dabei

---

[75]Manche Autoren lassen Abb. des in (ii)b) behandelten Typs nicht als Äquivalenz-Umformungen zu.
[76]s. Anhang B 4

$$\begin{array}{c|cc} + & 0 & 1 \\ \hline 0 & 0 & 1 \\ 1 & 1 & \mathbf{0} \end{array} \quad \text{und} \quad \begin{array}{c|cc} \cdot & 0 & 1 \\ \hline 0 & 0 & 0 \\ 1 & 0 & 1 \end{array} \ .$$

So wird $\{0,1\}^n$ ein K-Vektorraum (mit komponentenweiser Addition und Multiplikation mit Skalaren). (S. Anhang C 1 !)

Literaturauswahl zu Vektorräumen: Fischer [2000], Artmann [1991], Beutelspacher [2000], Beutelspacher & Zschiegner [2001], Bosch [2001], Brieskorn [1983], DIFF Bd. III.3 [1973], Grauert & Grunau [1999], Jänich [2002], Klingenberg & Klein [1971],Klotzek [1997], Kowalsky & Michler [1995], Lorenz [1992], Lüneburg [1993], Schaal [1976], Stroth [1995], Zieschang [1997].

Allgemein gilt:

10.14 Wörter als Vektoren

Lässt sich das **Alphabet** A durch geeignete Addition und Multiplikation zu einem **Körper** $K = A$ machen[77], so kann jeder Vektor $(k_1, \ldots, k_n)$ aus K^n als Wort $k_1 \ldots k_n$ aufgefasst werden, und umgekehrt ist jedes Wort aus K^n als Vektor des K-Vektorraums K^n interpretierbar [78].

Beispiele:
Die Menge $A = \{0, 1, \ldots, p-1\}$, mit p Primzahl, wird zum Körper $K = \mathrm{GF}(p)$ (Galoisfeld p), wenn man *modulo* p rechnet (, also bei jeder Summe und jedem Produkt zum Rest bei der Division durch p übergeht). A^n ist dann als Vektorraum über $GF(p)$ auffassbar.

Der Vorteil der Auffassung von Wörtern als Vektoren ist, dass man nun die Ergebnisse der linearen Algebra anwenden und u.a. *Linearkombinationen von Wörter-Mengen, lineare Gleichungen, Orthogonalität* sowie *lineare Abbildungen* betrachten kann.

10.15 Orthogonalität in Sequenzräumen

(a) **Skalarprodukt: Definition und erste Eigenschaft**

Trage nun das betrachtete Alphabet A Körperstruktur, gelte also $A = K$ mit $(K, +, \cdot) = GF(q)$ für geeignetes q ! Dann können, wie gesehen, die Wörter der Länge n als Vektoren des n-dimensionalen Vektorraums K^n interpretiert werden. In Analogie zum kanonischen reellen Skalarprodukt setzen wir für $\boldsymbol{u} = u_1 \ldots u_n$ und $\boldsymbol{v} = v_1 \ldots v_n$ aus K^n :

$$(*) \qquad \boldsymbol{u} \cdot \boldsymbol{v} := \sum_{i=1}^{n} u_i v_i \qquad = \boldsymbol{u} \cdot \boldsymbol{v}^{\top} \text{ (in Matrixschreibweise).}$$

---

[77]Dies ist der Fall, wenn $\mid A \mid = q$ Primzahlpotenz ist; man kann dann $K = \mathrm{GF}(q)$ wählen, s. Anhang B 4 !

[78]s. Anhang C !

Dadurch ist eine symmetrische Bilinearform Φ mit $\Phi(u, v) = u \cdot v$ auf K^n definiert, also eine Abbildung

$$\Phi : K^n \times K^n \longrightarrow K \quad \text{mit} \quad (i) \quad \Phi(ku + \ell w, v) = k\Phi(u, v) + \ell\Phi(w, v)$$
$$\text{(Linearität in der 1. Komponente)}$$
$$(ii) \qquad \Phi(u, v) = \Phi(v, u) \; (Symmetrie)$$

für alle $u, v, w \in K^n$ und $k, \ell \in K$. (Beweis durch Nachrechnen oder mit Hilfe der Matrizenmultiplikation.) Wegen der Symmetrie ist Φ auch in der zweiten Komponente linear.

Die durch $(*)$ definierte Form heißt ebenfalls **Skalarprodukt** oder *inneres Produkt*, obwohl die "Positive Definitheit" im Gegensatz zum reellen oder komplexen Fall nun nicht mehr gegeben ist.

Beispiel: Seien $K = \mathrm{GF}(2)$ und $n = 3$. Dann gilt $110 \cdot 110 = 0$, obwohl 110 ungleich dem Nullvektor $\mathbf{0} = 000$ ist.

(b) **Definition: Orthogonalität von Vektoren**

Auf K^n definieren wir eine (symmetrische) Relation "$\perp$" (**orthogonal**, *senkrecht*) durch die Setzung

$$u \perp v \; :\Longleftrightarrow u \cdot v = 0 \text{ für } u, v \in K^n.$$

Wir nennen $\perp$ *Orthogonalitätsrelation*. Wir vermerken aber, dass es (entgegen der elementargeometrischen Sachverhalte) *selbstorthogonale* Vektoren geben kann, d.h. Vektoren, die auf sich selbst senkrecht stehen.

Beispiel (Fortsetzung): Für $K = \mathrm{GF}(2)$ ist 110 selbstorthogonal.

(c) **Definition: Orthogonalraum** Zu einer Teilmenge M von K^n definieren wir den *Orthogonalraum* zu M durch

$$M^\perp := \{v \in K^n \mid v \perp u \text{ für alle } u \in M\} \, .$$

Eigenschaften von Orthogonalräumen behandeln wir weiter unten. Zuvor verwenden wir folgende abweichende Bezeichnung:

(d) **Definition: Dualer Code**

Ist ein Code $\mathcal{C}$ Unterraum[79] von K^n, so heißt $\mathcal{C}^\perp$ der zu $\mathcal{C}$ **duale Code**.

Beispiel: Für $\mathcal{C} = \{000, 111\} \subseteq \{0, 1\}^3$ gilt
$\mathcal{C}^\perp = \{a_1 a_2 a_3 \mid a_1 + a_2 + a_3 = 0, a_i \in \{0, 1\}\} = \{000, 110, 101, 011\}$.

10.16 Eigenschaften von Orthogonalräumen

Sei K ein Körper und U Unterraum des K-Vektorraums K^n. Dann gilt:

(a) $U^\perp$ ist Unterraum des K-Vektorraums K^n.

(b) $(K^n)^\perp = \{\mathbf{0}\}$

---

[79]s. Anhang C

(c) $\dim_K U + \dim_K U^{\perp} = \dim_K K^n = n$

(d) $(U^{\perp})^{\perp} = U$.

Anmerkungen:

zu (a): Diese Eigenschaft hat auch $M^{\perp}$ für beliebige Teilmengen M von K^n.

zu (b): Kein Vektor steht also auf allen anderen senkrecht.

zu (c):Man beachte, dass $U^{\perp} \cap U \neq \{0\}$ gelten kann. K^n ist dann nicht direkte Summe
von U und $U^{\perp}$ (– anders als im Falle von $\mathbb{R}-$ und $\mathbb{C}-$Vektorräumen).

Beweis-Skizze zu (10.16):

(a) Die Behauptung folgt wegen $\mathbf{0} \in U^{\perp}$ und

$$(\lambda v + w) \cdot u = \lambda v \cdot u + w \cdot u = 0 \text{ für } v, w \in U^{\perp}, u \in U \text{ und } \lambda \in K.$$

(b) Ist $\boldsymbol{x} = x_1 \ldots x_n \in (K^n)^{\perp}$, dann folgt $0 = \boldsymbol{x} \cdot \boldsymbol{e_i} = x_i$ (für $\boldsymbol{e_i} = 0 \ldots 010 \ldots 0$ mit
1 an Stelle Nr. i) für $i = 1, \ldots, n$, also $\boldsymbol{x} = \mathbf{0}$.

(c) Sei $\{\boldsymbol{u_1}, \ldots, \boldsymbol{u_k}\}$ eine Basis von U. Dann ist $v \in U^{\perp}$ genau dann, wenn gilt:

$$\boldsymbol{u_i} \cdot \boldsymbol{v}^{\top} = 0 \text{ für } i = 1, \ldots, k.$$

Als Lösung des linearen homogen Gleichungssystems mit Koeffizientenmatrix [80]

$$H = \begin{pmatrix} \boldsymbol{u_1} \\ \vdots \\ \boldsymbol{u_k} \end{pmatrix} \text{ erfüllt } U^{\perp} \text{ die Bedingung}$$

$$\dim_K U^{\perp} = \dim_K K^n - \mathrm{Rang}_K H = \dim_K K^n - \dim_K < \boldsymbol{u_1}, \ldots, \boldsymbol{u_k} > = n - \dim_K U.$$

(d) Aus der Symmetrie des Skalarprodukts erhält man sofort $U \subseteq (U^{\perp})^{\perp}$. Mit (c) folgt
weiter $\dim(U^{\perp})^{\perp} = n - \dim U^{\perp} = \dim U$; als Unterraum von U gleicher endlicher
Dimension wie U ist $(U^{\perp})^{\perp}$ gleich U. $\qquad\qquad \square$

Literaturhinweise:

Blahut [1983] §§1,2 , Kameda & Weihrauch [1973], Lovász et al. [2003], Mildenberger
[1990] p. 135 ff, Siebel [1972] p. 66 ff; s. auch die Literaturhinweise zu §11 !

---

[80]Sind $\boldsymbol{u_1}, \ldots, \boldsymbol{u_k} \in K^n$, so bezeichnen wir mit $\begin{pmatrix} \boldsymbol{u_1} \\ \vdots \\ \boldsymbol{u_k} \end{pmatrix}$ die $k \times n$-Matrix, deren i-te Zeile $\boldsymbol{u_i}$ ist (für

$i = 1, \ldots, k$). Siehe auch Anhang C !

Kurze Zusammenfassung zu §10 :

- Für einen Code $\mathcal{C} \subseteq A^n$ lassen sich mit Hilfe des Hammingabstandes Kugeln um Codewörter erklären und der Minimalabstand $d_{\min}(\mathcal{C})$ sowie der Überdeckungsradius $\rho(\mathcal{C})$ definieren.

- $\mathcal{C}$ ist genau dann t-fehlerkorrigierend, d.h. die Kugeln von Radius t um Codewörter sind disjunkt, wenn $d_{\min}(\mathcal{C}) \geq 2t + 1$ ist.

- Fehlerkorrigierende Codes erfüllen die Kugelpackungsschranken (10.8b) (mit Gleichheit im Falle perfekter Codes).

- Bei Übergang zu einem äquivalenten Code bleiben die Abstände zwischen Codewörtern erhalten (10.12).

- Ist $\mathcal{C}$ Unterraum von K^n, so hat der zu $\mathcal{C}$ duale Code $\mathcal{C}^{\perp}$ die Dimension $n - \dim_K \mathcal{C}$, und es gilt $(\mathcal{C}^{\perp})^{\perp} = \mathcal{C}$.

11   Lineare Codes

Betrachten wir nochmal das Beispiel 9.7 ! Um das dort angegebene Verfahren verallgemeinern zu können, führen wir, nahegelegt durch das Vorgehen bei der Paritätskontrolle, auf dem Alphabet $\{0,1\}$ eine Addition ein:

$$
\begin{aligned}
0+0 &= 0 = 1+1 \\
0+1 &= 1 = 1+0.
\end{aligned}
$$

Diese entspricht der Addition von $GF(2)$.

$a_1 a_2 a_3 a_4$ zu $a_1 a_2 a_3 a_4 a_5 a_6 a_7 a_8$ lässt sich nun durch folgende Gleichungen beschreiben:

$$
\begin{aligned}
a_5 &= a_1 + a_2 \\
a_6 &= a_3 + a_4 \\
a_7 &= a_1 + a_3 \\
a_8 &= a_2 + a_4
\end{aligned}
$$

Durch Umformungen sieht man: Der Code besteht aus allen Wörtern $a_1 a_2 \ldots a_8$, die folgenden linearen Gleichungen (*Kontrollgleichungen*) genügen:

$$
\begin{aligned}
a_1 + a_2 \qquad\qquad\ + a_5 \qquad\qquad\qquad &= 0 \\
a_3 + a_4 \qquad\ + a_6 \qquad\qquad &= 0 \\
a_1 + \qquad a_3 \qquad\qquad\quad + a_7 \qquad &= 0 \\
a_2 + \qquad a_4 \qquad\qquad\qquad\ + a_8 &= 0
\end{aligned}
$$

Überprüft man bei einem empfangenen Wort die Gültigkeit dieser Gleichungen, so bedeutet dies eine Paritätkontrolle gemäß Tabelle 9.1. Das System der Kontrollgleichungen hat die Koeffizientenmatrix

$$
H_0 = \begin{pmatrix} 1\,1\,0\,0 & 1\,0\,0\,0 \\ 0\,0\,1\,1 & 0\,1\,0\,0 \\ 1\,0\,1\,0 & 0\,0\,1\,0 \\ 0\,1\,0\,1 & 0\,0\,0\,1 \end{pmatrix}.
$$

Sie heißt *Kontrollmatrix* des Codes. Dieser besteht also aus allen Wörtern $x \in \{0,1\}^8$ mit[81] $H_0 x^\top = 0$ und ist damit[82] Unterraum des Vektorraums $\{0,1\}^8$ über $K = GF(2)$. Ausgehend von obigem Beispiel werden im vorliegenden Paragraphen solche Codes betrachtet, auf die Ergebnisse aus der linearen Algebra angewandt werden können.

11.1   Definition: Linearcode

Sei K ein endlicher Körper und $C \subseteq K^n$. Dann heißt C **Linearcode** (**linearer Code**) über K, falls C Unterraum des Vektorraums K^n ist. Hat C die Dimension k, in Zeichen $\dim_K C = k$, dann heißt C genauer ein (n,k)-*Linearcode*.

---

[81]Ist x n-Tupel über dem Körper K, also $x = x_1 \ldots x_n$, so bezeichnen wir mit $x^\top$ die $n \times 1$ - Matrix

(also den Spaltenvektor) $x^\top = \begin{pmatrix} x_1 \\ \vdots \\ x_n \end{pmatrix}$ und mit $Hx^\top$ das Matrizenprodukt von H mit $x^\top$.

[82]als Lösungsraum eines linearen Gleichungssystems, s. Anhang C 9.

Beispiele: Der Wiederholungscode $\{000,\ 111\}$ und der Code aus Beispiel 9.7 sind Linearcodes über GF(2). Weitere Beispiele folgen in diesem und den nächsten Paragraphen.

Die Angabe eines Linearcodes $\mathcal{C}$ ist unter anderem auf folgende zwei Arten möglich:

1. Durch *Angabe einer Basis* von $\mathcal{C}$ (–allgemeiner eines *Erzeugendensystems* des Unterraums $\mathcal{C}$).

2. Durch *Angabe eines (homogenen) linearen Gleichungssystems* mit Lösungsmenge $\mathcal{C}$ - hierzu reicht die Angabe der Koeffizientenmatrix (sogenannte Kontrollmatrix):

11.2 Darstellung eines Linearcodes

Sei $\mathcal{C} \subseteq K^n$ ein (n,k)-Linearcode. Dann definieren wir:

(a) Ist $(g_1,\ldots,g_k)$ eine Basis von $\mathcal{C}$, so heißt[83] $G = \begin{pmatrix} g_1 \\ \vdots \\ g_k \end{pmatrix}$ eine **Basismatrix**

(**Generatormatrix**) von $\mathcal{C}$.[84]

(b) Ist H eine $(n-k) \times n$–Matrix derart, dass $\mathcal{C} = \{x \in K^n \mid Hx^\top = 0\}$ gilt, so heißt

$$H = \begin{pmatrix} h_1 \\ \vdots \\ h_{n-k} \end{pmatrix} \text{ eine } \textbf{Kontrollmatrix von } \mathcal{C}.$$

Anmerkung: Da ein Unterraum $\mathcal{C}$ der Dimension k von K^n stets durch ein lineares homogenes Gleichungssystem mit $n-k$ Gleichungen darstellbar ist (siehe auch unten, 11.4c), existiert auch stets eine Kontrollmatrix zu $\mathcal{C}$. Sie ist, ebenso wie eine Generatormatrix, nicht eindeutig durch $\mathcal{C}$ bestimmt.

11.3 Erste Beispiele

(a) Der Wiederholungscode $\{000,\ 111\}$ über GF(2) hat als Basismatrix $G = (111)$ und als Kontrollmatrix z.B. $H = \begin{pmatrix} 1 & 1 & 0 \\ 0 & 1 & 1 \end{pmatrix}$; das zugehörige lineare Gleichungssystem ist

$$\left\{ \begin{array}{ccccccc} x_1 & + & x_2 & & & = & 0 \\ & & x_2 & + & x_3 & = & 0 \end{array} \right. .$$

---

[83]Wie schon vermerkt, bezeichnet $\begin{pmatrix} g_1 \\ \vdots \\ g_k \end{pmatrix}$ die Matrix mit Zeilenvektoren $g_1,\ldots,g_k$.

[84]In manchen Fällen betrachten wir auch Matrizen $\hat{G}$, deren Zeilen ein Erzeugendensystem (also eine Obermenge einer Basis) bilden, und Matrizen $\hat{H}$ bei denen ebenfalls Zeilen "entbehrlich" sind. Eine Basismatrix bzw. Kontrollmatrix erhält man dann durch Streichen von "überflüssigen" Zeilen.

(b) Der Code aus Beispiel 9.7 hat u.a. die vor 11.1 angegebene Kontrollmatrix H_0. Um eine Basismatrix zu finden, berechnen wir die Codewörter zu Basisvektoren von K^4 für $K =$ GF(2). Wir erhalten : $g_1 = 10001010$, $g_2 = 01001001$, $g_3 = 00100110$ und $g_4 = 00010101$, also

$$G = \begin{pmatrix} 1000 & 1010 \\ 0100 & 1001 \\ 0010 & 0110 \\ 0001 & 0101 \end{pmatrix} .$$

11.4   Basis- und Kontrollmatrizen bei dualen Codes

(a) Ist G eine Basismatrix und H eine Kontrollmatrix eines Codes $\mathcal{C}$, so gilt (mit einer nur Nullen enthaltenden $s \times t-$Matix $O_{(s,t)}$)

$$\boxed{H \cdot G^\top = O_{(n-k,k)} \text{ und } G \cdot H^\top = O_{(k,n-k)} \; ;}$$

denn definitionsgemäß gilt $Hx^\top = 0$ für jeden Vektor $x \in \mathcal{C}$, insbesondere für jeden Basisvektor g_i. Also ist $HG^\top = O_{(n-k,k)}$. Die zweite Aussage folgt durch Transposition der Matrix-Gleichung.

(b) Jeder *Zeilenvektor von H ist orthogonal zu jedem Vektor aus* $\mathcal{C}$, also Element des Dualcodes $\mathcal{C}^\perp$. Nun gilt dim $\mathcal{C} = n -$ Rang H (s. Anhang C 9) und dim $\mathcal{C}^\perp = n -$ dim $\mathcal{C} = n - k$ (s. §10). Wegen der linearen Unabhängigkeit der Zeilen von H sieht man: Die Zeilen von H erzeugen den Code $\mathcal{C}^\perp$. Mit $(\mathcal{C}^\perp)^\perp = \mathcal{C}$ folgt also

$$\boxed{\text{Jede Kontrollmatrix von } \mathcal{C} \text{ ist Basismatrix von } \mathcal{C}^\perp \text{ und jede Basismatrix von } \mathcal{C} \text{ Kontrollmatrix von } \mathcal{C}^\perp.}$$

(c) Natürlich existiert zu einem linearen Code $\mathcal{C}$ der Dimension k ein Dualcode $\mathcal{C}^\perp$; dieser hat Dimension $n-k$. Eine Basismatrix von $\mathcal{C}^\perp$ ist gleichzeitig eine Kontrollmatrix von $\mathcal{C} = (\mathcal{C}^\perp)^\perp$ und liefert ein homogenes lineares Gleichungssystem für $\mathcal{C}$.

11.5   Vereinfachung für Linearcodes

(a) **Hamming-Gewicht**

Ist $\mathcal{C}$ Linearcode, so lässt sich der Minimalabstand aus dem *Hamming-Gewicht* der Codewörter berechnen. Dieses Gewicht ist definiert für jedes Wort z aus K^n als die Anzahl der von 0 verschiedenen Komponenten eines Wortes z.

$$w_H(z) := d_H(z, 0) .$$

Es gelten nun, ebenfalls für alle Vektoren $x, y \in K^n$, die Gleichungen

$$d_H(x, y) = d_H(x - y, y - y) = w_H(x - y).$$

Wegen der Abgeschlossenheit von $\mathcal{C}$ bezüglich Differenzbildung folgt daher mit $d_H(c_1, c_2) = w_H(c_1 - c_2) = w_H(c)$ für Codevektoren c_1, c_2 und $c = c_1 - c_2 \in \mathcal{C}$: [85]

---

[85] Beachten Sie die Analogie zu den Verhältnissen in $\mathbb{R}^3$; dort ist der Abstand zweier Punkte durch die Norm des Differenzvektors gegeben.

$$\boxed{d_{\min}(\mathcal{C}) = \min_{c \in \mathcal{C}\setminus\{0\}} w_H(c) \quad \text{für jeden Linearcode } \mathcal{C}.}$$

(b) **Fehlervektoren und Syndrome**

(i) Sei $\mathcal{C} \subseteq K^n$ und $\mathcal{C}$ linear mit Kontrollmatrix H. Wird das Wort $c \in \mathcal{C}$ übertragen und $y \in K^n$ empfangen, so versteht man unter dem *Fehlervektor* die Differenz zwischen diesen beiden Wörtern, also $e = y - c$; es gilt dann $y = c + e$. Da c die Kontrollgleichung $Hx^\top = 0$ erfüllt, ergibt sich bei Einsetzen von y in die linke Seite der Kontrollgleichung:

$$Hy^\top = H(c + e)^\top = Hc^\top + He^\top = 0 + He^\top = He^\top.$$

Der Vektor $He^\top$ heißt (Fehler-) **Syndrom** ; dieses Syndrom ist nur vom Fehlervektor abhängig, nicht vom gesendeten Wort – eine für die Möglichkeit der Fehlerkorrektur entscheidende Tatsache.

(ii) Wir betrachten den Spezialfall eines binären linearen Codes. Beschränken wir uns zunächst auf Einzelfehler! Wir lassen daher e die Einheitsvektoren $e_1 = 10\ldots0$, $e_2 = 010\ldots0, \ldots, e_n = 0\ldots01$ durchlaufen. (Diese entsprechen den möglichen Einzelfehlern - in der 1. bzw. 2... bzw. n-ten Komponente.) Dann durchläuft $He^\top$ genau alle Spalten von H; denn $He_i^\top$ ist gerade die i-te Spalte von H. Einzelfehler sind also am Syndrom zu erkennen, falls alle Spalten von H verschieden sind. Umgekehrt verhindern zwei gleiche Spalten von H, dass wir Einzelfehler in den entsprechenden Komponenten auseinanderhalten können. Daher folgt:

(c) **Satz: Fehlerkorrektur-Eigenschaft**

> Sei $\mathcal{C}$ ein binärer Linearcode. Genau dann ist $\mathcal{C}$ mindestens 1-fehlerkorrigierend, wenn die Spalten einer Kontrollmatrix H von $\mathcal{C}$ paarweise verschieden und ungleich Null sind.

Eine Verallgemeinerung werden wir nach dem folgenden Beispiel behandeln.

11.6   Beispiel

(i) Im Beispiel 9.7 hatten wir eine Codierung von Tetraden durch einen 1-fehlerkorrigierenden Block-Code der Länge 8 angegeben. Bei unserem jetzigen Wissensstand können wir die Wortlänge noch weiter drücken, indem wir eine 3-zeilige Kontrollmatrix mit allen 7 möglichen verschiedenen Spalten ungleich 0 wählen ($7 - 3 = 4$!), etwa

$$H_1 = \begin{pmatrix} 1\,1\,1\,0 & 1\,0\,0 \\ 0\,1\,1\,1 & 0\,1\,0 \\ 1\,1\,0\,1 & 0\,0\,1 \end{pmatrix}.$$

Der zugehörige binäre lineare Code $\mathcal{C}_1$ heißt **(7, 4)− Hamming-Code**. Er ist ein 1-fehlerkorrigierender Code der Länge 7.

Die Kontrollgleichungen für ein Wort $c = a_1 \ldots a_7 \in C_1$ lauten wegen $H_1 c^\top = 0$ nun

$$\begin{array}{ccccccccccc}
a_1 & + & a_2 & + & a_3 & & & + & a_5 & & & & & = 0 \\
& & a_2 & + & a_3 & + & a_4 & & & + & a_6 & & & = 0 \\
a_1 & + & a_2 & & & + & a_4 & & & & & + & a_7 & = 0
\end{array}$$

Wie man durch Auflösen nach a_5 usw. sieht, sind bei der Codierung einer Tetrade $a_1 a_2 a_3 a_4$ folgende Kontrollsymbole hinzuzufügen:

$$\begin{array}{ccccccc}
a_5 & = & a_1 & + & a_2 & + & a_3 \\
a_6 & = & a_2 & + & a_3 & + & a_4 \\
a_7 & = & a_1 & + & a_2 & + & a_4
\end{array}$$

Beispiel: $\qquad\qquad 0\,0\,0\,1 \longrightarrow 0\,0\,0\,1\,0\,1\,1.$

Das fehlerhafte Wort $y = 0011011$, z.B., führt zu dem Syndrom

$$H_1 \cdot y^\top = \begin{pmatrix} 1 + 0 + 0 + 0 \\ 1 + 1 + 1 + 0 \\ 0 + 1 + 0 + 1 \\ \uparrow \quad \uparrow \quad \uparrow \quad \uparrow \end{pmatrix} = \begin{pmatrix} 1 \\ 1 \\ 0 \end{pmatrix};$$

3.Sp. 4.Sp. 6.Sp. 7. Spalte von H_1

dies ist die 3-te Spalte von H_1. Als Einzelfehler kommt daher $e = 0010000$ in Frage. Statt y ist also wahrscheinlich $y - e = 0001011$ gesendet worden.

(ii) Das vereinfachte Beispiel der Bildübertragung weiterverfolgend, können wir nun das codierte Bild aus Bild 6.1c mit C_1 kanal-codieren; dazu teilen wir es in Tetraden ein (dabei füllen wir die 2. Zeile mit 3 Nullen auf). Nach Codierung der Tetraden mit C_1 erhalten wir das Bild 11.1.

$$\begin{array}{lll}
1\,0\,1\,0\,0\,1\,1 & 1\,0\,1\,0\,0\,1\,1 & \\
1\,0\,1\,1\,0\,0\,0 & 0\,1\,1\,1\,0\,1\,0 & 0\,0\,0\,0\,0\,0\,0 \\
0\,1\,1\,0\,0\,0\,1 & 1\,1\,1\,0\,1\,0\,0 & \\
0\,1\,1\,0\,0\,0\,1 & 0\,1\,1\,1\,0\,1\,0 &
\end{array}$$

Bild 11.1: Bild 1.3 nach Digitalisierung, Quellen- und Kanalcodierung.

A 11.1

Konstruieren Sie einen 1-fehlerkorrigierenden linearen binären (7,4)-Code C_2, der folgende Eigenschaft hat: Das Syndrom von e_i ist gleich i in dualer Schreibweise, also

$$1 = \begin{pmatrix} 0 \\ 0 \\ 1 \end{pmatrix}, \quad 2 = \begin{pmatrix} 0 \\ 1 \\ 0 \end{pmatrix}, \quad 3 = \begin{pmatrix} 0 \\ 1 \\ 1 \end{pmatrix} \text{ usw.}.$$

Zeigen Sie, dass C_2 zu dem Code C_1 aus Beispiel 11.6 äquivalent ist! (Auch der Code C_2 heißt (7,4)-Hamming-Code.)

A 11.2

Sei C ein binärer (n,k)-Code mit Minimalgewicht d; es gibt dann einen zu C äquivalenten Code mit Basismatrix $G = \begin{pmatrix} 1 \ldots 1 & 0 \ldots 0 \\ G_1 & G_2 \end{pmatrix}$. Dabei habe die erste Zeile Gewicht d ! Zeigen Sie: G_2 erzeugt einen $(n-d, k-1)$-Code mit Minimaldistanz $d' \geq \frac{1}{2}d$.

11.7 Syndrom und Korrektur

(i) Die in 11.5 behandelten Sachverhalte legen es nahe, bei gegebenem linearen Code
C mit Kontrollmatrix H die folgende Abbildung zu betrachten:[86]

$$S_H : K^n \longrightarrow K^{n-k,1} \text{ mit } y \longmapsto Hy^\top.$$

Diese heißt *Syndrom-Abbildung*. Sie ist linear und hat C als Kern, da genau die
Codevektoren Syndrom $\mathbf{0}$ haben; also:

$$C = \mathrm{Kern}(S_H) \, .$$

(ii) Wie wir sahen, folgt aus $y = c + e$ sofort $S_H(y) = S_H(e)$; ja es gilt sogar (Beweis?):

$$y \in C + e \iff S_H(y) = S_H(e) \, .$$

Es gibt also eine Zuordnung zwischen den Syndromen $S_H(e)$ und den Nebenklassen
$C + e$. Bei empfangenem Wort y besteht eine solche Nebenklasse genau aus denjenigen Vektoren, die außer e als Fehlervektoren in Frage kommen: Genau dann ist
$f \in C + e$, wenn $e - f \in C$, also $y = c + e = c_1 + f$ für geeignetes $c_1 \in C$ ist;
also könnte auch f Fehlervektor sein. Da der Fehler e nicht explizit bekannt ist,
liefert das Syndrom die einzige Information über den Fehler. Nach dem Prinzip der
Maximum-Likelihood-Decodierung wählt man in der durch das Syndrom bestimmten Nebenklasse als Fehlervektor einen solchen minimalen Gewichts (- einen sogenannten **Restklassenführer**). Unter den Bedingungen von Satz 11.5c ist dies durch
Auswahl der (Fehler-) Vektoren $e_1, \dots, e_n$ geschehen, die jeweils zu verschiedenen
Syndromen führen und damit in verschiedenen Nebenklassen liegen. Möglicherweise gibt es aber noch weitere Fehlervektoren, die ein Erkennen oder eine Korrektur
erlauben.

(iii) Als **Beispiel** betrachten wir den binären Linearcode C mit Kontrollmatrix

$$\begin{pmatrix} 1 & 1 & 1 & 1 \\ 1 & 1 & 0 & 0 \\ 0 & 1 & 1 & 0 \end{pmatrix} \, .$$

In Tabelle 11.1 sind die Nebenklassen von C aufgelistet.

Man beachte, dass die Nebenklassen zu den Einheitsvektoren die Kugeln vom Radius
1 um Codewörter überdecken. Dies ist bei 1-fehlerkorrigierenden Codes stets der
Fall. Bei 1-perfekten Codes sind damit alle Wörter erfasst. Im vorliegenden Beispiel
bleiben (als "Decodierungsausfall") 3 Nebenklassen übrig; deren Vektoren kann man
als fehlerbehaftet erkennen, ohne dass sie korrigiert werden. Der Code ist also 1-
fehlerkorrigierend und gleichzeitig 2-fehlererkennend (vgl. A 10.4). Eine Korrektur
wäre hier fraglich. Erst bei 2-fehlerkorrigierenden Codes ist wieder eine Korrektur
sinnvoll.

---

[86]Mit $K^{n-k,1}$ bezeichnen wir die Menge der Spaltenvektoren $\begin{pmatrix} x_1 \\ \vdots \\ x_{n-k} \end{pmatrix}$ über K.

	Nebenklassen					Korrektur zu
	$\mathcal{C}$	$\mathcal{C}+e_1$	$\mathcal{C}+e_2$	$\mathcal{C}+e_3$	$\mathcal{C}+e_4$	
$K_1(0000)$	0000	1000	0100	0010	0001	0000
$K_1(1111)$	1111	0111	1011	1101	1110	1111
Syndrom	$\begin{pmatrix} 0 \\ 0 \\ 0 \end{pmatrix}$	$\begin{pmatrix} 1 \\ 1 \\ 0 \end{pmatrix}$	$\begin{pmatrix} 1 \\ 1 \\ 1 \end{pmatrix}$	$\begin{pmatrix} 1 \\ 0 \\ 1 \end{pmatrix}$	$\begin{pmatrix} 1 \\ 0 \\ 0 \end{pmatrix}$	

$\mathcal{C}+1100$	$\mathcal{C}+1010$	$\mathcal{C}+1001$
1100	1010	1001
0011	0101	0110
$\begin{pmatrix} 0 \\ 0 \\ 1 \end{pmatrix}$	$\begin{pmatrix} 0 \\ 1 \\ 1 \end{pmatrix}$	$\begin{pmatrix} 0 \\ 1 \\ 0 \end{pmatrix}$

$\longrightarrow$ Fehlermeldung

Tabelle 11.1: Nebenklassen $\mathcal{C}+e$ bei einem linearen Code (Beispiel)

(iv) Bei linearen Codes ist es also angebracht, statt eines Decodierschemas mit der Listung der jeweils zu einem festen Codewort zu decodierenden Wörter (Fehlerkugeln) nur noch eine **Decodiervorschrift** anzugeben, die mit jedem Syndrom die zu korrigierenden Komponenten (bzw. eine Fehlermeldung) verbindet. Dies ist technisch so implementierbar, dass die Fehlerkorrektur automatisch geschieht.

Wir verallgemeinern nun den in 11.5 c angegebenen Satz:

11.8   Satz: Kontrollmatrix und Minimalabstand

Sei $\mathcal{C}$ linearer Code der Länge n mit Kontrollmatrix H, und sei $2 \leq d \leq n$. Dann gilt $d_{\min}(\mathcal{C}) \geq d$ genau dann, wenn je $d-1$ Spalten von H linear unabhängig sind. Es ist sogar $d_{\min}(\mathcal{C}) = d$, wenn zusätzlich d linear abhängige Spalten in H existieren.

Anmerkung: Beachten Sie, dass $\mathcal{C}$ dann $\lfloor \frac{d-1}{2} \rfloor$-fehlerkorrigierend[87] ist, (vgl. 10.11b).

Beweis: Wir zeigen: (∗) $d_{\min}(\mathcal{C}) \leq d-1$ gilt genau dann, wenn es $d-1$ linear abhängige Spalten in H gibt. (Hieraus folgt der Satz durch Kontraposition.)
Enthalte H $d-1$-linear abhängige Spalten; dann existiert eine nicht-triviale Linearkombination der Null aus den Spalten von H mit höchstens $d-1$ Koeffizienten ungleich 0 und den übrigen gleich 0. Der aus den Koeffizienten gebildete Vektor ist in $\mathcal{C}$ (da er von H annuliert wird) und hat Gewicht kleiner gleich $d-1$. Umgekehrt führt jeder Codevektor vom Gewicht t mit $1 \leq t \leq d-1$ (– für ihn gilt $Hc^{\top} = \mathbf{0}$ –) zu einer nicht-trivialen Linearkombination der Null aus t Spalten, gehört also zu t linear abhängigen Spalten von H (, die zu $d-1$ linear abhängigen Spalten ergänzt werden können). Die Behauptung (∗) folgt nun wegen $d_{\min}(\mathcal{C}) = \min\limits_{c \in \mathcal{C} \setminus \{\mathbf{0}\}} w_H(c)$. $\square$

---

[87] $\lfloor r \rfloor$ bedeutet die größte natürliche Zahl, die kleiner gleich r ist; vgl. frühere Fußnoten!.

11.9 Lineare Codierung

a) Definition: Lineare Codierung

Seien die zu codierenden Nachrichten die Elemente aus K^k und sei G eine $k \times n$-Matrix[88] über K vom Rang k. Unter einer **linearen Codierung** durch den Code $\mathcal{C}$ mit Basismatrix G versteht man dann die folgende:

$$c : K^k \longrightarrow K^n \quad \text{mit} \quad \boldsymbol{a} = a_1 \ldots a_k \longmapsto \boldsymbol{a} \cdot G = \sum_{i=1}^{k} a_i \boldsymbol{g}_i \; .$$

(Hierbei bezeichnen $\boldsymbol{g}_i$ die Zeilen von G.) Lässt man $\boldsymbol{a}$ die Einheitsvektoren durchlaufen, so sieht man $\boldsymbol{g}_i \in \mathcal{C}$ $(i = 1 \ldots n)$ und damit $\text{Bild}(c) = \mathcal{C}$.

b) Systematische Codierung

Besonders einfach wird die lineare Codierung, falls G von der Form

$$G = (I_k \mid B_{k,n-k})$$

ist; hierbei bezeichnet I_k die $k \times k$-Einheitsmatrix $\begin{pmatrix} 1 & & O \\ & \ddots & \\ O & & 1 \end{pmatrix}$, ferner $B_{k,n-k}$ eine $k \times (n-k)$-Matrix und $(E|F)$ die Matrix, deren erste Spalten diejenigen von E, deren weitere Spalten diejenigen von F sind. (G hat dann automatisch den Rang k.) Es folgt

$$c(\boldsymbol{a}) = (a_1, \ldots, a_k) \cdot \left(\, I_k \mid B_{k,n-k} \, \right) \; = \; a_1 \ldots a_k \, b_{k+1} \ldots b_n$$

mit $(b_{k+1} \ldots b_n) = (a_1 \ldots a_k) B_{k,n-k}$. Die ersten k Komponenten jeden Codeworts sind nun genau die **Informationssymbole**, die restlichen $n - k$ dienen als **Prüf-** oder **Kontrollsymbole**. Diese Codierung nennt man **systematische Codierung**.

Wir fragen uns, wann systematische Codierungen möglich sind. Um sie zu erreichen, können wir bei gegebenem Code die Basismatix wechseln oder zu äquivalenten Codes übergehen.

11.10 Basiswechsel und Übergang zu äquivalenten Codes

(a) Multipliziert man eine Basismatrix G_1 eines Codes $\mathcal{C}_1$ von links mit einer regulären $k \times k$-Matrix T, so ergibt sich eine Matrix G_1', deren Zeilen Linearkombinationen der Zeilen von G_1 und damit Elemente von $\mathcal{C}_1$ sind. Wegen der Regularität von T ist $G_1' = T \cdot G_1$ ebenfalls Basismatrix von $\mathcal{C}_1$ (- um dies zu sehen, streiche man in G vor der Multiplikation mit T gerade $n-k$ linear abhängige Spalten; das entstehende Produkt aus regulären Matrizen hat Rang k).

(b) Bei einer Permutation der Komponenten der Wörter von $\mathcal{C}_1$ entsteht ein zu $\mathcal{C}_1$ äquivalenter[89] Code $\mathcal{C}_2$. Eine solche Permutation lässt sich beschreiben mit Hilfe

---

[88]s. Anhang C

[89]Nur diese Isometrien wollen wir hier zulassen, da durch die Addition eines festen Vektors möglicherweise die Linearität zerstört würde.

einer $n \times n$ – Permutationsmatrix P, d.h. einer $n \times n$ – Matrix mit genau einer 1 in jeder Zeile und in jeder Spalte:

$$x \longmapsto x \cdot P.$$

Insbesondere ist mit C_1 auch C_2 linearer Code; eine Generatormatrix von C_2 ist $G_1'' \cdot P$.

(c) Zusammenfassend stellen wir fest: Ist G_1 Basismatrix eines linearen Codes C_1, so ist $G_2 = TG_1P$ (mit T regulär und P Permutationsmatrix) Basismatrix eines äquivalenten Codes.

(d) Zu gegebenem G_1 existieren stets eine reguläre Matrix T und eine Permutationsmatrix P derart, dass gilt: $G_2 = TG_1P = (I_k \mid B_{k,n-k})$.
G_2 heißt **kanonische Basismatrix**.

Beweis-Skizze[90] *zu (d):*. Bei gegebenem G_1 lässt sich durch Permutation der Spalten erreichen, dass die ersten k Spalten linear unabhängig sind, also G_1P von der Form $(D_k|F)$ mit *regulärer* Matrix D_k ist. Damit hat $D_k^{-1}(G_1P)$ die Form $(I_k \mid B_{k,n-k})$.$\square$

(e) Ist $G = (I_k \mid B)$ Basismatrix, so lässt sich sofort eine zugehörige Kontrollmatrix angeben, nämlich die **kanonische Kontrollmatrix**

$$H = (-B^T \mid I_{n-k}) \ .$$

Beweis-Skizze: Es gilt

$$G \cdot H^T = (I_k \mid B) \left(\frac{-B}{I_{n-k}} \right) = (-B + B) = 0_{k,n-k} \text{ und Rang } H = \text{Rang } I_{n-k} = n-k.\square$$

(f) Zusammenfassend stellen wir fest:

> Zu jedem Linearcode C_1 existiert ein äquivalenter Code C mit kanonischer Basismatrix $G = (I_k \mid B_{k,n-k})$ und kanonischer Kontrollmatrix
>
> $$H = (-[B_{k,n-k}]^\top \mid I_{n-k}) \ .$$

(g) **Beispiele** (Fortsetzung von 11.3):

    (i) Der *Wiederholungscode* $\{000 \ , \ 111\}$ hat kanonische Basismatrix $(1 \mid 11)$ und als kanonische Kontrollmatrix damit $\begin{pmatrix} 1 & 1 & 0 \\ 1 & 0 & 1 \end{pmatrix}$.

    (ii) Der Code aus Beispiel 9.7 (vgl. auch 11.3) hat Basismatrix

$$\left(I_4 \ \middle| \ \begin{matrix} 1010 \\ 1001 \\ 0110 \\ 0101 \end{matrix} \right) \text{ und Kontrollmatrix } \left(\begin{matrix} 1100 \\ 0011 \\ 1010 \\ 0101 \end{matrix} \ \middle| \ I_4 \right) \ .$$

---

[90]Man vergleiche damit die Lösung eines linearen Gleichungssystems mittels Gauß'schem Algorithmus. Der Permutation der Spalten entspricht dort eine Umbennung der Variablen, hier der Übergang zu einem äquivalenten Code.

Die systematische Codierung ergibt als Prüfsymbole (wie auch in 9.7 definiert):

$$a_5 = a_1 + a_2 \;, \; a_6 = a_3 + a_4 \;, \; a_7 = a_1 + a_3 \text{ und } a_8 = a_2 + a_4 \;.$$

(iii) Der binäre (7,4)-Hamming-Code $\mathcal{H}_3$ mit Kontrollmatrix

$$H_1 = \left(\begin{array}{c|c} \begin{array}{c} 1110 \\ 0111 \\ 1101 \end{array} & I_3 \end{array} \right) \text{ hat Basismatrix } G_1 = \left(\begin{array}{c|c} I_4 & \begin{array}{c} 101 \\ 111 \\ 110 \\ 011 \end{array} \end{array} \right).$$

Der Code ist 1-fehlerkorrigierend (s. 11.6) und hat Minimalgewicht 3 (es existieren 3 linear abhängige Spalten in H_1).

Da in $\mathcal{H}_3$ Codevektoren ungeraden Gewichts existieren, erscheint eine zusätzliche Paritätskontrolle sinnvoll. Damit erhöht sich das Minimalgewicht auf 4. Der entstandene Code heißt Erweiterung von $\mathcal{H}_3$. Das Prinzip ist allgemeiner (s.§12).

A 11.3
Konstruieren Sie einen binären 1-fehlerkorrigierenden (15,11)-Code!

A 11.4
Beweisen Sie für das Minimalgewicht $d_{\min}$ eines linearen (n, k)-Codes $\mathcal{C}$ die Ungleichung $d_{\min} \leq n - k + 1$ (**Singleton Schranke**). Lösungshinweis: Benutzen Sie 11.10f !

11.11   Definition: MDS-Code

Ein q−närer Code $\mathcal{C}$ der Länge n, für den $d_{\min}(\mathcal{C}) = n - \log_q|\mathcal{C}| + 1$ gilt, heißt (u.a. wegen der Ungleichung aus A 11.4) [91] **separabler Maximum-Distanz-Code** (MDS-Code, manchmal "optimaler" Code). Eine Charakterisierung linearer MDS-Codes liefert:

11.12   Satz: MDS-Codes

> Für einen linearen (n, k)−Code $\mathcal{C}$ sind folgende Eigenschaften äquivalent:
>
> (i) $\mathcal{C}$ ist ein MDS−Code.
>
> (ii) Je $n - k$ Spalten einer Kontrollmatrix von $\mathcal{C}$ sind linear unabhängig.
>
> (iii) Je k Spalten einer Basismatrix von $\mathcal{C}$ sind linear unabhängig.
>
> (iv) $\mathcal{C}^\perp$ ist ein MDS−Code.

Beweis: Nach 11.8 ist Eigenschaft (ii) äquivalent zu $d_{\min}(\mathcal{C}) \geq n - k + 1$; die Singleton-Schranke (s. A 11.4) zeigt hierbei die Gleichheit und damit die Äquivalenz zu (i). Da jede Kontrollmatrix von $\mathcal{C}$ eine Basismatrix von $\mathcal{C}^\perp$ ist und $\dim(\mathcal{C}^\perp) = n - k$ ist, sind (iii) und (iv) gleichbedeutend. Wir zeigen noch, dass $d_{\min}(\mathcal{C}^\perp) = k+1$ aus $d_{\min}(\mathcal{C}) = n-k+1$ folgt, also (iv) aus (i). Angenommen, $\mathcal{C}^\perp$ enthielte ein c mit $0 < w_H(c) \leq k$. Durch Erweiterung

---

[91] Man beachte, dass für einen linearen q−nären (n, k)−Code $\mathcal{C}$ wegen $|\mathcal{C}| = q^k$ gilt: $\log_q|\mathcal{C}| = k$.

von $\{c\}$ zu einer Basis von $C^\perp$ sieht man, dass eine Kontrollmatrix H von C die Zeile c enthielte, also eine Zeile mit mindestens $n - k$ Nullen. Da H nur $n - k$ Zeilen hat, können die $n - k$ Spalten, in denen c Einträge Null hat, nicht linear unabhängig sein, ein Widerspruch. $\qquad\square$

A 11.5

Zeigen sie, dass für einen MDS–Code $C \subseteq A^n$ die Projektion $\alpha : C \longrightarrow A^{n-d+1}$ mit $c_1 \ldots c_n \mapsto c_{i_1} \ldots c_{i_k}$ auf beliebige $k = n - d + 1$ der n Komponenten injektiv ist, also verschiedene Codewörter durch beliebige k Komponenten $i_1, \ldots, i_k$ "getrennt" werden [92] und $|\alpha(C)| = |C| = q^k$ ist. (Je k Komponenten können damit als Stellen der Informationssymbole genommen werden.)

A 11.6

Sei C ein MDS-Code! Der um eine Stelle *verkürzte* Code

$$\{(c_1, \ldots, c_{n-1}) \mid (c_1, \ldots, c_{n-1}, 0) \in C\}$$

ist wieder ein MDS-Code. Beweisen Sie dies! (Vgl. Betten et al.[1998] Ü 1.9.3 !)

11.13   Gewichtsverteilung und MacWilliams-Gleichungen

(i) Wie wir in 11.5 sahen, werden bei einem linearen Code die Abstände der Codewörter untereinander schon durch die vorkommenden Gewichte bestimmt. Eine wichtige Information über einen solchen Code liefert daher die Liste der *"Gewichtsverteilung"* $(A_0, A_1, \ldots, A_n)$, wobei

$$A_i := |\,\{c \in C \mid w_H(c) = i\}\,|$$

die Anzahl der Codewörter vom Gewicht i bezeichnet $(i = 0, \ldots, n)$. Meist wird diese Verteilung in Form eines Polynoms (über $\mathbb{R}$) geschrieben, nämlich als

$$A(x) = \sum_{i=0}^{n} A_i x^i\,.$$

Dieses Polynom heißt **Gewichtsverteilungspolynom** (oder *Gewichtszeiger,* engl.: weight enumerator). (Diese Schreibweise ist von Vorteil, da mit dieser *erzeugenden Funktion* $A(x)$ gerechnet werden kann, s.u.; die Gewichte A_i lassen sich umgekehrt aus $A(x)$ eindeutig ablesen.)

(ii) **Beispiel:** Betrachten wir den $(7,4)$- Hamming-Code $\mathcal{H}_3$ aus Beispiel 11.10g(iii). Da er linear ist (– folglich ist $0 \in \mathcal{H}_3$ –) und Minimalgewicht 3 hat, erhalten wir sofort $A_0 = 1$, $A_1 = A_2 = 0$. Die Summe der Basisvektoren der Zeilen von G_1 ergibt $e = 1\,1\,1\,1\,1\,1\,1$. Wegen $w(c+e) = 7 - w(c)$ folgt $A_7 = 1$, weiter $A_6 = A_5 = 0$ und $A_3 = A_4$. Aus Anzahlgründen erhalten wir die Gewichtsverteilung $(1, 0, 0, 7, 7, 0, 0, 1)$ und damit das Polynom

$$A(x) = 1 + 7x^3 + 7x^4 + x^7\,.$$

Dies ist das Gewichtsverteilungspolynom des $(7,4)$- Hamming-Codes $\mathcal{H}_3$.

A 11.7

Zeigen Sie: Für das Gewichtsverteilungspolynom $A_\perp(x)$ des zum $(7,4)$-Hamming-Code

---

[92] daher heißt C separabel

$\mathcal{H}_3$ dualen Codes $\mathcal{H}_3^\perp$ mit Basismatrix H_1 (vgl. 11.10g (iii)) gilt:

(a) $A_\perp(x) = 1 + 7x^4$ (d.h., dass je zwei Codewörter aus $\mathcal{H}_3^\perp$ den gleichen Abstand haben; es handelt sich also um einen *äquidistanten Code*).

(b)
$$A_\perp(x) = 2^{-4}(1 + x)^7 A((1 - x)(1 + x)^{-1})$$

(iii) Der in Aufgabe A 11.7 (b) angegebene Zusammenhang zwischen dem Gewichtsverteilungspolynom eines Codes und seines dualen Codes ist kein Einzelfall. Es gelten nämlich erstaunlicherweise die

---

MacWilliams-Gleichungen (Dualitätssatz von MacWilliams):

Seien C ein linearer binärer (n, k)-Code, $C^\perp$ der zugehörige duale Code und $A(x)$ bzw. $A_\perp(x)$ die Gewichtsverteilungspolynome von C bzw. $C^\perp$; dann gilt

$$A_\perp(x) = 2^{-k}(1 + x)^n \, A\left(\frac{1 - x}{1 + x}\right).$$

Anmerkung: Eine entsprechende Aussage gilt auch für Linearcodes über GF(q), s. 11.14 ! Die Gewichtsverteilung $(A_0, A_1, \ldots, A_n)$ eines Linearcodes C bestimmt also schon eindeutig diejenige von $C^\perp$.

Beweis (nach Chang & Wolf 1980, cf. Massey [1985]):

Wir berechnen auf zwei Arten die Wahrscheinlichkeit p_u für einen unentdeckten Fehler bei der Übertragung eines Codeworts aus C über einen binären symmetrischen Kanal der Fehlerwahrscheinlichkeit $p < 1$ (s. 9.4 und Anhang A).

Die Wahrscheinlichkeit des Auftretens eines bestimmten Fehlermusters der Länge n mit genau t Fehlern ist bei einem solchen Kanal gleich $p^t(1 - p)^{n-t}$ (Fehler an t festen Stellen, kein Fehler an den restlichen $n - t$ Stellen).

Wird das übermittelte Codewort $c_0 \in C$ abgefälscht zu v, so bleibt der Fehler genau dann unentdeckt, wenn auch v in C liegt, also das Fehlermuster $v - c_0$ unter den A_t Codewörtern vom Gewicht t vorkommt. Damit erhält man

$$p_u = \sum_{t=1}^{n} A_t p^t (1 - p)^{n-t} \ , \ \text{wegen } A_0 = 1 \text{ folglich}^{93}$$

$$(*) \qquad p_u = (1 - p)^n A\left(\tfrac{p}{1-p}\right) - (1 - p)^n \ .$$

Eine zweite Möglichkeit der Berechnung von p_u benutzt den dualen Code $C^\perp = \{c_1^*, c_2^*, \ldots, c_{2^{n-k}}^*\}$. Mit F_i bezeichnen wir das Ereignis, dass durch c_i^* das empfangene Wort v als fehlerhaft erkannt wird, also $v c_i^{*T} = 1$ ist. Das Ereignis F_i trifft bei Übertragung über den erwähnten Kanal genau dann ein, wenn in den $w_i := w(c_i^*)$ von 0 verschiedenen Positionen von c_i^* eine ungerade Anzahl von Fehlern vorliegt. Nun gilt[94]

$$p(F_i) = \frac{1}{2}(1 - (1 - 2p)^{w_i}) \ ,$$

wie man z. Bsp. durch vollständige Induktion sieht: Für $w = 1$ ist $p(F_i) = p$; sei p_{w-1} die betreffende Wahrscheinlichkeit für $w - 1$ Stellen; dann folgt $p_w = p_{w-1}(1-p) + (1-p_{w-1})p,$

---

[93]Hierbei ist <u>vor</u> Einsetzen von $p = 1$ "auszumultiplizieren".

[94]Die Wahrscheinlichkeitsfunktion bezeichnen wir hier wieder mit p.

da ein an der hinzukommenden Position auftretender Fehler genau bei Vorkommen einer geraden Anzahl an den übrigen Stellen relevant ist.

Für festes v ist $V_1 = \{c_j{}^* \in \mathcal{C}^\perp \mid v \cdot c_j{}^{*T} = 0\}$ ein Unterraum von $\mathcal{C}^\perp$ und $V_2 = \{c_i{}^* \in \mathcal{C}^\perp \mid v \cdot c_i{}^{*T} = 1\}$ eine Nebenklasse[95] von V_1 mit $\mathcal{C}^\perp = V_1 \dot\cup V_2$. Daher tritt entweder keines der Ereignisse F_i ein oder genau $\frac{1}{2} \mid \mathcal{C}^\perp \mid = \frac{1}{2} 2^{n-k}$ der Vorkommnisse. Jedes Elementarereignis [96] (Entdeckung des Fehlers mit bestimmtem Muster) in der Vereinigung von Ereignissen $\bigcup\limits_{i=1}^{2^{n-k}} F_i$ wird also in der Summe $\sum\limits_{i=1}^{2^{n-k}} p(F_i)$ genau 2^{n-k-1} mal berücksichtigt; daraus ergibt sich

$$p\Big(\bigcup\limits_{i=1}^{2^{n-k}} F_i\Big) = \frac{1}{2^{n-k-1}} \sum\limits_{i=1}^{2^{n-k}} p(F_i) .$$

Dies ist die Wahrscheinlichkeit dafür, dass eine fehlerhafte Übertragung entdeckt wird. Berücksichtigt man, dass mit Wahrscheinlichkeit $(1-p)^n$ erst gar kein Fehler vorkommt, folgt

$$\begin{aligned}
p_u &= 1 - (1-p)^n - p\Big(\bigcup\limits_{i=1}^{2^{n-k}} F_i\Big) = 1 - (1-p)^n - \tfrac{1}{2^{n-k-1}} \cdot \tfrac{1}{2} \sum\limits_{i=1}^{2^{n-k}} (1 - (1-2p)^{w_i}) \\
&= 1 - (1-p)^n - 2^{k-n} \sum\limits_{w=1}^{n} B_w(1 - (1-2p)^w)
\end{aligned}$$

(mit B_w als der Anzahl der Wörter vom Gewicht w in $\mathcal{C}^\perp$). Wegen $\sum\limits_{w=0}^{n} B_w = 2^{n-k}$ ergibt sich $p_u = 2^{k-n} A_\perp(1-2p) - (1-p)^n$. Gleichsetzen mit der Formel $(*)$ liefert

$$(1-p)^n A\Big(\frac{p}{1-p}\Big) = 2^{k-n} A_\perp(1-2p)$$

und mit $x := 1 - 2p$ damit die Behauptung (zunächst für beliebiges x zwischen -1 und 1, damit aber für die Polynome in x, die nach Ausmultiplizieren entstehen). $\square$

A 11.8

Sei G eine 4×15-Matrix, deren Spalten gerade die 4-Tupel ungleich $\mathbf{0}$ über GF(2) sind, und sei $\mathcal{C}_2$ der Code mit Generatormatrix G_2 (die *Zeilen* von G_2 erzeugen $\mathcal{C}_2$)!

(i) Zeigen Sie:
$\mathcal{C}_2$ ist $(15,4)$-Code mit Gewichtsverteilungspolynom $A(x) = 1 + 15x^8$. ($\mathcal{C}$ ist also insbesondere äquidistanter Code.)

(ii) Bestimmen Sie die Anzahl der Wörter des Codes $\mathcal{C}_2{}^\perp$ vom Gewicht i für $i \le 4$.
($\mathcal{H}_4 := \mathcal{C}_2{}^\perp$ ist ein $(15,11)$-Hamming-Code, s. §12.)

11.14 Anmerkung

Es gibt mehrere Verallgemeinerungen des Dualitätssatzes. Wir verwenden hier das erzeugende Polynom für die Gewichtsverteilung $(A_0, \dots, A_n)$, s. 11.13 (i), nämlich

$$A_{\mathcal{C}}(x,y) = \sum\limits_{i=0}^{n} A_i x^i y^{n-i} \in \mathbb{C}[x,y],$$

---

[95]s. Anhang C 9
[96]s. Anhang A

aus dem sich $A(x)$ durch Setzung von $y = 1$ ergibt. Die Mac Williams- Gleichungen lauten dann wie folgt (s. z.Bsp. Betten et al. [1998], p.43f.):

11.15 Dualitätssatz (Verallgemeinerung):

Ist $\mathcal{C}$ ein linearer (n, k)–Code über $\mathrm{GF}(q)$, so gilt für die Gewichtsverteilungspolynome $A_\mathcal{C}$ und $A_{\mathcal{C}^\perp}$ von $\mathcal{C}$ bzw. $\mathcal{C}_\perp$

$$A_{\mathcal{C}^\perp}(x, y) = \frac{1}{|\mathcal{C}|} A_\mathcal{C}(y - x, y + (q - 1)x) \ .$$

Literaturhinweise: Betten et al. [1998], Biggs [1985], Blahut [1983], Dankmeier [1994], Duske & Jürgensen [1977] II.3, Furrer [1981], Heise & Quattrocchi [1995], Heuser & Wolf [1986]§6, Jungnickel [1995], Ihringer [2002] Kap.IV, Kameda & Weihrauch [1973], Lidl & Niederreiter [1997] Kap.9 §1, Van Lint [1971], [1982], MacWilliams & Sloane [1977], Massey [1985], The Open University [1982], Peters [1974] §8; Pless [1982], Willems [1999]; vereinfacht: Schulz [1984].

Zusammenfassung zu §11:

- Ein (n, k)-Linearcode $\mathcal{C}$ (Unterraum der Dimension k von K^n) lässt sich angeben mittels **Basismatrix** (– deren Zeilen bilden eine Basis von $\mathcal{C}$ –) oder mittels **Kontrollmatrix** H (Basismatrix des zu $\mathcal{C}$ dualen Codes $\mathcal{C}^\perp$).

- Dabei ist $\mathcal{C}$ Kern der Syndromabbildung $S_H : y \longmapsto Hy^T$, und die Fehlerkorrektur kann in vielen Fällen durch die **Syndrome** der empfangenen Wörter erfolgen.

- Der **Minimalabstand** $d_{\min}(\mathcal{C})$ eines linearen Codes ist gleich dem Minimalgewicht und an H ablesbar: $d_{\min}(\mathcal{C}) \geq d$ gilt genau dann, wenn je $d - 1$ Spalten von H linear unabhängig sind.

- Die Gewichtsverteilungspolynome eines Linearcodes $\mathcal{C}$ und des dualen Codes $\mathcal{C}^\perp$ genügen den **MacWilliams-Gleichungen** (s. 11.13).

- Jeder Linearcode ist äquivalent zu einem Code, dessen Wörter in den ersten Komponenten die Informationssymbole enthalten und damit eine **systematische Codierung** erlauben.

- Die Parameter jeden (n, k)–Linearcodes genügen der **Sigleton-Schranke** $d_{\min} \leq n - k + 1$; Gleichheit gilt definitionsgemäß bei **MDS-Codes**.

12   Hamming-Codes und erweiterte Hamming-Codes

Nach Satz 11.5c kann man einen 1-fehlerkorrigierenden binären Code konstruieren, indem man als Kontrollmatrix eine Matrix mit paarweise verschiedenen Spalten ungleich **0** nimmt. Wir behandeln nun den Fall mit maximaler Spaltenzahl n bei gegebener Zeilenzahl r (– dabei ist $r = n - k$ die Anzahl der Paritätskontrollen). Es existieren genau $n = 2^r - 1$ von **0** verschiedene Spaltenvektoren der Länge r über GF(2). (Vgl. 1.4 !)

12.1   Binärer Hamming-Code

a) Definition:

> Unter einem *binären Hamming–Code* $\mathcal{H}_r$ der Länge $n = 2^r - 1$ (mit $r \geq 2$) versteht man einen linearen Code, dessen r-zeilige Kontrollmatrix H als Spalten genau alle $2^r - 1$ Vektoren ungleich **0** der Länge r über $GF(2)$ hat; genauer bezeichnet man ihn als einen $(2^r - 1, 2^r - 1 - r)$-*Hamming–Code*.

b) Einfache Beispiele:

(i) Für $r = 2$, $n = 2^2 - 1 = 3$ ergibt sich zum Beispiel die Kontrollmatrix $H = \begin{pmatrix} 0 & 1 & 1 \\ 1 & 0 & 1 \end{pmatrix}$ und man erhält gerade den Wiederholungs-Code der Länge 3.

(ii) Für $r = 3$, $n = 2^3 - 1 = 7$ erhält man den $(7,4)$-Hamming-Code aus Beispiel 11.6 (oder bei Permutation der Spalten einen dazu äquivalenten Hamming-Code).

(iii) Für $r = 4$ ist der Code $\mathcal{H}_4$ aus Aufgabe A 11.7(ii) Beispiel eines Hamming-Codes.

c) Erste Eigenschaften, Parameter:

> (i) $\mathcal{H}_r$ ist ein (n, k)-Linearcode für $n = 2^r - 1$ und $k = 2^r - 1 - r = n - r$ mit $r \ (= n - k)$ Kontrollstellen.
> (ii) Für den Minimalabstand gilt $d_{\min}(\mathcal{H}_r) = 3$.

Beweis:
(i) Da die $\mathcal{H}_r$ definierende Kontrollmatrix H u.a. die Einheitsvektoren $e_1^T, \ldots, e_r^T$ (als Spalten) enthält, ist $\dim_K \mathcal{H}_r = n - \text{Rang } H = n - r$. (Die Positionen dieser Spalten können als Kontrollstellen gewählt werden, da eine entsprechende Komponente von c nur in einer der durch $Hc^T = \mathbf{0}$ gegebenen Gleichungen erscheint und somit leicht zu berechnen ist.)

(ii) Nach 11.5c ist $\mathcal{H}_r$ 1-fehlerkorrigierend; daher gilt $d_{\min}(\mathcal{H}_r) \geq 3$. Die Gleichheit zeigen wir durch Nachweis eines Codeworts vom Gewicht 3. Durch Übergang zu einem äquivalenten Code, bei dem ja Abstände erhalten bleiben, können wir o.B.d.A.

von $H = \begin{pmatrix} 0 & 0 & 0 \\ \vdots & \vdots & \vdots \\ 0 & 0 & 0 \\ 0 & 1 & 1 \\ 1 & 0 & 1 \end{pmatrix} \cdots$ ausgehen; dann ist $(1\ 1\ 1\ 0\ldots0)$ ein Codewort vom

Gewicht 3. $\qquad\qquad\Box$

d) Existenz und Äquivalenz

(i) Für jedes $r \geq 2$ existiert ein binärer $(2^r - 1, 2^r - 1 - r)$ -Hamming-Code.
(ii) Je zwei binäre Hamming-Codes gleicher Länge $n = 2^r - 1$ sind äquivalent.

Beweis:

Die Existenz folgt aus der Definition, da durch jede Kontrollmatrix ein Code bestimmt ist (vgl. 11.4). Die $2^r - 1$ Spalten der Kontrollmatrizen H_1, H_2 zweier binärer Hamming-Codes gleicher Länge bestehen jeweils genau aus den (Spalten-) Vektoren ungleich $\mathbf{0}$ der Länge r über $GF(2)$; durch geeignete Spaltenpermutation geht daher H_1 in H_2 über; dieser Permutation entspricht eine Vertauschung der Komponenten der Codevektoren; die zugehörigen Codes sind daher äquivalent. $\qquad\Box$

Beispiel zu d):

$$H_2 = \begin{pmatrix} 0 & 1 & 1 & 1 & | & 1 & 0 & 0 \\ 1 & 0 & 1 & 1 & | & 0 & 1 & 0 \\ 1 & 1 & 0 & 1 & | & 0 & 0 & 1 \end{pmatrix} \quad \text{und} \quad H_3 = \begin{pmatrix} 1 & 1 & 1 & 0 & 1 & 0 & 0 \\ 0 & 1 & 1 & 1 & 0 & 1 & 0 \\ 0 & 0 & 1 & 1 & 1 & 0 & 1 \end{pmatrix}$$

sind Kontrollmatrizen zweier verschiedener, aber äquivalenter $(7,4)$-Hamming-Codes $\mathcal{C}$ und $\mathcal{H}$: Es ist $0\ 1\ 1\ 1\ 1\ 0\ 0$ aus $\mathcal{C}$, aber nicht aus $\mathcal{H}$; die Permutation

$$\begin{pmatrix} 1 & 2 & 3 & 4 & 5 & 6 & 7 \\ 4 & 5 & 2 & 3 & 1 & 6 & 7 \end{pmatrix}$$ der Spaltennummern führt H_2 in H_3 über und damit $\mathcal{C}$ in $\mathcal{H}$, z.Bsp. $0\ 1\ 1\ 1\ 1\ 0\ 0$ in $1\ 1\ 1\ 0\ 1\ 0\ 0$.

Der Code $\mathcal{H}$ hat noch folgende zusätzliche Eigenschaft: Die 2. Zeile der Matrix H_3 geht durch zyklische Vertauschung (ein Shift nach rechts) aus der 1. Zeile hervor, die 3. Zeile ebenso aus der 2.; der durch weiteres zyklisches Vertauschen erhaltene Vektor $1\ 0\ 0\ 1\ 1\ 1\ 0$ ist Linearkombination der 1. und 2. Zeile der Matrix H_3, also ebenfalls aus $\mathcal{H}^\perp$. Auch weitere zyklische Vertauschungen der Komponenten führen nicht aus $\mathcal{H}^\perp$ heraus. Daher ändert sich auch $\mathcal{H}$ nicht bei solchen zyklischen Vertauschungen; also ist mit $c_1 \ldots c_7 \in \mathcal{H}$ auch $c_7 c_1 \ldots c_6 \in \mathcal{H}$ (s. Bild 12.1); ein Code dieser Eigenschaft heißt zyklischer Code (s. §14).

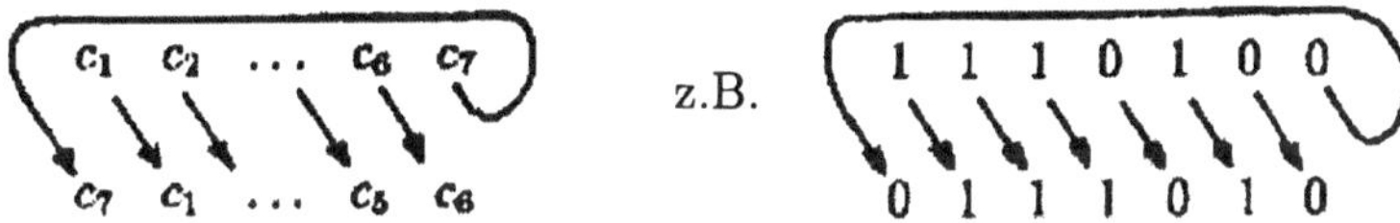

Bild 12.1: Zum zyklischen Code $\mathcal{H}$

A 12.1
Zeigen Sie, dass von den im Beispiel zu (12.1d) definierten äquivalenten Hamming-

Codes C und $\mathcal{H}$ der eine zyklisch ist, der andere aber nicht. (Dies zeigt, dass sich die Eigenschaft, zyklisch zu sein, nicht notwendig auf *äquivalente Codes* überträgt.)

e) **Perfektheit**

Durch die Bestimmung der Anzahl der Codewörter und Mächtigkeit der Kugeln vom Radius 1 (vgl. 10.8c) sieht man:

> Jeder binäre Hamming-Code ist perfekt.

A 12.2 Zeigen Sie Aussage 12.1 e !

Wie wir in 12.1c sahen, enthält jeder Hamming-Code Codewörter von ungeradem Gewicht. So ist noch eine (weitere) Paritätskontrolle sinnvoll – allerdings zum Preis einer um 1 erhöhten Codewortlänge. Allgemein definiert man:

12.2   Erweiterung eines Codes

a) **Definition**

Sei C ein binärer (n, k)-Code vom Minimalgewicht d, in dem es Codewörter ungeraden Gewichtes gibt. Dann heißt der lineare Code

$$\hat{C} := \{\, c_1 \ldots c_n c_{n+1} \mid c_1 \ldots c_n \in C \,\wedge\, c_{n+1} = \sum_{i=1}^{n} c_i \,\}$$

der zu C gehörende *erweiterte Code (engl.: extended code)*. (Manchmal wird das zusätzliche Kontrollbit auch als 0. Komponente geschrieben.)

b) **Eigenschaften des erweiterten Codes $\hat{C}$**

(i) Ist H die Kontrollmatrix von C, so hat $\hat{C}$ die Kontrollmatrix

$$\hat{H} = \left(\begin{array}{c|c} 1 \;\ldots\; 1 & 1 \\ \hline & 0 \\ H & \vdots \\ & 0 \end{array} \right) .$$

(ii) $\hat{C}$ ist linearer $(n+1, k)$-Code.

(iii) Ist $d = w_{\min}(C)$ ungerade, so folgt $w_{\min}(\hat{C}) = d + 1$.

Beweis von b): Es gilt $c_1 \ldots c_{n+1} \in \hat{C}$ genau dann wenn $c_1 \ldots c_n \in C$ und $\sum_{i=1}^{n+1} c_i = 0$,

d.h. wenn $H \begin{pmatrix} c_1 \\ \vdots \\ c_n \end{pmatrix} = \mathbf{0}$ und $(1 \ldots 1) \begin{pmatrix} c_1 \\ \vdots \\ c_{n+1} \end{pmatrix} = \mathbf{0}$ ist. Daraus folgt (i). Nun

sieht man $\operatorname{Rang}\hat{H} = \operatorname{Rang}H + 1$ (– die 1. Zeile von $\hat{H}$ ist linear unabhängig von den übrigen), damit dim $\hat{C} = n + 1 - \operatorname{Rang}\hat{H} = k$. Die weiteren Aussagen von (ii) und (iii) gelten offensichtlich. $\qquad\square$

Der zu einem binären Hamming-Code erweiterte Code heißt **erweiterter Hamming-Code**. Anwendung von 12.2 führt zu:

12.3   Satz: Erweiterter Hamming Code

> a) Jeder erweiterte (binäre) Hamming-Code $\hat{\mathcal{H}}_r$ ist ein
>
> $$(2^r, 2^r - 1 - r)\text{-Code mit } d_{\min}(\hat{\mathcal{H}}_r) = 4.$$
>
> b) Bei $\hat{\mathcal{H}}_r$ kann man einen Einzelfehler korrigieren und gleichzeitig Fehlervektoren vom Gewicht 2 bemerken (ohne sie fälschlich zu decodieren).

A 12.3

Beweisen und erläutern Sie Aussage 12.3b ! (Beachten Sie Aufgabe A 10.4 !)
Hinweis: Mit Hilfe der Paritätskontroll-Komponente unterscheidet man zunächst, ob eine ungerade oder gerade Anzahl von Fehlern vorgekommen ist. Die Wörter mit einer geraden Fehlerzahl bleiben dann im "Decodierausschuss".

Das in 12.1 behandelte Verfahren kann man verallgemeinern und über beliebigem Körper [97] $K =$ GF(q) Hamming-Codes konstruieren.

12.4   Hamming-Codes über GF(q)

a) *Definition*

> Unter einem $r-$ten $q-$nären *Hamming-Code* versteht man einen linearen Code $\mathcal{H}_{q,r}$ über GF(q) mit einer r-zeiligen Kontrollmatrix, deren Spaltenzahl maximal ist bezüglich der Eigenschaft, dass je zwei Spalten linear unabhängig sind.

b) **Konstruktion:**

Eine solche Kontrollmatrix erhält man z.Bsp. dadurch, dass alle Spalten genommen werden, deren erste von 0 verschiedene Komponente gleich 1 ist.

c) **Beispiel:**
Für $r = 3$ ist die folgende Matrix Kontrollmatrix eines Hamming-Codes über GF(3):

$$H = \begin{pmatrix} 0 & 0 & 0 & 0 & 1 & 1 & 1 & 1 & 1 & 1 & 1 & 1 & 1 \\ 0 & 1 & 1 & 1 & 0 & 0 & 0 & 1 & 1 & 1 & 2 & 2 & 2 \\ 1 & 0 & 1 & 2 & 0 & 1 & 2 & 0 & 1 & 2 & 0 & 1 & 2 \end{pmatrix}.$$

Es folgt $n = 13$ und $k = 10$. Der zugehörige Code ist also ein ternärer $(13, 10)$-Hamming-Code. Wie wir gleich bemerken, ist er 1-perfekt und damit theoretische Lösung des Problems einer 13-er Totowette mit garantierten 12 Richtigen (s. 10.10 d).

d) **Parameter:**

> Ein Hamming-Code über GF(q) mit r-zeiliger Kontrollmatrix hat Wortlänge
> $$n = (q^r - 1)/(q - 1) \text{ und Dimension } k = n - r.$$

---

[97]Man kann zeigen, dass je zwei Körper mit q Elementen isomorph (strukturgleich) sind. Ist K ein solcher Körper mit q Elementen, so schreiben wir $K =$ GF(q) (oder auch $K \cong$ GF(q), insbesondere wenn schon ein weiterer solcher Körper betrachtet wurde).

e) **Fehlerkorrektur-Eigenschaft:**

> Jeder Hamming-Code über GF(q) ist perfekt.

A 12.5

Beweisen Sie 12.4 d) und e)!

12.5 Anmerkung: Simplexcode

Der zu einem q−nären r−ten Hamming-Code $\mathcal{C}$ duale Code $\mathcal{C}^\perp$ heißt r-ter q−närer (oder q−adischer) **Simplexcode**. Er ist, wie man zeigen kann, ein $(\frac{q^r-1}{q-1}, r)-$ Linearcode, dessen nicht-triviale Codewörter alle Gewicht q^{r-1} haben, also ein Code mit Gewichtspolynom $(q^r - 1)x^{q^{r-1}} + 1$. (S. z.B. Betten et al. [1998] p. 47 !)

Beispiele: $\mathcal{H}_3^\perp$ aus A 11.6 und $\mathcal{C}_2$ aus A 11.7 sind Simplex-Codes.

A 12.6

Geben Sie (in irgend einer Form) das Gewichtsverteilungs-Polynom des r-ten q−nären Hamming-Codes an! (Dabei dürfen Sie hier die Aussagen aus Anmerkung 12.5 und den Dualitätssatz aus 11.13 (iii) ohne Beweis verwenden.)

Literaturhinweise wie bei § 11.

$13^\triangle$ Weitere Strukturierung von Wörtern[98]

Wir hatten bereits gesehen, dass manche Codes bezüglich zyklischer Vertauschung der Komponenten invariant sind. (Diese Eigenschaft ist besonders günstig bei Implementierungen mittels Schieberegister, s. 14.14!) Benutzt man X^i als Zeiger für die $(i+1)$-te Komponente, so wird ein Shift durch Multiplikation mit X erreicht, wobei allerdings die letzte Komponente gesondert zu betrachten ist. Wir interpretieren daher im Folgenden die Wörter als Polynome; auf diese Weise können wir dann auch eine Multplikation zwischen Wörtern definieren.

13.1 Polynome (Erinnerung):

(i) Ein **Polynom** $P = P(X) = \sum_{i=0}^{n} a_i X^i$ vom **Grad** $n \in \mathbb{N}$ über einem Körper K ist definiert als Folge $(a_0, a_1, a_2, \ldots a_n, 0, 0, 0, \ldots)$ mit $a_i \in K, a_n \neq 0$, $a_{n+j} = 0$ (für $j > 0$). Der Grad des Nullpolynoms (d.h. der Nullfolge) wird als $-\infty$ festgesetzt, (zur Begründung s.u.). Jedes Polynom vom Grad 0, d.h. von der Form $a_0 X^0$, heißt *konstantes Polynom;* meist wird $a_0 X^0$ mit $a_0 \in K$ identifiziert. P heißt *normiert,* falls $a_n = 1$ ist.

Auf der Menge $K[X]$ aller Polynome über K ist bekanntlich eine Addition $+$ und eine Multiplikation $\underset{K}{\cdot}$ mit Elementen aus K komponentenweise definiert:

$$\sum_{i=0}^{n} a_i X^i + \sum_{i=0}^{m} b_i X^i = \sum_{i=0}^{\max(n,m)} (a_i + b_i) X^i \quad \text{und}$$

$$k \underset{K}{\cdot} \left(\sum_{i=0}^{n} a_i X^i \right) = \sum_{i=0}^{n} k a_i X^i .$$

Damit ist $(K[X], +, \underset{K}{\cdot})$ ein K-Vektorraum. Ferner wird eine Multiplikation $\cdot$ eingeführt durch

$$\left(\sum_{i=0}^{n} a_i X^i \right) \cdot \left(\sum_{i=0}^{m} b_i X^i \right) = \sum_{i=0}^{n+m} \left(\sum_{j=0}^{i} a_j b_{i-j} X^i \right) .$$

Beispiele (Operationen mit Polynomen):
Für $K = \mathrm{GF}(2) = (\{0,1\}, +, \cdot)$ und $P = 1 + X^2$ sowie $Q = 1 + X$ ist $P + Q = X + X^2$, ferner $1 \underset{K}{\cdot} P = P$, $0 \underset{K}{\cdot} P = 0$ und $P \cdot Q = (1 + X^2)(1 + X) = 1 + X + X^2 + X^3$.

Man kann zeigen, dass $(K[X], +, \cdot)$ ein kommutativer Ring ist [99] und dass gilt: $k \underset{K}{\cdot} (P \cdot Q) = (k \underset{K}{\cdot} P) \cdot Q = P \cdot (k \underset{K}{\cdot} Q)$ für alle $P, Q \in K[X]$ und $k \in K$. Somit ist $(K[X], +, \cdot, \underset{K}{\cdot})$ eine *kommutative K-Algebra.* Die Rechengesetze stimmen mit den Regeln überein, die man vom Rechnen mit Polynomen über $\mathbb{R}$ her kennt. Unter anderem gilt:

$$\mathrm{Grad}\,(P \cdot Q) = \mathrm{Grad}\,P + \mathrm{Grad}\,Q \text{ (hierzu wurde Grad } 0 := -\infty \text{ gesetzt).}$$

---

[98]Die Paragraphen 13 bis 17, in denen verstärkt Begriffe und Methoden der Algebra herangezogen werden, können ohne größere Probleme überschlagen werden.

[99]s. Anhang B 2

(ii) Wir erwähnen noch die Möglichkeit der **Division mit Rest:** Zu $P, S \in K[X]$ existieren $Q, R \in K[X]$ mit Grad $R <$ Grad P und $S = Q \cdot P + R$.

Ist dabei $R = 0$, so nennen wir P einen **Teiler** von S, in Zeichen $P|S$. Allgemein heißt R der Rest von S bei der Division durch P. Dabei ist S kongruent zu R, wobei die **Kongruenz mod P** wie folgt definiert ist: S ist kongruent T modulo $P \Longleftrightarrow$ $S \equiv T \ (\mod P) :\Longleftrightarrow P|(S - T) \quad \Longleftrightarrow S = T + Q \cdot P$ für ein $Q \in K[X]$.

Beispiele (Kongruenz mod P): Für $K = \mathrm{GF}(2)$ und $P = X^2 + 1$ gilt:
$$X^2 + X \ \equiv \ X + 1 \ (\mod P), \quad \text{da } (X^2 + X) - (X + 1) = X^2 - 1 = P \text{ ist,}$$
$$X^3 \ \equiv \ X \ (\mod P), \quad \text{da } X^3 - X = X(X^2 + 1) \text{ Vielfaches von } P \text{ ist.}$$

Die Kongruenz $\mod P$ ist eine Äquivalenzrelation auf $K[X]$; die Äquivalenzklassen haben die Form [100]
$$\overline{R} := R + P \cdot K[X] \ ,$$

(sind also Nebenklassen nach dem Ideal $(P) := P \cdot K[X]$ mit Repräsentant R).

(iii) **Anmerkung**:
Umgekehrt ist für einen Körper K der Ring $K[X]$ **Hauptidealring**, d.h. jedes Ideal[101] I von $K[X]$ wird von einem Element erzeugt (nämlich im Falle $I \neq 0$ von einem Polynom minimalen nicht-negativen Grades), hat damit die Darstellung $I = P \cdot K[X] =: (P)$ für ein geeignetes $P \in K[X]$. (Solche Ideale heißen Hauptideale.)

Beispiele (Hauptideal): $(X^2 + 1) = (X^2 + 1)K[X]$ ist das Ideal aller durch $X^2 + 1$ teilbaren Polynome über K. Ferner gilt $(1) = K[X]$.

Die Nebenklassen nach einem Ideal $I = (P)$ in $K[X]$ haben die Form $\overline{R} := R + (P)$ (mit Repräsentant $R \in \overline{R}$). Es gilt
$$\overline{R} = \overline{S} \ \Longleftrightarrow \ R - S \in (P) \ \Longleftrightarrow \ P|(R - S) \ \Longleftrightarrow \ R \equiv S(\ \mod P).$$

(iv) Die Menge der Nebenklassen $K[X]/(P) := \{\overline{R} | R \in K[X]\}$ wird durch folgende (wohldefinierte) Operationen zu einem Ring, dem **Faktorring modulo P.**
$$\overline{R} + \overline{S} := \overline{R + S} \text{ und } \overline{R} \cdot \overline{S} := \overline{R \cdot S} \ ;$$

Dieser Ring lässt sich durch die Definition $k \ _K \overline{R} = \overline{k_K \, R}$ zu einer K-Algebra machen.

Beispiel (Faktorring): Seien $K = \mathrm{GF}(2)$ und $P = X^2 + 1$!
$\mathrm{GF}(2)[X]/(X^2 + 1)$ besteht aus folgenden 4 Nebenklassen:
$$
\begin{array}{rclcl}
\overline{0} &=& 0 &+& (X^2 + 1)K[X] = \{0, X^2 + 1, \ X^3 + X, \ldots\} \\
\overline{1} &=& 1 &+& (X^2 + 1)K[X] \\
\overline{X} &=& X &+& (X^2 + 1)K[X] \\
\overline{X + 1} &=& X + 1 &+& (X^2 + 1)K[X].
\end{array}
$$

---

[100]Ist $(V, \circ)$ Verknüpfungsstruktur und sind A, B Teilmengen von V, so bezeichnet $A \circ B$ das "Komplexprodukt" $A \circ B = \{a \circ b | a \in A, b \in B\}$; statt $\{a\} \circ B$ schreibt man auch $a \circ B$.

[101]Eine Teilmenge $\mathcal{I}$ eines kommutativen Ringes $\mathcal{R}$ heißt Ideal, wenn $\mathcal{I}$ Untergruppe von $(\mathcal{R}, +)$ ist und $x \cdot a \in \mathcal{I}$ für alle $x \in \mathcal{R}$ und $a \in \mathcal{I}$ gilt; (vgl. auch Anhang B 3).

Weiterhin gilt u.a. $\overline{X}^2 = \overline{X^2} = X^2 + (X^2+1)K[X] = X^2 + (X^2+1) + (X^2+1)K[X] = \overline{1}$ und $\overline{X}(\overline{X+1}) = \overline{X} \cdot (\overline{X+1}) = \overline{X}^2 + \overline{X} = \overline{1} + \overline{X} = \overline{X+1}$, sowie $\overline{X+1}^2 = \overline{X^2 + 2X + 1} = \overline{X^2+1} = \overline{0}$.

Zur Rechnung modulo P im Polynomring $K[X]$ bzw. im Faktorring $K[X]/(P)$ geben wir eine kurze Zusammenfassung in Tabelle 13.1.

(v) Schließlich weisen wir noch darauf hin, dass in $K[X]$ die **Zerlegung in irreduzible Faktoren eindeutig ist**; dabei heißt ein Polynom $P \in K[X]$ *irreduzibel* (unzerlegbar) über K falls P keine Darstellung als Produkt zweier nicht-konstanter Polynome aus $K[X]$ besitzt; eine Zerlegung in Faktoren heißt eindeutig, falls die Faktoren bis auf ihre Reihenfolge und bis auf konstante Faktoren eindeutig bestimmt sind. Man findet eine Tabelle irreduzibler Polynome über $GF(p)$ für kleine Primzahlen p und kleine Grade n z.B. in Lidl & Niederreiter [1997].

Beispiele (irreduzible und reduzible Polynome):

$X^2 + 1$	ist irreduzibel über $\mathbb{R}$, aber reduzibel (nicht irreduzibel) über $\mathbb{C}$ (wegen $X^2 + 1 = (X+i)(X-i)$).
$X^2 + X + 1$	ist irreduzibel über $GF(2)$; denn eine Zerlegung in ein Produkt nicht-konstanter Faktoren könnte nur von der Form $(X+a)(X+b)$ sein, so dass $X^2 + X + 1$ schon in $GF(2)$ eine Nullstelle hätte, was aber nicht der Fall ist.
$X^3 + 1 \in GF(3)[X]$	hat die Zerlegung $X^3 + 1 = (X+1)^3$, aber zum Beispiel auch die als nicht davon verschieden geltende der Form $X^3 + 1 = 2(X+1) \cdot (X+1) \cdot 2 \cdot (X+1)$ (wobei $2 = 2 \cdot X^0$ konstantes Polynom ist).

$X^3 + X + 1, X^4 + X + 1, X^5 + X^2 + 1, X^6 + X + 1, X^7 + X + 1, X^8 + X^4 + X^3 + X + 1$ sind weitere Beispiele irreduzibler Polynome über $GF(2)$.

Man beachte: $X^p + 1 = (X+1)^p$ für $K = GF(p^t)$!

Beweisskizze: $(X+1)^p = \sum_{i=0}^{p} \binom{p}{i} X^i$ und $\binom{p}{i} \equiv 0 (\mod p)$ für $i \neq 0, p$.

Literaturhinweis: Lidl & Niederreiter [1997], Meyberg [1975] Teil I, Lüneburg [1973] Kap. III, Reiffen, Scheja & Vetter [1969] §15, 11.

Durch die im Folgenden beschriebenen beiden Zuordnungen ergeben sich zwei (zum selben Ergebnis führende) Möglichkeiten, auf den Wörtern der Länge n über K eine **Multiplikation** zu definieren (s. 13.3).

13.2 Wörter als Polynome [102]

Jedes Wort $a_0 a_1 a_2 \ldots a_{n-1}$ der Länge n über K bestimmt genau ein Polynom

$$a_0 + a_1 X + a_2 X^2 + \ldots + a_{n-1} X^{n-1} \in K[X].$$

---

[102] Der bequemeren Schreibweise wegen numerieren wir nun die Komponenten mit 0 beginnend. Manche Autoren identifizieren $a_0 \ldots a_{n-1}$ mit $\sum_{i=0}^{n-1} a_{n-i-1} X^i$, manche bezeichnen ein n-Tupel mit $a_{n-1} \ldots a_0$. Inhaltlich besteht kein Unterschied, nur Vorsicht vor Verwechslung ist geboten.

Reste bei Division durch P	Kongruenz modulo P	Elemente von $K[X]/(P)$
R=Rest(S) mod P, falls $\quad S = Q \cdot P + R$ und $\quad$ Grad $R <$ Grad P.	$S \equiv R \,(\mathrm{mod}\ P)$	$\overline{S} = \overline{R}$
Aus $P \mid (S - T)$ folgt: $\quad S$ und T haben den $\quad$ gleichen Rest R mod P.	Aus $S \equiv R \,(\mathrm{mod}\ P)$ $\quad$ und $T \equiv R \,(\mathrm{mod}\ P)$ folgt $S \equiv T \,(\mathrm{mod}\ P)$	$S \in \overline{T} \Rightarrow \overline{S} = \overline{T}$
Haben S_1 und S_2 den glei- chen Rest sowie T_1 und T_2 den gleichen Rest, so folgt: $S_1 + T_1$ und $S_2 + T_2$ haben gleichen Rest und $S_1 \cdot T_1$ und $S_2 \cdot T_2$ haben gleichen Rest (später mit $S_1 * T_1$ bezeich- net) (jeweils mod P).	Aus $S_1 \equiv S_2 \,(\mathrm{mod}\ P)$ und $T_1 \equiv T_2 \,(\mathrm{mod}\ P)$ folgt $S_1 + T_1 \equiv S_2 + T_2$ und $S_1 \cdot T_1 \equiv S_2 \cdot T_2 \,(\mathrm{mod}\ P)$.	Aus $\overline{S_1} = \overline{S_2}$ und $\overline{T_1} = \overline{T_2}$ folgt $\overline{S_1 + T_1} = \overline{S_2 + T_2}$ und $\overline{S_1 \cdot T_1} = \overline{S_2 \cdot T_2}$.

Tabelle 13.1: Kongruenzen mod P für $P \in K[X]$

Wir betrachten daher zunächst die Menge $\boldsymbol{K_n[X]}$ der Polynome über K vom Grad kleiner n. Die folgende Abbildung liefert eine Bijektion, sogar einen Vektorraum-Isomorphismus, von $(K^n, +, \cdot_K)$ auf $(K_n[X], +, \cdot_K)$:

$$K^n \longrightarrow K_n[X] \quad \text{mit} \quad a_0 a_1 \ldots a_{n-1} \longmapsto a_0 + a_1 X + \ldots + a_{n-1}X^{n-1} \ .$$

Beispiel: $K = \mathrm{GF}(2)$, $n = 3$

K^3	000	100	010	110	001	101	011	111
$K_3[X]$	0	1	X	$1+X$	X^2	$1+X^2$	$X+X^2$	$1+X+X^2$

13.3   Multiplikation von Wörtern mittels Polynomen

Die Multiplikation von $K[X]$ führt im Allgemeinen aus der Menge $K_n[X]$ heraus.

Beispiel: Für $1 + X$, $1 + X^2 \in K_3[X]$ mit $K = \mathrm{GF}(2)$ ist $(1 + X) \cdot (1 + X^2) = 1 + X + X^2 + X^3 \notin K_3[X]$.

(i) Die erste Möglichkeit, diesen Nachteil zu beheben, ist der Übergang zu einer **Multiplikation modulo** $X^n - 1$: Wir definieren auf $K_n[X]$ eine neue Multiplikation durch $P * Q := R$, falls R der Rest $\ \mathrm{mod}\ (X^n - 1)$ von $P \cdot Q$ ist (und Grad $R < n$ gilt); ein solches R existiert stets vermöge der Division mit Rest: $P \cdot Q = S \cdot (X^n - 1) + R$.
Beachten Siei $\ P * Q \equiv P \cdot Q \,(\mathrm{mod}\ (X^n - 1))$!

Nun identifizieren wir $a_0 \ldots a_{n-1}$ mit $\sum_{i=0}^{n-1} a_i X^i$ und definieren eine Multiplikation $*$ auf K^n durch

$$a_0 \ldots a_{n-1} * b_0 \ldots b_{n-1} := \text{Rest von } (\sum_{i=0}^{n-1} a_i X^i \cdot \sum_{i=0}^{n-1} b_i X^i) \text{ modulo } (X^n - 1).$$

Beispiele (Multiplikation modulo $(X^n - 1)$) :

a) Für $K = \mathrm{GF}(2)$, $n = 3$, ist $011 * 101 = (X + X^2) * (1 + X^2) = 1 + X^2 = 101$ wegen $X^3 \equiv 1$ und $(X + X^2) \cdot (1 + X^2) = X + X^2 + X^3 + X^4 \equiv X + X^2 + 1 + X \equiv 1 + X^2 \ (\bmod \ (X^3 - 1))$.

b) Für $K = \mathrm{GF}(2)$, $n = 2$ ergibt sich Tabelle 13.2 als Multiplikationstafel für $*$ (Multiplikation auf $K_2[X]$ unter Beachtung von $X * X = 1$):

$*$		$0\,0$	$1\,0$	$0\,1$	$1\,1$
	$*$	0	1	X	$1+X$
$0\,0$	0	0	0	0	0
$1\,0$	1	0	1	X	$1+X$
$0\,1$	X	0	X	1	$1+X$
$1\,1$	$1+X$	0	$1+X$	$1+X$	0

Tabelle 13.2: Multiplikation $*$ auf $K_2[X]$ bzw. K^2.

Anmerkung:
Allgemein ist $(K_n[X], +, \underset{K}{\cdot}, *)$ eine nicht nullteilerfreie K-Algebra. **Wenn wir daher Teilbarkeit von Polynomen behandeln, so beziehen wir diese weiterhin auf die gewöhnliche Multiplikation von Polynomen.**
(ii) Statt die Multiplikation zwischen den in Frage kommenden Polynomen zu ändern, können wir aber auch zu Nebenklassen übergehen, also die in 13.2 beschriebene Bijektion "fortsetzen" zu einer weiteren Bijektion:

$$a_0 a_1 \ldots a_{n-1} \longmapsto \sum_{i=0}^{n-1} a_i X^i \longmapsto \overline{\sum_{i=0}^{n-1} a_i X^i} \in K[X]/(X^n - 1).$$

Wieder können wir $a_0 \ldots a_{n-1}$ mit dem Bild identifizieren, (da die Bijektion $a_0 \ldots a_{n-1} \longmapsto \sum_{i=0}^{n-1} a_i \overline{X}^i$ sogar Vektorraum-Isomorphismus ist).
Die Multiplikation von $K[X]/(X^n - 1)$ induziert dann auf K^n eine Multiplikation, die wegen $P * Q \equiv P \cdot Q \ (\bmod \ (X^n - 1))$ mit $*$ übereinstimmt:

$$a_0 a_1 \ldots a_{n-1} * b_0 b_1 \ldots b_{n-1} := \overline{\sum_{i=0}^{n-1} a_i X^i} \ \overline{\sum_{i=0}^{n-1} b_i X^i}.$$

Dies ist die angesprochene 2. Möglichkeit, die Multiplikation $*$ auf K^n einzuführen.

Beispiel (Multiplikation von Wörtern): $K = \mathrm{GF}(2)$, $n = 3$

Es werden folgende Zuordnungen getroffen (vgl. 13.2):

K^3	000	100	010	110	001	101	011	111
$K[X]/(X^3-1)$	$\overline{0}$	$\overline{1}$	$\overline{X}$	$\overline{1+X}$	$\overline{X^2}$	$\overline{1+X^2}$	$\overline{X+X^2}$	$\overline{1+X+X^2}$

Multiplikations-Beispiel in $K[X]/(X^3+1)$ (vgl. das Beispiel a) in 13.3 i) (wegen $\overline{X^3} = \overline{1}$ und $\overline{S} \cdot \overline{T} = \overline{S \cdot T}$):

$$\begin{aligned} 011 * 101 \ &= \ \overline{X+X^2} \cdot \overline{1+X^2} = \overline{(X+X^2) \cdot (1+X^2)} = \overline{X+X^2+X^3+X^4} \\ &= \ \overline{X+X^2+1+X} = \overline{1+X^2} = 101. \end{aligned}$$

Auch mit Hilfe eines von $X^n - 1$ verschiedenen Moduls P lässt sich eine Multiplikation auf K^n einführen. Ist P *irreduzibel,* folgt also aus $P = P_1 \cdot P_2$, dass mindestens einer der Faktoren P_i konstant sein muss, so wird K^n zu einem Erweiterungskörper von K (s.u.). Obwohl wir diese Tatsachen erst in den Paragraphen 15 bis 17 benötigen, wollen wir der Vollständigkeit halber schon hier darauf eingehen:

13.4 Wörter als Elemente eines Erweiterungskörpers

(a) **Definiton: Körpererweiterung**
Unter einer *Körpererweiterung* $F : K$ versteht man ein Paar (K, F) von Körpern K und F mit $K \subseteq F$, (wobei die Operationen auf K von denen auf F induziert sind). F lässt sich als Vektorraum über K auffassen (bzgl. Addition aus F und Multiplikation mit Elementen aus K). Ist $\dim_K F < \infty$, so heißt $n = [F : K] :=$ $\dim_K F$ der Grad der Körperweiterung. Es gilt dann $(F, +, \cdot_K) \cong (K^n, +, \cdot_K)$.

(b) **Beispiel 1 (Körpererweiterung):**
Seien $F = \mathrm{GF}(4)$ Körper mit 4 Elementen (Existenz s.u.) und $K = \mathrm{GF}(2)$. Wir setzen o.B.d.A. $\mathrm{GF}(2) \subseteq \mathrm{GF}(4)$ voraus.[103] Es gilt $[\mathrm{GF}(4) : \mathrm{GF}(2)] = 2$ wegen $|\mathrm{GF}(4)| = 2 \cdot |\mathrm{GF}(2)|$. Damit ist $(F, +) \cong (K^2, +)$ und $F \backslash \{0\} = \{1, \alpha, 1+\alpha\}$ für ein $\alpha \neq 1$; wegen $\alpha^2 + 1 = (\alpha + 1)^2 \notin \{0, 1, \alpha + 1\}$ folgt $\alpha^2 = \alpha + 1$. Wählt man $(1, \alpha)$ als geordnete Basis von F über K, so erhält man (wegen $\alpha^3 \notin \{\alpha, \alpha^2\}$) die Darstellung

$$\begin{aligned} (0,0) \ &= \ 0 \\ (1,0) \ &= \ 1 \ = \ \alpha^0 = \alpha^3 \\ (0,1) \ &= \ \alpha \ = \ \alpha^1 \\ (1,1) \ &= \ 1 + \alpha \ = \ \alpha^2. \end{aligned}$$

Damit hat $\mathrm{GF}(4)$ die Verknüpfungstafeln[104] von Tabellen 13.3.

Umgekehrt ist durch die Struktur $(\{0, 1, \alpha, \alpha^2\}, +, \cdot)$ mit den Verknüpfungstafeln von Tab. 13.3 ein Körper mit 4 Elementen gegeben. Wie wir sahen, ist α *Nullstelle des Polynoms* $X^2 + X + 1 \in \mathrm{GF}(2)[X]$; letzteres ist *irreduzibel* über $\mathrm{GF}(2)$, (s. die Beispiele zu 13.1 (v)!).

---

[103] Mit $\mathrm{GF}(q^s) \subseteq \mathrm{GF}(q^t)$ meinen wir abkürzend das Folgende: Wir betrachten Körper $K \cong \mathrm{GF}(q^s)$ und $F \cong \mathrm{GF}(q^t)$ mit $K \subseteq F$ und (von F auf K) induzierten Verknüpfungen. Diese Wahl von K und F ist stets möglich, sofern s Teiler von t ist.

[104] Man beachte, dass **nicht** mod 4 zu rechnen ist!

$+$	0	1	α	α^2
0	0	1	α	α^2
1	1	0	α^2	α
α	α	α^2	0	1
α^2	α^2	α	1	0

$\cdot$	0	1	α	α^2
0	0	0	0	0
1	0	1	α	α^2
α	0	α	α^2	1
α^2	0	α^2	1	α

Tabellen 13.3: Verknüpfungstafeln von GF(4)

Da die Abbildung $GF(2)[X] \longrightarrow F$ mit $Q(X) \longmapsto Q(\alpha)$ ein surjektiver (Ring-) Homomorphismus mit Kern $(X^2 + X + 1)\cdot GF(2)[X]$ ist, folgt[105]

$$F \cong GF(2)[X]/(X^2 + X + 1)\cdot GF(2)[X].$$

(c) Allgemeine **Konstruktion**:

> Ist $K = GF(q)$ Körper mit q Elementen, $P \in K[X]$ und P <u>irreduzibel</u> über K mit Grad $P = n$, so ist $F = K[X]/(P \cdot K[X])$ ein Körper mit q^n Elementen. Das Element $\overline{X} \in F$ erfüllt die Gleichung $P(\overline{X}) = 0$. $\{\overline{X}^0, \overline{X}, \overline{X}^2, \ldots, \overline{X}^{n-1}\}$ bildet eine Basis von F über K.

Wäre die letztgenannte Menge linear abhängig über K, so genügte X einer Gleichung $Q(X) \equiv 0 \,(\text{mod } P)$ mit $-\infty < \text{Grad } Q < \text{Grad } P$, in Widerspruch zur Irreduzibilität von P.

Jedes Element aus F ist Linearkombination von $\overline{X}^0, \ldots, \overline{X}^{n-1}$ und kann also wahlweise aufgefasst werden

- als Nebenklasse $\mod P$ mit einem Repräsentanten vom Grad $\leq n - 1$
- als Polynom aus $K_n[X]$
- als Vektor aus K^n und damit
- als Wort der Länge n über K.

Da zu jedem Körper $K = GF(q)$ und zu jedem $n \in \mathbb{N}$, wie man zeigen kann, ein irreduzibles Polynom P vom Grad n über $GF(q)$ existiert (und damit ein Körper F mit q^n Elementen), gilt umgekehrt:

> Jedes Wort aus K^n lässt sich als Element eines Erweiterungskörpers F vom Grad n über K auffassen.

Literaturhinweise: Körner[1990], Lidl & Niederreiter [1997], Meyberg [1976] II, §6, Lüneburg [1973] Kap. VI, Reiffen et al. [1969] §17.

(d) **Beispiel 2 (Körpererweiterung):** Seien $A = K = GF(2)$ und $n = 3$!
Um die Wörter aus K^3 als Elemente von $GF(2^3)$ darzustellen, wählen wir ein irreduzibles Polynom vom Grad 3 über K, z.B.

$$P(X) = X^3 + X + 1.$$

---

[105] s. Anhang B 3

(Wäre P reduzibel, etwa $P = Q \cdot T$, so hätte Q oder T den Grad 1, ein Widerspruch zur Tatsache, dass P keine Nullstelle aus K hat.) Es ergeben sich die Korrespondenzen aus Tabelle 13.4 mit $\alpha := \overline{X}$.

Nebenklassenvertreter zu $K[X]/(X^3 + X + 1)$	Elemente aus GF(2^3)	Elemente von GF(2^3) Vektoren über GF(2)	
		$(1, \alpha, \alpha^2)$	$(\alpha^2, \alpha, 1)$ Basis
0	0	000	000
1	1	100	001
X	α	010	010
X^2	α^2	001	100
$X^3 \equiv X + 1$	$\alpha^3 = \alpha + 1$	110	011
$X^4 \equiv X^2 + X$	$\alpha^4 = \alpha^2 + \alpha$	011	110
$X^5 \equiv X^3 + X^2 \equiv X^2 + X + 1$	$\alpha^5 = \alpha^2 + \alpha + 1$	111	111
$X^6 \equiv X^3 + X^2 + X \equiv X^2 + 1$	$\alpha^6 = \alpha^2 + 1$	101	101
$(X^7 \equiv X^3 + X \equiv 1)$	$(\alpha^7 = 1)$		
Addition wie bei Polynomen vom Grad ≤ 2	Addition wie in GF(2^3)	komponentenweise Addition	
Multiplikation mod P	Mult. $\alpha^i \cdot \alpha^j = \alpha^{i+j}$	Mult. mittels $\alpha^i \cdot \alpha^j = \alpha^{i+j}$	

Tabelle 13.4: Wörter der Länge 3 über $\{0, 1\}$ als Elemente von GF(2^3).

(e) **Beispiel 3:** $K = GF(2)$, $n = m = 4$, $P(X) = X^4 + X^3 + X^2 + X + 1$
Wir behandeln dieses Beispiel, um zu zeigen, dass $\overline{X}$ nicht immer erzeugendes Element der multiplikativen Gruppe von $K[X]/(P)$ zu sein braucht.
P ist irreduzibel; denn einer der Faktoren einer nicht-trivialen Zerlegung[106] in ein Produkt hätte Grad 1 oder 2; aber $X^2 + 1$ und $X^2 + X + 1$ sind keine Teiler von P und 0, 1 sind keine Nullstellen (- damit fallen die Faktoren $X, X + 1, X^2$ und $X^2 + X$ aus).

Nun gilt $\overline{X}^4 = \overline{X}^3 + \overline{X}^2 + \overline{X} + \overline{1}$ und damit $\overline{X}^5 = \overline{X}^4 + \overline{X}^3 + \overline{X}^2 + \overline{X} = \overline{1}$; also ist $\overline{X}$ keine multiplikative Erzeugende, im Gegensatz zu $\overline{X} + \overline{1}$, denn $(\overline{X} + \overline{1})^2 = \overline{X}^2 + \overline{1}$ und $(\overline{X} + \overline{1})^3 = (\overline{X}^2 + \overline{1})(\overline{X} + \overline{1}) = \overline{X}^3 + \overline{X}^2 + \overline{X} + \overline{1} = \overline{X}^4 \neq \overline{1}$ sowie $(\overline{X} + \overline{1})^5 = (\overline{X}^3 + \overline{X}^2 + \overline{X} + \overline{1})(\overline{X}^2 + \overline{1}) = \overline{X}^5 + \overline{X}^4 + \overline{X} + \overline{1} = \overline{X}^3 + \overline{X}^2 + \overline{1} \neq \overline{1}$; aber $(\overline{X} + \overline{1})^{15} = [(\overline{X} + \overline{1})^3]^5 = \overline{X}^{4 \cdot 5} = (\overline{X}^5)^4 = \overline{1}$.

Wir werden in den weiteren Paragraphen sehen, wie wirkungsvoll die Interpretation von Wörtern als Polynome bzw. Elemente eines Erweiterungskörpers eingesetzt werden kann.

Literaturhinweis: Kameda & Weihrauch [1973], Van Lint [1982], Blahut [1983], Dankmeier [1994] *sowie zu Sachverhalten der Algebra:* Meyberg [1975, 1976], Reiffen et al. [1969], Heuser & Wolf [1986] 5.2, 6.5, Lidl & Niederreiter [1997], Lüneburg [1973].

---

[106]d.h. mit mindestens zwei nicht-konstanten Faktoren

Zusammenfassung zur Darstellung von Wörtern:

Jedes Wort der Länge n kann über $\{0,1\}$ aufgefasst werden

- als n-Tupel über $\{0,1\}$: $a_0 a_1 \ldots a_{n-1}$ (s. § 1 !)

- als Teilmenge von $\mathbb{N}_n$ (s. § 2; vgl. auch §17 !)

- als Vektor von $\{0,1\}^n$: $(a_0, \ldots, a_{n-1})$ (s. § 10 !)

- als Polynom vom Grad $\leq n-1$: $\sum\limits_{i=0}^{n-1} a_i X^i$ (s. 13.2/3 !)

- als Nebenklasse eines Faktorrings $K[X]/(P)$ mit Repräsentanten vom Grad $\leq n-1$ und Grad $P = n$: $\sum\limits_{i=0}^{n-1} a_i X^i + P \cdot K[X]$ (s. 13.3 !)

- als Element einer Körpererweiterung vom Grad n über $\{0,1\}$ (s. 13.4 !).

14$^\triangle$ Definition und Eigenschaften zyklischer Codes

A) Einführung und Generatorpolynom

Wir hatten schon bemerkt, dass jedem Wort von K^n für $K = \mathrm{GF}(q)$ _erstens_ ein Polynom vom Grad $\leq n-1$ über K zugeordnet werden kann, nämlich vermöge [107]

$$K^n \longrightarrow K_n[X] \text{ mit } a_0 \ldots a_{n-1} \longmapsto a_0 + a_1 X + \ldots a_{n-1} X^{n-1}$$

und _zweitens_ eine Nebenklasse modulo $(X^n - 1)$, nämlich

$$K^n \longrightarrow K[X]/(X^n - 1) \text{ mit } a_0 \ldots a_{n-1} \longmapsto \overline{a_0 + a_1 X + \ldots + a_{n-1} X^{n-1}}.$$

Im Folgenden identifizieren wir meist $\boldsymbol{a} = a_0 \ldots a_{n-1}$ mit $A(X) = \sum_{i=0}^{n-1} a_i X^i$, ohne dies explizit zu erwähnen, und schreiben $\boldsymbol{a}(X)$ statt $A(X)$.

Auf $K_n[X]$ haben wir bereits eine Multiplikation $*$ eingeführt, nämlich durch
$\boldsymbol{p}(X) * \boldsymbol{q}(X) = \boldsymbol{r}(X)$, wobei $\boldsymbol{r}(X) \equiv \boldsymbol{p}(X) \cdot \boldsymbol{q}(X)$ (modulo $X^n - 1$) der Rest von $\boldsymbol{p}(X) \cdot \boldsymbol{q}(X)$ bei der Division durch $X^n - 1$ ist, so dass also

$$\overline{\boldsymbol{p}(X) * \boldsymbol{q}(X)} = \overline{\boldsymbol{p}(X) \cdot \boldsymbol{q}(X)}$$

gilt. Die Nützlichkeit dieser Definitionen zeigt sich bei der Behandlung zyklischer Codes. Man beachte dabei insbesondere:

$$X * a_0 \ldots a_{n-1} = X * \sum_{i=0}^{n-1} a_i X^i = \sum_{i=0}^{n-2} a_i X^{i+1} + a_{n-1} X^n = a_{n-1} a_0 \ldots a_{n-2}.$$

Die Multiplikation mit X bedeutet also eine "zyklische Vertauschung" ("Shift") der Komponenten.

Beispiel (Fortsetzung): Der $(7,4)$-Hamming-Code $\mathcal{H}$ aus §12 zum Beispiel enthält mit dem Wort $1\,1\,1\,0\,1\,0\,0 = 1 + X + X^2 + X^4$ auch $0\,1\,1\,1\,0\,1\,0 = X + X^2 + X^3 + X^5 = X \cdot (1 + X + X^2 + X^4)$ als Codewort, allgemein mit $c_0 \ldots c_6 = c_0 + c_1 X + \ldots + c_6 X^6$ auch $c_6 c_0 \ldots c_5 = X * (c_0 + \ldots + c_5 X^5 + c_6 X^6)$.

14.1 Definition: Zyklischer Code[108]

Sei $\mathcal{C} \subseteq K^n = K_n[X]$. Dann heißt $\mathcal{C}$ _zyklischer Code_, falls gilt:
(i) $\mathcal{C}$ ist Unterraum von K^n (also linearer Code).
(ii) Für alle $\boldsymbol{c}(X) \in \mathcal{C}$ gilt $X * \boldsymbol{c}(X) \in \mathcal{C}$; (d.h. zyklische Vertauschungen führen Codewörter in Codewörter über).

---

[107]Beachten Sie die Fußnote zu 13.2 !

[108]Ein Leser mit geringeren Algebra Kenntnissen wähle als Definition von zyklischen Codes die Eigenschaften aus Satz 14.4 iii. Die Aussagen in 14.1 sind dann Folgerungen.

Ist $\mathcal{C} \subseteq K_n[X]$ zyklischer Code und $p(X) = \sum\limits_{i=0}^{n-1} p_i X^i$ ein beliebiges Element von $K_n[X]$,

so ist mit $c(X) \in \mathcal{C}$ wegen (ii) auch $p(X) * c(X) = (\sum\limits_{i=0}^{n-1} p_i X^i) * c(X) = \sum\limits_{i=0}^{n-1} p_i (X^i * c(X))$

ein Element von $\mathcal{C}$. Also ist $\mathcal{C}$ ein Unterraum, der bezüglich Multiplikation mit beliebigen Elementen der Algebra $\mathcal{R} = (K_n[X], +, \underset{K}{\cdot}, *)$ abgeschlossen ist, und daher ein Ideal von $\mathcal{R}$. Umgekehrt hat jedes Ideal von $\mathcal{R}$ die Eigenschaften (i) und (ii). Also gilt:

14.2 Alternative Beschreibung zyklischer Codes:

$\boxed{\mathcal{C} \subseteq K_n[X] \text{ ist genau dann zyklischer Code, wenn } \mathcal{C} \text{ Ideal von } (K_n[X], +, \underset{K}{\cdot}, *) \text{ ist.}}$

14.3 Erste Beispiele

(i) Wir haben bereits gesehen, dass der $(7, 4)$-Hamming-Code $\mathcal{H}$ aus §12 ein zyklischer Code ist.

(ii) Der Paritätscode $\mathcal{C}_3$ mit 3 Informationsbits und 1 Kontrollbit ist zyklisch: Er ist linear, und Multiplikation mit X führt die Codewörter ineinander über; (s. Bild 14.1 !).

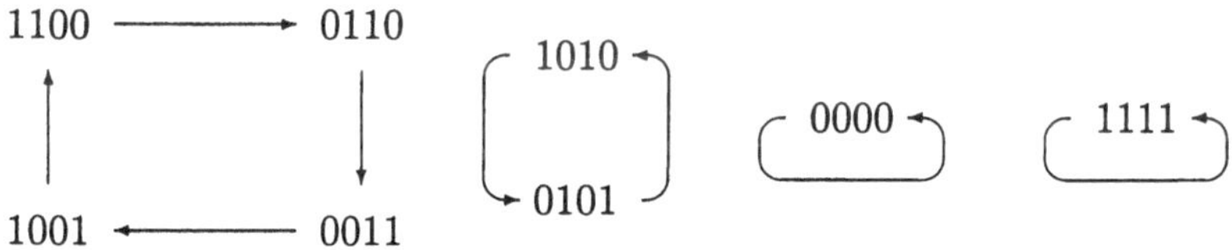

Bild 14.1: Beispiel eines zyklischen Codes
(Zyklische Vertauschung bzw. Multiplikation mit X).

Dieser Code ist (als Ring gesehen) nicht nullteilerfrei:
$1010^2 = (1 + X^2)^2 = (1 + X^2) * (1 + X^2) = 0$ (Rechnung modulo $(X^4 - 1)$).
Er wird durch <u>ein</u> Element erzeugt: $\mathcal{C}_3 = (1 + X) * K_4(X)$; dies sieht man zum Beispiel durch Bild 14.1 und die folgenden Beziehungen:

$$1010 = 1 + X^2 = (1 + X) * (1 + X) \text{ und } 1\,0\,1\,0 + 0\,1\,0\,1 = 1\,1\,1\,1.$$

Wir geben $\mathcal{C}_3$ nochmals als Produkte $(1 + X) * f(X)$ an; dabei beachten wir, dass hier $(1 + X) * h(X) = 0000$ für $h(X) = 1 + X + X^2 + X^3$ gilt und daher $(1 + X) * f(X) = (1 + X) * [h(X) + f(X)]$ (rechte Seiten der Gleichungen):

$$
\begin{array}{lclclcl}
(1 + X) & * & 0 & = & 0\,0\,0\,0 & = & (1 + X) & * & (1 + X + X^2 + X^3) \\
(1 + X) & * & 1 & = & 1\,1\,0\,0 & = & (1 + X) & * & (X + X^2 + X^3) \\
(1 + X) & * & X & = & 0\,1\,1\,0 & = & (1 + X) & * & (1 + X^2 + X^3) \\
(1 + X) & * & (1 + X) & = & 1\,0\,1\,0 & = & (1 + X) & * & (X^2 + X^3) \\
(1 + X) & * & X^2 & = & 0\,0\,1\,1 & = & (1 + X) & * & (1 + X + X^3) \\
(1 + X) & * & (1 + X^2) & = & 1\,1\,1\,1 & = & (1 + X) & * & (X + X^3) \\
(1 + X) & * & (X + X^2) & = & 0\,1\,0\,1 & = & (1 + X) & * & (1 + X^3) \\
(1 + X) & * & (1 + X + X^2) & = & 1\,0\,0\,1 & = & (1 + X) & * & X^3
\end{array}
$$

Wie in 14.4 allgemein gezeigt wird, reichen auch hier zur Erzeugung des Codes die Polynome $g(X) * f(X)$ mit Grad $f(X) \leq 2 = n - \text{Grad}\, g(X) - 1$; dabei ist hier $g(X) := 1 + X$.

Aus der Algebra ist bekannt, dass für jeden Körper K der Ring $(K[X], +, \cdot)$ ein Hauptidealring ist; insbesondere ist jedes Ideal durch ein einziges Element erzeugbar. Diese Eigenschaft überträgt sich auf $(K[X]/(X^n - 1), +, \cdot)$ bzw. $(K_n[X], +, *)$; damit ist der folgende Satz naheliegend, in dessen Beweisteil (i) wir diese Tatsache nochmals herleiten. Man beachte aber, dass die beiden letztgenannten Ringe Nullteiler besitzen!

A 14.1

Ist C ein binärer zyklischer Code mit einem Wort ungeraden Gewichts, so ist das All-1-Wort $1 \ldots 1$ in C.

14.4 Satz: Generatorpolynom

> Sei $C \neq \{0\}$ zyklischer Code der Länge n über $\text{GF}(q)$. Dann gilt:
>
> (i) Es existiert genau ein normiertes[109]Polynom $g(X)$ in C mit minimalem nichtnegativen Grad. Es heißt *Generatorpolynom* (Basis-Polynom, erzeugendes Polynom) von C.
>
> (ii) Für das Generatorpolynom gilt: $g(X)$ teilt $(X^n - 1)$ (in $K[X]$).[110]
>
> (iii) Jedes Wort aus C kann in $K[X]$ in der Form $c(X) = f(X) \cdot g(X) = f(X) * g(X)$ mit $f(X) \in K[X]$ und Grad $f(X) < n - \text{Grad}\, g(X)$ beschrieben werden; f ist dabei eindeutig bestimmt. Umgekehrt ist jedes Produkt $f(X) \cdot g(X)$ dieser Form Codepolynom. Also:
> $$C = \{f(X) \cdot g(X) \,|\, f(X) \in K[X],\ \text{Grad}\ f(X) < n - \text{Grad}\, g(X)\}.$$
> Jedes nicht-triviale Codepolynom hat damit einen Grad, der zwischen $\text{Grad}\, g(X)$ und $n - 1$ liegt.

Zusammenfassung:

> Zu einem zyklischen Code C der Länge n existiert ein Teiler $g(X)$ von $X^n - 1$ derart, dass für alle $c(X) \in K_n[X]$ gilt:
> $$c(X) \in C \iff g(X) \text{ teilt } c(X) \text{ (in } K[X]).$$

Beweis:

(i) und (iii) (Standardschlüsse in "euklidischen Ringen"):

Sei r das Minimum aller Grade der Polynome $c(X) \in C$ mit $c(X) \neq 0$; dann existiert ein normiertes Polynom $g(X)$ vom Grad r in C; wäre $f(X)$ ein weiteres solches, so $f(X) - g(X) \in C$ ein Polynom kleineren Grades als r, also das Nullpolynom. Sei $c(X) \in C \backslash \{0\}$; dann existiert in $K[X]$ als euklidischem Ring eine Darstellung
$$c(X) = f(X) \cdot g(X) + r(X) \text{ mit Grad } r(X) < \text{Grad}\, g(X) = r\,;$$
wegen Grad $f(X) + \text{Grad}\, g(X) = \text{Grad}\, c(X) < n$ gilt $f(X) \cdot g(X) = f(X) * g(X)$.

---

[109]d.h. mit höchstem Koeffizienten 1

[110]Hiermit meinen wir, dass ein $h(X)$ existiert mit $g(X) \cdot h(X) = X^n - 1$ (als Verknüpfung ist $\cdot$ und nicht $*$ gewählt).

Mit $g(X)$ ist $f(X) * g(X)$ in $\mathcal{C}$ (– hierbei benutzen wir, dass $\mathcal{C}$ zyklisch ist); da dann auch $r(X) = c(X) - f(X) * g(X)$ in $\mathcal{C}$ liegt und einen Grad kleiner r hat, folgt $r(X) = 0$, also $c(X) = f(X) \cdot g(X)$. Dabei ist $f(X)$ eindeutig bestimmt: Seien $f_1(X), f_2(X) \in K[X]$ Polynome von einem Grad kleiner als $n - r$ und gelte $f_1(X) \cdot g(X) = f_2(X) \cdot g(X)$; aus $[f_1(X) - f_2(X)] \cdot g(X) = 0$ folgt mit der Nullteilerfreiheit von $K[X]$ die Gleichheit von $f_1(X)$ und $f_2(X)$.

(ii) Auch für $X^n - 1$ (und $g(X) \neq 1$) erhalten wir eine Zerlegung mit Rest: $X^n - 1 = q(X) \cdot g(X) + r(X)$ (in $K[X]$) mit $\operatorname{Grad} r(X) < \operatorname{Grad} g(X) = r$. Rechnung modulo $(X^n - 1)$ zeigt
$$r(X) \equiv (-q(X)) \cdot g(X) \equiv (-q(X)) * g(X) \ (\bmod \ X^n - 1)$$
und damit aus Gradgründen $r(X) = (-q(X)) * g(X)$. Es ergibt sich wieder $r(X) \in \mathcal{C}$ und damit $r(X) = 0$. $\qquad\square$

In Umkehrung von 14.4 gilt:

14.5 Möglichkeiten für Generatorpolynome

> (a) Ist $g(X) \in K[X]$ ein Teiler von $X^n - 1$ (in $K[X]$) und normiert, so ist $g(X)$ Generatorpolynom eines zyklischen Codes, nämlich (im Fall $g(X) \neq X^n - 1$) von
> $$\mathcal{C} = K_n[X] * g(X) = g(X) * K_n[X].$$

Beweis: $\mathcal{C} = K_n[X] * g(X)$ ist ein Ideal in $K_n[X]$ und damit zyklischer Code (– im Falle $g(X) = X^n - 1$ der Code $\mathcal{C} = \{0\}$, s.u.). Sei $g_1(X)$ Generatorpolynom von $\mathcal{C}$. Nach 14.4(iii) folgt wegen $g(X) \in \mathcal{C}$ sofort $g_1(X) \mid g(X)$ (in $K[X]$).[111] Andererseits existiert nach der Konstruktion von $\mathcal{C}$ eine Darstellung von $g_1(X)$ der Form

$$g_1(X) = q(X) * g(X), \ \text{also} \ g_1(X) = q(X) \cdot g(X) + t(X)(X^n - 1)$$

(mit geeigneten Polynomen $q(X), t(X)$). Aus der letzten Gleichung erhält man wegen $g(X) \mid (X^n - 1)$ auch $g(X) \mid g_1(X)$; da $g(X)$ und $g_1(X)$ normiert sind, folgt insgesamt $g_1(X) = g(X)$. $\qquad\square$

> (b) Die zyklischen Codes der Länge n über $K = \mathrm{GF}(q)$ sind damit durch die verschiedenen Teiler von $X^n - 1$ in $K[X]$ bestimmt.

(c) Der *triviale Teiler* $X^n - 1$ ist dabei mit 0 gleichzusetzen, erzeugt also den Code $\{0\}$; ein weiterer trivialer Code, nämlich ganz $K_n[X]$, wird von 1 erzeugt.

14.6 Beispiele

Für $K = \mathrm{GF}(2)$ und $n = 4$ ist $X^4 - 1 = (X + 1)^4$ Zerlegung von $X^4 - 1$ in unzerlegbare Faktoren. Neben den trivialen Codes $\mathcal{C}_1 = 1 * K_4[X] = K_4[X]$ und $\mathcal{C}_2 = 0$ existieren daher nur noch folgende 3 binäre zyklische Codes der Länge 4:

---

[111]Erinnerung: "$g_1(X) | g(X)$" steht abkürzend für "$g_1(X)$ teilt $g(X)$".

- $\mathcal{C}_3 = (1+X)^3 * K_4[X] = \{0, 1+X+X^2+X^3\} = \{\ 0\ 0\ 0\ 0\ ,\ 1\ 1\ 1\ 1\ \}$, der Wiederholungscode [112] der Länge 4, ferner

- $\mathcal{C}_4 = (1+X)^2 * K_4[X] = \{0, 1+X^2, (1+X^2)*X, (1+X^2)*(1+X)\}$ und
$$= \{0\ 0\ 0\ 0,\ 1\ 0\ 1\ 0,\ 0\ 1\ 0\ 1,\ 1\ 1\ 1\ 1\}$$

- $\mathcal{C}_5 = (1+X) * K_4[X]$. Auf den Code $\mathcal{C}_5$ kommen wir nach 14.7 zurück. Es gilt

$$\mathcal{C}_3 = (1+X)^2 * ((1+X) * K_4[X]) \subseteq \mathcal{C}_4 = (1+X) * ((1+X) * K_4[X]) \subseteq \mathcal{C}_5.$$
(S. auch 14.12 !)

A 14.2

Seien $g_1(X)$ und $g_2(X)$ Basispolynome zweier zyklischer Codes $\mathcal{C}_1$ bzw. $\mathcal{C}_2$ über K der Länge n. Zeigen sie: $g_1(X)$ teilt $g_2(X)$ genau dann, wenn $\mathcal{C}_2 \subseteq \mathcal{C}_1$ gilt.

Jeder zyklische Code ist insbesondere linearer Code und daher durch eine Basismatrix darstellbar. Wir fragen uns, wie man eine solche aus dem Basispolynom gewinnen kann und ob ein Zusammenhang zwischen Dimension des Codes und dem Generatorpolynom besteht.

14.7   Dimension und Basismatrix zyklischer Codes

Sei $\mathcal{C}$ zyklischer Code der Länge n mit Generatorpolynom $g(X) = \sum\limits_{i=0}^{r} g_i X^i$ und $g_r = 1$ sowie $r < n$. Dann gilt:

(i) $k := \dim_K \mathcal{C} = n - \operatorname{Grad} g(X) = n - r$

(ii) $\mathcal{C}$ hat u.a. folgende Basismatrix:

$$G = \begin{pmatrix} g_0 & g_1 & \cdots & g_{r-1} & 1 & & & \mathbf{0} \\ 0 & g_0 & \cdots\cdots & & g_{r-1} & 1 & & \\ \mathbf{0} & \ddots & & & & \ddots & \ddots & \ddots \\ & & 0\ g_0 & \cdots\cdots & & & g_{r-1} & 1 \end{pmatrix} = \begin{pmatrix} & & g(X) \\ & X & \cdot & g(X) \\ & \vdots & \\ X^{n-r-1} & \cdot & g(X) \end{pmatrix}$$

Hierbei gilt die letzte Gleichheit infolge der Identifizierung von $g \in K^n$ mit $g(X) \in K_n[X]$.

Beweis: Mit $g(X) \in \mathcal{C}$ ist auch $X^i \cdot g(X) = X^i * g(X) \in \mathcal{C}$ für $i = 0, \ldots, n-r-1$; die Codevektoren $g(X), X \cdot g(X), \ldots, X^{n-r-1} \cdot g(X)$ sind linear unabhängig (die letzten Spalten der Matrix G bilden eine untere Dreiecksmatrix mit Diagonale $1, \ldots, 1$). Zu zeigen bleibt, dass die erwähnten Vektoren den Code $\mathcal{C}$ aufspannen (und damit $\dim_K \mathcal{C} = n - r$ ist). Sei also $c(X) \in \mathcal{C}$; nach Satz 14.4 existiert ein $f(X) \in K[X]$ vom Grad kleiner $n - r$ derart, dass $c(X) = f(X) \cdot g(X)$ ist; mit $f(X) = \sum\limits_{i=0}^{n-r-1} f_i X^i$ folgt dann

$$c(X) = \left(\sum\limits_{i=0}^{n-r-1} f_i X^i \right) \cdot g(X) = \sum\limits_{i=0}^{n-r-1} f_i (X^i \cdot g(X)).$$ Folglich wird $c(X)$ von den Zeilen von G erzeugt, und G ist Basismatrix. $\square$

---

[112] Beachten Sie, dass $g(X) \cdot f(X)$ nur für $\operatorname{Grad} f(X) < n - \operatorname{Grad} g(X)$ zu bilden sind!

Fortsetzung des Beispiels aus 14.6:

Für $n = 4$, $K = \mathrm{GF}(2)$ und $g(X) = (1 + X)$ erhält man $r = 1$, $k = 3$ und, als Basismatrix von $\mathcal{C}_5 = (1 + X) * K_4[X]$, die Matrix[113]

$$G_5 = \begin{pmatrix} 1 + X \\ X(1 + X) \\ X^2(1 + X) \end{pmatrix} = \begin{pmatrix} 1 & 1 & 0 & 0 \\ 0 & 1 & 1 & 0 \\ 0 & 0 & 1 & 1 \end{pmatrix}.$$

Aufgrund der Dimension und des Gewichts der Zeilen ergibt sich, dass $\mathcal{C}_5$ der Paritätscode der Länge 4 ist.

Der Code $\mathcal{C}_5$ ist 1-fehlererkennend; er hat Minimalgewicht 2. Von zyklischen Codes *allgemein* kann man daher keine Vorteile bei den Minimalabständen erwarten, anders aber in Spezialfällen. Alle zyklischen Codes gestatten es allerdings, Fehlerbündel zu erkennen (s. 14.8). Die Bedeutung zyklischer Codes liegt auch darin, dass in den erwähnten Spezialfällen eine leichtere technische Realisierung in Schaltungen möglich ist (vgl. 14.14), und dass man bei theoretischen Untersuchungen die Theorie der Polynome heranziehen kann.

14.8 Erkennbarkeit von Bündelstörungen

(a) Definition: Fehlerbündel

(i) Ein *Fehlerbündel* (Fehlerbüschel, Fehlerschauer, Burst) der Länge m mit erstem bzw. letztem gestörten Bit e_ℓ bzw. $e_{\ell+m-1}$ ist ein Fehlervektor $e = e_0 \ldots e_{n-1}$, dessen sämtliche von 0 verschiedenen Komponenten unter den m aufeinanderfolgenden Komponenten $e_\ell, e_{\ell+1}, \ldots, e_{\ell+m-1}$ zu finden sind, wobei $e_\ell \neq 0 \neq e_{\ell+m-1}$ ist. *Beispiel:* $e = 0 \ldots 0\,\underline{1\,1\,0 \ldots 1\,0\,1}\,0 \ldots 0$.
m

(ii) Bei einem **zyklischen Fehlerbündel** ("cyclic burst") der Länge m lässt man in Erweiterung der Definition (i) auch zu, dass die m Komponenten, unter denen die Werte ungleich 0 zu finden sind, ein Endstück (und zyklisch folgend) ein Anfangsstück von e bilden. Damit hat dann ein Fehlervektor i.A. nicht mehr eine eindeutige Länge als Fehlerbündel.

Beispiel (Länge von Fehlerbündeln):
$$\begin{aligned} e \;&=\; 0\,\underline{1\,0\,0\,1} \quad \text{mit} \quad e_\ell = e_1 \;\text{ und} \quad e_{1+3} \;\;\;= e_4 \quad \text{hat Bündel-Länge 4,} \\ &=\; \underline{0\,1}\,0\,0\,\underline{1} \quad \text{mit} \quad e_\ell = e_4 \;\text{ und} \quad e_{(4+2)\bmod 5} = e_1 \quad \text{hat zyklische Länge 3.} \end{aligned}$$

(b) Sei e ein zyklisches Fehlerbündel der Länge m mit erstem gestörten Bit e_ℓ. Durch Verschiebung von e_ℓ an die erste Stelle sehen wir, dass zu dem Fehlerbündel ein Polynom $b(X) \in K[X]$ vom Grad $m - 1$ mit $b_0 \neq 0$ und $e(X) = X^\ell * b(X)$ existiert. (Sowohl b als auch ℓ sind nicht eindeutig bestimmt.)

Beispiel (Fortsetzung):
Für $n = 5$, $e = 0\,1\,0\,0\,1$, $e(X) = X + X^4 = X(1 + X^3) = X^4 * (1 + X^2)$ ist
$b(X) = 1 + X^3$ und $m = 4$ entsprechend $\underline{0\,1\,0\,0\,1}$ wählbar oder
$b(X) = 1 + X^2$ und $m = 3$ entsprechend $\underline{0}\,1\,0\,\underline{0\,1}$.

---

[113]Die nächste zyklische Vertauschung des Generatorpolynoms ergibt $X^3 * (1 + X) \equiv X^3 + X^4 \equiv 1 + X^3 = (1 + X) + X(1 + X) + X^2(1 + X)$; das zugehörige Wort ist im Erzeugnis der Zeilen von G_5.

(c) Fehlererkennbarkeit bei zyklischen Codes:

> Ein zyklischer (n, k)-Code gestattet es, alle zyklischen Fehlerbündel e der
> Länge m mit $1 \leq m \leq n - k$ zu bemerken[114].

Dieser Satz zeigt, dass bei zyklischen Codes die Betrachtung von *zyklischen* Fehlerbündeln sinnvoll ist; da diese evtl. kleinere Länge haben als die übrigen Bündel, kann man gegebenenfalls noch 14.8c anwenden und die Erkennbarkeit des gegebenen Fehlers nachweisen.

A 14.3

a) Zeigen Sie Satz 14.8c ! *Lösungshilfe:* $b(X)$ ist kein Codewort!

b) Diskutieren Sie, inwieweit beim zyklischen $(7, 4)$-Hamming-Code Fehlerbündel der Länge 3 erkannt werden können, obwohl es Codewörter vom Gewicht 3 gibt!

A 14.4

Seien C_i zyklische (n, k_i)-Codes $(i = 1, 2)$ über GF(q) mit Generatorpolynomen $g_1(X)$ bzw. $g_2(X)$. Zeigen Sie:

a) $C_1 + C_2$ (d.h. der kleinste Code in GF$(q)^n$, der C_1 und C_2 enhält) wird durch $t(X) = \mathrm{ggT}\,(g_1(X), g_2(X))$ erzeugt (ggT $=$ größter gemeinsamer Teiler).

b) $C_1 \cap C_2$ ist ein zyklischer Code, der durch $v(X) = \mathrm{kgV}\,(g_1(X), g_2(X))$ erzeugt wird (kgV $=$ kleinstes gemeinsames Vielfaches).

B) Kontrollpolynom und Kontrollmatrix

Zur Beschreibung von Linearcodes allgemein war neben der Basismatrix die Kontrollmatrix von Bedeutung. Ähnlich gibt es für zyklische Codes neben dem Basispolynom noch ein Kontrollpolynom; durch dieses, so werden wir sehen, wird die Prüfung eines Wortes einfacher als in 14.4 behandelt: Statt durch (aufwendige) Division ist sie durch Multiplikation zu erreichen.

Wir beachten, dass es für jedes Codewort $c(X)$ eine Darstellung $c(X) = f(X) \cdot g(X)$ gibt und $g(X)$ Teiler von $X^n - 1$ ist (s. 14.4). Multplizieren wir nun $c(X)$ mit dem zu $g(X)$ "komplementären" Teiler $h(X) := (X^n - 1)/g(X)$, so erhalten wir
$$c(X) * h(X) \equiv c(X) \cdot h(X) \equiv f(X) \cdot g(X) \cdot h(X) \equiv f(X) \cdot (X^n - 1) \equiv 0 \pmod{X^n - 1}.$$
Dies zeigt einen Teil des folgenden Satzes.

14.9   Satz: Kontrollpolynom

(i) *Definition und Existenz*

> Sei $\mathcal{C}$ zyklischer $(n, k)-$Code mit Generatorpolynom $g(X)$. Dann existiert ein
> normiertes Polynom $h(X)$ mit $X^n - 1 = g(X) \cdot h(X)$ und Grad $h(X) =$
> $n - \mathrm{Grad}\, g(X) = k$, nämlich $h(X) = (X^n - 1)/g(X)$ (in $K[X]$).
> $h(X)$ heißt *Kontrollpolynom* von $\mathcal{C}$ (engl.:"check polynomial").

---

[114]falls zuvor keine Fehlerkorrektur vorgenommen wurde.

Beweis:
Die Existenz von $h(X)$ ergibt sich aus $g(X)|(X^n - 1)$ und $\operatorname{Grad} g(X) = n - k$. $\square$

(ii) *Eigenschaft*

> Für das Kontrollpolynom $h(X)$ des zyklischen Codes $\mathcal{C}$ gilt:
>
> $$c(X) \in \mathcal{C} \iff c(X) * h(X) = 0 \text{ für alle } c(X) \in K_n[X] \,.$$

Achtung! $c(X) \cdot h(X)$ kann einen Grad größer als n haben, ist aber im angegebenen Fall Vielfaches von $X^n - 1$.

Beweis von (ii)

"$\Rightarrow$" Diese Richtung wurde vor Formulierung des Satzes gezeigt.

"$\Leftarrow$" Sei $c(X) * h(X) = 0$. Dann existiert ein $q(X) \in K[X]$ mit $c(X) \cdot h(X) = q(X)(X^n - 1) = q(X) \cdot g(X) \cdot h(X)$, also mit $c(X) = q(X) \cdot g(X)$. Wegen $\operatorname{Grad} c(X) \leq n - 1$ folgt $q(X) \cdot g(X) = q(X) * g(X)$ und nach 14.4 damit die Behauptung. $\square$

Wir fragen uns, ob und wie aus dem Kontrollpolynom eines zyklischen Codes eine Kontrollmatrix gewonnen werden kann. Entgegen ersten Vermutungen ist $h(X)$ kein Vektor aus $\mathcal{C}^\perp$. Denn aus der Gleichung $c(X) * h(X) = 0$ folgt <u>nicht</u> $c \perp h$.

14.10 Orthogonalität und Multiplikation von Polynomen

(i) **Definition von $\overleftarrow{p}$:**

> Für $\quad p(X) = \sum\limits_{i=0}^{n-1} p_i X^i \in K_n[X] \quad$ bezeichnen wir mit $\quad \overleftarrow{p(X)} \quad$ das Polynom
>
> $\overleftarrow{p(X)} = \sum\limits_{i=0}^{n-1} p_{n-1-i} X^i \quad$ und mit $\quad \overleftarrow{p} \quad$ das zugehörige Wort $\quad p_{n-1} p_{n-2} \cdots p_1 p_0 .$

Die Koeffizienten von $\overleftarrow{p(X)}$ sind also die von $p(X)$ in umgekehrter Reihenfolge.

(ii)
> Sind $p(X)$ und $q(X)$ Polynome aus $K_n[X]$, so folgen aus $p(X) * q(X) = 0$ die Aussagen $p \perp \overleftarrow{q}$ und $\overleftarrow{p} \perp q$.

Beweis: Seien $p(X) = \sum\limits_{i=0}^{n-1} p_i X^i$ und $q(X) = \sum\limits_{j=0}^{n-1} q_j X^j$. Dann folgt (vgl. 10.15):

$p(X) \cdot q(X) = \sum\limits_{i,j=0}^{n-1} p_i q_j X^{i+j}$. Der höchste auftretende Exponent ist dabei $2(n-1)$.
Nach der Reduktion $\mod (X^n - 1)$ sind daher als Koeffizienten von X^{n-1} nur p_i und q_j mit $i + j = n - 1$ zu berücksichtigen. Vergleich der Koeffizienten von X^{n-1} in $p(X) * q(X) = 0$ liefert daher $\sum\limits_{i+j=n-1} p_i q_j = 0$, also $p \cdot \overleftarrow{q} = 0$. Die zweite Aussage folgt aus Symmetriegründen. $\square$

Nun gilt ja $(c(X) * X^i) * h(X) = 0$ für jedes Codepolynom $c(X)$. Es liegt daher folgender Satz nahe:

14.11   Satz: Kontrollmatrix eines zyklischen Codes

Ist $h(X) = \sum_{j=0}^{k} h_j X^j$ (mit $h_k = 1$) Kontrollpolynom eines zyklischen (n,k)-Codes $C \neq K^n$, so ist die Matrix

$$H = \begin{pmatrix} 0 & & & 1 & h_{k-1} & \cdots & & h_1 & h_0 \\ & \ddots & \ddots & & & & \ddots & & \\ 1 & h_{k-1} & \cdots & & h_1 & h_0 & & & 0 \end{pmatrix} = \begin{pmatrix} \overleftarrow{h(X)} \\ \vdots \\ \overleftarrow{X^{n-1-k}h(X)} \end{pmatrix}$$

eine Kontrollmatrix von C.

Beweis:

Für jedes $c(X) \in C$ gilt $c(X) * X^i \in C$, nach (14.9) damit $0 = (c(X) * X^i) * h(X) = c(X)*(X^i \cdot h(X))$ für $i = 0, 1, \ldots, n-k-1$. Nach 14.10 ii gehören folgende Vektoren zu $C^\perp$: $\overleftarrow{h(X)} = 0 \ldots 0\, 1\, h_{k-1} \ldots h_0, \ldots, \overleftarrow{X^{n-k-1} \cdot h(X)} = 1\, h_{k-1} \ldots h_0\, 0 \ldots 0$. (Multiplikation mit X unter dem Pfeil bedeutet einen Shift nach links). Damit sind die Zeilen von H in $C^\perp$. Sie sind auch linear unabhängig; (die ersten $n-k$ Spalten bilden eine Dreiecksmatrix mit Diagonalwerten 1). Wegen Rang $H = n-k = \dim C^\perp$ ist H Kontrollmatrix von C.$\square$

14.12   Beispiele

(a) *Fortsetzung des Beispiels aus 14.6:*

Der Code $C_4 = (1+X)^2 * K_4[X]$ über $K = \mathrm{GF}(2)$ hat als Kontrollpolynom $h(X) = (X^4 - 1)/(X+1)^2 = (X+1)^4/(X+1)^2 = X^2 + 1$ und damit als Kontrollmatrix

$$H = \begin{pmatrix} \overleftarrow{h(X)} \\ \overleftarrow{Xh(X)} \end{pmatrix} = \begin{pmatrix} 0\ 1\ 0\ 1 \\ 1\ 0\ 1\ 0 \end{pmatrix}.$$

Man sieht z.B. (durch Multplikation der Zeilen), dass $C_4 = C_4^\perp$ gilt: C_4 ist selbstdual. (Beachten Sie auch Aufgabe 14.5, s.u.!)

Der Paritätscode $C_5 = (1 + X) * K_4[X]$ besitzt das Kontrollpolynom $h(X) = (X^4 - 1)/(X+1) = X^3 + X^2 + X + 1$ und die Kontrollmatrix $H = (1\ 1\ 1\ 1)$, der Paritätskontrollgleichung entsprechend.

(b) *Fortsetzung des Beispiels nach 12.1 d:*

Wir betrachten den zyklischen $(7,4)$-Hamming-Code $\mathcal{H}$ mit Kontrollmatrix

$$\begin{pmatrix} 1 & 1 & 1 & 0 & 1 & 0 & 0 \\ 0 & 1 & 1 & 1 & 0 & 1 & 0 \\ 0 & 0 & 1 & 1 & 1 & 0 & 1 \end{pmatrix} = \begin{pmatrix} \overleftarrow{X^2 h(X)} \\ \overleftarrow{Xh(X)} \\ \overleftarrow{h(X)} \end{pmatrix} \text{ für } h(X) = X^4 + X^3 + X^2 + 1.$$

Ist $h(X)$ das Kontrollpolynom von $\mathcal{H}$? (Dies ist nicht von vornherein klar.) Das Kontrollpolynom von $\mathcal{H}$ existiert, da C zyklisch ist; da es einer Linearkombination von Zeilen von H entsprechen und Grad 4 haben muss, ist es tatsächlich gleich dem normierten $h(X)$. [115]

Aus dem Kontrollpolynom $h(X)$ ergibt sich nun das Generatorpolynom $g(X) = (X^7 + 1)/(X^4 + X^3 + X^2 + 1) = 1 + X^2 + X^3$ und als Basismatrix

$$G = \begin{pmatrix} 1 & 0 & 1 & 1 & 0 & 0 & 0 \\ 0 & 1 & 0 & 1 & 1 & 0 & 0 \\ 0 & 0 & 1 & 0 & 1 & 1 & 0 \\ 0 & 0 & 0 & 1 & 0 & 1 & 1 \end{pmatrix} .$$

(c) *Anmerkung:*
Wegen $X^7 + 1 = (1 + X)(1 + X + X^3)(1 + X^2 + X^3)$ kommt für einen binären zyklischen Code der Dimension 4 (also $r = 3$) neben dem in (b) behandelten noch der Code $(1 + X + X^3) * K_7[X]$ in Frage, der von diesem verschieden, aber zu ihm äquivalent ist (Beweis ?).

Die Beschreibung 14.11 der Kontrollmatrix lässt vermuten, dass das Kontrollpolynom $h(x)$ eines zyklischen Codes eng mit dem Generatorpolynom $g_\perp$ von $\mathcal{C}^\perp$ zusammenhängt. Da in H jedoch nicht $h(X)$, sondern $\overleftarrow{h}(X)$ (in Rückwärtsschreibweise) steht, ist $g_\perp$ im Allgemeinen von h verschieden. Aber wir sahen $\overleftarrow{X^i \cdot h(X)} \in \mathcal{C}^\perp$ für $i = 0, \ldots, n - 1 - k$. Dass $\mathcal{C}^\perp$ abgeschlossen bzgl. Multiplikation mit X ist und damit zyklisch, folgt schon aus 14.11. Aus Dimensionsgründen (s. 14.4 i und 14.7) ist daher $\overleftarrow{X^{n-1-k}h(X)}$ (bis auf einen Normierungsfaktor) Generatorpolynom von $\mathcal{C}^\perp$.

14.13   Satz: Generatorpolynom des dualen Codes

> Ist $\mathcal{C}$ zyklischer (n, k)-Code mit Kontrollpolynom $h(X) = (X^n - 1)/g(X)$, so ist $\mathcal{C}^\perp$ ebenfalls zyklisch und hat als Basispolynom
>
> $$g_\perp(X) = a \cdot \overleftarrow{X^{n-1-k} \cdot h(X)} = a \cdot X^k \cdot h(X^{-1}) \text{ mit } a = h_o^{-1}.$$

Man beachte $\overleftarrow{X^{n-1-k} \cdot h(X)} = \overleftarrow{X^{n-1-k}h_0} + \ldots + X^{n-1} = 1 + h_{k-1}X + \ldots + h_0X^k$

$$= X^k(\tfrac{1}{X^k} + h_{k-1}\tfrac{X}{X^k} + \ldots + h_0) = X^k h(X^{-1})$$

für $K \neq \mathrm{GF}(2)$ ist h_0 nicht notwendig 1; da $h(X)$ Teiler von $X^n - 1$ ist, muss $h_0 \neq 0$ sein.

A 14.5
Untersuchen Sie den Code, der zum $(7, 4)$−Hamming-Code $\mathcal{H}$ mit Generatorpolynom $g(X) = 1 + X^2 + X^3$ dual ist. Zeigen Sie $\mathcal{H}^\perp \subseteq \mathcal{H}$ und $d_{\min}(\mathcal{H}^\perp) = 4$.

A 14.6
Zeigen Sie: Ist $\mathcal{C}$ zyklischer Code und gilt $g(X) = h(X)$, so ist $\mathcal{C}$ selbstdual.

---

[115]Wüssten wir nicht, dass $\mathcal{H}$ zyklisch ist, müssten wir noch prüfen, ob $\overleftarrow{X^3 h(X)}$ Linearkombination der Zeilen von H oder ob $h(X)$ Teiler von $X^7 - 1$ ist.

A 14.7

Sei $\mathcal{C}$ ein zyklischer Code über dem Körper K mit Generatorpolynom $g(X)$ und Kontroll-polynom $h(X)$; mögen ferner Polynome $a(X)$ und $b(X)$ mit $a(X)g(X) + b(X)h(X) = 1$ existieren![116] Zeigen Sie, dass dann für $j(X) := a(X)g(X)$ gilt:

(a) $j(X) * c(X) = c(X)$ für alle $c \in \mathcal{C}$. (b) $j(X) * j(X) = j(X)$ (c) $\mathcal{C} = j(X) * K_n[X]$
   (Wegen (b) und (c) heißt $j(X)$ **idempotenter Erzeuger**.)
(d) Für den Hamming-Code $\mathcal{H}$ (s. 14.12 b) ist $j(X) = X^3 + X^5 + X^6$.

C) Codieren mit zyklischen Codes

14.14   Codierung und Schieberegister

(i) Nicht-systematisches Codieren und Prüfen

Sei $g(X) \in K[X]$ normierter Teiler von $X^n - 1$ vom Grad r. Für $k = n - r$ ist dann $\mathcal{C} = K_n[X] * g(X)$ ein zyklischer (n, k)-Code (s. 14.4 und 14.7). Sei nun $a = a_0 \ldots a_{k-1}$ eine zu codierende Nachricht (mit k Informationssymbolen). Wie-der identifiziert man a mit $a(X) = \sum\limits_{i=0}^{k-1} a_i X^i$. Zur Codierung bildet man $c(X) = a(X) \cdot g(X) = a(X) * g(X)$ und zur Prüfung eines empfangenen Wortes $v(X)$ das "Syndrom-Polynom" $v(X) * h(X)$ (mit $h(X) = (X^n - 1)/g(X)$).

A 14.8 Zeigen Sie zu 14.14(i) folgende Aussagen:

   (a) Die Codier-Abbildung $\varphi : K_k[X] \longrightarrow K_n[X]$ mit $a(X) \longmapsto a(X) \cdot g(X)$ ist
       linear, injektiv und erfüllt Bild $\varphi = \mathcal{C}$.

   (b) Das Polynom $v(X) * h(X)$ ist gleich $e(X) * h(X)$ für den Fehlervektor e.

(ii) Schieberegister-Schaltung

Bei obiger Codierung ist eine Multiplikation mit einem Polynom auszuführen, an-ders als bei der Syndrom-Berechnung hier ohne Reduktion   mod $(X^n - 1)$. Eine Schaltung für das Produkt $a(X) \cdot g(X)$ über GF(q) mit $a(X) = \sum\limits_{j=0}^{k-1} a_j X^j$ und festem $g(X) = \sum\limits_{i=0}^{r} g_i X^i$ zeigt Bild 14.2 (vgl. Beth et al. [1979] p. 108).

Die Eingabe und die Inhalte der Speicherzellen werden simultan im Takt in Pfeilrich-tung zur nächsten Speicherzelle bzw. zur Ausgabe weitergeschoben und dabei "ohne Zeitverlust" (innerhalb der Takt-Zeit) den angegebenen Operationen unterworfen. Die Speicherzellen müssen hier am Anfang sämtlich auf Null stehen. Die Koeffizi-enten von $a(X)$ werden dann, mit a_{k-1} beginnend, in umgekehrter Reihenfolge im Takt eingelesen; schließlich werden noch r Nullen eingegeben.

---

[116]Wir werden später sehen, dass im Falle $K = $ GF(p^m) und $p \nmid n$ stets ggT$(g(X), h(X)) = 1$ gilt, sodass dann (mit Hilfe des Euklidischen Algorithmus) Polynome $a(X)$ und $b(X)$ mit den verlangten Eigenschaften bestimmt werden können.

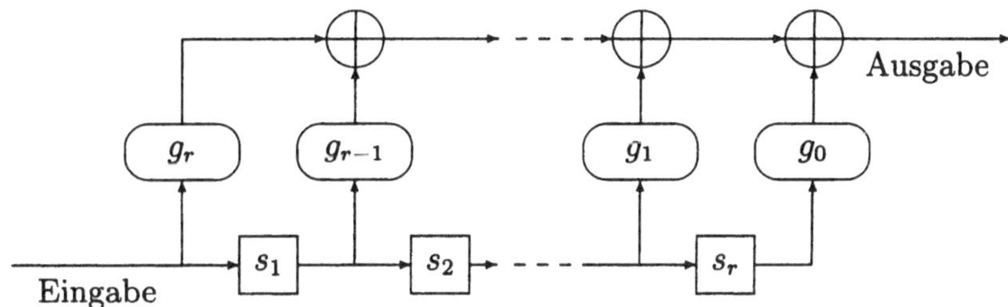

Bild 14.2 Schieberegister für die Multiplikation mit einem Polynom (Legende s.u.)

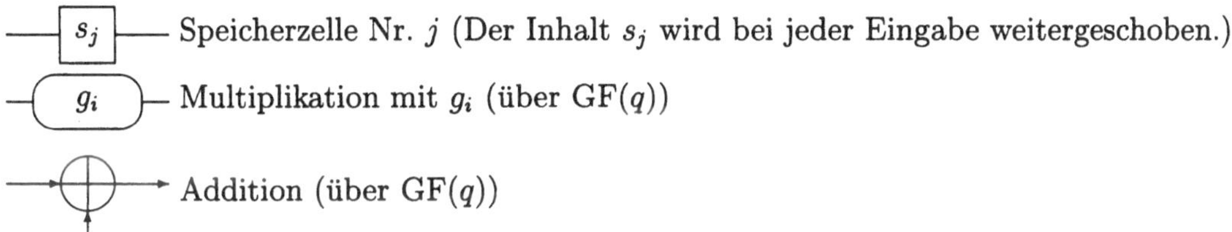

Die **Ausgabe** bei einem Takt mit Eingabe e ist dabei Allgemein

$$e \cdot g_r + \sum_{i=1}^{r} s_i g_{r-i} \; ;$$

bei obigem Vorgehen erhält man so die in Bild 14.3 angeführten Ausgaben.

A 14.9

Entwerfen Sie ein Schieberegister (mit Rückkopplung) für die Multiplikation eines Polynoms $v(X)$ mit X in $(K_n[X], *)$!

(iii) **Systematische Codierung** (vgl. Beth et al. l.c.).

Das in (i) beschriebene Verfahren liefert keine systematische Codierung; d.h. im Allgemeinen ist das codierte Wort im Codewort nicht als Abschnitt wiederzufinden. Eine solche systematische Codierung erreicht man z.B. folgendermaßen: Statt der zu codierenden Nachricht $a = a_0 \ldots a_{k-1}$ betrachten wir (wie in (ii)) $f = 0 \ldots 0\, a_0 \ldots a_{k-1} = X^r \cdot a(X)$. Wir überlegen uns: Division durch $g(X)$ mit Rest ergibt die Existenz von Polynomen $q(X), s(X) \in K_n[X]$ mit $f(X) = g(X) \cdot q(X) + s(X)$ und Grad $s(X) < r$; es folgt Grad $q(X) =$ Grad $f(X) -$ Grad $g(X) < n - r$. Nun ist $c(X) := f(X) - s(X) = g(X) \cdot q(X) = g(X) * q(X) \in \mathcal{C}$ ein Codepolynom. Wegen Grad $s(X) < r$ stimmen die k höchsten Koeffizienten von $c(X)$ mit denen von $f(X) = X^r a(X)$, also den Informationssymbolen $a_0 \ldots a_{k-1}$, überein; es liegt eine systematische Codierung vor.

Eine Schaltung für die Berechnung des Codeworts $c(X)$ findet man z.B. in Beth et al. [1979] p. 109; beachten Sie aber auch die folgende Aufgabe! Für weitere Codier- und Decodierschaltungen siehe man z.B. Kameda & Weihrauch [1973], Blahut [1983] oder Dankmeier [1994].

1. Takt:

$a_{k-1}g_r$ (dies ist der Koeffizient von $X^{k+r-1} = X^{n-1}$)

Register- (d.h. Speicherzellen-) Inhalt nun

a_{k-1}	0	0	$\ldots$	0

2. Takt:

$a_{k-2}g_r + a_{k-1}g_{r-1}$ (dies ist der Koeffizient von X^{n-2})

Registerinhalt nun

a_{k-2}	a_{k-1}	0	$\ldots$	0

$\vdots$

k-ter Takt:

$a_0g_r + a_1g_{r-1} + \ldots + a_rg_0$ (Koeffizient von X^r)

(Ist $r > k$, so definieren wir $a_k = a_{k+1} = \ldots = a_r = 0$)

Registerinhalt

a_0	a_1	$\ldots$	a_{r-2}	a_{r-1}

$(k + 1)$-ter Takt:

$a_0g_{r-1} + \ldots + a_{r-1}g_0$ (Koeffizient von X^{r-1})

Registerinhalt

0	a_0	$\ldots$	a_{r-3}	a_{r-2}

$\vdots$

n-ter Takt:

a_0g_0 (Koeffizient von X^0)

Registerinhalt

0	0	$\ldots$	0	0

Bild 14.3: Ausgaben des Schieberegisters von Bild 14.2
            bei Eingabe von $a_{k-1}, a_{k-2}, \ldots, a_0$.

A 14.10

(a) Seien $s(X) = \sum\limits_{i=0}^{r-1} s_i X^i$ der Inhalt des Speichers im Schieberegister von Bild 14.4 und

$$g(X) = \sum\limits_{i=0}^{r} g_i X^i \text{ mit } g_r = 1.$$

Zeigen Sie, dass nach einem Schiebeimpuls mit Eingabe e der Inhalt des Registers
$\widetilde{s}(X) \equiv X \cdot s(X) + eX^r (\mathrm{mod}\ g(X))$ mit Grad $\widetilde{s}(X) \leq r - 1$ ist.

(b) Lässt sich mit dem Schieberegister aus Teil (a) das Polynom
$$s(X) \equiv X^r \cdot a(X)(\ \mathrm{mod}\ g(X)) \text{ erzeugen?}$$

Literaturhinweise:
Betten et al. [1998], Heise & Quattrocchi [1995], Jungnickel [1995], Kameda & Weihrauch [1973], Van Lint [1982], Mac Williams & Sloane [1977], Blake & Mullin [1976], Beth et al. [1979], Blahut [1983], Dankmeier [1994], Duske & Jürgensen [1977] II.5, Furrer [1981], Heuser & Wolf [1986] §6, Ihringer [2002] Kap.IV.4, Massey [1985], Pless [1982], Willems [1999], Zobel [1987] §11.

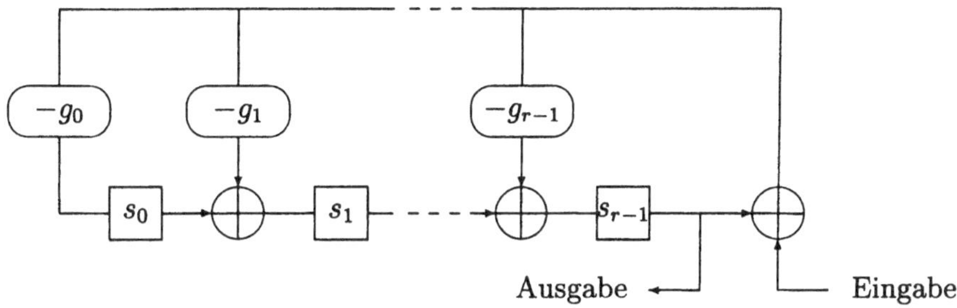

Bild 14.4: Schieberegister zu A 14.10

Zusammenfassung:

Sei C zyklischer (n,k)-Code über K. Dann gilt:

- C ist linearer (n,k)–Code über K, und aus $\quad c(X) = c_0 \ldots c_{n-1} \in C \quad$ folgt
$$X * c(X) = c_{n-1}c_0 \ldots c_{n-2} \in C\ .$$

- Es existieren normierte Polynome $g(X), h(X) \in K[X]$ vom Grad r bzw. $k = n-r$, derart, dass $X^n - 1 = g(X) \cdot h(X)$ gilt und

$$C = g(X) * K_n[X] = g(X) \cdot K_{n-r}[X] = \{c(X) \in K_n[X] \mid c(X) * h(X) = 0\}.$$

  g heißt **Generator** - und h **Kontrollpolynom** von C. Umgekehrt sind so zyklische Codes konstruierbar. (S. 14.5!)

- $G = (X^i g(X))_{i=0,\ldots,n-1-r}$ ist Generatormatrix von C,

$$H = (\overleftarrow{X^i h(X)})_{i=0,\ldots,n-1-k} \text{ ist Kontrollmatrix von } C\ .$$

15 $^\triangle$ Körpererweiterungen und zyklische Codes

A) Codes und erzeugende Elemente eines Körpers

Wir hatten in §12 binäre Hamming-Codes $\mathcal{H}_r$ definiert; schon im Fall $r = 3$ hing es dabei von der Anordnung der Spalten der Kontrollmatrix ab, ob der Code zyklisch war oder nicht. Wir werden im vorliegenden Paragraphen unter anderem für jedes r einen Hamming-Code konstruieren, der zyklisch ist.

In den Spalten der Kontrollmatrix eines $(7, 4)$-Hamming-Codes stehen, abgesehen von $\mathbf{0}$, alle Elemente aus $\mathrm{GF}(2)^3$. Der Vektorraum dieser Tripel ist isomorph zu dem Vektorraum $F = \mathrm{GF}(2^3)$ über $K = \mathrm{GF}(2)$. Allgemein ist ja eine Körpererweiterung $F : K$ ein Vektorraum über K (dessen Dimension als Grad der Erweiterung $[F : K]$ bezeichnet wird; vgl. 13.4). Im Hinblick auf diese Tatsache betrachten wir erneut endliche Körper und ihre Erzeugung.

Ohne Beweis übernehmen wir aus der Algebra (s.z.B. Lidl & Niederreiter [1997], Meyberg [1975], [1976], Reiffen et al. [1969], Lüneburg [1973]):

15.1   Multiplikative Struktur endlicher Körper

Im Folgenden sei q stets Potenz einer Primzahl p. Dann gilt:

(a) *Die multiplikative Gruppe* $L^* := (L \backslash \{0\}, \cdot)$ *von* $L = \mathrm{GF}(q)$ *ist zyklisch*, d.h. es existiert ein Element α von L^*, das L^* erzeugt: $L^* = \{1, \alpha, \alpha^2, \ldots, \alpha^{q-2}\}$. Im Allgemeinen ist α nicht eindeutig bestimmt. Jedes solche Element α heißt **(multiplikativ) erzeugendes Element** (primitives Element) [117] von L.

(b) **Satz von Fermat:**[118]

$$\boxed{\text{Für alle } \beta \in \mathrm{GF}(q) \text{ gilt } \beta^q = \beta.}$$

Wir betrachten nun Körper $F = \mathrm{GF}(q^s)$; dabei setzen wir stets $\mathrm{GF}(q) \subseteq \mathrm{GF}(q^s)$ voraus.[119] Anwendung von 15.1(b) auf F zeigt, dass jedes Element $\beta \in F$ Nullstelle von Polynomen mit Koeffizienten aus $K = \mathrm{GF}(q)$ ist ($-$ z. Bsp. von $X^{q^s} - X$ und, für $\beta \neq 0$, von $X^{q^s-1} - 1$). Für ein gegebenes β wählen wir unter diesen Polynomen eines von minimalem Grad:

15.2   Minimalpolynom

(a) **Definition:**
Das Polynom $m(X)$ heißt *Minimalpolynom* von $\beta \in \mathrm{GF}(q^s)$ über $\mathrm{GF}(q)$, wenn gilt:

---

[117]Achtung ! Es besteht Verwechslungsgefahr mit dem Begriff "primitives Element einer Körpererweiterung (s.u.). Jede multiplikative Erzeugende von L^* ist aber auch primitives Element der Erweiterung $L : K$.

[118]Für jedes Element β einer endlichen Gruppe G gilt $\beta^{|G|} = 1$ (Satz von Lagrange; siehe Anhang B 1), hier also $\beta^{q-1} = 1$ für $\beta \neq 0$. Die Aussage (b) schließt $\beta = 0$ mit ein.

[119]Beachten Sie die Fußnote zu 13.4b !

(i) $m(\beta) = 0$ (d.h. β ist Nullstelle von $m(X)$ in GF(q^s)),

(ii) $m(X)$ hat nur Koeffizienten aus GF(q),

(iii) $m(X)$ ist normiert (d.h. höchster Koeffizient ist 1),[120]

(iv) $m(X)$ ist Polynom minimalen Grades der Eigenschaften (i) bis (iii).

(b) **Eigenschaften des Minimalpolynoms:**
(vgl. Lidl & Niederreiter [1997] p.96, Meyberg [1976] Teil II, p.17ff oder Körner [1990] p.150ff !)

Zu jedem $\beta \in$ GF(q^s) *existiert* ein Minimalpolynom $m(X)$ über GF(q). Für dieses gilt:

(i) $m(X)$ ist *irreduzibel* über GF(q) , zerfällt also nicht in ein Produkt von nicht-konstanten Polynomen mit Koeffizienten aus GF(q).

(ii) Ist $f(X)$ Polynom mit Koeffizienten in GF(q) und gilt $f(\beta) = 0$, so folgt: $m(X)$ teilt $f(X)$ (in GF(q)[X]).

(iii) $m(X)$ teilt $X^{q^s} - X$ (in GF(q)[X]).

(iv) Grad $m(X) \leq s$. Gleichheit gilt genau dann, wenn β zusammen mit GF(q) den ganzen Körper GF(q^s) (im körpertheoretischen Sinn) erzeugt.[121] β heißt dann primitives Element der Körpererweiterung GF(q^s) : GF(q). Insbesondere folgt:

(c) Das Minimalpolynom über GF(q) eines erzeugenden Elementes von GF(q^s) hat den Grad s.

(d) Erzeugt β zusammen mit GF(q) den Körper $F =$ GF(q^s) so gilt:
$$F = \{Q(\beta) \,|\, Q(X) \text{ Polynom über GF}(q) \text{ mit Grad } Q(X) \leq s - 1\}.$$
Die Multiplikation kann mod $m(\beta)$ erfolgen, wobei $m(X)$ das Minimalpolynom von β über GF(q) ist.

(e) Wir erwähnen schon hier: Ist α erzeugendes Element von GF(q^s)* und bezeichnet $m^{(t)}(X)$ das Minimalpolynom von α^t über GF(q), so gilt
$$m^{(t)}(X) = \prod_{j \in Z_t} (X - \alpha^j) \text{ (über GF}(q^s)) \; ;$$

hierbei ist $Z_t := \{t, q \cdot t, q^2 t, \ldots, q^{m-1} t\}$ und m die kleinste positive Zahl mit $q^m t \equiv t \pmod{q^s - 1}$. Z_t heißt **zyklotomische (Neben)-Klasse** mod ($q^s - 1$).

(Einen Beweis von (e) und ein Beispiel findet man unter 15.8 e.)

---

[120]insbesondere gilt $m(X) \neq \mathbf{0}$;

[121]Zu unterscheiden ist zwischen der (multiplikativen) Erzeugung des Körpers $F =$ GF(q^s) mittels eines Elements α, also $F^* = \{\alpha^i \,|\, i = 0, 1, \ldots, q^s - 2\}$, und der (körpertheoretischen) Erzeugung von F aus einem Teilkörper $K \subseteq L$ und einen Element $\beta \in L$, nämlich $F = K(\beta)$ mit $K(\beta) := \cap\{M \,|\, M$ Teilkörper von L mit $\beta \in M$ und $K \subseteq M\}$. Vergleiche auch Teil (d) !

15.3   Erinnerung: Konstruktion von endlichen Körpern

(a) Schon in 13.4 hatten wir zitiert, dass für jede Primzahlpotenz q und jede natürliche Zahl s ein irreduzibles Polynom $m(X)$ vom Grad s über $K = GF(q)$ existiert und $K[X]/\, m(X) \cdot K[X]$ ein Körper F mit q^s Elementen ist. Achtung ! Eine Nullstelle von $m(X)$ ist nicht notwendig multiplikativ erzeugendes Element von F. (S. 13.4e!)

(b) $GF(q^s)$ kann auch ohne Suche nach einem irreduziblen Polynom vom "richtigen" Grad s durch sukzessive Konstruktion von Zwischenkörpern mittels irreduzibler Polynome konstruiert werden.

15.4   Beispiel: Anwendung von $GF(2^3) : GF(2)$

Seien $K = GF(2)$ und $s = 3$; wie schon in 13.4d gesehen, existiert ein Körper $F = GF(2^3)$ mit einem F^* erzeugenden Element α, das $m(X) = X^3 + X + 1$ als Minimalpolynom über K hat. F hat die Elemente 0, $1 = \alpha^7$, α, α^2, $\alpha^3 = \alpha + 1$ (wegen $m(\alpha) = 0$), $\alpha^4 = \alpha^2 + \alpha$, $\alpha^5 = \alpha^2 + \alpha + 1$, $\alpha^6 = \alpha^2 + 1$; bzgl. der Basis $(1, \alpha, \alpha^2)$ haben sie die Koordinatenvektoren $0\,0\,0$, $1\,0\,0$, $0\,1\,0$, $0\,0\,1$, $1\,1\,0$, $0\,1\,1$, $1\,1\,1$, $1\,0\,1$; (vgl. Tabelle 13.4!). Identifizieren wir nun die Elemente von F mit den (als Spalten geschrieben) Koordinaten-Tripeln von Elementen aus $GF(2)$ bezüglich der Basis $(1, \alpha, \alpha^2)$, so folgt

$$H = (1\ \alpha\ \alpha^2 \ldots \alpha^6) = \begin{pmatrix} 1 & 0 & 0 & 1 & 0 & 1 & 1 \\ 0 & 1 & 0 & 1 & 1 & 1 & 0 \\ 0 & 0 & 1 & 0 & 1 & 1 & 1 \end{pmatrix}.$$

Dies ist (wie erwartet) eine Kontrollmatrix eines $(7, 4)$-Hamming-Codes. Allgemein gilt:

15.5   Satz: Hamming-Codes,   definiert durch ein erzeugendes Element

(a)
> Sei α ein erzeugendes Element von $GF(2^r)^*$. Dann ist $H = (1\ \alpha\ \alpha^2\ \alpha^3 \ldots \alpha^{2^r-2})$ Kontrollmatrix eines binären zyklischen $(2^r - 1,\ 2^r - 1 - r)$–Hamming-Codes $\mathcal{H}_r$; (hierbei werden in H die α^i identifiziert mit den (Spalten-) Koordinaten-Vektoren von α^i als Vektoren über $GF(2)$ bzgl. einer Basis von $GF(2^r)$).

Beweis: Da α erzeugendes Element von $GF(2^r)$ ist, folgt $\{\alpha^i | i = 0, \ldots, 2^r - 2\} = GF(2^r)^*$; die α^i mit $i = 0, \ldots, 2^r - 2$ entsprechen daher genau allen Vektoren ungleich $\mathbf{0}$ von $[GF(2)]^r$. Damit ist H Matrix eines Hamming-Codes der angegebenen Parameter. Dass $\mathcal{H}_r$ zyklisch ist, ergibt sich aus Teil (b):

(b)
> $\mathcal{H}_r$ hat als Generatorpolynom gerade das Minimalpolynom $m(X)$ von α. Für $c \in GF(2)^n$ mit $n = 2^r - 1$ gilt $c \in \mathcal{H}_r$ genau dann, wenn $c(\alpha) = 0$ ist.

Beweis:
Vorbemerkung: Ist $H = (s_0 \ldots s_{n-1})$ Matrix mit Spaltenvektoren s_i, so ergibt sich aus der Definition der Matrizenmultiplikation (s. Anhang C):

$$H \cdot \begin{pmatrix} a_0 \\ \vdots \\ a_{n-1} \end{pmatrix} = s_0 a_0 + \ldots s_{n-1} a_{n-1} = \sum_{i=0}^{n-1} s_i a_i.$$

Nun kommen wir zum *Beweis* von (b). Definitionsgemäß ist $c = c_0 \ldots c_{n-1}$ aus $\mathcal{H}_r$ genau dann wenn $Hc^T = 0$ gilt. Diese Bedingung ist im vorliegenden Fall äquivalent mit $0 = Hc^T = \sum_{i=0}^{2^r-2} \alpha^i c_i$ (als Vektor über GF(2), unabhängig von der Wahl der Basis von GF(2^r)). Damit ist $c \in \mathcal{H}_r$ genau dann, wenn $c(\alpha) = 0$ gilt, also α Nullstelle von $c(X)$ ist. Nach 15.2b ist dies gleichbedeutend damit, dass $m(X)$ Teiler von $c(X)$ in GF(2)$[X]$ ist. Aus 14.4 folgt nun (b). $\qquad\square$

(c) $\boxed{\text{Ist } m(X) \text{ Minimalpolynom eines erzeugenden Elementes von GF}(2^r)^*, \text{ so ist } h(X) = (X^{2^r-1} - 1)/m(X) \text{ Kontrollpolynom eines zyklischen } (2^r - 1, 2^r - 1 - r)\text{--Hamming-Codes.}}$

Zum Beweis: Satz 14.9 und (b). $\qquad\square$

Mit Hilfe der letzten Aussage lässt sich eine Kontrollmatrix angeben, ohne α^i für alle i berechnen zu müssen.

15.6 Beispiel: $r = 3$, $n = 7$ (Fortsetzung von 15.4)

Der mit $m(X) = 1 + X + X^3$ als (Minimal– und somit) Generatorpolynom gegebene $(7, 4)$-Hamming-Code hat Generatormatrix

$$
G = \begin{pmatrix} m(X) \\ X \cdot m(X) \\ X^2 \cdot m(X) \\ X^3 \cdot m(X) \end{pmatrix} = \begin{pmatrix} 1 & 1 & 0 & 1 & 0 & 0 & 0 \\ 0 & 1 & 1 & 0 & 1 & 0 & 0 \\ 0 & 0 & 1 & 1 & 0 & 1 & 0 \\ 0 & 0 & 0 & 1 & 1 & 0 & 1 \end{pmatrix},
$$

Kontrollpolynom $h(X) = (X^7 - 1) : (X^3 + X + 1) = X^4 + X^2 + X + 1$ und Kontrollmatrix

$$
H' = \begin{pmatrix} \overleftarrow{h(X)} \\ \overleftarrow{X \cdot h(X)} \\ \overleftarrow{X^2 \cdot h(X)} \end{pmatrix} = \begin{pmatrix} 0 & 0 & 1 & 0 & 1 & 1 & 1 \\ 0 & 1 & 0 & 1 & 1 & 1 & 0 \\ 1 & 0 & 1 & 1 & 1 & 0 & 0 \end{pmatrix}.
$$

Diese Matrix unterscheidet sich von der Matrix H, die wir in (15.4) angegeben haben; die 3. Zeile von H' ergibt sich aber als Summe der ersten und dritten Zeile von H.

15.7 Anmerkung: Decodierung zyklischer Hamming-Codes

(a) **Syndrom-Bestimmung**

Bei der Fehlerkorrektur beliebiger Linearcodes ist das Syndrom von großer Bedeutung. Betrachten wir es auch hier! Sei also α erzeugendes Element von $F = $ GF(2^r)* und H die in 15.5(a) definierte Kontrollmatrix (mit $n = 2^r - 1$ Spalten und Einträgen aus $K = $ GF(2)) des Hamming-Codes $\mathcal{H}_r$!

Zu einem empfangenen Wort $v(X) \in K_n[X]$ ergibt sich als **Syndrom**:

$$
\boxed{S_H(v) = Hv^T = v(\alpha) \quad \text{(als Vektor über GF(2)).}}
$$

Beweisskizze:
Die erste Gleichheit gilt hier definitionsgemäß (s. 11.5 b), die zweite ergibt sich wie im Beweis 15.5 (b) aus der Definition der Multiplikation mit einer Matrix.   □

Ein Fehlervektor vom Gewicht 1 hat die Form $e(X) = X^j$ mit $j \in \{0, \ldots, n-1\}$. Wegen der Linearität von S_H egibt sich dann

$$S_H(v) = He^T = e(\alpha) = \alpha^j.$$

Da α Erzeugende von F^* ist, sind $\alpha^0, \alpha, \ldots \alpha^{n-1}$ alle verschieden. Das Syndrom gibt, wie bei einem 1-fehlerkorrigierenden Code nicht anders zu erwarten, die Fehlerstelle an (– mit α^j wird in diesem Zusammenhang die *Fehlerstellen-Nummer*, engl.: "error location number", bezeichnet). Entscheidend neu ist hier aber, dass man sie *durch Einsetzen von α in das empfangene Wort $v(X)$ erhält, also als $v(\alpha)$.

(b) **Beispiel** (Fortsetzung von 15.4 und 15.6): Der $(7,4)$-Hamming-Code mit $m(X) = X^3 + X + 1$ enthält das Codewort $c(X) = X \cdot (1 + X + X^3) = 0\,1\,1\,0\,1\,0\,0$. Das fehlerhafte Wort $0\,1\,\underline{0}\,0\,1\,0\,0 = X + X^4 = v(X)$ führt wegen $\alpha^4 = \alpha^2 + \alpha$ zum Syndrom $v(\alpha) = \alpha + \alpha^4 = \alpha^2$. Der Fehler ist somit an Stelle Nr. 2 (von 0 an nummeriert, also in der 3. Komponente) zu vermuten.

Allgemeine (technische) Decodierungsverfahren für zyklische Codes findet man u.a. in Kameda & Weihrauch [1973] p.153ff und in Blahut [1983] §5.

Im Zusammenhang mit der Eigenschaft der Codewörter von $\mathcal{H}_r$, das erzeugende Element α als Nullstelle zu haben, ist die Aussage der folgenden Aufgabe von Bedeutung:

A 15.1
Sei $\mathcal{C}$ ein zyklischer Code über $\mathrm{GF}(q)$ der Blocklänge $n = q^s - 1$ (sogenannter *primitiver zyklischer Code*) mit Generatorpolynom $g(X)$, und seien $\beta_1, \ldots, \beta_r$ die Nullstellen von $g(X)$ in $\mathrm{GF}(q^s)$. Zeigen Sie für $c(X) \in \mathrm{GF}(q)_n[X]$:

> Genau dann ist $c(X) \in \mathcal{C}$, wenn gilt $c(\beta_1) = c(\beta_2) = \ldots = c(\beta_r) = 0$.

Lösungshinweis: Zum Beweis der Rückrichtung betrachte man das Polynom $X^n - 1$ im Oberkörper $\mathrm{GF}(q^s)$ von $\mathrm{GF}(q)$. Wegen $n = q^s - 1$ besitzt dieses genau die Elemente von $\mathrm{GF}(q^s) - \{0\}$ als *einfache* Nullstellen. Als Teiler von $X^n - 1$ zerfällt auch $g(X)$ über $\mathrm{GF}(q^s)$ in paarweise verschiedene Linearfaktoren, und es gilt $g(X) = \prod_{i=1}^{r} (X - \beta_i)$. Dividiert man nun c durch g, so erweist sich der Rest als Null.

Anmerkung : Eine zu A 15.1 analoge Aussage gilt auch, falls n nur Teiler von $q^s - 1$ ist; (vgl. 15.10 f !).

Erzeugende Elemente dienen auch sonst zur Konstruktion wichtiger Codes. Um auf allgemeinere Definitionen vorzubereiten, behandeln wir den folgenden Fall:

15.8 Beispiele primitiver BCH-Codes

(vgl. MacWilliams & Sloane [1977] p.80ff)

(a) *Definition und Satz:*

> Sei α erzeugendes Element von GF(2^s)* für $s \geq 3$; sei ferner $m(X)$ das Minimal-
> polynom von α (über GF(2)) und $m^{(3)}(X)$ das Minimalpolynom von α^3. Dann ist
> der durch die Kontrollmatrix[122]
>
> $$H = \begin{pmatrix} 1 & \alpha & \alpha^2 & \alpha^3 & \cdots & \alpha^{2^s-2} \\ 1 & \alpha^3 & \alpha^6 & \alpha^9 & \cdots & (\alpha^3)^{2^s-2} \end{pmatrix}$$
>
> definierte Code $\mathcal{C}$ ein zyklischer binärer $(2^s - 1, 2^s - 1 - 2s)$-Code mit Generator-
> polynom $g(X) = m(X) \cdot m^{(3)}(X)$ und $d_{\min}(\mathcal{C}) \geq 5$.

Beweisskizze s.u. (A 15.2 und (f)). Beispiel siehe (d)!

(b) *Bezeichnungen:* Die in (a) konstruierten Codes heißen **primitive binäre 2-feh-
lerkorrigierende BCH–Codes**. Sie gehören zu einer allgemeineren Klasse von
Codes, die nach <u>B</u>OSE, RAY-<u>C</u>HAUDHURI und <u>H</u>OCQUENGHEM benannt sind.
"Primitiv" bedeutet in diesem Zusammenhang, dass die Wortlänge $2^s - 1$ ist (und
daher primitive Elemente zur Konstruktion verwendet werden). Blocklängen von
BCH-Codes allgemein sind Teiler solcher Zahlen, s. 15.12.

(c) *Anmerkung:* Man beachte, dass die ersten s Zeilen von H mit der Kontrollmatrix
eines Hammings-Codes übereinstimmen. Dieser Hamming-Code enthält daher den
eben definierten Code $\mathcal{C}$ als Teilmenge.

(d) **Beispiel:** Sei $s = 3$; wir wählen dasjenige erzeugende Element $\alpha \in$ GF(8), das
Minimalpolynom $m(X) = X^3 + X + 1$ hat (vgl. 15.4). Es ist dann (mit $\alpha^7 = 1$):

$$H = \begin{pmatrix} 1 & \alpha & \alpha^2 & \alpha^3 & \alpha^4 & \alpha^5 & \alpha^6 \\ 1 & \alpha^3 & \alpha^6 & \alpha^2 & \alpha^5 & \alpha & \alpha^4 \end{pmatrix} = \left(\begin{array}{ccccccc} 1 & 0 & 0 & 1 & 0 & 1 & 1 \\ 0 & 1 & 0 & 1 & 1 & 1 & 0 \\ 0 & 0 & 1 & 0 & 1 & 1 & 1 \\ \hline 1 & 1 & 1 & 0 & 1 & 0 & 0 \\ 0 & 1 & 0 & 0 & 1 & 1 & 1 \\ 0 & 0 & 1 & 1 & 1 & 0 & 1 \end{array} \right)$$

Kontrollmatrix eines $(7, 1)$-Codes; (– man beachte $d_{\min} \geq 5$ bei Länge $n = 7$!).

Wir behaupten, dass $m^{(3)}(X) = X^3 + X^2 + 1$ das Minimalpolynom von α^3 ist
(– wir werden weiter unter sehen, wie man dieses Polynom gewinnt). Jedenfalls ist

$$m^{(3)}(\alpha^3) = \alpha^9 + \alpha^6 + 1 = \alpha^6 + \alpha^2 + 1 = (\alpha^3 + \alpha + 1)^2 = 0$$

---

[122]*Anmerkung zur Schreibweise:* Mit $\begin{smallmatrix} \alpha \\ \beta \\ \gamma \\ \vdots \end{smallmatrix}$ als Spalte einer Matrix (für Elemente $\alpha, \beta, \gamma, \ldots \in$ GF(2^s))
meinen wir den Spaltenvektor, den man erhält, indem man erst die s Koordinaten von α (bzgl. einer
Basis von GF(2)), dann die s Koordinaten von β (bzgl. der gleichen Basis) etc. untereinander schreibt.

und das Polynom irreduzibel über GF(2). Also gilt die Behauptung. Nach (a) folgt nun

$$g(X) = m(X) \cdot m^{(3)}(X) = 1 + X + X^2 + X^3 + X^4 + X^5 + X^6$$

und $G = (1\ 1\ 1\ 1\ 1\ 1\ 1)$. Es handelt sich also um den Wiederholungscode der Länge 7.

Ein nicht-triviales Beispiel erhält man für $s = 4$, s. MacWilliams & Sloane [1977], p. 86f. (In diesem Fall ist die von α^3 erzeugte Gruppe echte Untergruppe von $F^* = $ GF(16)*. Trotzdem ist das Minimalpolynom vom Grad $s = 4$, denn der von α^3 erzeugte <u>Körper</u> ist F.)

Zum Beweis des Satzes benötigen wir folgende Tatsache aus der Algebra, die wir schon in 15.2(e) erwähnten und hier ihrer Bedeutung wegen beweisen wollen:

<table>
<tr><td>(e)</td><td>

Ist α erzeugendes Element von GF(q^s)* und $m^{(t)}(X)$ das Minimalpolynom von α^t über GF(q), so gilt: $m^{(t)}(X) = m^{(q \cdot t)}(X) = \prod_{j \in Z_t} (X - \alpha^j)$ (über GF(q^s)); hierbei sei $Z_t := \{\, t,\ q \cdot t,\ q^2 t,\ q^3 t, \ldots, q^{m-1} t \,\}$ und m die kleinste positive Zahl mit $q^m\, t \equiv t \pmod{q^s - 1}$ (also $\alpha^{q^m t} = \alpha^t$). Z_t heißt **zyklotomische (Neben-) Klasse** (oder *Kreisteilungsklasse*) von t modulo $(q^s - 1)$.

</td></tr>
</table>

Beispiel: Für $s = 3$ und $q = 2$ gilt mit m und α wie in (d):

$$\begin{aligned}
m^{(3)}(X) &= \prod_{j \in Z_3} (X - \alpha^j) = (X - \alpha^3)(X - \alpha^6)(X - \alpha^{12}) = \\
&\quad X^3 + (\alpha^6 + \alpha^5 + \alpha^3)X^2 + (\alpha^4 + \alpha^2 + \alpha)X + 1 = X^3 + X^2 + 1
\end{aligned}$$

wegen $24 \equiv 3 \pmod 7$, $\alpha^7 = 1$ und $\alpha^3 + \alpha + 1 = 0$.

Beweis von (e): Die Koeffizienten von $m^{(t)}$ sind definitionsgemäß aus GF(q); daher folgt aus $m^{(t)}(\alpha^t) = 0$ auch $m^{(t)}(\alpha^{qt}) = [m^{(t)}(\alpha^t)]^q = 0$. Durch mehrfache Anwendung sehen wir, dass $p(X) = \prod_{j \in Z_t} (X - \alpha^j)$ ein Teiler von $m^{(t)}(X)$ in GF(q^s)[X] ist. Ersetzt man in der angegebenen Form von $p(X)$ die Elemente α^j durch α^{jq}, so geht $p(X)$ in sich über; da die Koeffizienten von $p(X)$ Kombinationen der α^j sind, gilt also $p_i^q = p_i$ für alle Koeffizienten p_i von $p(X)$. Die Elemente $b \in$ GF(q^s) mit $b^q = b$ liegen in GF(q). Also ist $p(X) \in$ GF(q)[X] und somit gleich dem Minimalpolynom $m^{(t)}(X)$. Als irreduzibles Polynom ist es dann auch Minimalpolynom seiner Nullstelle α^{qt}. $\qquad\qquad\Box$

A 15.2

Zeigen Sie, dass der in 15.8(a) definierte BCH-Code zyklisch ist und als Generatorpolynom das Polynom $g(X) = \mathrm{kgV}\,(m(X), m^{(3)}(X))$ hat[123].

(f) **Beweisskizze zu (a):**

Nach A 15.2 ist $\mathcal{C}$ zyklisch mit Generatorpolynom $g = \mathrm{kgV}\,(m, m^{(3)})$; nun gilt $g = m \cdot m^{(3)}/\mathrm{ggT}\,(m, m^{(3)})$ und wegen der Irreduzibilität von m und von $m^{(3)}$

---

[123]mit kgV= kleinstes gemeinsames Vielfaches; es ist hier über GF(2) zu bilden.

also $m = m^{(3)}$ oder $g = m \cdot m^{(3)}$. Wir schließen den ersten Fall aus und zeigen $m(X) = \prod_{j \in Z_1} (X - \alpha^j) \neq \prod_{j \in Z_3} (X - \alpha^j) = m^{(3)}(X)$. Dazu verwenden wir (f); es ist $Z_1 = \{1, 2, 4, \ldots 2^{s-1}\}$ (s ist die kleinste natürliche Zahl mit $2^s \equiv 1 \pmod{2^s - 1}$) und $Z_3 \neq Z_1$ wegen $3 \notin Z_1$. Also gilt $g(X) = m(X) \cdot m^{(3)}(X)$.

Die Dimension von $\mathcal{C}$ ist nach 14.7(i) gleich $2^s - 1-$ Grad $g(X)$; da $m(X)$ Minimalpolynom des erzeugenden Elementes α ist, gilt Grad $m(X) = s$; zu bestimmen verbleibt also noch Grad $m^{(3)}(X)$; nach (e) ist er gleich $|Z_3| = m$, wenn $m \in \mathbb{N}$ minimale Lösung von $2^x \cdot 3 \equiv 3 \pmod{2^s - 1}$ ist. Da s diese Gleichung löst, ist $(2^s - 1) \cdot 3 \geq (2^m - 1) \cdot 3 = k \cdot (2^s - 1)$ für ein $k \in \mathbb{N}_0$. Es folgt $k = 1, 2$ oder 3; die beiden ersten Möglichkeiten führen zu Widersprüchen ($3 \cdot 2^m = 2(2^{s-1} + 1)$ gilt nur für $s = 2$ und $3 \cdot 2^m = 2 \cdot 2^s + 1$ nur für $s = 0$). Also ist Grad $m^{(3)}(X) = s$.

Die Behauptung $d_{\min}(\mathcal{C}) \geq 5$ werden wir in allgemeinerer Form zeigen, s.15.11. $\square$

Zuvor geben wir noch folgendes Anwendungsbeispiel für zyklotomische Klassen:

15.9   Binäre zyklische Codes der Länge 7 (Übersicht)

Zyklische Codes der Länge 7 über GF(2) werden von Teilern von $X^7 - 1$ erzeugt. Jeder solche Teiler ist Produkt irreduzibler Polynome, die Minimalpolynome von Nullstellen von $X^7 - 1$ (in GF(8) sind und daher mit 15.8(e) bestimmt werden können. Als zyklotomische Klassen mod 7 erhalten wir für $q = 2$: $Z_0 = \{0\}$, $Z_1 = \{1, 2, 4\}$ und $Z_3 = \{3, 6, 5\}$. Wählen wir nun α wie in 15.4 mit Minimalpolynom $m(X) = 1 + X + X^3$! Wir sind dann in der Lage, *alle zyklischen Codes der Länge 7 über* $K = $ GF(2) zu bestimmen, ohne $X^7 - 1$ in irreduzible Faktoren zerlegen zu müssen (Tabelle 15.1). (Wir beachten dabei, dass die Bedingung " α^0 Nullstelle von $g(X)$" bedeutet, dass für alle Codewörter gilt $0 = c(\alpha^0) = c(1) = \sum_{i=0}^{n-1} c_i$; dies heißt "gerade Parität" für jedes Codewort.)

Menge aller i mit α^i Nullstelle von g	Nullstellen von $g(X)$ in GF(8)	$g(X)$	Code mit Generatorpolynom $g(X)$
$\emptyset$	—	1	K^7 (trivialer Code)
Z_0	1	$1 + X$	Paritätskontrollcode
Z_1	$\alpha, \alpha^2, \alpha^4$	$1 + X + X^3$	Hamming-Code $\mathcal{H}_3$
Z_3	$\alpha^3, \alpha^5, \alpha^6$	$1 + X^2 + X^3$	Hamming-Code[124] $\tilde{\mathcal{H}}_3$
$Z_0 \cup Z_1$	$1, \alpha, \alpha^2, \alpha^4$	$(1 + X)(1 + X + X^3)$	Wörter aus $\mathcal{H}_3$ mit geradem Gewicht
$Z_0 \cup Z_3$	$1, \alpha^3, \alpha^5, \alpha^6$	$(1 + X)(1 + X^2 + X^3)$	Wörter aus $\tilde{\mathcal{H}}_3$ mit geradem Gewicht
$Z_1 \cup Z_3$	α^i $(i = 1, \ldots, 6)$	$(X^7 - 1)/(X - 1)$	Wiederholungscode Länge 7
$Z_0 \cup Z_1 \cup Z_3$	α^i $(i = 0, \ldots, 6)$	$X^7 - 1$	$\{0\}$ (trivialer Code)

Tabelle 15.1: Zyklische Codes der Länge 7 über $K = $ GF(2) und die Nullstellen ihrer Generatorpolynome (vgl. Beth [1984] p.49).[125]

---

[124]Mit α ist auch α^3 erzeugendes Element von GF(8)*; man kann daher 15.5 anwenden.
[125]Es ist $\tilde{\mathcal{H}}_3$ äquivalent zu $\mathcal{H}_3$.

B) Codes und primitive n-te Einheitswurzeln

In Verallgemeinerung von Teil (A) verlangen wir nun nicht mehr, dass α alle Elemente von $GF(2^s)$ erzeugt, sondern nur noch alle Lösungen der Gleichung $x^n = 1$.

15.10   Primitive n-te Einheitswurzeln

Sei q Primzahlpotenz und $\mathrm{ggT}(n,q) = 1$.

(a) **Definition:** Jedes Element α eines Erweiterungskörpers von $GF(q)$, das die Gleichung $x^n = 1$ erfüllt, heißt **$n-$te Einheitswurzel** über $GF(q)$.

(b) Das Polynom $f(X) = X^n - 1$ hat (in jedem Oberkörper von $GF(q)$) höchstens einfache Nullstellen. (Hierbei wird $\mathrm{ggT}\,(n,q) = 1$ benötigt.)

   Beweisskizze: $f(X)$ hat die formale Ableitung $f'(X) = nX^{n-1}$. Jede Nullstelle α von $f(X)$ erfüllt wegen $\alpha^n = 1 \neq 0$ und $\mathrm{ggT}\,(n,q) = 1$ die Gleichung $f'(\alpha) \neq 0$. Nach einem Satz der Algebra (s. z.B. Reiffen, Scheja & Vetter [1969] p. 177) folgt die Behauptung.

(c) Sei s die **multiplikative Ordnung** [126] von $q \bmod n$, in Zeichen $s = \mathrm{ord}_{\mathrm{mod}\,n}(q)$ oder $s = \mathrm{ord}_n q$, gelte also $q^s \equiv 1 \pmod{n}$ und $q^t \not\equiv 1 \pmod{n}$ für $t = 1,\ldots,$ $s - 1$; dann zerfällt das Polynom $X^n - 1$ in einem zu $GF(q^s)$ isomorphen Erweiterungskörper von $GF(q)$ in Linearfaktoren. Eine n-te Einheitswurzel α über $GF(q)$ liegt also o.B.d.A in $GF(q^s)$, wobei wir $GF(q) \subseteq GF(q^s)$ voraussetzen.

   Beweisskizze: Ist α eine n-te Einheitswurzel über $GF(q)$, so gilt mit $\alpha^n = 1$ wegen $q^s \equiv 1 \pmod{n}$ auch $\alpha^{q^s} - \alpha = \alpha^{nm+1} - \alpha = (\alpha^n)^m \alpha - \alpha = 0$ (mit geeignetem m). Daher ist α Nullstelle von $X^{q^s} - X$. Unter den endlichen Oberkörpern von $GF(q)$, die α enthalten, existiert ein Körper, in dem $X^{q^s} - X$ in (verschiedene) Linearfaktoren zerfällt (u.a. der "Zerfällungskörper" dieses Polynoms über $GF(q)(\alpha)$, s. z.B. Reiffen et al. [1969]). Die Nullstellen dieses Polynoms bilden einen zu $GF(q^s)$ isomorphen Erweiterungskörper L von $GF(q)$, der α enthält. Wegen $n|(q^s - 1)$ folgt: $(X^n - 1)$ teilt $X \cdot (X^{q^s-1} - 1)$; mit $X^{q^s} - X$ zerfällt dann auch $X^n - 1$ über L in Linearfaktoren. $\square$

   Beispiel: Sei $n = 7$ und $q = 2$; dann ist $\mathrm{ord}_7(2) = 3$, da 2^1 und 2^2 inkongruent 1 mod 7 sind und $2^3 \equiv 1 \pmod 7$ gilt : Die 7. Einheitswurzeln über $GF(2)$ liegen daher in $GF(2^3)$.

(d) Die $n-$ten Einheitswurzeln über $K = GF(q)$ in einem Oberkörper $GF(q^s)$ von K bilden (wegen $\mathrm{ggT}(n,q) = 1$) eine Gruppe der Ordnung n; diese ist zyklisch, wird also von einem Element erzeugt. (Zum Beweis s. z.B. Reiffen et al. [1969], p.228 f !)

(e) **Definition: primitive n-te Einheitswurzel**
   Eine n-te Einheitswurzel über $GF(q)$ heißt *primitive n-te Einheitswurzel*, wenn sie

---

[126]Wegen $\mathrm{ggT}\,(n,q) = 1$ existiert eine Darstellung von 1 der Form $nk + q\ell = 1$; damit ist $q\ell \equiv 1 \pmod{n}$ und q in der Gruppe der invertierbaren Elemente von $(\mathbb{Z}_n,\cdot)$, der Einheitengruppe. Folglich existiert ein solches s.

Ordnung n hat, also die Gruppe aller n-ten Einheitswurzeln über GF(q) erzeugt. Dann sind also $1, \alpha, \ldots, \alpha^{n-1}$ paarweise verschiedene Einheitswurzeln aus GF(q^s). Zum *Spezialfall* $q = 2$, α erzeugendes Element von GF$(2^s)^*$ und $n = 2^s - 1$ siehe Teil A!

(f) Folgerung: Nullstellen von g(X)

> Ist $g(X)$ Generatorpolynom eines zyklischen Codes $\mathcal{C}$ der Länge n über GF(q) und gilt ggT$(n, q) = 1$, so zerfällt $g(X)$ in GF(q^s) in paarweise verschiedene Linearfaktoren (für $s = \mathrm{ord}_n q$); alle Nullstellen $\beta_1, \ldots, \beta_r$ von g sind $n - te$ Einheitswurzeln. (Nur $g(X) = 1$ besitzt keine Nullstellen.) Ferner gilt für $c \in$ GF$(q)^n$:
>
> $$c(X) \in \mathcal{C} \;\Leftrightarrow\; c(\beta_1) = c(\beta_2) = \ldots = c(\beta_r) = 0.$$

Beweis: $g(X)$ teilt $X^n - 1$; dieses Polynom zerfällt aber über GF(q^s) in paarweise verschiedene Linearfaktoren (s. (b),(c)). Jede Nullstelle von $g(X)$ ist auch eine solche von $X^n - 1$ und einfache Nullstelle. Damit hat g die angegebene Eigenschaft. Ferner gilt für c aus GF$(q)^n$, dass $c \in \mathcal{C}$ ist genau dann, wenn[127] $g(X) = \prod_{i=1}^{r}(X - \beta_i)$ Teiler von $c(X)$ ist; wegen der Verschiedenheit der β_i gilt die letzte Aussage genau dann, wenn $\beta_1, \ldots, \beta_r$ Nullstellen von c sind. $\qquad\square$

15.11 Satz: BCH-Schranke

> Sei $\mathcal{C}$ zyklischer Code der Länge n über GF(q) mit Generatorpolynom $g(X)$; sei ferner ggT$(n, q) = 1$ und α primitive n-te Einheitswurzel über GF(q). Gilt dann
>
> $$g(\alpha^b) = g(\alpha^{b+1}) = \ldots = g(\alpha^{b+d-2}) = 0 \text{ für ein } b \geq 0 \text{ und } 2 \leq d \leq n\,,$$
>
> so folgt $d_{\min}(\mathcal{C}) \geq d$.

Die Situation des Satzes liegt vor, wenn g mindestens $d - 1$ aufeinanderfolgende Potenzen einer primitiven n-ten Einheitswurzel α als Nullstellen besitzt. ("Aufeinanderfolgend" ist hier zyklisch zu verstehen, es darf also $b + d - 2 \geq n$ sein.) Im angegebenen Fall ist also eine Abschätzung des Minimalgewichts möglich.

Der Beweis von 15.11 erfolgt nach folgender

Anwendung auf 15.8 (a):

In der dort gegebenen Situation ist $q = 2$ und $n = 2^s - 1$, also ggT$(q, n) = 1$, ferner α primitive n-te Einheitswurzel über GF(2) und $g(X) = m(X) \cdot m^{(3)}(X)$. Da $m^{(i)}$ Minimalpolynom von α^i ist, folgt unter Verwendung von 15.8(e), dass $0 = m(\alpha) = m(\alpha^2) = m(\alpha^4)$ und $m^{(3)}(\alpha^3) = 0$ gilt. Daher sind $\alpha, \alpha^2, \alpha^3, \alpha^4$ Nullstellen von g, und der Satz 15.11 lässt sich mit $b = 1$ und $d = 5$ anwenden. Mit dem folgenden Beweis ist damit 15.8 ganz gezeigt.

Beweis von 15.11:

(i) *Vorbemerkung:* Seien K ein Körper, $c(X) \in K_n[X]$ und $\beta \in K$. Dann ist β Nullstelle

---

[127]Im Falle $g(X) = 1$ folgt $\mathcal{C} = K_n[X]$, und die weitere Aussage der Folgerung ist trivialerweise erfüllt.

von c genau dann, wenn gilt:

$$(1 \; \beta \; \beta^2 \ldots \beta^{n-1}) \cdot c^T = 0 \; ;$$

denn $c(\beta) = 0$ heißt ja $\sum_{i=0}^{n-1} c_i \beta^i = 0$ (mit $c = c_0 \ldots c_{n-1}$).

(ii) Sei nun die Situation von 15.11 gegeben. Für $c \in \mathcal{C}$ gilt $g(X) \,|\, c(X)$ und damit $c(\alpha^b) = \ldots = c(\alpha^{b+d-2}) = 0$, das heißt (nach zeilenweiser Anwendung von (i)):

$$\underbrace{\begin{pmatrix} 1 & \alpha^b & \alpha^{2b} & \ldots & \alpha^{(n-1)b} \\ 1 & \alpha^{b+1} & \alpha^{2(b+1)} & \ldots & \alpha^{(n-1)(b+1)} \\ \vdots & \vdots & & & \\ 1 & \alpha^{b+d-2} & & \ldots & \alpha^{(n-1)(b+d-2)} \end{pmatrix}}_{\hat{H}} \cdot c^T = 0 \text{ für alle } c \in \mathcal{C}.$$

(Über die Umkehrung ist nichts ausgesagt; die Matrix $\hat{H}$ in dieser Gleichung ist daher nicht unbedingt Kontrollmatrix von $\mathcal{C}$, aber evtl. ein Teil einer solchen Matrix. Jedenfalls gilt:) $\mathcal{C}$ ist Teilmenge des Codes $\hat{\mathcal{C}}$ mit Kontrollmatrix $\hat{H}$.

Wenn wir zeigen, dass je $d-1$ Spalten von $\hat{H}$ linear unabhängig über $\mathrm{GF}(q^s)$ und damit erst recht linear unabhängig über $\mathrm{GF}(q)$ sind[128], folgt aus Satz 11.8 die Aussage $d_{\min}(\hat{\mathcal{C}}) \geq d$; diese impliziert sofort $d_{\min}(\mathcal{C}) \geq d$. Wir numerieren die Spalten der Matrix $\hat{H}$ von 0 bis $n-1$; dann betrachten wir die Matrix, die man aus (beliebigen) $d-1$ verschiedenen Spalten von $\hat{H}$ bilden kann; diese Spalten mögen die Nummern $k_1, \ldots, k_{d-1}$ tragen; mit $\alpha^{k_i} =: x_i$ erhält man dann die folgende Determinante (s. z.B. Brieskorn [1983] p. 593 f):

$$\begin{vmatrix} x_1^b & \ldots\ldots & x_{d-1}^b \\ x_1^{b+1} & \ldots\ldots & x_{d-1}^{b+1} \\ \vdots & & \vdots \\ x_1^{b+d-2} & \ldots\ldots & x_{d-1}^{(b+d-2)} \end{vmatrix} = x_1^b \cdot \ldots \cdot x_{d-1}^b \begin{vmatrix} 1 & \ldots & 1 \\ x_1 & \ldots & x_{d-1} \\ x_1^2 & \ldots & x_{d-1}^2 \\ \vdots & & \vdots \\ x_1^{d-2} & \ldots & x_{d-1}^{d-2} \end{vmatrix}$$

$$= x_1^b \ldots x_{d-1}^b \prod_{j=1}^{d-2} \prod_{i=j+1}^{d-1} (x_i - x_j) \text{ (Vandermonde-Determinante).}$$

Diese ist hier stets ungleich 0, da $x_i \neq 0$ ist und für verschiedene i, j aus $\{1, \ldots, d-1\}$ auch $x_i = \alpha^{k_i} \neq \alpha^{k_j} = x_j$ gilt; denn $1, \alpha, \alpha^2, \ldots, \alpha^{n-1}$ sind nach der Definition von α als primitive n-te Einheitswurzel paarweise verschieden. Damit sind die $d-1$ Spalten linear unabhängig. $\qquad\square$

Man kann sich nun fragen, ob man nicht auch einen Code $\hat{\mathcal{C}}$ der im Beweis von 15.11 vorkommenden Form betrachten kann. (Man beachte auch Aufgabe A 15.3 !) Dies erreichen wir durch eine Verallgemeinerung der Konstruktion aus 15.8(a).

---

[128] auch als Spaltenvektoren mit Einträgen aus $\mathrm{GF}(q)$

15.12 BCH-Codes

(a) Definition: BCH-Code (<u>B</u>OSE, RAY-<u>C</u>HAUDHURI, <u>H</u>OCQUENGHEM)

> Seien q Primzahlpotenz, n teilerfremd zu q und α primitive n-te Einheitswurzel über GF(q). (α liegt dann in GF(q^s), wobei s die multiplikative Ordnung von q modulo n bezeichnet [129]); seien ferner $b, d \in \mathbb{N}_0$ und $n \geq d \geq 2$.
>
> Der Lösungsraum $\mathcal{C}$ des Gleichungssystems $\hat{H} c^T = 0$ über GF(q) mit[130]
>
> $$\hat{H} = \begin{pmatrix} 1 & \alpha^b & \alpha^{2b} & \alpha^{3b} & \dots & \alpha^{(n-1)b} \\ 1 & \alpha^{b+1} & \alpha^{2(b+1)} & \alpha^{3(b+1)} & \dots & \alpha^{(n-1)(b+1)} \\ \vdots & & & & & \\ 1 & \alpha^{b+d-2} & \dots & & \dots & \alpha^{(n-1)(b+d-2)} \end{pmatrix}$$
>
> heißt dann **q–närer BCH-Code** der Länge n zur Distanzschranke (Auslegungsgewicht, Entwurfsdistanz; engl.: "designed distance") d.
>
> $\hat{H}$ ist im Wesentlichen eine Kontrollmatrix von $\mathcal{C}$; evtl. sind einige Zeilen linear abhängig von den anderen und damit entbehrlich.

Spezialfälle:

(i) Laut Definition von s ist n Teiler von $q^s - 1$. Gilt sogar $n = q^s - 1$, und ist damit α erzeugendes (primitives) Element von GF(q^s), so heißt $\mathcal{C}$ *primitiver* BCH-*Code*.

(ii) Für $b = 1$ heißt $\mathcal{C}$ ein BCH-Code "im engeren Sinne".

(b) **Eigenschaften von BCH-Codes**

> Ist $\mathcal{C}$ der in (a) definierte BCH-Code der Länge n über $K = $ GF(q) zur Distanzschranke d, so gilt:
>
> (i) $c \in \mathcal{C} \Leftrightarrow c(\alpha^b) = \dots = c(\alpha^{b+d-2}) = 0$ (für $c \in K^n$) .
>
> (ii) $\mathcal{C}$ ist zyklisch. Bezeichnet $m^{(i)}(X)$ das Minimalpolynom von α^i über GF(q) (für $i = b,\ b+1, \dots, b+d-2$), so ist $\mathcal{C}$ genau der Code mit Generatorpolynom $g(X) = \text{kgV}\{m^{(b)}(X), m^{(b+1)}(X), \dots, m^{b+d-2}(X)\}$.
>
> (iii) $d_{\min}(\mathcal{C}) \geq d$.
>
> (iv) $\dim_K \mathcal{C} \geq n - s(d-1)$ (Dimensionsschranke) [131].

---

[129]Vgl. 15.10 (c) ! Es gilt sogar, dass GF(q^s) minimal ist bzgl. der Eigenschaft, α und GF(q) zu enthalten: Für einen α enthaltenden Oberkörper GF(q^m) von GF(q) folgt aus $\alpha^{q^m} = \alpha$ nämlich $q^m \equiv 1 \pmod{n}$ und somit $s \mid m$.

[130]In $\hat{H}$ ist wieder jedes Element durch den zugehörigen Spaltenvektor der Länge s über GF(q) zu ersetzen; ist s Teiler von t, so lässt sich wegen GF(q) $\subseteq$ GF(q^s) $\subseteq$ GF(q^t) auch jedes Element von $\hat{H}$ durch einen Spaltenvektor der Länge t ersetzen. Dabei ändert sich $\mathcal{C}$ nicht; denn infolge $\alpha^i \in$ GF(q^s) (vgl. 15.10 (c)) können die Rechnungen weiterhin auf GF(q^s) beschränkt werden.

[131]Für binäre BCH-Codes existiert eine bessere Abschätzung, s. MacWilliams& Sloane [1977] p. 258.

Beweis von (b):

(i) Nach Definition ist $c = c_0 \ldots c_{n-1} \in \mathcal{C}$ genau dann, wenn

$$c_0 + c_1 \alpha^{b+i} + c_2 (\alpha^{b+i})^2 + \ldots + c_{n-1}(\alpha^{b+i})^{n-1} = 0 \ \text{(für } i = 0, \ldots, d-2)$$

gilt. Dies sind zunächst Gleichungen zwischen den Vektoren $\alpha^{(b+i)j} \in \mathrm{GF}(q)^s$ mit Skalaren $c_j \in \mathrm{GF}(q)$, dann aber auffassbar als Gleichungen über $\mathrm{GF}(q^s)$. Diese sind äquivalent zu $c(\alpha^{b+i}) = 0$ (für $i = 0, \ldots, d-2$).

(ii) Sei nun $c \in \mathcal{C}$. Wegen $c(\alpha^{b+i}) = 0$ (siehe (i)) teilt das Minimalpolynom $m^{(b+i)}(X)$ von α^{b+i} das Polynom $c(X)$ für $i = 0, \ldots, d-2$ (vgl. 15.2(b)); also ist $c(X)$ Vielfaches von $g(X) = \mathrm{kgV}\{m^{(b+i)}(X) \mid i = 0, \ldots, d-2\}$. Analog folgt $g(X) \mid (X^n - 1)$; es ist nämlich $m^{(b+i)}$ Teiler von $X^n - 1$, weil α^{b+i} als n−te Einheitswurzel Nullstelle von $X^n - 1$ ist.

Sei umgekehrt dieses $g(X)$ Teiler von $c(X) \in K_n[X]$ in $K[X]$. Da α^{b+i} Nullstelle von $m^{(b+i)}(X)$ ist, folgt $c(\alpha^{b+i}) = 0$ (für $i = 0, \ldots, d-2$), also $c(X) \in \mathcal{C}$ (nach (i)). Damit ist $g(X)$ Generatorpolynom von $\mathcal{C}$.

(iii) $d_{\min}(\mathcal{C}) \geq d$ ergibt sich nun aus (i) mit Satz 15.11.

(iv) Aus (a) folgt[132] $\dim_K \mathcal{C} = n - \mathrm{Rang}\ \hat{H}$; dabei ist Rang $\hat{H}$ kleiner gleich der Anzahl der Zeilen von $\hat{H}$ über K; diese ist[133] $(d-1) \cdot s$. $\qquad\square$

A 15.3

Zeigen Sie, dass jeder zyklische (n, k)-Code über $\mathrm{GF}(p^i)$ mit $p \nmid n$ eine Kontrollmatrix der folgenden Form

$$\begin{pmatrix} 1 & \alpha^{t_1} & \alpha^{2t_1} & \ldots & \alpha^{(n-1)t_1} \\ 1 & \alpha^{t_2} & \alpha^{2t_2} & \ldots & \alpha^{(n-1)t_2} \\ \vdots & & & & \\ 1 & \alpha^{t_{n-k}} & \alpha^{2t_{n-k}} & \ldots & \alpha^{(n-1)t_{n-k}} \end{pmatrix}$$

mit primitiver n-ter Einheitswurzel α über $\mathrm{GF}(p^i)$ hat. *Lösungshinweis:* 15.10 (f), (e).

15.13   Spezialfälle von BCH-Codes

(a) | Der binäre **zyklische Hamming-Code** $\mathcal{H}_r$ ist primitiver BCH-Code zur Distanzschranke 3.

In 15.12 setze man $q = 2$ und $n = 2^r - 1$; nun ist $\mathrm{ord}_n q = r$ und damit α, eine primitive n-te Einheitswurzel, auch Element von $\mathrm{GF}(2^r)$. Aus Anzahlgründen erzeugt α daher $\mathrm{GF}(2^r)\backslash\{0\}$ und ist somit erzeugendes Element von $\mathrm{GF}(2^r)^*$. Umgekehrt ist ein (multiplikativ) erzeugendes Element von $\mathrm{GF}(2^r)^*$ auch primitive n-te Einheitswurzel für $n = 2^r - 1$. Für $b = 1$ und $d = 3$ erhält man die Matrix

$$\hat{H} = \begin{pmatrix} 1 & \alpha & \ldots\ldots & \alpha^{n-1} \\ 1 & \alpha^2 & \ldots\ldots & (\alpha^2)^{n-1} \end{pmatrix}.$$

---

[132] s. Anhang C !

[133] Der Faktor $d-1$ ist gleich der Anzahl der Zeilen von $\hat{H}$ über $\mathrm{GF}(q^s)$, und s ist die Anzahl der Zeilen eines Elementes aus $\mathrm{GF}(q^s)$ als Koordinatenvektor über $\mathrm{GF}(q)$.

Hierbei ist die zweite Zeile entbehrlich[134], da mit $\sum\limits_{i=0}^{n-1} c_i \alpha^i = 0$ und $c_i \in \mathrm{GF}(2)$ auch

$$(\sum_{i=0}^{n-1} c_i \alpha^i)^2 = \sum_{i=0}^{n-1} c_i^2 \alpha^{2i} = \sum_{i=0}^{n-1} c_i (\alpha^2)^i = 0 \text{ gilt.} \qquad \square$$

Wie ist die Situation beim Generatorpolynom ? Das des entsprechenden BCH-Codes ist das Polynom $g(X) = \mathrm{kgV}\,\{m(X), m^{(2)}(X)\}$. Nun ist jedoch $m(X)$ irreduzibel und $m(X) = m^{(2)}(X)$. Es folgt $g(X) = m(X)$, wie erwartet.

(b) Der **primitive binäre 2-fehlerkorrigierende BCH–Code** aus 15.8 ist ein BCH-Code zur Distanzschranke [135] $d = 4$ oder $d = 5$, für $s > 3$ mit Minimalgewicht 5. (Siehe A 15.4 !)

A 15.4

(i) Zeigen Sie für den Code aus 15.13 (b) mit $s > 3$ die Ungleichung $d_{\min} \leq 6$. *Lösungshinweis:* 10.8 (b). [136] (ii) Leiten Sie ab, dass der Code als Generatorpolynom das Polynom $g(X) = \mathrm{kgV}\,\{m(X),\ m^{(3)}(X)\}$ besitzt!

(c) Reed-Solomon-Codes (RS-Codes)

Codes diesen Typs finden bei der CD und der DVD Anwendung, s. 15.14, 15.15 !

(i) **Definition:**

> Sei $q > 2$ Primzahlpotenz. Jeder BCH-Code der Länge $n = q - 1$ über $\mathrm{GF}(q)$ heißt Reed-Solomon-Code (RS-Code).

(ii) **Eigenschaften:**

Wegen $n = q - 1$ gilt $\mathrm{ggT}\,(n, q) = 1$ und $s = 1$; für jede primitive n-te Einheitswurzel α gilt $\alpha^{q-1} = 1$ und damit $\alpha \in \mathrm{GF}(q)$ (in Übereinstimmung mit $s = 1$). Die Minimalpolynome von α^i sind daher vom Grad 1, also von der Form $m^{(i)}(X) = X - \alpha^i$.

> Bei einem RS-Code $\mathcal{C}$ ist das Generatorpolynom somit von der Gestalt $g(X) = \prod\limits_{j=0}^{d-2} (X - \alpha^{b+j})$ mit einem erzeugenden Element α von $\mathrm{GF}(q)^\star$.

Es hat den Grad $r = d - 1$ und sämtliche Nullstellen in $\mathrm{GF}(q)$. Wegen $w_H(g) \leq d$ und $g \in \mathcal{C}$ sowie $d_{\min}(\mathcal{C}) \geq d$ (s. 15.12 (b)(iii)) folgt $d_{\min}(\mathcal{C}) = d$. Man beachte außerdem $\dim_K \mathcal{C} = n - r$. Wegen $k = n - d_{\min} + 1$ ist er ein MDS-Code. Insgesamt gilt daher:

> Ein Reed-Solomon-Code $\mathcal{C}$ zur Distanzschranke d ist also ein zyklischer $(q - 1, q - d)$–MDS–Code über $\mathrm{GF}(q)$ mit $d_{\min}(\mathcal{C}) = d$.

---

[134]Man sieht, dass man auch $d = 2$ hätte wählen können; die Aussage über $d_{\min}$ würde dann schwächer ausfallen.

[135]Wir sehen hier, dass die zur Konstruktion eines BCH-Codes vorgegebene Distanzschranke d durchaus echt kleiner als die Minimaldistanz sein kann.

[136]Man kann zeigen, dass der Code ungerades Minimalgewicht hat, woraus sich dann $d_{\min} = 5$ ergibt.

(iii) **Übergang zu kleinerem Grundkörper:**

Da die Elemente von $\mathrm{GF}(q)$ mit $q = p^m$ als Elemente von $\mathrm{GF}(p)^m$ dargestellt werden können, lässt sich ein (beliebiger) Code über $\mathrm{GF}(q)$ auf einen Code über $\mathrm{GF}(p)$ abbilden:

Sei $\xi_1, \dots, \xi_m$ eine Basis B von $\mathrm{GF}(p^m)$ als Vektorraum über $\mathrm{GF}(p)$. Ein Element $\beta = \sum_{i=1}^{m} \xi_i b_i \in \mathrm{GF}(p^m)$ mit $b_i \in \mathrm{GF}(p)$ hat dann den Koordinaten - Vektor $(b_1, \dots, b_m)$ bzgl. B .

Ist $c = \beta^{(0)} \dots \beta^{(n-1)} \in \mathcal{C} \subseteq \mathrm{GF}(q)^n$, so ersetzen wir $\beta^{(i)}$ und ordnen c das Wort

$$\tilde{c} = b_1^{(0)} \dots b_m^{(0)}\, b_1^{(1)} \dots b_m^{(1)} \dots b_1^{(n-1)} \dots b_m^{(n-1)} \in \mathrm{GF}(p)^{m \cdot n} \text{ zu.}$$

Die Abbildung $\sim\colon c \longmapsto \tilde{c}$ ist eine bijektive Abbildung von $\mathrm{GF}(q)^n$ auf $\mathrm{GF}(p)^{mn}$, die mit der Addition und der Multiplikation mit Elementen aus $\mathrm{GF}(p)$ verträglich ist. Aus einem linearen (n, k)-Code $\mathcal{C}$ über $\mathrm{GF}(q)$ entsteht so ein linearer (nm, km)-Code $\tilde{\mathcal{C}}$ über $\mathrm{GF}(p)$ mit $d_{\min}(\tilde{\mathcal{C}}) \geq d_{\min}(\mathcal{C})$.

(Dass dim $\tilde{\mathcal{C}} = k \cdot m$ ist, folgt schon aus der Anzahl der Elemente von $\tilde{\mathcal{C}}$.) Zyklische Codes gehen nicht notwendig in zyklische Codes über (s. MacWilliams & Sloane [1977] p.298).

Die $RS-$Codes bzw. ihre binären, ternären o.ä. Bilder sind u.a. auch deshalb von Interesse, weil sie **Fehlerbündel**, die Elementen von $\mathrm{GF}(q)$ entsprechen, korrigieren können (s.u.). [137] Ferner gibt es Algorithmen zur Listendecodierung, s.z.B. Sudan [1997].

(iv) **Beispiel**

Seien $q = 8$ (also $p = 2$ und $n = 8 - 1 = 7$) und $d = 3$ sowie $b = 1$ gewählt! Zunächst bestimmen wir in $\mathrm{GF}(8)$ (s. 15.4) eine 7-te Einheitswurzel; wegen der Primzahlordnung ist jedes Element ungleich 1 aus $\mathrm{GF}(8) \setminus \{0\}$ eine solche. Das Polynom $X^3 + X + 1$ ist irreduzibel über $\mathrm{GF}(2)$; damit existiert ein primitives Element α mit $\alpha^3 = \alpha + 1$ und $\alpha^7 = 1$. Wir erhalten dann einen $(\mathbf{7, 5})-$**Reed-Solomon-Code** über $\mathrm{GF}(8)$ durch das Generatorpolynom

$$g(X) = (X - \alpha)(X - \alpha^2) = \alpha^3 + (\alpha^2 + \alpha)X + X^2 = \alpha^3 + \alpha^4 X + X^2 \ .$$

Basismatrix von $\mathcal{C}$ ist (siehe 14.7):

$$G = \begin{pmatrix} \alpha^3 & \alpha^4 & 1 & & & \\ & \alpha^3 & \alpha^4 & 1 & & \text{\Large 0} \\ & & \alpha^3 & \alpha^4 & 1 & \\ \text{\Large 0} & & & \alpha^3 & \alpha^4 & 1 \\ & & & & \alpha^3 & \alpha^4 & 1 \end{pmatrix} .$$

Der Code hat Minimalgewicht 3, ist damit 1-fehlerkorrigierend.

---

[137] Allerdings geht dies auch bei anderen Codes über $\mathrm{GF}(q)$ mit q Primzahlpotenz, aber nicht prim.

Verfahren wir nun nach (iii) und ersetzen in jedem Codewort die Elemente aus GF(8) durch Tripel aus GF(2), etwa durch die Koordinaten bzgl. Basis $(1, \alpha, \alpha^2)$, diesmal aber nicht als Spalten sondern gemäß (iii) als Zeilen! [138] Der entstehende Code ist ein **binärer** $(21, 15)$−**Code** $\tilde{C}$ mit $3 = d_{\min}(C) \leq d_{\min}(\tilde{C})$. Das Codewort, das der 1. Zeile g_1 von G entspricht, ist (wegen $0 \hat{=} 0\ 0\ 0$, $1 \hat{=} 1\ 0\ 0$, $\alpha^3 = 1 + \alpha \hat{=} 1\ 1\ 0$ und $\alpha^4 = \alpha + \alpha^2 \hat{=} 0\ 1\ 1$) gleich

$$1\ 1\ 0\ 0\ 1\ 1\ 1\ 0\ 0\ 0\ 0\ 0\ 0\ 0\ 0\ 0\ 0\ 0\ 0\ 0\ 0 \ =: \tilde{g}_1.$$

Ein Bündelfehler in $\tilde{g}_1$, der nur eines der Tripel betrifft, z.B. bei

$$1\ 1\ 0\ \underline{1}\ \underline{0}\ \underline{0}\ 1\ 0\ 0\ 0\ 0\ 0\ 0\ 0\ 0\ 0\ 0\ 0\ 0\ 0\ 0 =: \tilde{v},$$

kann korrigiert werden: Durch "Rückübersetzung" in GF(8) ergibt sich dann $v = \alpha^3\ 1\ 1\ 0\ 0\ 0\ 0$, ein Wort, das von g_1 genau an der 2. Stelle abweicht. Nun ist C 1-fehlerkorrigierend, so dass v zu g_1 korrigiert wird und man $\tilde{g}_1$ als decodiertes Wort erhält. [139]

(d) Der binäre Golay-Code

Wir betrachten nun (als weiterer Spezialfall) einen BCH-Code über GF(q) mit $q = 2$ und Länge $n = 23$. Zur Bestimmung von $s =\mathrm{ord}_{23}2$ bemerken wir zunächst, dass $\mathbb{Z}_{23}^*$ (- es ist ja modulo 23 zu rechnen -) Gruppe der Ordnung 22 ist und die Ordnung von $2 \in \mathbb{Z}_{23}^*$ daher ein Teiler von 22 ; mit $2^{11} - 1 = 23 \cdot 89 \equiv 0$ ergibt sich nun $s = 11$. Für eine *primitive 23-te Einheitswurzel* α über GF(2) ist damit α aus GF(2^{11}). Das Minimalpolynom $m(X)$ von α hat nach 15.8 (e) die Nullstellen α^j mit $j \in Z_1 = \{1, 2, 4, 8, 16, 32 \equiv 9, 18, \ 36 \equiv 13, \ 26 \equiv 3, 6, 12\}$ (wobei wegen $\alpha^{23} = 1$ die Exponenten mod 23 reduziert wurden). Damit haben $\alpha, \alpha^2, \alpha^3$ und α^4 das gleiche Minimalpolynom, nämlich $m(X)$. Dieses Polynom definiert also einen BCH-Code zur Distanzschranke $d = 5$; er heißt *binärer Golay-Code* $\mathcal{G}_{23}$.

Wegen $r = \mathrm{Grad}\,m(X) = |Z_1| = 11$ ist $\mathcal{G}_{23}$ ein zyklischer $(23, 12)$−Linearode. Nun zerfällt $X^{23} - 1$ über GF(2) folgendermaßen in irreduzible Faktoren: $X^{23} - 1 = (1 + X)(1 + X + X^5 + X^6 + X^7 + X^9 + X^{11})(1 + X^2 + X^4 + X^5 + X^6 + X^{10} + X^{11})$; Man kann zeigen, dass beide Faktoren vom Grad 11 äquivalente Golay-Codes erzeugen und dass das Minimalgewicht [140] $d_{\min} = 7$ ist; der Golay- Code $\mathcal{G}_{23}$ ist $3−$*fehlerkorrigierend*, ja sogar $3−$**perfekt** (vgl. 10.8/9 !) [141] wegen

$$2^{12} \cdot \left[1 + 23 + \binom{23}{2} + \binom{23}{3}\right] = 2^{23}.$$

---

[138]Achtung! Ersetzt man in G die Elemente von GF(8) durch Tripel über GF(2), so erhält man *nur einen Teil* einer Generatormatrix $\tilde{G}$ von $\tilde{C}$, da diese ja 15 Zeilen hat.

[139]Das Verfahren versagt aber für Bursts, die mehrere Tripel betreffen, da der Code C hier nur 1-fehlerkorrigierend ist. Größere Minimaldistanz eines RS-Codes ermöglicht die Korrektur von Bursts größerer Länge ohne Einschränkung für die Lage.

[140]Hieran sieht man erneut, dass die Distanzschranke eines BCH-Codes nicht immer gleich der Minimaldistanz ist.

[141]Man kann sogar beweisen, dass die (bis auf Äquivalenz) einzigen t-perfekten binären Codes ungleich **0** mit $t > 1$ die Wiederholungscodes ungerader Wortlänge und der binäre Golaycode $\mathcal{G}_{23}$ sind; (s. 10.10 und z.B. van Lint [1982] p.102 ff).

A 15.5

Seien n ungerade Primzahl, Q die Menge aller quadratischer Reste[142] $u \in \{1, \dots, n-1\}$ modulo n und N die Menge der quadratischen Nicht-Reste $\{1, \dots, n-1\} \setminus Q$; sei ferner $p \in Q$ eine weitere Primzahl und α primitive n-te Einheitswurzel über GF(p). Definiere

$$q(X) := \prod_{u \in Q}(X - \alpha^u) \text{ und } n(X) := \prod_{v \in N}(X - \alpha^v).$$

(i) Beweisen Sie, dass dann $X^n - 1 = (X - 1) \cdot q(X) \cdot n(X)$ eine Zerlegung von $X^n - 1$ in GF(p)[X] ist! Die von $q(X)$ bzw. $(1 - X)q(X)$ erzeugten zyklischen Codes der Länge n über GF(p) heißen **Quadratische-Restklassen-Codes**, QR-*Codes*.

(ii) Zeigen Sie, dass der binäre Golay-Code $\mathcal{G}_{23}$ (s. 15.13 (d)) ein QR-Code ist!

C) Anwendungen

15.14 Codierung der Compact Disc: CIRC

Wir beschreiben hier (in groben Zügen) die Codierung, die zur Fehlerkorrektur der Compact Disc (CD) herangezogen wird, insbesondere den "$\underline{C}$ross–$\underline{I}$nterleaved $\underline{R}$eed–$\underline{S}$olomon–$\underline{C}$ode" (CIRC). [143] Ausgangspunkt der Konstruktion ist ein $(255, 251)$–RS-Code $\hat{\mathcal{C}}$ zur Distanzschranke $d = 5$ über GF(q) mit $q = 2^8 = 256$; es ist dann ja $n = q - 1$ und $k = q - d$ sowie $d_{\min}(\hat{\mathcal{C}}) = d$. Aus $\hat{\mathcal{C}}$ konstruieren wir zwei Codes durch mehrmaliges Kürzen:

15.14.1 Code-Verkürzung

Der Code $\{ c_1 \dots c_{i-1}c_{i+1} \dots c_n \mid c = c_1 \dots c_{i-1}c_ic_{i+1} \dots c_n \in \mathcal{C}$ und $c_i = 0\}$ heißt **Verkürzung** (oder *Ableitung*) des Codes $\mathcal{C}$ an der Stelle i.

Wir kürzen hier den Code $\hat{\mathcal{C}}$ um die letzten 223 bzw. 227 Stellen. Da $\hat{\mathcal{C}}$ linearer MDS-Code ist, erhält man (vgl. A 11.5) einen $(32, 28)$–Code $\mathcal{C}_1$ und einen $(28, 24)$–Code $\mathcal{C}_2$; beide sind ebenfalls lineare Codes über GF(2^8) mit dem (bei Kürzung invarianten) Minimalgewicht[144] $d = 5$, also wieder zwei lineare MDS-Codes.

Die bei Abtastung des Audiosignals entstehenden Wörter[145] der Länge 24 über GF(2^8) werden zunächst mit dem "äußeren" Code $\mathcal{C}_2$ zu Wörtern der Länge 28 codiert und dann zur Streuung eines Fehlerbündels auf mehrere Codewörter einer "4-fach verzögerten Code-Verschachtelung zur Tiefe 28" unterworfen:

---

[142]$u \in \{1, \dots, n-1\}$ heißt quadratischer Rest mod n, falls es ein x gibt mit $x^2 \equiv u \pmod{n}$.

[143]Herrn J. van Lint sei an diese Stelle für seine OH-Folien und für wertvolle Literaturhinweise gedankt!

[144]Die Korrektureigenschaften der beiden Codes sind damit verhältnismäßig schwach; die Effizienz des Verfahrens erreicht man dadurch, dass man die beiden Codes geschickt zusammenwirken lässt, (ähnlich wie bei Produktcodes, s.15.15 !).

[145]Von den beiden Stereo-Kanälen werden bei jeder Abtastung der Pulscodemodulation (PCM, s. 1.2 ii) zwei binäre 16–Tupel erzeugt; so ergibt sich ein Muster von 4 Bytes (1 Byte = 8 Bit); jedes Byte kann als Element von GF(2^8) aufgefasst weden. Jeweils 6 Abtastungen werden zu einem Informations-Wort der Länge 24 über GF(2^8) zusammengefasst.

15.14.2 Code-Verschachtelung

Unter der **Verschachtelung** (*Verflechtung, Spreizung, Interleaving*) eines (n, k)-Codes $\mathcal{C}$ zur Tiefe t versteht man den (nt, kt)-Code, den man erhält, indem man t Codewörter von $\mathcal{C}$ in die Zeilen einer $t \times n$-Matrix schreibt und dann spaltenweise liest.

A 15.6
Untersuchen Sie, wie sich die Korrektureigenschaft für Fehlerbündel bei einer Code-Verschachtelung ändert!

Um nicht jedesmal t Wörter von $\mathcal{C}$ abwarten zu müssen, bis die Spalten der Matrix an den Kanal weitergeleitet werden können, wendet man oft auch eine "**verzögerte Verschachtelung**" an. Bei dieser werden die Codewörter von $\mathcal{C}$ nicht als Zeilen in eine Matrix, sondern als Diagonalen oder als andere Verzögerungslinien in ein zeitlich fortgeschriebenes Schema eingetragen und wieder spaltenweise gelesen.

Entsprechend geht man auch mit $\mathcal{C}_2$ bei der CD-Codierung vor. Die dann resultierenden Spalten, Wörter der Länge 28, werden durch den "inneren" $(32, 28)-$Code $\mathcal{C}_1$ mit 4 zusätzlichen Paritätssymbolen versehen. Die schließlich realisierte Speicherung auf der CD setzt noch weitere Umformungen voraus.[146]

15.14.3 Korrektur von Fehlern und Auslöschungen

Bei der Decodierung geht man in umgekehrter Reihenfolge vor. Den Decoder für $\mathcal{C}_1$ lässt man allerdings nur bei Entdeckung eines Einzel - Fehlers eine Fehlerkorrektur vornehmen. Werden 2 Fehler oder mehr festgestellt, so bekommen alle 28 Informationssymbole eine "Fahne" und gelten als ausgelöscht; sie werden auf gesonderten (parallel zu den anderen) laufenden Verzögerungslinien zur $\mathcal{C}_2-$Decodierung geleitet. Dort lassen sich bis zu 4 Auslöschungen pro $\mathcal{C}_2-$Wort korrigieren (vgl. A 15.7 !) [147]

A 15.7
Zeigen Sie, dass man (durch Maximum-Likelihood-Decodierung) bei einem Code mit Minimalabstand d bis zu a Auslöschungen und e Fehler simultan korrigieren kann, falls $2e + a < d$ ist! *Lösungshinweis:* Beachten Sie, dass die Positionen der Auslöschungen bekannt sind.

15.15   Codierung der DVD: RS-Produkt-Code

Die (gegenüber der CD) erhöhte Speicherkapazität der DVD (<u>D</u>igital <u>V</u>ersatile <u>D</u>isc) wird ermöglicht durch verbesserte Codierungsverfahren, insbesondere eine fehlertolerantere Modulation ("8/16$-$Modulation") und eine aufwändigere Fehlerkorrektur (durch einen

---

[146]Die Symbole der Wörter aus $\mathcal{C}_1$ werden (im Hinblick auf kurze Bursts) zunächst derart in neue Muster umgruppiert, dass diejenigen mit ungeradem (bzw. geradem) Index aus einem Wort und diejenigen mit geradem (bzw. ungeradem) Index aus dem nächsten Wort ein gemeinsames Muster bilden. Weitere Kontroll- und Wiedergabe Informationen werden beigefügt. Es schließt sich eine "<u>E</u>ight-to-<u>F</u>ourteen-Modulation (EFM)" zur Konversion der Bytes in diejenigen Sequenzen an, die auf die CD übertragen werden. Die Modulation ist derart, dass die Lauflängen der Null zwischen 2 und 10 liegen. Auch die Synchronisation muss noch ermöglicht werden.

[147]Bei nicht-gelungener Korrektur wird das Muster durch eine Interpolation der Nachbarn ersetzt, falls diese als zuverlässig gelten. Insgesamt können Bursts bis zur Länge von 4000 Bits korrigiert werden, durch Interpolation und andere Maßnahmen sogar bis zu 12.300 Bits ($\approx$ 7,7 mm Spurlänge).

"RS-Produktcode", **RS-PC**, bestehend aus einem $(208, 192)-$ und einem $(182, 172)-$Reed-Solomon-Code).

15.15.1   Produktcode

(i) *Definition:* Der **Produktcode** $C_1 \otimes C_2$ zweier linearer Codes C_1 und C_2 besitzt als Codewörter alle Matrizen, deren Spalten Codewörter von C_1 und deren Zeilen Codewörter von C_2 sind.

(ii) *Konstruktion:* Für $i = 1, 2$ seien C_i (systematische) $(n_i, k_i)-$Codes über GF(q) mit den Informationssymbolen an den ersten k_i Stellen! Ein Wort aus $C = C_1 \otimes C_2$, eine $n_2 \times n_1-$Matrix, erhält man aus einer $k_2 \times k_1-$ Teilmatrix von Informationssymbolen, indem man die ersten k_2 Zeilen jeweils mittels des Codieres von C_1 mit Kontrollsymbolen versieht und dann [148] alle n_1 Spalten mittels des Codierers von C_2 codiert, s. Bild 15.1 !

A 15.8

Sei C_1 der Paritätscode der Länge 3, s. 9.2a ! Beschreiben Sie den Produktcode $C_1 \otimes C_1$, und vergleichen Sie diesen mit dem Code aus 9.7 !

A 15.9

Zeigen Sie: Sind C_i (für $i = 1, 2$) systematische lineare $(n_i, k_i)-$Codes über GF(q) mit Minimalgewicht d_i, so ist $C_1 \otimes C_2$ ein linearer $(n_1 n_2, k_1 k_2)-$ Code [149] mit Minimalabstand $d_1 d_2$.

A 15.10

Beweisen Sie, dass man ein Wort von $C_1 \otimes C_2$ aus der $k_2 \times k_1-$Teilmatrix (s. 15.15.1(i)) auch dadurch erhält, dass man zunächst die ersten k_1 Spalten und danach alle n_2 Zeilen codiert! *Lösungshinweis:* Beachten Sie, dass nach Voraussetzung C_1 und C_2 und nach Aufgabe A 15.9 auch $C_1 \otimes C_2$ lineare Codes sind, und betrachten Sie Basen!

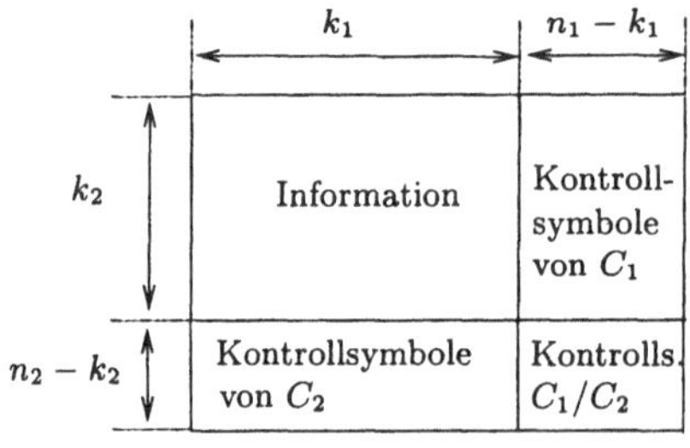

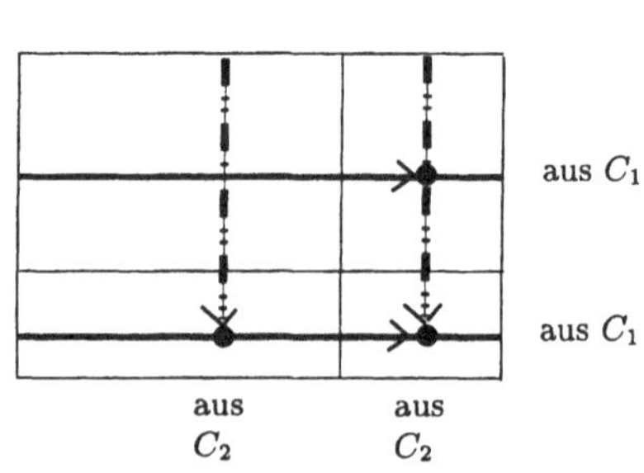

Bild 15.1 a) Struktur der Wörter des Produktcodes $C_1 \otimes C_2$
　　　　　　 b) Vertauschbarkeit der Einzelcodierungen

---

[148]Nach Aufgabe A15.10 lässt sich die Reihenfolge der Codierungen mittels C_1 und C_2 vertauschen.

[149]Sind C_1 und C_2 zyklische Codes teilerfremder Länge, so ist $C_1 \otimes C_2$ (bei geeignetem Auslesen der Matrix) ebenfalls zyklisch, s. z.B. Blahut [1983] p. 288 !

15.15.2 Muster bei der DVD

Bei der Codierung der DVD werden in einem ersten Schritt die Informationen zu 12-reihigen "Datenframes" à 172 Bytes zusammengefasst. [150] Danach wird mit dem RS-PC der "ECC-Block" gebildet. Dazu werden 16 aufeinander folgende Frames zusammengefasst. Sie sind in 192 ($= 16 \cdot 12$) Reihen zu 172 Bytes angeordnet. An jede dieser Zeilen werden durch den "inneren" Code in zusätzlichen Spalten 10 Paritätsbytes angehängt ("Parity of Inner Code, PI") und an die so entstandenen Spalten der Länge 192 jeweils die 16 Paritätssymbole des "äußeren" Codes ("Parity of Outer Code, PO") hinzugefügt. Vor der Speicherung auf der DVD erfolgen weitere Verschachtelungen, Permutationen und Modulationen.[151]

LITERATUR:

Betten et al.[1998], Beth [1984], Blahut [1983], Furrer [1981], Jungnickel [1995], van Lint [1971], [1982], [1995], Duske & Jürgensen [1977], Heuser & Wolf [1986] §5,6, Hirzebruch [1989], Massey [1985], Pretzel [1992], The Open University [1982], Willems [1999], Zobel [1987].

Zur CD-Codierung: Hoeve et al. [1982], van Lint in Aigner & Behrends [2000] p.11-19, Willems [1999] p.27-29.

Zur DVD-Codierung: Distronics [2001], Hartmann [2002], McLaughlin et al. [2002], Philips Disc Systems [1999], Sieber [1997], Steinbrink [1997].

Zusammenfassung:

Sei $\mathcal{C}$ zyklischer Code der Länge n über $\mathrm{GF}(q)$ mit $\mathrm{ggT}(n, q) = 1$, und sei $g(X) \neq 1$ das Generatorpolynom von $\mathcal{C}$. Dann gilt (mit $s = \mathrm{ord}_{\mathrm{mod\ n}}(q)$):

- $g(X)$ zerfällt im Oberkörper $\mathrm{GF}(q^s)$ von $\mathrm{GF}(q)$ in Linearfaktoren, und die Nullstellen von $g(X)$ sind n-te Einheitswurzeln.

- $c(X) \in \mathcal{C} \iff c(\beta_1) = c(\beta_2) = \ldots = c(\beta_r) = 0$
  (für die Nullstellen β_i von g in $\mathrm{GF}(q^s)$).

- Ist $g(\alpha^b) = g(\alpha^{b+1}) = \ldots = g(\alpha^{b+d-2}) = 0$ für eine primitive n-te Einheitswurzel α über $\mathrm{GF}(q)$, so folgt $d_{\min}\mathcal{C} \geq d$ (**BCH-Schranke**).

---

[150]Die 2048 Byte Nutzdaten eines Frames folgen nicht sequentiell aufeinander, sondern sind mittels Feedback-Shift-Register verteilt. Ein Frame enthält insgesamt 2064 Byte.

[151]Aus einem ECC-Block entstehen die "Recording Frames", indem man nach 12 Zeilen Daten und PI eine Zeile des Parity Outer Code setzt. Dadurch liefert jeder ECC-Block 16 Recording Frames. Jedes (8-Bit-) Byte des Recording Frames wird nun bei der 8/16− Modulation in ein binäres 16 Bit - Wort derart umcodiert, dass sich wieder Lauflängen der Null zwische 2 und 10 ergeben.

Sei α primitive n-te Einheitswurzel über $GF(q)$ und $\text{ggT}(n,q) = 1$. Dann ist durch

$$\begin{pmatrix} 1 & \alpha^b & \ldots & \alpha^{(n-1)b} \\ 1 & \alpha^{b+1} & \ldots & \alpha^{(n-1)(b+1)} \\ \ldots & \ldots\ldots\ldots\ldots & & \\ 1 & \alpha^{b+d-2} & \ldots & \alpha^{(n-1)(b+d-2)} \end{pmatrix} \cdot c^T = 0$$

ein zyklischer (n,k)-Code $\mathcal{C}$ über $GF(q)$ mit $k \geq n - s(d-1)$ und $d_{\min}\mathcal{C} \geq d$ definiert (**BCH-Code** der Länge n zur Distanzschranke d). Für diesen gilt

- $c \in \mathcal{C} \iff c(\alpha^b) = \ldots = c(\alpha^{b+d-2}) = 0$ für $c \in GF(q)^n$.

- $g(X) := \text{kgV} \{ m^{(b+j)}(X) \mid j = 0, \ldots, d-2 \}$ ist das Generatorpolynom von $\mathcal{C}$; hierbei bezeichnet $m^{(i)}$ das Minimalpolynom von α^i.

Spezialfälle von BCH–Codes sind: **binäre zyklische Hamming-Codes, Reed-Solomon-Codes** und der **binäre Golay–Code** $\mathcal{G}_{23}$ (s. 15.13 !).
Bei der Fehlerkorrektur der Compact Disc wird ein Cross Interleaved Reed-Solomon Code (**CIRC**) verwandt, bei der der DVD ein Reed-Solomon Produktcode, **RS-PC** (s. 15.14 bzw. 15.15 !).

$16^{\triangle}$ Fouriertransformation und zyklische Codes

In der Elektrotechnik und in der Theorie der analogen Signalverarbeitung spielt die Fourier-Analyse eine bedeutende Rolle; (s. z.B. Niederdrenk [1984], Rupprecht [1982]). Die komplexwertigen Komponenten der (diskreten) Fouriertransformierten einer Funktion oder eines Vektors über $\mathbb{R}$ oder $\mathbb{C}$ können dabei als Frequenz-Anteile interpretiert werden.

In Analogie dazu lässt sich auf $\mathrm{GF}(q)^n$ eine Fouriertransformation ausführen. Dabei übernimmt eine n-te Einheitswurzel des Körpers die Rolle von $e^{-2\pi i/n}$. Diese Fouriertransformation eröffnet neue Perspektiven bei der Behandlung zyklischer Codes.

A) Diskrete Fouriertransformation (DFT)

16.1   DFT: Definition und erste Eigenschaften

(a) *Definition:*

Seien q eine Potenz der Primzahl p, weiter $t \in \mathbb{N}$ und o.B.d.A. $\mathrm{GF}(q) \subseteq \mathrm{GF}(q^t)$. Seien ferner n ein Teiler von $q^t - 1$ und $\alpha \in \mathrm{GF}(q^t)$ ein Element der Ordnung n, also primitive n-te Einheitswurzel über $\mathrm{GF}(q)$. Zu $v = (v_0, \ldots, v_{n-1}) \in \mathrm{GF}(q)^n$ definieren wir $\mathcal{T}v := V := (V_0, \ldots, V_{n-1}) \in \mathrm{GF}(q^t)^n$ durch

$$V_j := \sum_{i=0}^{n-1} \alpha^{j \cdot i}\, v_i \qquad (j = 0, \ldots, n-1).$$

Der Index i heißt dabei **"Zeit"** und v das Zeitsignal, der Zeitvektor. Der Index j wird **"Frequenz"** und V der Frequenzvektor oder das **Spektrum** genannt. $\mathcal{T}$ heißt *diskrete Fouriertransformation* (**DFT**)[152] von $\mathrm{GF}(q)^n$ in $\mathrm{GF}(q^t)^n$.

(b) **Linearität:**

Es gilt $\mathcal{T} : \mathrm{GF}(q)^n \longrightarrow \mathrm{GF}(q^t)^n$ ist eine lineare Abbildung mit Matrix

$$M = \begin{pmatrix} 1 & 1 & 1 & \ldots & 1 \\ 1 & \alpha & \alpha^2 & \ldots & \alpha^{n-1} \\ & & \ldots\ldots & & \\ 1 & \alpha^{n-1} & & \ldots & \alpha^{(n-1)^2} \end{pmatrix} = (\alpha^{ji})_{i,j \in \{0,\ldots,n-1\}}$$

(bzgl. der kanonischen Basen).

(c) **Beispiel (Fouriertransformation):**

Wir wählen $q = 2$, $t = 2$, $n = 3 = q^2 - 1$, $\mathrm{GF}(2) = \{0,1\} \subseteq \mathrm{GF}(4)$ und $1 \neq \alpha \in \mathrm{GF}(4)$ mit $\alpha^3 = 1 = \alpha^2 + \alpha$ (s. 13.4 b); wir erhalten:

$$\mathcal{T}(v_0, v_1, v_2) = \left(\sum_{i=0}^{2} v_i,\ \sum_{i=0}^{2} \alpha^i v_i,\ \sum_{i=0}^{2} \alpha^{2i} v_i \right) \in \mathrm{GF}(4)^3.$$

---

[152]Hierbei sind die Bezeichnungen in der Literatur nicht einheitlich !

(Dabei ist die erste Komponente der Wert der Paritätskontrolle über <u>alle</u> Komponenten des Zeitvektors.) Es ergibt sich die Tabelle 16.1 (vgl. dazu Bild 16.1 !).

Zeitvektor $v = v_0 v_1 v_2$	V_0	V_1	V_2	Frequenzvektor $V = V_0 V_1 V_2$
0 0 0	0	0	0	0 0 0
0 0 1	1	α^2	α	1 α^2 α
0 1 0	1	α	α^2	1 α α^2
0 1 1	0	$\alpha + \alpha^2$	$\alpha^2 + \alpha$	0 1 1
1 0 0	1	1	1	1 1 1
1 0 1	0	$1 + \alpha^2$	$1 + \alpha$	0 α α^2
1 1 0	0	$1 + \alpha$	$1 + \alpha^2$	0 α^2 α
1 1 1	1	$1 + \alpha + \alpha^2$	$1 + \alpha^2 + \alpha$	1 0 0
Gewichte		$\begin{matrix} v_0 & v_1 & v_2 \\ 1 & \alpha & \alpha^2 \end{matrix}$	$\begin{matrix} v_0 & v_1 & v_2 \\ 1 & \alpha^2 & \alpha \end{matrix}$	

Tabelle 16.1: Fouriertransformation von $GF(2)^3$ in $GF(4)^3$.

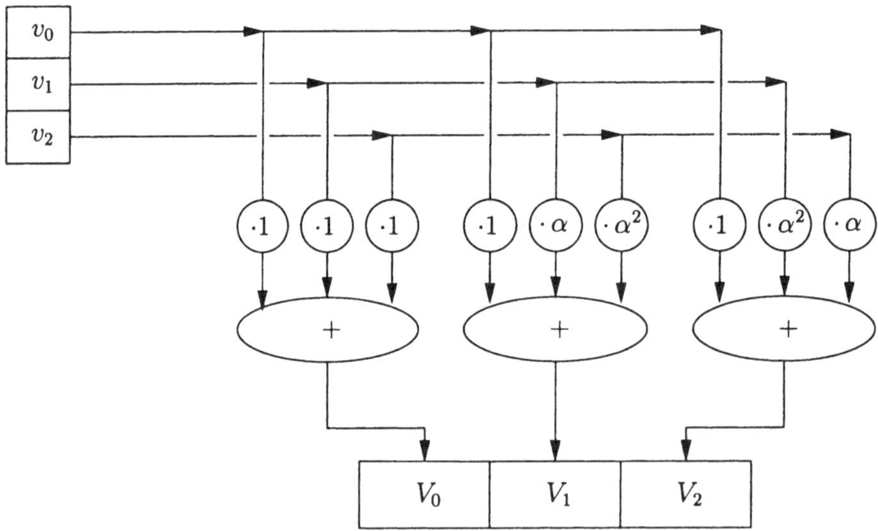

Bild 16.1: Fouriertransformation von $GF(2)^3$ in $GF(4)^3$ (schematisch).

Die Abbildung $\mathcal{T} : GF(2)^3 \longmapsto GF(4)^3$ mit $v \longmapsto V$ hat (bzgl. der kanonischen Basen) die Matrix

$$\begin{pmatrix} 1 & 1 & 1 \\ 1 & \alpha & \alpha^2 \\ 1 & \alpha^2 & \alpha \end{pmatrix}.$$

An Tabelle 16.1 sehen wir, dass $\mathcal{T}$ im vorliegenden Beispiel injektiv ist. Diese Eigenschaft hat eine DFT auch allgemein. Bei der Suche nach einer Umkehrfunktion kann man folgende für einen beliebigen Ring geltende Identität benutzen

$$X^n - 1 = (X - 1)(X^{n-1} + \ldots + X + 1).$$

(Beweisidee: Ausmultiplizieren der rechten Seite). Wegen $\alpha^n = 1$ ist jedes α^r mit $r \in \mathbb{Z}$ eine Nullstelle des Polynoms $X^n - 1$ über $\mathrm{GF}(q^t)$; damit folgt (aus der angegebenen Identität):

$$\alpha^r = 1 \text{ oder } \sum_{j=0}^{n-1} \alpha^{rj} = 0.$$

Mit etwas Probieren kommt man dann auf die Umkehrformel für $\mathcal{T}$ (s.u.). Um jedoch Urbild und Bild der Umkehrabbildung leichter angeben zu können, erweitern wir den Definitionsbereich $\mathrm{GF}(q)^n$ von $\mathcal{T}$.

16.2 Definition: Fortsetzung der Fouriertransformation

Die DFT $\mathcal{T}$ lässt sich zu einer (ebenfalls linearen) Abbildung $\hat{\mathcal{T}} : \mathrm{GF}(q^t)^n \longrightarrow \mathrm{GF}(q^t)^n$ fortsetzen (s. Bild 16.2); dabei kann $V = \hat{\mathcal{T}}v = (V_0, \ldots, V_{n-1})$ für beliebiges $v \in \mathrm{GF}(q^t)^n$ formal wie in 16.1 (a) definiert werden. Auch bei $\hat{\mathcal{T}}$ sprechen wir von einer *Fouriertransformation*, diesmal von einer diskreten Fouriertransformation (**DFT**) von $\mathrm{GF}(q^t)^n$ auf sich, und bei gegebenem $\mathcal{T}$ von der *Fortsetzung* $\hat{\mathcal{T}}$ von $\mathcal{T}$ auf $\mathrm{GF}(q^t)^n$. Die Matrix von $\hat{\mathcal{T}}$ ist gleich der in 16.1 (b) definierten Matrix $M = (\alpha^{ji})$.

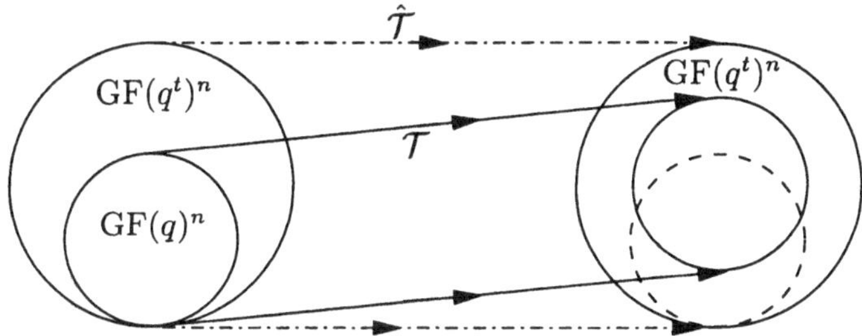

Bild 16.2: Urbild- und Bild bei der Fouriertransformation und ihrer Fortsetzung.

16.3 Satz: Umkehrung der Fouriertransformation

(a)

> Seien q, p, t, n und α wie in 16.1 und $\hat{\mathcal{T}}$ wie in 16.2 definiert! Ist dann
> $$V = (V_0, \ldots, V_{n-1}) = \hat{\mathcal{T}}v \in \mathrm{GF}(q^t)^n \text{ das Spektrum von } v = (v_0, \ldots, v_{n-1}),$$
> so gilt:
> $$v_i = \bar{n}^{-1} \sum_{j=0}^{n-1} \alpha^{-ij} V_j \quad (\text{für } i = 0, \ldots, n-1);$$
> hierbei bezeichnet $\bar{n}$ die Summe $1 + \ldots + 1$ mit n Summanden 1 aus $\mathrm{GF}(p) \subseteq \mathrm{GF}(q^t)$; die Inverse $\bar{n}^{-1}$ ist daher $\mod p$ zu bilden.

(Beweis s.u.!)

Anmerkung: Wegen $n|(q^t - 1)$ sind n und q teilerfremd, also gilt $\bar{n} \neq \bar{0}$, und es existiert die Inverse von $\bar{n}$.

(b)

$\mathcal{T}$ ist injektiv, und $\hat{\mathcal{T}}$ ist bijektiv. Daher existiert die Umkehrung (Inverse) $\hat{\mathcal{T}}^{-1}$ der Fouriertransformation $\hat{\mathcal{T}}$. Die Matrix von $\hat{\mathcal{T}}^{-1}$ (bzgl. kanonischer Basen) ist

$$M^{-1} = \bar{n}^{-1} \begin{pmatrix} 1 & 1 & 1 & \cdots & 1 \\ 1 & \alpha^{-1} & \alpha^{-2} & \cdots & \alpha^{-n+1} \\ & \cdots & \cdots & \cdots & \\ 1 & \alpha^{-n+1} & \cdots & \cdots & \alpha^{-(n-1)^2} \end{pmatrix} = \bar{n}^{-1}(\alpha^{-ij})_{i,j \in \{0,\dots,n-1\}} .$$

Der Beweis von 16.3 erfolgt nach folgendem Beispiel.

16.4   Beispiel: (Fortsetzung von 16.1 c)

Für $q = 2$, $n = 3$, $\alpha \in \mathrm{GF}(4)$ ist $\bar{n} = \bar{3} = \bar{1}$ und somit

$$\hat{\mathcal{T}}^{-1} : (V_o, V_1, V_2) \longmapsto \bar{1}^{-1}(\sum_{j=0}^{2} V_j, \ \sum_{j=0}^{2} \alpha^{-j}V_j, \ \sum_{j=0}^{2} \alpha^{-2j}V_j)$$

$$= (\sum_{j=0}^{2} V_j, \ V_0 + \alpha^2 V_1 + \alpha V_2, \ \sum_{j=0}^{2} \alpha^j V_j).$$

Damit ergibt sich die Tabelle 16.2 für die Vektoren aus dem Bild von $\mathcal{T}$:

Spektrum $V = V_0 V_1 V_2$	$v_0 = \Sigma V_j$	$v_1 = \Sigma\alpha^{2j}V_j$	$v_2 = \Sigma\alpha^j V_j$	Zeitvektor $v = v_0 v_1 v_2$
0 0 0	0	0	0	0 0 0
1 α^2 α	$1 + \alpha^2 + \alpha$	$1 + \alpha^4 + \alpha^2$	$1 + \alpha^3 + \alpha^3$	0 0 1
1 α α^2	$1 + \alpha + \alpha^2$	$1 + \alpha^3 + \alpha^3$	$1 + \alpha^2 + \alpha^4$	0 1 0
0 1 1	$0 + 1 + 1$	$\alpha^2 + \alpha$	$\alpha + \alpha^2$	0 1 1
1 1 1	$1 + 1 + 1$	$1 + \alpha^2 + \alpha$	$1 + \alpha + \alpha^2$	1 0 0
0 α α^2	$0 + \alpha + \alpha^2$	$\alpha^3 + \alpha^3$	$\alpha^2 + \alpha^4$	1 0 1
0 α^2 α	$0 + \alpha^2 + \alpha$	$\alpha^4 + \alpha^2$	$\alpha^3 + \alpha^3$	1 1 0
1 0 0	1	1	1	1 1 1

Tabelle 16.2: Umkehrung der Fouriertransformation von Tabelle 16.1.

Beweis von 16.3:

(a) Es ist

$$w_i := \bar{n}^{-1} \sum_{j=0}^{n-1} \alpha^{-ij}V_j = \bar{n}^{-1} \sum_{j=0}^{n-1} \alpha^{-ij}(\sum_{k=0}^{n-1} \alpha^{jk}v_k) =$$

$$\bar{n}^{-1} \sum_{j=0}^{n-1} \sum_{k=0}^{n-1} \alpha^{kj-ij}v_k = \bar{n}^{-1} \sum_{k=0}^{n-1} (\sum_{j=0}^{n-1} \alpha^{(k-i)j})v_k .$$

Die Ausdrücke $\sum_{j=0}^{n-1} \alpha^{rj}$ für $r = k - i$ haben wir schon berechnet (vor Definition 16.2); sie sind 0 außer für $\alpha^r = 1$; die letzte Gleichung ist aber nur erfüllt, falls n Teiler von r ist. Da hier $k - i \in \{-(n-1), \ldots, n-1\}$ gilt, ist dies nur für $r = 0$, also $k = i$ der Fall. Damit erhalten wir

$$w_i = \overline{n}^{\,-1}(0 + \ldots + 0 + \sum_{j=0}^{n-1} 1 \cdot v_i + 0 + \ldots + 0) = v_i \quad (\text{für } i \in \{0, \ldots, n-1\}).$$

(b) Somit ist $\hat{\mathcal{T}}$ injektive Abbildung von $\mathrm{GF}(q^t)^n$ in sich; wegen der Endlichkeit dieser Menge ist $\hat{\mathcal{T}}$ auch surjektiv, insgesamt also ein Vektorraum-Automorphismus. Als Einschränkung von $\hat{\mathcal{T}}$ auf $\mathrm{GF}(q)^n$ ist auch $\mathcal{T}$ injektiv. $\qquad\square$

16.5 Anmerkung und Definition: Spektralpolynom

In Abschnitt 13.2 hatten wir gesehen, dass sich ein Vektor $v = (v_0, \ldots, v_{n-1})$ auch als Polynom darstellen lässt: $v(X) = v_0 + v_1 X + \ldots + v_{n-1} X^{n-1}$. Wir nennen es auch *Zeit-* oder *Signal-Polynom*. Bei der Fouriertransformation geht dieses dann in das sogenannte *Spektral-Polynom* über, nämlich in

$$V(X) = V_0 + V_1 X + \ldots + V_{n-1} X^{n-1} \in \mathrm{GF}(q^t)[X].$$

Beispiel (Spektralpolynom) (Fortsetzung von (16.1 c): Zu $v = 101$, also $v(X) = 1 + X^2$, gehört das Spektrum $0 \, \alpha \, \alpha^2$, also das Spektralpolynom $V(X) = \alpha X + \alpha^2 X^2$.

Für die Anwendungen sind die beiden folgenden Sätze von Bedeutung.

16.6 Satz: Eigenschaften von Zeit- und Spektralpolynom

Für ein Polynom $v(X)$ und das zugehörige Spektralpolynom, also für $v(X) \in \mathrm{GF}(q^t)_n[X]$ und $V(X) = (\hat{\mathcal{T}}v)(X)$ gilt:

> (i) $v(\alpha^j) = V_j$,   insbesondere also:
>
> $v(X)$ hat α^j als Nullstelle genau dann, wenn $V_j = 0$ ist.
> (ii) $V(\alpha^{-i}) = \overline{n}\, v_i$,   damit auch:
>
> $V(X)$ hat α^{-i} als Nullstelle genau dann, wenn $v_i = 0$ ist.

Beweis:

(i) $\quad v(\alpha^j) \quad = \quad \sum_{i=0}^{n-1} v_i (\alpha^j)^i = V_j \qquad$ nach Definition 16.1 bzw. 16.2.

(ii) $\quad V(\alpha^{-i}) \quad = \quad \sum_{j=0}^{n-1} V_j (\alpha^{-i})^j = \overline{n} v_i \qquad$ nach Satz 16.3. $\qquad\square$

Auch die Multiplikation von Polynomen vereinfacht sich durch Übergang zu Spektren:

16.7   Faltungssatz

> Seien n Teiler von $q^t - 1$ und $\boldsymbol{u}, \boldsymbol{v}, \boldsymbol{w} \in \mathrm{GF}(q^t)^n$ sowie $\boldsymbol{U}, \boldsymbol{V}$ bzw. $\boldsymbol{W}$ ihre Bilder unter $\hat{\mathcal{T}}$. Dann sind folgende Aussagen äquivalent:
>
> (i) $\boldsymbol{u}(X) = \boldsymbol{v}(X) * \boldsymbol{w}(X)$.
>
> (ii) $u_i = \sum_{k=0}^{n-1} v_k w_{(i-k)}$ (Rechnung bei den Indizes modulo n) für $i = 0, \ldots, n-1$.
>
> (iii) $U_j = V_j \cdot W_j$ für $j = 0, \ldots, n-1$.

Beweis:

(a) Zur Äquivalenz von (i) und (ii) beachtet man:

$$
\begin{aligned}
\boldsymbol{v}(X) * \boldsymbol{w}(X) &= \sum_{k=0}^{n-1} v_k X^k * \sum_{\ell=0}^{n-1} w_\ell X^\ell \equiv \sum_{k,\ell=0}^{n-1} v_k w_\ell X^{k+\ell} (\bmod X^n - 1) \\
&\equiv \sum_{i=0}^{n-1} \sum_{k+\ell \equiv i (\bmod\ n)} v_k w_\ell X^i = \sum_{i=0}^{n-1} \Big(\sum_{k=0}^{n-1} v_k w_{(i-k)}\Big) X^i .
\end{aligned}
$$

(b) Die Äquivalenz von (ii) und (iii) ergibt sich folgendermaßen. Wir berechnen das Urbild $\boldsymbol{x} = x_0 \ldots x_{n-1}$ von $X = X_0 \ldots X_{n-1}$ mit $X_j = V_j \cdot W_j$ unter $\hat{\mathcal{T}}$. Es folgt

$$
\begin{aligned}
x_i &= \tfrac{1}{n} \sum_{j=0}^{n-1} \alpha^{-ji} X_j = \tfrac{1}{n} \sum_{j=0}^{n-1} \alpha^{-ji} V_j W_j = \tfrac{1}{n} \sum_{j=0}^{n-1} \alpha^{-ji} \Big(\sum_{k=0}^{n-1} \alpha^{jk} v_k\Big) W_j \\
&= \tfrac{1}{n} \sum_{j,k=0}^{n-1} \alpha^{j(k-i)} v_k W_j = \sum_{k=0}^{n-1} v_k \Big(\tfrac{1}{n} \sum_{j=0}^{n-1} \alpha^{-(i-k)j} W_j\Big) = \\
&= \sum_{k=0}^{n-1} v_k w_{(i-k)} \quad (i = 0, \ldots, n-1).
\end{aligned}
$$

Gilt nun (ii), so folgt $u_i = x_i$ für alle i, damit $U_j = X_j = V_j \cdot W_j$ und somit (iii). Umgekehrt impliziert (iii) $X_j = U_j$ für alle j, somit $x_i = u_i$, folglich (ii). $\square$

A 16.1

a) Zeigen Sie, dass $\overline{n} \cdot \hat{\mathcal{T}}^{-1}$ ebenfalls als Fortsetzung einer diskreten Fouriertransformation aufgefasst werden kann.

b) Leiten Sie damit aus 16.7 den folgenden **2. Faltungssatz** her:

> Sind $\boldsymbol{U} = \hat{\mathcal{T}} \boldsymbol{u}$, $\boldsymbol{V} = \hat{\mathcal{T}} \boldsymbol{v}$, $\boldsymbol{W} = \hat{\mathcal{T}} \boldsymbol{w}$, so gilt:
>
> $U_j = \tfrac{1}{n} \sum_{k=0}^{n-1} V_k W_{(j-k)} \ (j = 0, \ldots, n-1) \iff u_i = v_i \cdot w_i \ (i = 0, \ldots, n-1).$

c) Zeigen Sie mit b) folgende "**Parseval-Identität**" (s. z.B. Blahut [1983] p.210): Für alle Signalvektoren $\boldsymbol{f}$ und $\boldsymbol{g}$ und die zugehörigen Spektralvektoren $\boldsymbol{F}$ und $\boldsymbol{G}$ gilt:

$$
\sum_{i=0}^{n-1} f_i g_i = \frac{1}{\overline{n}} \sum_{k=0}^{n-1} F_{(n-k)} G_k .
$$

A 16.2 (vgl. Blahut l.c.)

$\{c_i\} \longleftrightarrow \{C_j\}$ bezeichne ein Fouriertransformationspaar, d.h. $C = C_0 \ldots C_{n-1}$ sei Spektrum von $c = c_0 \ldots c_{n-1}$. Zeigen Sie:

a) $\{c_{(j-1)}\} \longleftrightarrow \{\alpha^j C_j\}$ (zyklischer Shift)

b) $\{\alpha^j c_j\} \longleftrightarrow \{C_{(j+1)}\}$ (Modulation)

                           (Rechnung bei den Indizes mod n)

Literatur: Beth [1984], Blahut [1983], Massey [1985],[1998], Babovsky u.a.[1987].

B) Paritätsfrequenzen

Im Folgenden seien stets n und q teilerfremd. Mit $s = \mathrm{ord}_n q$ (z.B.) ergibt sich dann $n|(q^s - 1)$; (vgl. 15.10 (c)). Ist umgekehrt n Teiler von $q^t - 1$, so folgt $s|t$ (aus $q^{t-us} \equiv q^{t-us} \cdot q^{us} \equiv 1 \,(\mathrm{mod}\ n)$ für $u \in \mathbb{Z}$) und (o.B.d.A.) $\mathrm{GF}(q) \subseteq \mathrm{GF}(q^s) \subseteq \mathrm{GF}(q^t)$. Daher machen wir folgende

Generalvoraussetzung für den weiteren Verlauf dieses Paragraphen : n <u>teilt</u> $q^t - 1$.

Nach 15.10 (f) zerfällt dann bei einem zyklischen Code $\mathcal{C} \subset \mathrm{GF}(q)^n$ das Generatorpolynom $g(X)$ in $\mathrm{GF}(q^t)$ in paarweise verschiedene Linearfaktoren; seine Nullstellen sind dabei n-te Einheitswurzeln, also Potenzen einer primitiven n-ten Einheitswurzel α.

In Teil A) hatten wir die endliche Fouriertransformation kennen gelernt. Im Hinblick auf zyklische Codes ist Satz 16.6 von großer Bedeutung: $v(X)$ hat α^j als Nullstelle genau dann, wenn $V_j = 0$ ist; dabei bezeichnete V_j den Koeffizienten der j-ten Komponente des zu $v(X)$ gehörenden Spektralpolynoms $V(X)$. Wir erhalten somit:

16.8   Spektrale Charakterisierung zyklischer Codes

(a) *Spektrale Eigenschaften zyklischer Codes:*

> Seien $\mathcal{C}$ zyklischer Code der Länge n über $\mathrm{GF}(q)$ (mit Generatorpolynom $g(X) \neq 1$) und n Teiler von $q^t - 1$ sowie α eine primitive n-te Einheitswurzel.

> Dann zerfällt $g(X)$ über $\mathrm{GF}(q^t)$ in paarweise verschiedene Linearfaktoren, also
> $$g(X) = \prod_{i=1}^{r} (X - \alpha^{j_i})$$
> mit der Nullstellenmenge $\{\alpha^{j_1}, \ldots, \alpha^{j_r}\}$ von $g(X)$, und es gilt: $\mathcal{C}$ besteht genau aus den Wörtern aus $\mathrm{GF}(q)^n$, deren Frequenzvektor in den Komponenten $j_1, \ldots, j_r$ gleich 0 ist. $\{j_1, \ldots, j_r\}$ nennen wir die Menge <u>aller</u> **Paritätsfrequenzen** von $\mathcal{C}$.

Beweis: Da n Teiler von $q^t - 1$ ist und damit o.B.d.A. $\mathrm{GF}(q^s) \subseteq \mathrm{GF}(q^t)$ (s.o.), liegen die n-ten Einheitswurzeln über $\mathrm{GF}(q)$ in $\mathrm{GF}(q^t)$ (vgl. 15.10 (c)); mit $X^n - 1$ zerfällt nun auch der Teiler $g(X)$ in Linearfaktoren: $g(X) = \prod_{i=1}^{r}(X - \alpha^{j_i})$. Wie in 15.10(f) sieht man nun, dass $c(X)$ genau dann aus $\mathcal{C}$ ist, wenn $c(\alpha^{j_1}) = \ldots = c(\alpha^{j_r}) = 0$ gilt. Nach 16.6 (i) ist dies äquivalent zu $C_{j_1} = \ldots = C_{j_r} = 0$. $\qquad\square$

Anmerkung: Nach dem Übergang zum Spektrum lassen sich also Codewörter von den übrigen Wörtern trennen, indem man bestimmte Frequenzen "herausfiltert".

(b) Umkehrung

In Teil (a) ist der Code $\mathcal{C}$ gegeben, und man bestimmt zu ihm die Paritätsfrequenzen. Nun wählen wir umgekehrt eine Menge von Frequenzen aus und bestimmen dazu einen Code $\mathcal{C}$.

Gegeben sei eine Menge $\{j_1, \ldots, j_m\} \subseteq \{0, \ldots, n-1\}$ (und $n \mid q^t - 1$). Bezeichnet man mit $\mathcal{D}$ die Menge aller Spektralvektoren $\boldsymbol{V} \in \mathrm{GF}(q^t)^n$ *mit* $V_{j_1} = \ldots = V_{j_m} = 0$ und definiert

$$\mathcal{C} := \{\boldsymbol{c} \in \mathrm{GF}(q)^n \mid \mathcal{T}\boldsymbol{c} \in \mathcal{D}\} = \hat{\mathcal{T}}^{-1}\,\mathcal{D} \cap \mathrm{GF}(q)^n$$

(für die Fortsetzung $\hat{\mathcal{T}}$ der Fouriertransformation $\mathcal{T}$), dann ist $\mathcal{C}$ zyklischer Code. $j_1, \ldots, j_m$ heißen **definierende Paritätsfrequenzen von** $\mathcal{C}$.

Anmerkung:

1.) Nicht bei jeder Vorgabe der definierenden Paritätsfrequenzen ist das Urbild $\hat{\mathcal{T}}^{-1}\mathcal{D}$ von $\mathcal{D}$ unter der Fouriertransformation ausschließlich $\mathrm{GF}(q)$-wertig (– im Gegensatz zu $\hat{\mathcal{T}}^{-1}$ ist T^{-1} nicht auf ganz $\mathrm{GF}(q^t)^n$ definiert). Man muss daher noch den Durchschnitt mit $\mathrm{GF}(q)^n$ bilden.

2.) Wir werden unten (z.B. in 16.10) sehen, dass die Menge *aller* Paritätsfrequenzen von $\mathcal{C}$ durchaus eine echte Obermenge der Menge der definierenden Paritätsfrequenzen sein kann; die Forderung an den Code, dass $j_1, \ldots, j_m$ Paritätsfrequenzen sind, schließt nicht aus, dass alle Codewörter noch bei anderen Frequenzen Null sind, der Code also weitere Paritätsfrequenzen besitzt.

Beweis von b): Wir zeigen zunächst, dass $\mathcal{C}$ Unterraum von $\mathrm{GF}(q)^n$ ist. [153] Seien $\boldsymbol{c}, \boldsymbol{d} \in \mathcal{C}$ und $k \in K = \mathrm{GF}(q)$; es gilt nach 16.6 (i): $\boldsymbol{c}(\alpha^{j_i}) = 0 = \boldsymbol{d}(\alpha^{j_i})$ und damit $(\boldsymbol{c} + k\boldsymbol{d})(\alpha^{j_i}) = 0$ für $i = 0, \ldots, m$. Wieder wegen 16.6 ist $\boldsymbol{c} + k\boldsymbol{d} \in \mathcal{C}$. Zu zeigen bleibt $\boldsymbol{c}(X) * X \in \mathcal{C}$ für $\boldsymbol{c}(X) \in \mathcal{C}$. Sei also $\boldsymbol{c} = c_0 \ldots c_{n-1} \in \mathcal{C}$ und damit $C_j = \sum_{i=0}^{n-1} \alpha^{ji} c_i = 0$ für $j \in \{j_1, \ldots, j_m\}$. Dann gilt auch $0 = \alpha^j \cdot C_j =$

$$\sum_{i=0}^{n-1} \alpha^{j(i+1)} c_i = \sum_{i=1}^{n-1} \alpha^{ij} c_{i-1} + \alpha^{nj} c_{n-1} = c_{n-1} + \sum_{i=1}^{n-1} \alpha^{ij} c_{i-1} =: C_j^* \text{ für } j \in \{j_1, \ldots, j_m\}$$

(vgl. A 16.2). Nun sind aber C_j^* die Spektralkomponenten von $\boldsymbol{c}(X) * X$. Es ist damit $\boldsymbol{c}(X) * X$ aus $\hat{\mathcal{T}}^{-1}\mathcal{D}$ und aus $\mathrm{GF}(q)_n[X]$. Also ist $\mathcal{C}$ zyklischer Code über $\mathrm{GF}(q)$. $\square$

(c) Zusammenfassung:

Ein zyklischer Code besteht genau aus denjenigen Zeitvektoren, deren Spektren auf einer festen Menge von Frequenzen verschwindet.

Bevor wir untersuchen, unter welchen Bedingungen Urbilder von Frequenzvektoren in $\mathrm{GF}(q)^n$ liegen, behandeln wir Beispiele:

---

[153]Ein alternativer Beweis benutzt die Linearität von $\hat{\mathcal{T}}^{-1}$.

16.9 Beschreibung von BCH-Codes

> Die BCH-Codes über $\mathrm{GF}(q)$ der Länge n zur Distanzschranke d sind genau diejenigen Codes, die man gemäß 16.8 (b) erhält, wenn man als definierende Paritätsfrequenzen aufeinanderfolgende Komponentennummern $b, b+1, \ldots, b+d-2$ wählt.

Beweis: Genau für die Codewörter eines BCH-Codes $\mathcal{C}$ der Länge n über $\mathrm{GF}(q)$ gilt nach 15.12 (b) die Beziehung

$$c \in \mathcal{C} \iff c(\alpha^b) = \ldots = c(\alpha^{b+d-2}) = 0 \text{ für } c \in \mathrm{GF}(q)^n,$$

nach 16.6 also $c \in \mathcal{C}$ genau dann, wenn für $C = \mathcal{T}c$ die Komponenten $C_b, C_{b+1}, \ldots, C_{b+d-2}$ gleich 0 sind. Gemäß 16.8 (b) folgt nun mit $\mathcal{D} = \{V \in \mathrm{GF}(q^t)^n | V_b = \ldots = V_{b+d-2} = 0\}$ die

Aussage $\hat{\mathcal{T}}^{-1}\mathcal{D} \cap \mathrm{GF}(q)^n = \{c \in \mathrm{GF}(q)^n | C_b = \ldots = C_{b+d-2} = 0\} = \mathcal{C}.$ $\qquad\square$

16.10 Weitere Beispiele

(a) Fortsetzung des Beispiels 16.1 (c): Wir benutzen Tabelle 16.1 der Fouriertransformation von $\mathrm{GF}(2)^3$ in $\mathrm{GF}(4)^3$ und untersuchen, welche Codes $\mathcal{C}$ wir bei verschiedenen Mengen S von definierenden Paritätsfrequenzen erhalten. Es ergibt sich

— für $S = \emptyset$ der triviale Code $\mathcal{C} = \mathrm{GF}(2)^3$ selbst,
— für $S = \{0\}$ der Code $\mathcal{C} = \mathcal{T}^{-1}\{0\,0\,0,\ 0\,1\,1,\ 0\,\alpha\,\alpha^2,\ 0\,\alpha^2\alpha\}$
$\qquad\qquad\qquad = \{000,\ 011,\ 101,\ 110\}$ (Paritätscode),
— für S gleich $\{1\}, \{2\}$ oder $\{1,2\}$ der Wiederholungscode $\{000,\ 111\}$ und
— für S gleich $\{0,1\}, \{0,2\}$ oder $\{0,1,2\}$ der triviale Code $\{000\}$.

(b) Wir greifen das Beispiel des (7,4)-Hamming-Codes (von 15.6) mit Generatorpolynom $g(X) = 1 + X + X^3 \in \mathrm{GF}(2)[X]$ wieder auf. Sei α eine Nullstelle von $g(X)$ in $F = \mathrm{GF}(8)$; die multiplikative Gruppe F^* hat Primzahl-Ordnung 7 und wird daher von α ($\neq 0, 1$) erzeugt; insbesondere gilt also $\alpha^3 = \alpha + 1$ und $\alpha^7 = 1$.
(i) Das Polynom $g(X)$ hat die Nullstellen α, α^2 und α^4. Als Paritätsfrequenzen können wir daher 1, 2 und 4 wählen; (s. aber auch die Anmerkung (iii) gegen Ende dieses Beispiels!)
(ii) Die Fouriertransformation von $\mathrm{GF}(2)^7$ in $\mathrm{GF}(8)^7$ hat bzgl. (der kanonischen Basen) die Transformationsmatrix

$$M = \begin{pmatrix} 1 & 1 & 1 & 1 & & 1 \\ 1 & \alpha & \alpha^2 & \alpha^3 & \ldots & \alpha^6 \\ 1 & \alpha^2 & \alpha^4 & \alpha^6 & \ldots & \alpha^{12} \\ \vdots & & & & & \\ 1 & \alpha^6 & \alpha^{12} & \alpha^{18} & \ldots & \alpha^{36} \end{pmatrix};$$

(hierbei können die Exponenten von α wegen $\alpha^7 = 1$ noch modulo 7 reduziert werden). Die Vektoren c der durch $g(X)$, $X \cdot g(X), \ldots$ gegebenen Basis von $\mathcal{C}$ haben dann die Transformierten $c\,M$, die in Tabelle 16.3 angegeben sind. Dabei beachte man, dass der Verschiebung der Komponenten des Zeitvektors um k Plätze eine Multiplikation der j-ten Spektralkomponente mit α^{kj} entspricht.

Vektoren der Basismatrix	Fouriertransformierte						
1101000	1	$\underbrace{1+\alpha+\alpha^3}$	$\underbrace{1+\alpha^2+\alpha^6}$	$\underbrace{1+\alpha^3+\alpha^9}$	0	α^2	α
0110100	1	$\alpha\cdot 0$	$\alpha^2\cdot 0$	$\alpha^3\cdot\alpha^4$	$\alpha^4\cdot 0$	$\alpha^5\cdot\alpha^2$	$\alpha^6\cdot\alpha$
0011010	1	$\alpha^2\cdot 0$	$\alpha^4\cdot 0$	$\alpha^6\cdot\alpha^4$	$\alpha^8\cdot 0$	$\alpha^{10}\cdot\alpha^2$	$\alpha^{12}\cdot\alpha$
0001101	1	$\alpha^3\cdot 0$	$\alpha^6\cdot 0$	$\alpha^9\cdot\alpha^4$	$\alpha^{12}\cdot 0$	$\alpha^{15}\cdot\alpha^2$	$\alpha^{18}\cdot\alpha$

Tabelle 16.3: Basisvektoren zum Code von 16.10 (b) und ihre Fouriertransformierten.

Die Frequenzvektoren zu den Basisvektoren haben eine 0 in den Komponenten mit Index 1,2 und 4. Wegen der Linearität der Fouriertransformation gilt dies dann auch für alle Codevektoren. Da die Spektren für die anderen Frequenzen ungleich 0 sind, ist $\{1,2,4\}$ die volle Menge der Paritätsfrequenzen von $\mathcal{C}$, in Übereinstimmung mit (i); (vgl. 16.8 (a) !).

(iii) Allerdings reicht es schon aus, als Paritätsfrequenz allein 1 zu wählen, um den betrachteten Code zu erhalten. Dies hängt damit zusammen, dass das Minimalpolynom $g(X)$ von α auch α^2 und α^4 als Nullstellen hat und jedes Codepolynom teilt.

C) Urbild-Beschränkung und spektrale Form der BCH-Schranke

Konstruiert man einen Code $\mathcal{C}$ aus gegebenen Paritätsfrequenzen (s. Satz 16.8 (b)), so ist darauf zu achten, dass die Koordinaten der Codevektoren aus $\mathrm{GF}(q)$ und nicht aus $\mathrm{GF}(q^t)\backslash\mathrm{GF}(q)$ sind. Wir wollen uns daher jetzt Bedingungen ansehen, die diese Einschränkung automatisch bewirken.

16.11　Satz (Urbild-Beschränkung)

Sei $V = V_0\ldots V_{n-1}$ Wort der Länge n über $\mathrm{GF}(q^t)$ (mit n teilt $q^t - 1$) und $v = \hat{\mathcal{T}}^{-1}V$ das Urbild bzgl. Fouriertransformation. Genau dann hat v nur Koordinaten aus $\mathrm{GF}(q)$, wenn gilt:

$$(*) \quad V_{(qj)} = (V_j)^q \text{ für } j = 0,\ldots,n-1.$$

(Die Indizes $q\cdot j$ sind dabei modulo n zu reduzieren; das Ergebnis bezeichnen wir mit $(q\cdot j)$.)

Beweis: Sei zunächst $v = v_0\ldots v_{n-1}$ mit $v_i \in \mathrm{GF}(q)$ gegeben ($-$ insbesondere $v_i^q = v_i$) für $(i = 0,\ldots,n-1)$. Definitionsgemäß ist $\hat{\mathcal{T}}v = V$ mit $V_j = \sum_{i=0}^{n-1}\alpha^{ji}v_i$. Es folgt:

$$(V_j)^q = (\sum_{i=0}^{n-1}\alpha^{ji}v_i)^q = \sum_{i=0}^{n-1}\alpha^{qji}v_i^q = \sum_{i=0}^{n-1}(\alpha^{qj})^i v_i = V_{(qj)}(\text{ für } j = 0,\ldots,n-1).$$

Ist umgekehrt $(*)$ für V erfüllt, so gilt für $j = 0,\ldots,n-1$:

$$\sum_{i=0}^{n-1}\alpha^{qji}v_i^q = (\sum_{i=0}^{n-1}\alpha^{ji}v_i)^q = (V_j)^q = V_{(qj)} = \sum_{i=0}^{n-1}\alpha^{qji}v_i\,;$$

da q und n teilerfremd sind, ist die Abbildung $\mathbb{Z}_n \longrightarrow \mathbb{Z}_n$ mit $j \longmapsto (q \cdot j)$ bijektiv. Mit $k = (q \cdot j)$ folgt also $\sum_{i=0}^{n-1} \alpha^{ki} v_i^q = \sum_{i=0}^{n-1} \alpha^{ki} v_i$ für $k = 0, \ldots, n-1$ und damit $\hat{\mathcal{T}}(v_0 \ldots v_{n-1}) = \hat{\mathcal{T}}(v_0^q \ldots v_{n-1}{}^q)$. Aus der Injektivität von $\hat{\mathcal{T}}$ ergibt sich nun $v_i = (v_i)^q$ und somit $v_i \in \mathrm{GF}(q)$ für alle $i \in \{0, \ldots, n-1\}$. $\square$

16.12   Anwendung auf das Spektrum eines Codes

(a)
> Seien n ein Teiler von $q^t - 1$ und $\{j_1, \ldots, j_m\}$ eine Menge von definierenden Paritätsfrequenzen eines zyklischen Codes $\mathcal{C}$ der Länge n über $\mathrm{GF}(q)$.
>
> Dann besteht $\mathcal{C}$ aus der Menge aller $\boldsymbol{c} \in \mathrm{GF}(q)^n$, für deren Spektralkomponenten gilt:
> $$C_{j_1} = \ldots = C_{j_m} = 0 \text{ und } C_{(qj)} = (C_j)^q \text{ für } j = 0, \ldots, n-1.$$
> (An der Gültigkeit dieser Bedingungen sind damit die Spektren von Vektoren aus $\mathcal{C}$ unter den Elementen von $\mathrm{GF}(q^t)^n$ zu erkennen.)

Beweisskizze: Man wende 16.11 auf 16.8 an ! $\square$

(b) Aus Teil (a) folgt insbesondere (da $C_j = 0$ auch $C_{qj} = (C_j)^q = 0$ erzwingt):

> Ist j Paritätsfrequenz eines zyklischen Codes $\mathcal{C}$ über $\mathrm{GF}(q)$, so ist auch automatisch $(q \cdot j)$ Paritätsfrequenz von $\mathcal{C}$.

Diese Tatsache steht in Übereinstimmung damit, dass mit α^j auch $\alpha^{q \cdot j}$ Nullstelle des Generatorpolynoms $\boldsymbol{g}(X)$ von $\mathcal{C}$ ist. Wieder sind also nicht einzelne Nullstellen α^i von Interesse, sondern diejenigen zu den Bahnen (zyklotomischen Klassen mod n) [154] (vgl. 15.8 (f) !):

$$Z_i = \{i, qi, q^2 i, \ldots\} \quad \text{der Abbildung } \mathbb{Z}_n \longrightarrow \mathbb{Z}_n \text{ mit } x \longmapsto (x \cdot q) \bmod n, \text{ also:}$$

(c)
> Die Menge aller Paritätsfrequenzen eines zyklischen Codes ist Vereinigung von zyklotomischen Klassen   mod n.

(d) Auf diese Weise kann man wieder zyklische Codes gegebener Länge n bestimmen, ohne dass man $X^n - 1$ in irreduzible Faktoren zerlegen muss. Auch die Dimension eines solchen Codes $\mathcal{C}$ ist dann klar: Das Generatorpolynom von $\mathcal{C}$ hat die r Nullstellen $\alpha^{j_1}, \ldots, \alpha^{j_r}$, die der Menge $\{j_1, \ldots, j_r\}$ aller Paritätsfrequenzen von $\mathcal{C}$ entspricht, (vgl. 16.6 und 16.8). Es gilt also (vgl. 14.7 (i)):

> $$\dim{}_{\mathrm{GF}(q)} \mathcal{C} = n - r \text{ mit } r = \text{Anzahl aller Paritätsfrequenzen von } \mathcal{C}.$$

16.13   Beispiel

Wir übersetzen nun Tabelle 15.1, in der alle zyklischen Codes der Längen $n = 7$ über $K = \mathrm{GF}(2)$ aufgeführt sind, in Spektralsprechweise. Wieder sei α primitive 7-te Einheitswurzel

---

[154]Für einige Beispiele von n sind diese Klassen z.B. in Blahut[1983] p.213 aufgelistet.

mit Minimalpolynom $m(X) = 1 + X + X^3$. Mit $Z_0 = \{0\}$, $Z_1 = \{1, 2, 4\}$ und $Z_3 = \{3, 6, 5\}$) erhalten wir dann [155]

Menge aller Paritäts-Frequenzen von $\mathcal{C}$	Bedingung an die Spektralvektoren neben $C_j{}^q = C_{(qj)}$	Beschreibung von $\mathcal{C}$
$\emptyset$	$C_j \in \mathrm{GF}(8)^7$	K^7 (trivialer Code)
Z_0	$C_0 = 0$	Paritätskontrollcode ($\Sigma c_i = 0$)
Z_1	$C_1 = C_2 = C_4 = 0$	Hamming-Code $\mathcal{H}_3 = (1 + X + X^3) * K_7[X]$
Z_3	$C_3 = C_5 = C_6 = 0$	Hamming-Code $\tilde{\mathcal{H}}_3 = (1 + X^2 + X^3) * K_7[X]$
$Z_0 \cup Z_1$	$C_0 = C_1 = C_2 = C_4 = 0$	$(1 + X)(1 + X + X^3) * K_7[X]$ Wörter aus $\mathcal{H}_3$ mit geradem Gewicht
$Z_0 \cup Z_3$	$C_0 = C_3 = C_5 = C_6 = 0$	$(1 + X)(1 + X^2 + X^3) * K_7[X]$ Wörter aus $\tilde{\mathcal{H}}_3$ mit geradem Gewicht
$Z_1 \cup Z_3$	$C_j = 0$ für $j = 1, \ldots, 6$	Wiederholungscode der Länge 7
$Z_0 \cup Z_1 \cup Z_3$	$C = 0$	$\{0\}$ (trivialer Code)

Tabelle 16.4: Zyklische Codes der Länge 7 über $K = \mathrm{GF}(2)$ und ihre Paritätsfrequenzen (vgl. auch Tabelle 15.1!)

A 16.3 Man konstruiere einen (15,11)-Hamming-Code über den Frequenzbereich !

A 16.4 Sei Z_k eine zyklotomische Klasse mod n bzgl. q. Wir definieren ein Spektrum W durch $W_j = 0$ für $j \in Z_k$ und $W_j = 1$ sonst. Man zeige (vgl. Aufgabe A 14.7) :

a) Die inverse Fouriertransformierte w von W ist in $\mathrm{GF}(q)^n$, und für das Polynom $w(X)$ gilt: $w(X) = w(X)^2 \pmod{X^n - 1}$.

b) Jeder zyklische Code $\mathcal{C}$ besitzt ein eindeutiges Codewortpolynom $w(X)$ mit $w(X)^2 = w(X)$ und [$c(X) \in \mathcal{C}$ genau dann, wenn $c(X) = c(X) * w(X)$].

Wir gehen nochmals auf die BCH-Schranke ein (vgl. 15.11 !).

16.14   BCH-Schranke (spektrale Form)

> Enthält die Menge der Paritätsfrequenzen eines zyklischen Codes $\mathcal{C}$ ein Intervall[156]
>
> (a) $\{b, b+1, \ldots, b+d-2\}$ der Länge $d-1$ (mit $b \geq 0$, $2 \leq d \leq n$) ,
>
> so gilt: $d_{\min}(\mathcal{C}) \geq d.$

(Erneuter) **Beweis** (ohne Bezug auf 15.11; s. Beth [1984] p.51):
Sei $c \in \mathcal{C}$ und $C(X)$ das zugehörige Spektralpolynom; seien c und damit C ungleich 0. Wir verschieben nun (zyklisch) die gegebenen Komponenten 0 an das Ende von C; es ergibt sich ein Polynom $V(X) = X^u * C(X)$ (mit geeignetem u), dessen

---

[155]Man beachte z.B. : $C_2 = 0 \iff c(\alpha^2) = 0 \iff \alpha^2$ ist Nullstelle des Generatorpolynoms.

[156]evtl. mod n zu reduzieren

Koeffizienten mit den Nummern $n-1-(d-2),\ldots,n-1$ verschwinden; so hat $V(X)$ einen Grad g mit $g \le n-d$ und besitzt damit höchstens g Nullstellen, insbesondere höchstens g Nullstellen der Form α^{-i}. Solche Elemente sind Nullstellen von $X^n - 1$; wegen $V(X) = X^u * C(X) = X^u \cdot C(X) + k(X^n - 1)$ (mit geeignetem k) kann daher auch $C(X)$ nicht mehr als g Nullstellen der Form α^{-i} besitzen. Nach Satz 16.6(ii) hat c höchstens g Koordinaten gleich 0, also mindestens Gewicht $n-g \ge n-(n-d) = d$.

$\qquad\qquad\qquad\qquad\qquad\qquad\qquad\qquad\qquad\qquad\qquad\qquad\qquad\qquad\qquad$ $\square$

Eine alternative Formulierung von (a) für einzelne Vektoren lautet:

(b) | Hat ein Vektor aus $\mathrm{GF}(q)^n \setminus \{0\}$ ein Spektrum mit $d - 1$ (zyklisch) aufeinanderfolgenden Frequenzkomponenten 0, so ist sein Gewicht mindestens d.

Einen weiteren Beweis findet man in Blahut [1983] p.216.

D) Spektrales Codieren

16.15 Verfahren der spektralen Codierung

(i) Gemäß 14.14 kann man die Polynome $a(X)$ vom Grad $k - 1$ über $\mathrm{GF}(q)$ als Informationsträger wählen und (nicht-systematisch) durch Multiplikation mit dem Generatorpolynom $g(X)$ eines zyklischen (n,k)–Codes über $\mathrm{GF}(q)$ codieren zu $c(X) = a(X) * g(X)$. Ist nun n Teiler von $q^t - 1$, so kann man das Spektrum $G = G_0 \ldots G_{n-1}$ von g bestimmen und zu jedem a die Frequenzkomponenten $A_0, \ldots, A_{n-1}$. Aus 16.7 folgt dann für die Komponenten des Spektrums von

$$c(X) = a(X) * g(X) \text{ sofort } C_j = A_j \cdot G_j \ (j = 0, \ldots, n - 1).$$

Die Codierung kann hier nur durch zwei Fouriertransformationen und mehrere Multiplikationen in $\mathrm{GF}(q^t)$ geschehen. So wundert es nicht, dass andere spektrale Codiermethoden propagiert werden, nämlich solche, bei denen die Codierung direkt im Frequenzbereich stattfindet:

(ii) | Als Träger der Information werden gewisse Komponenten des *Spektrums* der Codewörter benutzt. Dabei sind die Bedingungen der Urbildbeschränkung zu beachten und die Paritätsfrequenzen von $\mathcal{C}$ zu respektieren, also: $C_{(q \cdot j)} = C_j{}^q$ für alle Frequenzen und $C_{j_1} = \ldots = C_{j_m} = 0$ für die Paritätsfrequenzen.

Wie geschieht das?

In jeder zyklotomischen Klasse $Z_j = \{j, qj, \ldots, q^{w-1}j\} \subseteq \{0, \ldots, n - 1\}$ kann man einen Index (z.B. j) auszeichnen, dessen zugehörige Komponente (C_j) später in gewissem Rahmen frei gewählt werden darf; diese Komponente C_j nennen wir (bedingt wählbare – s.u. –) **spektrale Informations-Komponente**. Die übrigen Werte $(C_{qj}, \ldots, C_{q^{w-1}j})$ ergeben sich dann aus der Bedingung $C_{(qj)} = C_j{}^q$; – wir nennen sie **obligatorische (Spektral-) Komponenten**.

Aber auch die Informationskomponenten sind durch diese Bedingung betroffen; hat nämlich Z_j die Mächtigkeit w, so folgt mit $j \equiv q^w j (\mathrm{mod}\ n)$ aus der Urbildbeschränkung:

$$C_j = C_{q^w j} = (C_{q^{w-1} j})^q = (C_{q^{w-2} j})^{q^2} = \ldots = C_j{}^{q^w}$$

Da man zeigen kann (s. A 16.5), dass q^w die Ordnung eines Teilkörpers von $\mathrm{GF}(q^t)$ ist, so folgt: $C_j \in \mathrm{GF}(q^w)$. Abgesehen von dieser Bedingung ist nun C_j frei wählbar; (Beweis ?) (s. Bild 16.3 !). (Eine Zusammenfassung erfolgt nach den Beispielen, s. 16.17 !).

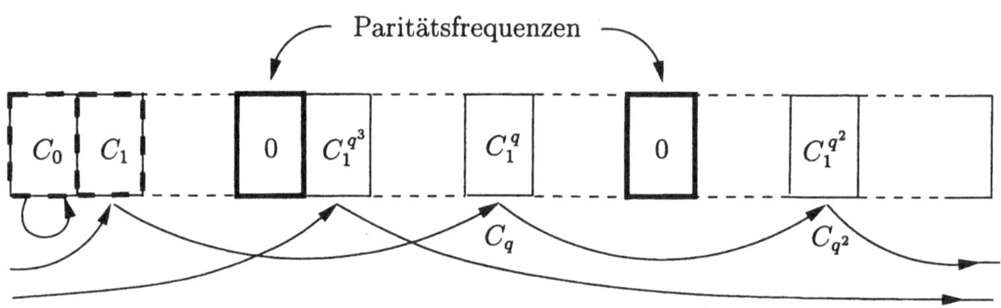

$$C_0 = C_0{}^q; \quad C_1 = C_1{}^{q^w}$$

Bild 16.3: Spektrale Codierung (exemplarisch: Informationskomponenten: ▯ obligatorische Komponenten: □ und Paritätsfrequenzkomponenten: ■).

A 16.5

Zeigen Sie:

(a) Die "Länge" w einer zyklotomischen Klasse Z_j modulo n bzgl. $\mathrm{GF}(q)$ teilt stets die Ordnung s von q modulo n (und damit t für $n|(q^t - 1)$).

Lösungshinweis: Aus $jq^w \equiv j$ und $jq^s \equiv j$ folgt $jq^{s-w} \equiv j$ (mod n).

(b) Bei einer Codierung im Frequenzbereich ist für eine Informationskomponente mit Frequenz j (und $|Z_j| = w$) der Wert zu beschränken durch $C_j \in \mathrm{GF}(q^w)$, und jedes solche C_j ist zulässig.

16.16   Beispiele

(i) $(7, 4)$−Hamming-Code $\mathcal{H}_3$

Wie in 16.13 sei α primitive 7-te Einheitswurzel über $K = \mathrm{GF}(2)$ mit Minimalpolynom $m(X) = 1 + X + X^3$ und $\mathcal{H}_3 = (1 + X + X^3) * K_7[X]$. Die Paritätsfrequenzen von $\mathcal{H}_3$ sind $1, 2$ und 4. Da $\{0\} \cup \{1, 2, 4\} \cup \{3, 5, 6\}$ die Zerlegung von $\{0, \ldots, 7\}$ in zyklotomische Klassen ist, kann man zum Beispiel frei wählen:

$$C_0 \ \text{mit} \ C_0^2 = C_0, \ \text{also} \ C_0 \in \mathrm{GF}(2)$$
$$C_3 \ \text{mit} \ C_3^8 = C_3, \ \text{also} \ C_3 \in \mathrm{GF}(8) \ \text{beliebig}.$$

Wir wählen nun $(1, \alpha, \alpha^2)$ als Basis von $\mathrm{GF}(8)$ als Vektorraum über $\mathrm{GF}(2)$. Jetzt ist $C_0 = a_0 + 0 \cdot \alpha + 0 \cdot \alpha^2$ und $C_3 = a_1 + a_2 \alpha + a_3 \alpha^2$ mit $a_0, a_1, a_2, a_3 \in \mathrm{GF}(2)$ wählbar. Bei der Codierung von $a_o a_1 a_2 a_3 \in \mathrm{GF}(2)^4$ ergibt sich dann das Schema von Bild 16.4.

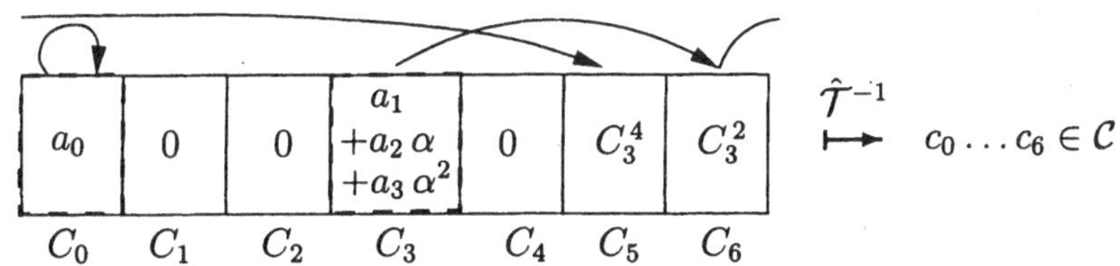

Bild 16.4: Codierung im Frequenzbereich mit einem (7,4)-Hamming-Code
Informationsbits: a_0, a_1, a_2, a_3
Paritätsfrequenzen: $1, 2, 4$

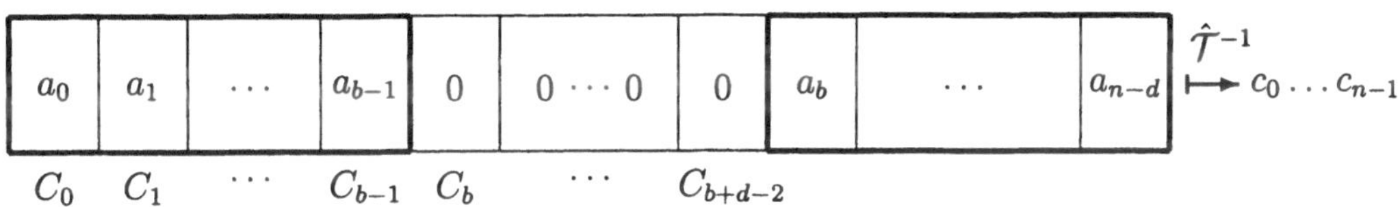

Bild 16.5: Codierung im Frequenzbereich mit einem Reed-Solomon-Code
Informationsbits: $a_0, \ldots, a_{n-d}$
Paritätsfrequenzen: $b, b+1, \ldots, b+d-2$

(ii) **Reed-Solomon-Code** (vgl. 15.13)

Beim RS-Code über $GF(q)$ der Länge $n = q - 1$ ist $s = 1$, also $GF(q^s) = GF(q)$. Urbild und Bild der DFT sind daher als $GF(q)^n$ wählbar. Nach Auswahl der Paritätsfrequenzen $b, b+1, \ldots, b+d-2$ (vgl. 16.9 !) sind keine Urbildbeschränkungen nötig: $C_{j \cdot q} = C_{j(n+1)} = C_j = C_j^q$. Die Situation ist in Bild 16.5 dargestellt:

(iii) **BCH-Code** mit Parametern $q = 2$, $n = 15$, $d = 5$, $b = 1$

Die Ordnung von 2 modulo n ist $s = 4$; die DFT geht daher (o.B.d.A) von $GF(2)^{15}$ in $GF(2^4)^{15}$. Die zyklotomischen Klassen sind nun

$$\begin{aligned}
Z_0 &= \{0\} &&\text{wählbar: } C_0\\
Z_1 &= \{\underline{1}, \underline{2}, \underline{4}, 8\} &&\text{Paritätsfrequenzen}\\
Z_3 &= \{\underline{3}, 6, 12, 9\} &&\text{Paritätsfrequenzen}\\
Z_5 &= \{5, 10\} &&\text{wählbar z.Bsp.: } C_5\\
Z_7 &= \{7, 14, 13, 11\} &&\text{wählbar z.Bsp.: } C_7;
\end{aligned}$$

als Bedingungen an die wählbaren Komponenten ergibt sich $C_0^2 = C_0$, $C_5^4 = C_5$, $C_7^{16} = C_7$, also $C_0 \in GF(2)$, $C_5 \in GF(4)$ und $C_7 \in GF(16)$.

Wir suchen nun eine Basis von $GF(16)$, die ein Element aus $GF(2)$ und ein Element aus $GF(4)$ enthält. Sei α ein erzeugendes Element von $GF(16) \backslash \{0\}$; dann gilt u.a. $(\alpha^5)^3 = \alpha^{15} = 1$; damit ist $\alpha^5 \in GF(4) \setminus GF(2)$. Wären die Elemente $1, \alpha, \alpha^5, \alpha^6$ linear abhängig über $GF(2)$, so folgte $k_1 \cdot 1 + k_2 \cdot \alpha^5 = k_3 \cdot \alpha + k_4 \cdot \alpha^6 = (k_3 + k_4\alpha^5)\alpha$ für geeignete $k_1, \ldots, k_4 \in GF(2)$, nicht alle k_i gleich 0; dann wäre $\alpha \in GF(4)$ – ein Widerspruch - oder $k_3 + k_4\alpha^5 = 0$, was nur für $k_3 = k_4 = 0 = k_1 = k_2$ möglich ist. Wir können daher $(1, \alpha, \alpha^5, \alpha^6)$ als Basis von $GF(16)$ vorgeben und $(1, \alpha^5)$ als Basis des Unterraums $GF(4)$ sowie (1) als Basis von $GF(2)$. Es ist dann wählbar:

$$
\begin{aligned}
C_0 &= a_0 \cdot 1 &+& \ 0 \cdot \alpha &+& \ 0 \cdot \alpha^5 &+& \ 0 \cdot \alpha^6 \\
C_5 &= a_1 \cdot 1 &+& \ 0 \cdot \alpha &+& \ a_2 \cdot \alpha^5 &+& \ 0 \cdot \alpha^6 \\
C_7 &= a_3 \cdot 1 &+& \ a_4 \cdot \alpha &+& \ a_5 \cdot \alpha^5 &+& \ a_6 \cdot \alpha^6
\end{aligned}
$$

mit $a_0 \ldots a_6 \in \mathrm{GF}(2)^7$ beliebig. Wir erhalten Bild 16.6.

Der Code ist übrigens ein Code der Dimension $15 - |Z_1| - |Z_3| = 7$ (vgl. 16.12), in Übereinstimmung mit der freien Wählbarkeit von $a_0 \ldots a_6$.

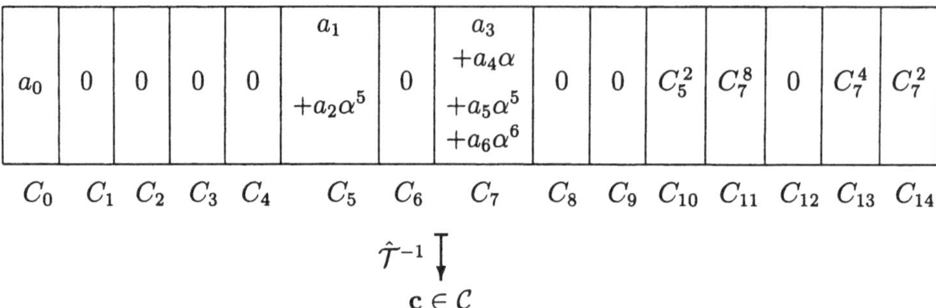

Bild 16.6: Codierung im Frequenzbereich bei einem binären (15,7)-BCH-Code
Information: $a_0 \ldots a_6 \in \mathrm{GF}(2)^7$

16.17   Zusammenfassung zum Codieren mittels Spektrum:

Nach der Wahl eines geeigneten zyklischen (n, k)-Codes $\mathcal{C}$ sind *vor der Codierung* zu bestimmen bzw. auszusuchen:

1. die verschiedenen zyklotomischen Klassen Z_ℓ und deren Längen w_ℓ.

2. die Menge aller Paritätsfrequenzen (Vereinigung aller Klassen, in denen eine definierende Paritätsfrequenz liegt).

3. die Informationsfrequenzen (aus jeder der übrigen Klassen Z_ℓ je ein Element j) und eine Basis von $\mathrm{GF}(q^{w_\ell})$ über $\mathrm{GF}(q)$ für jede solche Frequenz (– es muss ja $C_j \in \mathrm{GF}(q^{w_\ell})$ sein).

Die **Codierung** eines Wortes $a_0 \ldots a_k$, das die Information darstellt, geschieht dann folgendermaßen: Bestimmt wird ein Wort $C = C_0 \ldots C_{n-1}$ **im Frequenzbereich** [157]mit

- $C_j = 0$ für jede Paritätsfrequenz j.

---

[157]Auf die beschriebene Weise erhält man in $\mathrm{GF}(q^t)^n$ das Bild von $\mathcal{C}$ unter der linearen injektiven Abbildung $\mathcal{T}$; daher stimmt die Anzahl der frei aus $\mathrm{GF}(q)$ wählbaren Elemente mit der Dimension k von $\mathcal{C}$ über $\mathrm{GF}(q)$ überein.

- $C_j = \begin{pmatrix} a_{i+1} \\ \vdots \\ a_{i+w_e} \end{pmatrix}$ für jede Informationsfrequenz j

  (wobei a_{i+1} die erste noch nicht verwandte Komponente der Information sei, und $a_{i+1}, \ldots, a_{i+w_\ell}$ die Koordinaten von $C_j \in \mathrm{GF}(q^{w_\ell})$ als Vektor über $\mathrm{GF}(q)$ bzgl. der gewählten Basis bezeichnen).

- $C_{(q^u \cdot j)} = (C_j)^{q^u}$ für die obligatorischen Komponenten (mit mod n reduzierten Indizes).

Aus C erhält man nun das $a_0 \ldots a_k$ zugeordnete Codewort c als $c = \hat{\mathcal{T}}^{-1} C$.

Bei der **Decodierung** erfolgt die Fehlerkorrektur wie für $\mathcal{C}$ üblich. Der erhaltene Vektor $\tilde{c}$ wird dann fouriertransformiert und die Information aus den Informationskomponenten von $\mathcal{T}\tilde{c}$ zurückgewonnen.

A 16.6

Geben Sie eine Codierung im Frequenzbereich für einen binären BCH-Code der Länge $64 - 1$ zur Distanzschranke $d = 7$ an!

Literatur: Beth [1984], Blahut [1983], [1979], Massey [1985].

Zusammenfassung zu den Spektralvektoren eines Codes:

Sei $\mathcal{C}$ zyklischer Code der Länge n über $\mathrm{GF}(q)$ mit $n|(q^t - 1)$ und seien $\alpha^{j_1}, \ldots, \alpha^{j_r}$ alle Nullstellen des Generatorpolynoms von $\mathcal{C}$ in $\mathrm{GF}(q^t)$. Dann gilt (mit der Fouriertransformation $\hat{\mathcal{T}}$ aus Teil A):

$(*) \quad \hat{\mathcal{T}}(\mathcal{C}) = \{C \in \mathrm{GF}(q^t)^n \mid C_{j_1} = \ldots = C_{j_r} = 0 \ \wedge \ C_{(qj)} = C_j^q \text{ für } j = 0, \ldots, n-1\}.$

Die Menge $\{j_1, \ldots, j_r\}$ der Paritätsfrequenzen ist Vereinigung zyklotomischer Klassen mod n, und es gilt $C_j \in \mathrm{GF}(q^{w_j})$ für die Länge w_j der j enthaltenden zyklotomischen Klasse mod n (bzgl. q).
Umgekehrt wird durch $(*)$ ein zyklischer Code $\mathcal{C}$ beschrieben; dabei genügt es, aus jeder zyklotomischen Klasse der Paritätsfrequenzen von $\mathcal{C}$ ein Element als definierende Paritätsfrequenz vorzuschreiben; (– die anderen ergeben sich aus der Bedingung $C_{(qj)} = C_j{}^q$). (Rechnung bei den Indizes mod n .)

A 16.7 (Literaturaufgabe)

Alternativ zu den in diesem Kapitel behandelten Blockcodes finden in der Praxis auch Baum-Codes und unter ihnen "Faltungscodes" ("Convolutional Codes") zur fehlerkorrigierenden Übertragung Verwendung. Arbeiten Sie daher in der Literatur einen Abschnitt über diese Codes durch, z.B. in Blahut [1983] Kap. 12, van Lint [1982] Kap. 11 oder Heise & Quattrocchi [1989] §10 !

ANHANG zu Kap. III:

17　Codes und endliche Geometrien

In diesem Paragraphen wollen wir auf einige wenige der inzwischen häufigen Verbindungen zwischen Codes und endlichen geometrischen Strukturen eingehen.

A) Konstruktion von Steiner-Systemen aus perfekten Codes

In 2.1 hatten wir Wörter der Länge n über $\{0,1\}$ als charakteristische Funktionen interpretiert und so eine Zuordnung zu Teilmengen einer Menge M der Mächtigkeit n erreicht. Trägt nun M eine geometrische Struktur, sind also gewisse Teilmengen als "Geraden" oder "Blöcke" ausgezeichnet, so interessieren die Codewörter, die mit diesen in Beziehung gesetzt werden können. Wir definieren zunächst:

17.1　Inzidenzstrukturen

(i) **Definition**: Unter einer *Inzidenzstruktur* verstehen wir ein Tripel $I = (\mathcal{P}, \mathcal{B}, I)$ bestehend aus zwei nicht-leeren Mengen $\mathcal{P}$ und $\mathcal{B}$ sowie einer *"Inzidenzrelation"* $I \subseteq \mathcal{P} \times \mathcal{B}$. Die Elemente von $\mathcal{P}$ heißen *Punkte*, die von $\mathcal{B}$ *Blöcke;* statt $(P, b) \in I$ schreibt man $P\, I\, b$ (und benutzt geometrische Sprechweise: $\mathcal{P}$ liegt auf b, b geht durch P).

Beispiele (von Inzidenzstrukturen):

1. Jeder ungerichtete Graph $G = (V, E)$ ist eine Inzidenzstruktur durch die Setzung $\mathcal{P} := V$, $\mathcal{B} := E$ und $v I e :\Longleftrightarrow v \in e$.

2. Seien $\mathcal{P} := \{1, 2, 3\}$, $\mathcal{B} := \{b_1, b_2\}$, $I := \{(1, b_1), (1, b_2), (2, b_1), (2, b_2)\}$. Dann ist $(\mathcal{P}, \mathcal{B}, I)$ eine Inzidenzstruktur, bei der der Punkt 3 mit keinem Block inzidiert und die Punkte 1 und 2 beide auf b_1 und b_2 liegen.

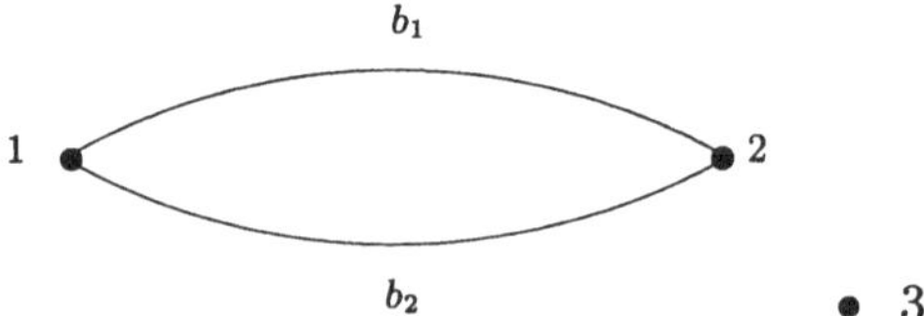

Bild 17.1: Inzidenzstruktur von Beispiel 17.1(2) (Graphische Darstellung)

3. **7−Punkte−Ebene** (Graphische Darstellung mit Punkten $P_i\,(\,\hat{=}\, i\,)$ der Zeichenebene; s. Bild 17.2):
   Sei $\mathcal{P} = \mathbb{N}_7$;　Elemente von $\mathcal{B}$ seien: $b_1 = \{1, 2, 4\}$, $b_2 = \{2, 3, 5\}$, $b_3 = \{3, 4, 6\}$, $b_4 = \{4, 5, 7\}$, $b_5 = \{1, 5, 6\}$, $b_6 = \{2, 6, 7\}$, $b_7 = \{1, 3, 7\}$; *Inzidenz I* sei wie folgt definiert: $P\, I\, b_i :\Longleftrightarrow P \in b_i$.

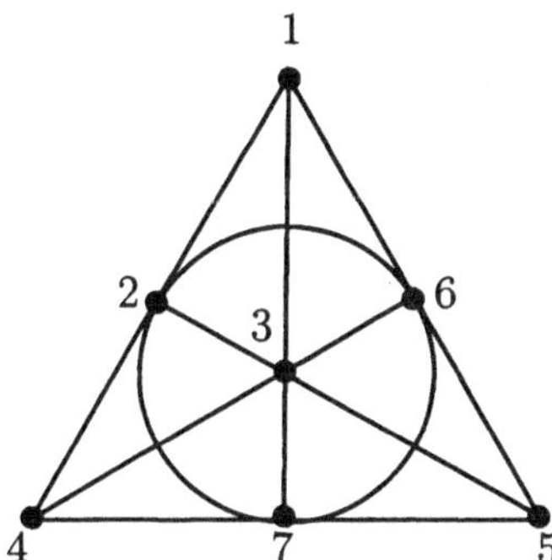

Bild 17.2:   7-Punkte-Ebene (graphische Darstellung)

4. Die **projektive Ebene** über einem Körper K:

$$\mathcal{P} := \text{Menge der } 1 - \text{dim Unterräume von } K^3$$
$$\mathcal{B} := \text{Menge der } 2 - \text{dim Unterräume}^{158} \text{ von } K^3$$
$$I : P \, I \, b \; :\Longleftrightarrow \; P \subseteq b$$

$\mathcal{I} = (\mathcal{P}, \mathcal{B}, I)$ heißt *projektive Ebene* über K. Bezeichnung von $\mathcal{I}$: PG$(2, K)$.

Anmerkung: Es gibt eine Bijektion von $\mathbb{N}_7$ auf die Menge der 7 Punkte von PG$(2, \text{GF}(2))$, bei der die Blöcke der 7-Punkte-Ebene (als Punktmengen) auf die Blöcke von PG$(2, \text{GF}(2))$ abgebildet werden. Bild 17.2 ist damit auch eine Darstellung der projektiven Ebene über GF(2).

(ii) Beschreibung durch eine **Inzidenzmatrix** :

Jede Inzidenzstruktur $\mathcal{I}$ mit endlichen Mengen $\mathcal{P}$ und $\mathcal{B}$ (sog. endliche Inzidenzstruktur) lässt sich durch eine Matrix $M(\mathcal{I})$ beschreiben. Eine solche Inzidenzmatrix erhält man (evtl. nach Nummerierung der Punkte und Blöcke) durch die Festsetzung:

$$M(\mathcal{I}) := (a_{P,b})_{P \in \mathcal{P}, b \in \mathcal{B}} \text{ mit } a_{P,b} = 1, \text{ falls } P \, I \, b \text{ gilt, und } a_{P,b} = 0 \text{ anderenfalls.}$$

Die Inzidenzmatrix bestimmt umgekehrt I weitgehend (bis auf "Isomorphie").

Fortsetzung des Beispiels 3 :

Die Inzidenzmatrix der 7-Punkte-Ebene ist in Bild 17.3 a) wiedergegeben.

17.2   Wörter als Inzidenzvektoren

a) Die Zeilen der Inzidenzmatrix einer Inzidenzstruktur sind Wörter der Länge $|\mathcal{B}|$ über $\{0, 1\}$; ebenso sind die Spalten Wörter der Länge $|\mathcal{P}|$. Die Zeile mit Nr. P gibt an, welche Blöcke mit dem Punkt P inzidieren; Zeilen wie Spalten heißen *Inzidenzvektoren.*

---

^{158}Die Elemente von $\mathcal{B}$ heißen auch *Geraden.*

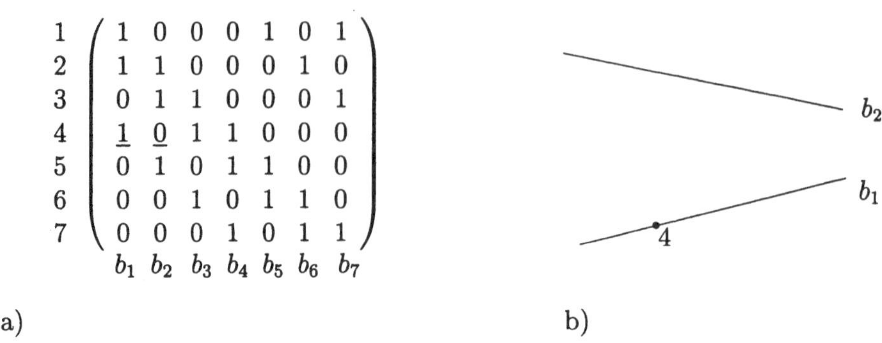

a)   b)

Bild 17.3: a) Inzidenzmatrix der 7-Punkte-Ebene (s. Bild 17.2)   b) Bedeutung der
          ersten beiden Einträge in Zeile 4 der Matrix aus a): $4\,I\,b_1$ und $4\,\not\!I\,b_2$.

b) Falls jeder Block $b \in \mathcal{B}$ durch seine Punktmenge eindeutig bestimmt ist (– dies ist
   im 1., 3. und 4. Beispiel zu 17.1 der Fall –), kann man b durch $b' := \{P \in \mathcal{P} \mid PIb\}$
   und I durch (die Menge–Element–Relation) $\in$ ersetzen; dann kann $\mathcal{I}$ mit $\mathcal{I}' =$
   $(\mathcal{P}, \mathcal{B}', \in)$ identifiziert werden. Der *Inzidenzvektor eines Blocks ist dann gerade die
   charakteristische Funktion des Blockes und als solche als Wort über* $\{0,1\}$ *auffassbar.*

c) Umgekehrt versteht man unter dem *Träger* eines Wortes $a_1 a_2 \ldots a_n \in \{0,1\}^n$ die
   Menge $T(a_1 \ldots a_n) = \{i \in \mathbb{N}_n \mid a_i \neq 0\}$ der Nummern der von 0 verschiedenen
   Komponenten (vgl. 2.1). (Hierbei ist $\mathbb{N}_n := \{1, \ldots, n\}$.)

d) Ist D Teilmenge eines Codes $\mathcal{C} \subseteq \{0,1\}^n$, so bildet $\mathbb{N}_n$ mit den Trägern der Wörter
   aus D eine Inzidenzstruktur, nämlich $(\mathbb{N}_n, \{T(a) \mid a \in D\}, \in)$.

17.3 Beispiel

Sei $\mathcal{H}$ der $(7,4)$-Hamming-Code aus 14.12 (b) und D die Menge aller Wörter aus $\mathcal{H}$ vom
Gewicht 3. Zu D gehören zunächst die Zeilen der in 14.12 (b) gewählten Basismatrix G

$$
\begin{aligned}
c_1 &= 1011000 &\longleftrightarrow\quad T(c_1) &= \{1,3,4\} &= \hat{b}_4 \\
c_2 &= 0101100 &\longleftrightarrow\quad T(c_2) &= \{2,4,5\} &= \hat{b}_3 \\
c_3 &= 0010110 &\longleftrightarrow\quad T(c_3) &= \{3,5,6\} &= \hat{b}_2 \\
c_4 &= 0001011 &\longleftrightarrow\quad T(c_4) &= \{4,6,7\} &= \hat{b}_1 \,,
\end{aligned}
$$

ferner die (durch zyklische Permutation gewonnenen) Linearkombinationen

$$
\begin{aligned}
c_5 &= 1000101 = c_1 + c_3 + c_4 &\longleftrightarrow\quad T(c_5) &= \{1,5,7\} &= \hat{b}_7 \\
c_6 &= 1100010 = c_1 + c_2 + c_3 &\longleftrightarrow\quad T(c_6) &= \{1,2,6\} &= \hat{b}_6 \\
c_7 &= 0110001 = c_2 + c_3 + c_4 &\longleftrightarrow\quad T(c_7) &= \{2,3,7\} &= \hat{b}_5.
\end{aligned}
$$

Wie wir gleich sehen werden, ist $D = \{c_1, \ldots, c_7\}$. Die zugehörige Inzidenzstruktur ist
strukturgleich zur 7-Punkte-Ebene: Wir erhalten Bild 17.2 durch die Zuordnung

$i \longleftrightarrow P_{8-i}$ $(i = 1, \ldots, 7)$. [159] Wir betrachten die verbleibenden Wörter von $\mathcal{C}$: Zu ihnen gehört neben $00 \ldots 00$ auch $e := c_1 + c_2 + c_4 = 1111111$ und damit $e + c_i$ $(i = 1, \ldots 7)$. Diese Wörter $e + c_i$ haben das Gewicht $(7 - 3 =)4$ und entsprechen in der 7-Punkte-Ebene den Komplementen der Geraden $\hat{b}_j$ $(j = 1, \ldots, 7)$. Aus Anzahlgründen erhalten wir nun

$$\mathcal{C} = \{00 \ldots 0, \ 11 \ldots 1\} \ \dot{\cup} \ D \ \dot{\cup} \ (11 \ldots 1 + D).$$

Wie wir wissen, ist jeder binäre Hamming-Code perfekt (s. 12.1 (e)). Bei perfekten Codes kann man nun Beispiel 17.3 verallgemeinern: Man betrachtet Codewörter minimalen Gewichts. Die zugehörigen Inzidenzstrukturen haben besondere Symmetrie-Eigenschaften:

17.4 Definition: t-Design

Eine endliche Inzidenzstruktur $\mathcal{D} = (\mathcal{P}, \mathcal{B}, I)$ heißt t-*Design* (für $t \in \mathbb{N}$), falls natürliche Zahlen k und λ_t existieren derart, dass gilt:

(i) Je t Punkte inzidieren mit genau λ_t Blöcken.

(ii) Jeder Block inzidiert mit genau k Punkten.

Ist $v := |\mathcal{P}|$, so spricht man bei $\mathcal{D}$ genauer von einem $t - (v, k, \lambda_t) - Design$, im Falle $t = 2$ von einem **Blockplan**, für $t = 1$ von einer **taktischen Konfiguration** und, falls $\lambda_t = 1, t \geq 2$, von einem **Steiner-System**.

A 17.1
Sei $\mathcal{D}$ ein $t - (v, k, \lambda_t)$–Design mit $t \geq 2$; dann ist $\mathcal{D}$ auch ein $(t - 1) - (v, k, \lambda_{t-1})$–Design mit $\lambda_{t-1} = \lambda_t(v - t + 1)(k - t + 1)^{-1}$. Zeigen Sie dies! *Lösungshinweis:* Betrachten Sie die Menge der Blöcke durch einen festen Punkt P !

A 17.2
(a) Beweisen Sie für die "Parameter" $b = |\mathcal{B}|$, $r := \lambda_1$, $v = |\mathcal{P}|$ und $k = |B|$ für $B \in \mathcal{B}$ einer taktischen Konfiguration die Gleichung $b \cdot k = r \cdot v$!
(b) Betrachten Sie die Menge der Blöcke eines Blockplans $\mathcal{D}$, die durch einen festen Punkt gehen, und folgern Sie für $\mathcal{D}$ die Gleichung $r \cdot (k - 1) = \lambda_2 \cdot (v - 1)$.

Literaturhinweise zu t-Designs: Assmus & Key [1992], [1996], Beth, Jungnickel & Lenz [1999], Beutelspacher [1982], Cameron & van Lint [1975], Hughes & Piper [1985], Lüneburg [1971], MacWilliams & Sloane [1977], p. 58ff, Pless [1982] §9, Dembowski [1968].

17.5 Satz: Steiner-Systeme aus perfekten Codes

> Sei $\mathcal{C}$ ein *perfekter* Block-Code der Länge n über GF(2) mit $d_{\min}(\mathcal{C}) = 2e + 1$ und $\mathbf{0} \in \mathcal{C}$. Jedem Vektor $c \in \mathcal{C}$ mit $w(c) = 2e + 1$ sei sein Träger[160] $\hat{c} = T(c)$ zugeordnet; ferner sei $\mathcal{B} = \{\hat{c} \mid c \in \mathcal{C} \text{ und } w(c) = 2e + 1\}$.
> Dann gilt: $(\mathbb{N}_n, \mathcal{B}, \in)$ ist ein $(e + 1) - (n, \ 2e + 1, \ 1)$ –Steiner-System.

---

[159] Man beachte auch, dass die Wörter c_i die von unten nach oben gelesenen Spaltenvektoren der Inzidenzmatrix des Beispiels 3 (s. 17.1 (ii)) sind.
[160] also die Teilmenge von $\mathbb{N}_n = \{1, \ldots, n\}$, deren Inzidenzvektor c ist, s.o.

Beweisskizze: Offensichtlich ist $|\mathcal{P}| = v = n$ und $|\hat{c}| = k = 2e + 1$. Zu zeigen bleibt, dass jede Menge M von $e + 1$ Punkten von $\mathbb{N}_n$ genau auf einem Block liegt.

(i) *Existenz des "Verbindungsblocks"*:

Das zu M gehörende Wort v liegt – wegen der Perfektheit von $\mathcal{C}$ – in einer Kugel vom Radius e um ein Codewort c; dabei ist $c \in \mathcal{C}$ eindeutig bestimmt ($\mathcal{C}$ ist ja e-fehlerkorrigierend) und ungleich $\mathbf{0}$ (, wie sich aus $d(\mathbf{0}, v) = e + 1$ ergibt). Wegen $d(\mathbf{0}, c) \geq 2e + 1$ hat c mindestens e Einsen mehr als v; es folgt $w(c) = 2e + 1$ und damit, dass die Stellen mit Eintrag 1 von v unter denen von c vorkommen. Insgesamt haben wir also $\hat{v} \subseteq \hat{c} \in \mathcal{B}$.

(ii) *Eindeutigkeit des "Verbindungsblocks"* :

Ist umgekehrt $\hat{v} \subseteq \hat{c}_1 \in \mathcal{B}$, so folgt $d(v, c_1) = (2e + 1) - (e + 1) = e$ und (für obiges c) damit $v \in K_e(c_1) \cap K_e(c)$, woraus sich $c_1 = c$ ergibt. $\qquad\qquad \square$

Anmerkung: Die Beobachtung des Satzes liefert zusammen mit A 17.1 und A 17.2 Einschränkungen für die möglichen Parameter perfekter Codes. Dies war bei der Bestimmung aller perfekten Codes durch Tietäväinen und van Lint (s. 10.10 (a)) hilfreich.

17.6   Beispiele

(i) Die Codewörter vom Gewicht 3 in einem $(2^r - 1,\ 2^r - 1 - r)$-Hamming-Code führen zu einem $2 - (2^r - 1,\ 3,\ 1)$–Design. (Ein Steiner-System mit $k = 3$ und $t = 2$ heißt *Steiner-Tripel-System.*) Im Spezialfall $r = 3$ erhalten wir die 7-Punkte-Ebene (s. 17.3).

(ii) Der binäre Golay-Code $\mathcal{G}_{23}$ ist nach 15.13 (d) ein 3-perfekter $(23, 12)$-Code. Seine Wörter vom Gewicht 7 liefern ein $4 - (23, 7, 1)$–Steiner-System $\mathcal{W}_{23}$. Dies ist eines der von Witt und Carmichael gefundenen Designs, die **Witt-Designs** genannt werden. Die Erweiterung von $\mathcal{G}_{23}$ (s. 12.2) liefert einen binären $(24, 12)$–Code, dessen Codewörter vom Gewicht 8 (Oktaden), wie man zeigen kann, ein $5 - (24, 8, 1)$–Design $\mathcal{W}_{24}$ bestimmen; auch dies ist ein Witt-Design.

Beide Designs haben unter anderem dadurch Beachtung gefunden, dass auf ihnen besonders interessante Gruppen "operieren", nämlich die "**Mathieu-Gruppen**" M_{23} auf $\mathcal{W}_{23}$ und M_{24} auf $\mathcal{W}_{24}$. Außerdem besteht eine Verbindung zum sogenannten **Leech-Gitter**, einer besonders dichten Kugelpackung in $\mathbb{R}^{24}$.

Literaturhinweise: Assmus & Key [1992],[1996], Cameron & van Lint [1975], van Lint [1971] 5.2, MacWilliams & Sloane [1977] Kap. 2 und 20, Pless [1982] §10, Assmus & Mattson [1967], und zu den Witt-Designs zusätzlich: Beth, Jungnickel & Lenz [1999] Kap. IV, Beutelspacher [1982] 2.4, Hughes & Piper [1985].

Teil A zusammenfassend können wir feststellen, dass die Codewörter minimalen Gewichts bei binären **perfekten Codes** zu **Steiner-Systemen** führen, die auch in anderen mathematischen Gebieten von Interesse sind. Außerdem erlauben es Bedingungen, denen die Parameter solcher Systeme genügen, Einschränkungen für die Parameter perfekter Codes anzugeben.

Wir vermerken noch, dass der ternäre Golay-Code (cf. 10.10) als 2-perfekter Code ebenfalls zu einem Steiner-System führt, nämlich zu einem $4 - (11, 5, 1)$-Design, dem Witt-Design

$\mathcal{W}_{11}$. Die Erweiterung des ternären Golay-Codes führt zu einem $5-(12,6,1)$-Design, dem Witt-Design $\mathcal{W}_{12}$. Wiederum operieren auf diesen Strukturen Mathieu-Gruppen, hier M_{11} und M_{12}.

Schließlich weisen wir noch darauf hin, dass umgekehrt zur vorstehenden Betrachtungsweise auch bei der Untersuchung von Designs immer öfter Codes herangezogen werden, z.B. der von den Zeilen einer Inzidenzmatrix *erzeugte* Code, manchmal auch nur die Zeilen allein als Menge der Codewörter. Im letzteren Fall erhält man dann einen nicht-linearen Code mit gleichgewichtigen Wörtern, einen "constant weight code".

B) MDS-Codes und Bögen

Bei einem anderen Ansatz, Codes und endliche Geometrie in Bezug zu setzen, werden die Spalten der Kontrollmatrix bzw. die Spalten (nicht die Zeilen) der Basismatrix mit Punkten eines projektiven Raumes in Verbindung gebracht.

17.7 Definition: Projektiver Raum über K

Sei V ein $(n+1)$−dimensionaler Vektorraum[161] über dem Körper K und $\mathcal{U}(V)$ die Menge der Unterräume von V. Dann heißt $\mathrm{PG}(n,K) := (\mathcal{U}(V), \subseteq)$ *projektiver Raum über K* der geometrischen (!) Dimension n; die 1-dimensionalen Unterräume heißen dann *Punkte* von $\mathrm{PG}(n,K)$, die 2-dimensionalen heißen *Geraden*, die 3-dimensionalen *Ebenen*; allgemein werden die $(k+1)$−dim Unterräume von V als Unterräume der geometrischen Dimension k bezeichnet. Bei Enthaltensein spricht man von Inzidenz (und benutzt geometrische Sprechweise, z.B.: Der Punkt $P = sK$ liegt auf der Geraden $g = sK + tK$).

Anmerkungen:
a) Diese Begriffsbildung verallgemeinert den Fall der projektiven Ebene über K (vgl. 17.1 (i)4.) auf andere endliche Dimensionen.
b) Nimmt man aus einem n−dim projektiven Raum einen Unterraum der geometrischen Dimension $n-1$ heraus, so ist das Restgebilde im wesentlichen ein n−dim "affiner Raum" über demselben Körper. Umgekehrt lässt sich ein n-dim "affiner Raum" über K durch Hinzunahme "unendlich-ferner" Elemente zu einem Gebilde erweitern, das inzidenzgeometrisch $\mathrm{PG}(n,K)$ entspricht (cf. z.B. Dembowski [1968] 1.4, Berger [1987]).

17.8 Kontrollmatrix und Punkte eines projektiven Raums

(a) Wir betrachten nun die $r \times n$−Kontrollmatrix H eines linearen (n,k)-Codes (mit $k = n - r$) über K. Den Spalten $s_1, \ldots, s_n$ ordnen wir die Punkte $P_1 = s_1 K, \ldots,$ $P_n = s_n K$ des projektiven Raums $\mathrm{PG}(r-1,K)$ zu.

(b) **Beispiele:**

$$(i) \quad H = \begin{pmatrix} 1 & 1 & 1 & 1 & 0 & 0 \\ 0 & 1 & \alpha & \beta & 0 & 1 \\ 0 & 1 & \beta & \alpha & 1 & 0 \end{pmatrix} \text{ mit } K = \{0,1,\alpha,\beta\} = \mathrm{GF}(4), \text{ vgl. } 13.4\,(b),$$

---

[161]s. Anhang C

bestimmt die folgenden Punkte der projektiven Ebene PG(2, GF(4)):

$$\begin{pmatrix} 1 \\ 0 \\ 0 \end{pmatrix} K \,,\; \begin{pmatrix} 1 \\ 1 \\ 1 \end{pmatrix} K \,,\; \begin{pmatrix} 1 \\ \alpha \\ \beta \end{pmatrix} K \,,\; \begin{pmatrix} 1 \\ \beta \\ \alpha \end{pmatrix} K \,,\; \begin{pmatrix} 0 \\ 0 \\ 1 \end{pmatrix} K \,,\; \begin{pmatrix} 0 \\ 1 \\ 0 \end{pmatrix} K \;;$$

(ii) Zur Kontrollmatrix des $(7,4)$-Hamming-Codes gehören alle Punkte der 7-Punkte-Ebene.

A 17.3 Beweisen Sie:

Sei $\mathcal{C}$ ein (n,k)−Code über K mit $r \times n$−Kontrollmatrix H und $r \geq 3$. Dann ist $d_{\min}(\mathcal{C}) \geq 4$ genau dann, wenn für die den Spalten $s_1, \ldots, s_n$ von H zugeordneten Punkte $P_1, \ldots, P_n$ des projektiven Raumes $\mathrm{PG}(r-1, K)$ gilt:

$(*)$ Keine 3 der Punkte $P_1, \ldots, P_n$ liegen auf einer Geraden[162].

17.9   Kontrollmatrizen und Ovale

Beschränken wir uns zunächst auf $r = n - k = 3$ (– dann ist bei festem n die Dimension von $\mathcal{C}$ relativ groß) ! In diesem Fall liegen die zu betrachtenden Punkte in der projektiven Ebene PG$(2, K)$. Für endliche projektive Ebenen sind maximale Punktmengen $\mathcal{O}$ der Eigenschaft $(*)$ von A 17.3 untersucht worden (Qvist, s.z.B. Beutelspacher [1983] Kap. 7). Es folgt (mit $K = \mathrm{GF}(q)$):

- $$n \leq q + 1 \,, \text{ falls } q \text{ ungerade ist.}$$

Eine Menge $\mathcal{O}$ von $n = q + 1$ Punkten[163] der Eigenschaft $(*)$ heißt **Oval** ; Segre zeigte, dass jedes Oval bei ungeradem q ein Kegelschnitt ist, also durch eine Gleichung 2.Grades beschrieben werden kann. [164]

- $$n \leq q + 2 \,, \text{ falls } q \text{ Zweierpotenz ist;}$$

Bei Gleichheit spricht man von einem **Hyperoval** .

Damit liefern diese geometrischen Überlegungen u.a. Schranken für n. Umgekehrt kann man aus (bekannten Standard-) Gleichungen 2. Grades Ovale gewinnen (und im geraden Fall durch einen weiteren Punkt ergänzen) und so Codes mit $d \geq 4$ und $r = 3$ konstruieren.

A 17.4

Zeigen Sie, dass die in 17.8 Beispiel b(i) angegebenen Punkte ein Hyperoval bilden (Goppa [1988] Kap. I. §6). Finden Sie die Gleichung 2. Grades, der die Koordinaten x_1, x_2, x_3 der ersten 5 Punkte genügen !

Nun betrachten wir Codes mit $d_{\min}(\mathcal{C}) \geq 5$.

---

[162]Die Punkte $P_1, \ldots, P_n$ bilden dann also eine sogenannte Kappe (engl.: cap).

[163]Alternativ zur Anzahlbedingung $n = q + 1$ kann man auch fordern, dass in jedem Punkt $X \in \mathcal{O}$ genau eine Tangente an $\mathcal{O}$ existiert, also eine Gerade t_X mit $t_X \cap \mathcal{O} = \{X\}$.

[164]Ein Beispiel eines Ovals erhält man durch $\{(t^2, t, 1)K \mid t \in K\} \cup \{(1, 0, 0)K\}$.

17.10   Hilfsatz: Codes mit $d_{\min} \geq 5$

Ist $\mathcal{C}$ ein linearer Code über K mit $r \times n$-Matrix H und $r \geq 4$, dann ist $d_{\min}(\mathcal{C}) \geq 5$ genau dann, wenn für die den Spalten von H zugeordneten Punkte $P_1, \ldots, P_n$ des projektiven Raums $\mathrm{PG}(r-1, K)$ gilt:

$(**)$ Keine 4 der Punkte $P_1, \ldots, P_n$ liegen in einer Ebene.

Der Beweis kann analog zur Lösung von A 17.3 geführt werden. (Für $r = 3$ gibt es keine 4 linear unabhängigen Spalten.) Im Fall $r = 4$ ist die Menge $\{P_1, \ldots, P_n\}$ der Eigenschaft $(**)$ definitionsgemäß ein $n-$Bogen. Allgemeiner betrachten wir:

17.11   Codes und Bögen

(i) Für $n \geq r \geq 2$ heißt eine Punktmenge $\{P_1, \ldots, P_n\}$ von $\mathrm{PG}(r-1, K)$ ein **n-Bogen** (engl.: n-arc), falls keine Teilmenge von r Punkten in einer Hyperebene (Unterraum der geometrischen Dimension $r - 2$) von $\mathrm{PG}(r-1, K)$ liegt.

(ii) **Beispiel:** Man kann beweisen, dass die folgende *rationale Normkurve* ein Bogen in $\mathrm{PG}(m, K)$ ist:

$$K_m = \{(t^m, t^{m-1}, \ldots, t^2, t, 1)K \,|\, t \in K\} \cup \{(1, 0, \ldots, 0, 0)K\}.$$

(iii) Kommen wir auf den Fall $r = 4$ zurück! Man kann zeigen (s.z.B. Hirschfeld [1985] §21), dass im Falle $r = 4$ gilt:

- $n \leq \max(5, q+1)$.

- In den Fällen q ungerade (oder $q \in \{2, 4, 8\}$) ist ein $(q+1)$-Bogen nach SEGRE eine **kubische Kurve**, also eine Punktmenge der Form[165]

$$\{(f_1(t), f_2(t), f_3(t), f_4(t))K \,|\, t \in K \cup \{\infty\}\} \,,$$

  wobei die Funktionen f_i unabhängige Polynome vom Grad kleiner gleich 3 sind und mindestens ein f_i diesen Grad hat.

- Man kann sich dabei auf $K_3 = \{(t^3, t^2, t, 1)K \,|\, t \in K\} \cup \{(1, 0, 0, 0)K\}$ (s. (ii)) beschränken.

Damit sind für die angegebenen Werte von q die linearen Codes mit $r = 4$ und $d_{\min}(\mathcal{C}) \geq 5$ und maximalem n bestimmbar. Auch für die übrigen q liefert K_3 einen $(q+1)$-Bogen und damit einen Code mit Minimalgewicht größer gleich 5.

(iv) Zurück zum allgemeinen Fall! Gehen wir zu den dualen Codes über [166] und betrachten die Spalten einer Generatormatrix! Seien $\mathcal{T} \subseteq \mathrm{PG}(k-1, q)$ mit $|\mathcal{T}| \geq n \geq k \geq 2$ und G eine $k \times n-$Matrix, deren Spalten die Punkte von $\mathcal{T}$ entsprechen; den von G erzeugten Code $\mathcal{C}_{\mathcal{T}}$ nennen wir **projektiven Code**. Für diesen gilt:

---

[165]Im Falle $t = \infty$ ist durch t^3 zu teilen und $\frac{1}{t}$ Null zu setzen.
[166]Beachten Sie, dass mit $\mathcal{C}$ auch $\mathcal{C}^\perp$ ein MDS-Code ist !

> $\mathcal{T}$ ist ein $n-$Bogen. $\iff$ $\mathcal{C}_{\mathcal{T}}$ ist ein $(n, k)-$MDS–Code.

Beweisskizze: Ein $(n, k)-$Linearcode ist genau dann ein MDS–Code, wenn je k Komponenten Informationskomponenten sein können (s. A 11.5 !), also je k Spalten einer Generatormatrix linear unabhängig sind (11.12) und damit eine reguläre Teilmatrix bilden. Dies ist genau dann der Fall, wenn je k zu Spalten gehörende Punkte ganz PG$(k - 1, q)$ erzeugen, also nicht in einer Hyperebene liegen. $\square$

A 17.5
Jedes Oval bzw. Hyperoval einer endlichen projektiven Ebene ist ein Bogen. Bestimmen Sie die Parameter r und n !

A 17.6
Konstruieren Sie mit Hilfe einer kubischen Kurve einen Code mit $n = 17$ und $d_{\min} \geq 5$ über $K = \mathrm{GF}(16)$ (s. das Beispiel von Goppa !).

A 17.7
Diskutieren Sie, welche Beziehung zwischen den mittels kubischen Kurven konstruierten Codes und BCH-Codes besteht !

Literaturhinweis (zu Teil B):
Goppa [1988] Kap. I, Willems [1999] p.143, Havlicek [2001].

C) Codes aus Quanten-Geradenmengen projektiver Räume

behandeln wir im 2.Teil des nächsten Paragraphen.

$18^{\triangle}$ Codes über $\mathbb{Z}_4$ und über GF(4) [167]

A) Quaternäre Codes

Neben den linearen Codes sind auch *binäre nicht–lineare Codes* $\mathcal{C}$ von Bedeutung, also solche, für die aus $x, y \in \mathcal{C}$ nicht notwendig $x + y \in \mathcal{C}$ folgt. Solche Codes haben zwar den Nachteil, weniger Struktur zu besitzen, so dass die Bestimmung von $d = d_{\min}(\mathcal{C})$ und die Decodierung schwieriger sind. Von Vorteil ist jedoch, dass zu gegebener Länge n und Minimalabstand d nicht–lineare Codes bekannt sind, die mehr Codewörter als lineare Codes besitzen. Z.B. enthält im Falle $n = 16$ und $d = 6$ der beste binäre lineare Code 128 Elemente, der beste binäre nicht–lineare Code jedoch $M = 256$ Codewörter.[168] Historisch gesehen spielten die folgenden nicht–linearen Codes eine Rolle:

- **Nordstrom–Robinson–Codes** (1967) mit Parametern $n = 16$, $M = 2^8$, $d = 6$, (s. 18.4 !),

- **Preparata–Codes** (1968) mit $n = 2^{m+1}$, $M = 2^{n-2m-2}$, $d = 6$ für m ungerade, $m \geq 3$, (s. 18.9 !),

- **Kerdock–Codes** (1972) mit $n = 2^{m+1}$, $M = 2^{2m+2}$, $d = 2^m - 2^{\frac{m-1}{2}}$ für m ungerade, $m \geq 3$, (s. 18.6 !).

Im Falle $m = 3$ stimmen die Vertreter der letzten beiden Codegruppen mit dem Nordstrom - Robinson - Code überein.

Zunächst erschien es geheimnisvoll, dass die Gewichtsenumeratoren von Preparata und Kerdock–Codes den MacWilliams Gleichungen genügen, sich also wie zueinander duale lineare Codes verhalten.

18.1 Definition: Quaternärer Code

Unter einem *quaternären linearen Code* $\mathcal{C}$ versteht man eine Untergruppe von $(\mathbb{Z}_4^{\,n}, +)$; zwar ist $\mathbb{Z}_4^{\,n}$ kein Vektorraum, denn das Alphabet $A = \{0, 1, 2, 3\}$ trägt hier keine Körperstruktur; jedoch hat man Abgeschlossenheit bei komponentenweiser Addition modulo 4 und bei komponentenweiser Multiplikation mit $k \in A$:

- $$c_1, c_2 \in \mathcal{C} \implies c_1 + c_2 \in \mathcal{C}$$

- $$c \in \mathcal{C} \implies kc = c + \ldots + c \in \mathcal{C} \qquad (k \text{ Summanden}).$$

18.2 Beispiel

Sei β eine Nullstelle des Polynoms $f \in \mathbb{Z}_4[X]$ mit $f(X) = X^3 + 2X^2 + X + 3$ in einem Erweiterungsring von $\mathbb{Z}_4$; dann gilt also $\beta^3 + 2\beta^2 + \beta + 3 = 0$. Daher lassen sich alle

---

[167]In diesem Paragraphen geben wir nur kurze Einführungen und verweisen bei den Beweisen meist auf die angegebene Literatur.

[168]S. 18.9 !

Potenzen von β wie folgt als Kombination von $1, \beta$ und β^2 ausdrücken (bei Rechnung mod 4):

$$
\begin{aligned}
\beta^3 &= 2\beta^2 + 3\beta + 1 \\
\beta^4 &= 2\beta^3 + 3\beta^2 + \beta &= 3\beta^2 + 3\beta + 2 \\
\beta^5 &= 3\beta^3 + 3\beta^2 + 2\beta &= \beta^2 + 3\beta + 3 \\
\beta^6 &= \beta^3 + 3\beta^2 + 3\beta &= \beta^2 + 2\beta + 1 \\
\beta^7 &= \beta^3 + 2\beta^2 + \beta &= -3 = 1
\end{aligned}
$$

Durch die folgende "Generatormatrix"[169] wird ein quaternärer Code $\hat{\mathcal{C}}_1$ definiert: [170]

$$
\hat{G} = \begin{pmatrix} 1 & 1 & 1 & 1 & 1 & 1 & 1 & 1 \\ 0 & 1 & \beta & \beta^2 & \beta^3 & \beta^4 & \beta^5 & \beta^6 \end{pmatrix} = \begin{pmatrix} 1 & 1 & 1 & 1 & 1 & 1 & 1 & 1 \\ 0 & 1 & 0 & 0 & 1 & 2 & 3 & 1 \\ 0 & 0 & 1 & 0 & 3 & 3 & 3 & 2 \\ 0 & 0 & 0 & 1 & 2 & 3 & 1 & 1 \end{pmatrix} \begin{matrix} \longrightarrow 1 \\ \longrightarrow \beta \\ \longrightarrow \beta^2 \end{matrix}
$$

18.3   Definition und Eigenschaft der Gray–Abbildung

(i) Die *Gray–Abbildung* (vgl. Bild 18.1 a) $\tilde{\varphi} : \mathbb{Z}_4 \longrightarrow \mathbb{Z}_2^2$ mit

$$
\tilde{\varphi}(0) = 00,\ \tilde{\varphi}(1) = 01,\ \tilde{\varphi}(2) = 11,\ \tilde{\varphi}(3) = 10
$$

lässt sich auf natürliche Weise zu einer Abbildung

$$
\varphi : \mathbb{Z}_4^{\,n} \longrightarrow \mathbb{Z}_2^{\,2n}
$$

fortsetzen; auch φ nennen wir Gray–Abbildung.

(ii) Nahegelegt durch Bild 18.1 b) definiert man (in Übereinstimmung mit den Gewichten der Bilder unter $\tilde{\varphi}$) das **Lee–Gewicht** eines Elements von $\mathbb{Z}_4$ durch
$$
w_L(0) = 0,\ w_L(1) = 1,\ w_L(2) = 2,\ w_L(3) = 1
$$
und eines n–Tupels über $\mathbb{Z}_4$ als die Summe der Lee–Gewichte der Komponenten (als natürliche Zahlen). Setzt man $d_L(\boldsymbol{x}, \boldsymbol{y}) := w_L(\boldsymbol{x} - \boldsymbol{y})$, so ist dadurch auf $\mathbb{Z}_4^n$ eine Metrik definiert, die sogenannte Lee–Metrik; unter anderem gilt
$$
w_L(x - z) \leq w_L(x - y) + w_L(y - z) \text{ für } x, y, z \in \mathbb{Z}_4 \ ;
$$
denn ist mindestens ein Summand der rechten Seite 0, so gilt sogar Gleichheit; andernfalls ist die rechte Seite mindestens 2.

(iii) | Die Abbildung φ ist eine abstandstreue Abbildung von $\mathbb{Z}_4^{\,n}$ (mit der Lee–Metrik) in $\mathbb{Z}_2^{\,2n}$ (mit der Hamming–Metrik).

Beweisskizze zu (iii): Ein Vergleich mit den Definitionen zeigt, dass $w_H(\tilde{\varphi}(x)) = w_L(x) = w_L(-x)$ für $x \in \{0, 1, 2, 3\}$ gilt. Durch Nachprüfen der verbleibenden Fälle sieht man, dass $\tilde{\varphi}$ den Abstand erhält. Die Gewichte der einzelnen Komponenten addieren sich. Also ist auch φ abstandstreu. $\square$

---

[169]Der Code $\hat{\mathcal{C}}_1$ ist dabei definiert als das Erzeugnis der Zeilen von $\hat{G}$.

[170]Dabei steht hier β^i für die Spalte der Koeffizienten von β^i in der Darstellung als "Linear"-Kombination von $1, \beta, \beta^2$.

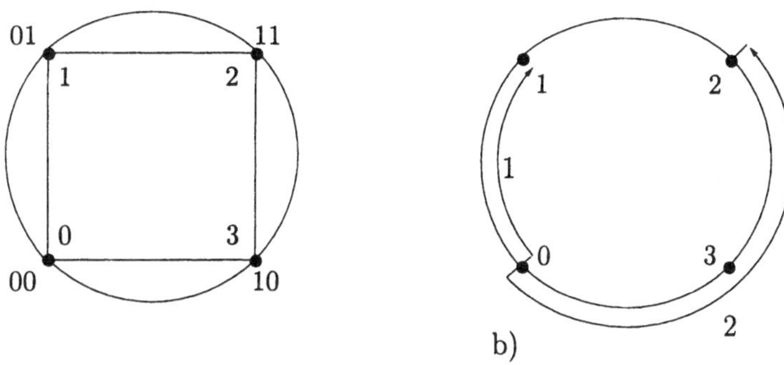

Bild 18.1: a) Zur Gray–Abbildung b) Zum Lee–Abstand

(iv) Ein binärer Code C heißt $\mathbb{Z}_4$-**linear**, falls er "permutations-äquivalent" zu einem Bild eines linearen Codes $\hat{C}$ über $\mathbb{Z}_4$ unter der Gray-Abbildung ist, d.h. falls bis auf Permutation der Koordinaten gilt: $C = \varphi(\hat{C})$ mit $\hat{C}$ linear über $\mathbb{Z}_4$. Ein solcher Code ist als binärer Code im Allgemeinen nicht–linear.

18.4 Nordstrom–Robinson–Code

Das Bild des Codes $\hat{C}_1$ aus 18.2 unter der Gray-Abbildung heißt *Nordstrom–Robinson–Code*; er ist, wie sich zeigen lässt (Hammons et al. [1994]) ein binärer nicht–linearer $(2^4, 2^8, 6)$–Code [171].

18.5 Verallgemeinerung

Sei $\overline{f} \in \mathrm{GF}(2)[X]$ ein primitives Polynom vom Grad m (also ein irreduzibles Polynom, dessen Nullstellen in $F = \mathrm{GF}(2^m)$ ganz $F \setminus \{0\}$ erzeugen). Man kann zeigen (s. z.B. Hammons et al. [1994]), dass ein normiertes Polynom $h(X) \in \mathbb{Z}_4[X]$ vom Grad m existiert mit $h(X) \equiv \overline{f}(X) \pmod{2}$ und $h(X)|(x^n - 1) \pmod{4}$ für $n = 2^m - 1$.
Betrachtet man $\overline{f}$ als Polynom über $\mathbb{Z}_4$ mit Koeffizienten aus $\{0, 1\}$, so definiert jedenfalls $f(X^2) := (-1)^m \overline{f}(X)\overline{f}(-X)$ ein Polynom f aus $\mathbb{Z}_4[X]$ mit $f(X) \equiv \overline{f}(X) \pmod{2}$. Zum **Beispiel** führt $\overline{f}(X) = X^3 + X + 1$ auf $f(X^2) = -(X^3 + X + 1)(-X^3 - X + 1) = X^6 + 2X^4 + X^2 + 3$, also auf $f(X) = X^3 + 2X^2 + X + 3$, das Polynom aus 18.2.
Setzt man $R_{4^m} := \mathbb{Z}_4[X]/(f(X))$, dann gilt $R_{4^m} \simeq \mathbb{Z}_4(\beta)$, wobei β in einem Erweiterungsring von $\mathbb{Z}_4$ liegt und $f(\beta) = 0$ genügt; ferner gibt es folgende 2 Darstellungen der Elemente von R_{4^m} (s. z.B. Helleseth [2001]):

$$R_{4^m} = \{\sum_{i=0}^{m-1} z_i \beta^i \,|\, z_i \in \mathbb{Z}_4\} = \{a + 2b \,|\, a, b \in \{0, 1, \beta, \ldots, \beta^{2^m - 2}\}\}.$$

R_{4^m} ist ein kommutativer Ring ("Galois-Ring") der Mächtigkeit 4^m.

---

[171] Hierbei wird als (n, M, d)–Code ein Code C der Wortlänge n mit $M = |C|$ Elementen und $d = d_{\min}(C)$ bezeichnet.

18.6   Definition: Kerdock–Code

Für jede ungerade ganze Zahl $m \geq 3$ erhält man einen Code $\hat{\mathcal{K}}_m$ über $\mathbb{Z}_4$, den **quaternären Kerdock–Code**, durch die Generatormatrix

$$\hat{G} = \begin{pmatrix} 1 & 1 & 1 & 1 & \cdots & 1 \\ 0 & 1 & \beta & \beta^2 & \cdots & \beta^{2^m-2} \end{pmatrix}.$$

Das Bild von $\hat{\mathcal{K}}_m$ unter der Gray–Abbildung liefert einen nicht–linearen Code, den binären Kerdock–Code $\mathcal{K}_m$; man kann zeigen (cf. Hammons et al. [1994], Helleseth [2001]), dass dieser die Länge $n = 2^{m+1}$, die Mächtigkeit 2^{2m+2} und den Minimalabstand $d = 2^m - 2^{\frac{m-1}{2}}$ hat.

Beispiel: Für $m = 3$ erhält man den Nordstrom–Robinson–Code, s.o..

18.7   Definition: Dualer Code

Ist $\hat{\mathcal{C}}$ ein quaternärer Code der Länge n, so bezeichnet man (wie bei linearen Codes) $\hat{\mathcal{C}}^\perp := \{x \in \mathbb{Z}_4^n \mid x \cdot c^T = 0 \text{ für alle } c \in \hat{\mathcal{C}}\}$ als den zu $\hat{\mathcal{C}}$ *dualen Code*.[172]

18.8   Anmerkung

Man kann zeigen, dass "MacWilliams" -Abhängigkeiten für die (Lee–) Gewichtsverteilung quaternärer linearer Codes $\hat{\mathcal{C}}$ und $\hat{\mathcal{C}}^\perp$ gelten. Diese Abhängigkeit vererbt sich auf die Hamming-Gewichte der Bilder $\varphi(\hat{\mathcal{C}})$ und $\varphi(\hat{\mathcal{C}}^\perp)$ unter der Gray–Abbildung; es stellt sich heraus, dass die MacWilliams Gleichungen auch für diese (nicht–linearen) Codes gelten, s. das Diagramm in Bild 18.2.

$$
\begin{array}{ccc}
\hat{\mathcal{C}} & \xrightarrow[\text{für Lee–Gewichte}]{\text{MacWilliams}} & \hat{\mathcal{C}}^\perp \\
\downarrow & & \downarrow \\
\varphi(\hat{\mathcal{C}}) & \xrightarrow[\text{für Hamming-Gewichte}]{\text{MacWilliams}} & \varphi(\hat{\mathcal{C}}^\perp)
\end{array}
\qquad
\begin{array}{l}
\text{lineare Codes über } \mathbb{Z}_4 \\
\\
\\
\text{nicht–lineare binäre Codes}
\end{array}
$$

Bild 18.2: Diagramm zu den Abhängigkeiten der Gewichtsverteilungen

18.9   "Preparata Codes"

a) **Definition.** Sei $\hat{\mathcal{C}} = \hat{\mathcal{K}}_m$ der quaternäre Kerdock–Code; dann heißt der Code $\hat{\mathcal{C}}^\perp$ *quaternärer Preparata-Code*. Sein Bild $\mathcal{P}_m$ unter der Gray–Abbildung heißt *"Preparata Code"*. Er hat die selbe Gewichtsverteilung wie der ursprünglich von Preparata konstruierte Code.

Im Falle $m = 3$ ist $\hat{\mathcal{K}}_3 = \hat{\mathcal{K}}_3^\perp$ und daher $\mathcal{K}_3 = \mathcal{P}_3$ der Nordstrom–Robinson–Code.

---

[172]Hierbei ist $(x_1, \ldots, x_n) \cdot (c_1, \ldots, c_n)^T := \sum\limits_{i=1}^{n} x_i c_i$ gesetzt.

b) **Anmerkung.** Der *"Preparata"* Code $\mathcal{P}_m$ (für m ungerade) ist, wie man zeigen kann [173], ein binärer $(2^{m+1}, 2^{2^{m+1}-2m-2}, 6)$–Code. Damit besitzt der *"Preparata"*–Code doppelt so viele Codewörter wie der $(2^{m+1}, 2^{2^{m+1}-2m-3}, 6)$–BCH–Code der Kontrollmatrix[174]

$$H = \begin{pmatrix} 1 & 1 & 1 & \ldots & 1 \\ 0 & 1 & \alpha & \ldots & \alpha^{2^{m-1}-2} \\ 0 & 1 & \alpha^3 & \ldots & \alpha^{3(2^{m-1}-2)} \end{pmatrix}.$$

18.10 Goethals Codes

Das Gray–Bild des quaternären Codes mit Generatormatrix

$$G = \begin{pmatrix} 1 & 1 & 1 & \ldots & 1 \\ 0 & 1 & \beta & \ldots & \beta^{2^m-2} \\ 0 & 2 & 2\beta^3 & \ldots & 2\beta^{3(2^m-2)} \end{pmatrix} \quad \text{für } m \text{ ungerade}$$

heißt *"Delsarte–Goethals"*–Code, das des (dualen) quaternären Codes mit Kontrollmatrix G *"Goethals"*–Code. Letzterer ist ein $(2^{m+1}, 2^{2^{m+1}-3m-2}, 8)$–Code und besitzt vier mal so viele Codewörter wie der entsprechende $(2^{m+1}, 2^{2^{m+1}-3m-4}, 8)$–BCH–Code der Kontroll-matrix

$$H = \begin{pmatrix} 1 & 1 & 1 & \ldots & 1 \\ 0 & 1 & \alpha & \ldots & \alpha^{2^{m+1}-2} \\ 0 & 1 & \alpha^3 & \ldots & \alpha^{3(2^{m+1}-2)} \\ 0 & 1 & \alpha^5 & \ldots & \alpha^{5(2^{m+1}-2)} \end{pmatrix}.$$

18.11   Anmerkung: Komplexe Folgen zu quaternären Codes

(a) Einem quaternären Vektor $\boldsymbol{a} = a_1 \ldots a_n$ läßt sich durch $s := i^{\boldsymbol{a}} := (i^{a_1}, \ldots, i^{a_n})$ für $i = \sqrt{-1} \in \mathbb{C}$ eine komplexe Folge über dem (4-Phasen-)Alphabet $\{1, -1, i, -i\}$ zuordnen, einem quaternären Code $\mathcal{C}$ damit eine Menge $\Omega(\mathcal{C}) = \{i^{\boldsymbol{a}} | \boldsymbol{a} \in \mathcal{C}\}$. Wenn $\Omega(\mathcal{C})$ als eine Menge von Signatur-Sequenzen aufgefasst wird, hängt deren Effek-tivität von der komplexen **"Korrelation"** $\zeta(\boldsymbol{a}, \boldsymbol{b}) = \sum\limits_{r=1}^{n} i^{a_r - b_r}$ von Wörtern $\boldsymbol{a}, \boldsymbol{b}$ aus $\mathcal{C}$ ab; wenn $\Omega(\mathcal{C})$ als fehler-korrigierender Code angesehen wird, so kommt es auf den Euklidischen Abstand d_E an. Sei $\boldsymbol{s} = i^{\boldsymbol{a}}$ und $\boldsymbol{t} = i^{\boldsymbol{b}}$; wegen $\overline{i^{a_r}} = i^{-a_r}$ und (*) $d_E(\boldsymbol{s}, \boldsymbol{t})^2 = \|i^{\boldsymbol{a}} - i^{\boldsymbol{b}}\|^2 = \|i^{\boldsymbol{a}}\|^2 + \|i^{\boldsymbol{b}}\|^2 - 2\mathrm{Re}(\boldsymbol{s} \cdot \bar{\boldsymbol{t}}) = 2n - 2\mathrm{Re}(\zeta(\boldsymbol{a}, \boldsymbol{b}))$ besitzt die Menge $\Omega(\mathcal{C})$ große euklidische Minimaldistanz, wenn die nicht–triviale Korrelation klein ist; mit $w_L(u) = 1 - \mathrm{Re}(i^u)$ für $u \in \mathbb{Z}_4$ folgt aus (*) außerdem $d_E(\boldsymbol{s}, \boldsymbol{t})^2 = 2d_L(\boldsymbol{a}, \boldsymbol{b})$ (vgl. Hammons et al. [1994] p.304 !).

(b) Es besteht ferner ein Zusammenhang mit linearen Schieberegisterfolgen s. z.B. Hel-leseth [2001].

Literaturhinweise zu Teil A):
Calderbank et al. [1993], Hammons et al. [1994], Helleseth [2001], van Lint [1995].

---

[173]Hammons et al. [1994] p. 311 ff, vgl. Helleseth [2001]

[174]Unter den Nullstellen des Generatorpolynoms kommen $\alpha^0, \alpha^1, \alpha^3$ und damit auch α^2, α^4 vor, also $d - 1 = 5$ aufeinanderfolgende Potenzen von α; s. Hammons et al. [1994].

B) Quantencodes

Neben der Übertragung klassischer Informationen ist diejenige von Quanteninformationen von zunehmendem Interesse. Jedes (dem Bit der klassischen Theorie entsprechende) **Qubit** (Quanten-Bit, Quantensystem mit 2 Zuständen) korrespondiert dabei einem Einheitsvektor[175] aus $\mathbb{C}^2$; der "**Quantenzustandsraum**" von n Qubits wird durch (das n–fache Tensorprodukt) $\mathbb{C}^{2^n}$ beschrieben. Die Codierung von k Qubits in n Qubits kann als lineare Abbildung von $\mathbb{C}^{2^k}$ auf einen 2^k–dimensionalen Unterraum Q von $\mathbb{C}^{2^n}$ aufgefasst werden, auf den "**quanten-fehler-korrigierenden Code**". Letzterer sollte so orientiert sein, dass ein Fehler in einer kleinen Zahl von Qubits den Zustand in eine Richtung senkrecht zu Q führt und so korrigiert werden kann, s. z.B. Calderbank et al. [1998]. Die Suche nach solchen Codes lässt sich auf diejenige nach bestimmten Typen klassischer fehler-korrigierender Codes zurückführen, und zwar in zwei Schritten:

1. Im ersten transformiert man das Problem in die Suche nach einem $(n-k)$–dimensionalen "total isotropen" Unterraum eines binären "symplektischen" Vektorraums[176] $\overline{E} = \mathrm{GF}(2)^{2n}$; die Elemente von $\overline{E}$ schreibt man in der Form $(\boldsymbol{a}|\boldsymbol{b})$ mit $\boldsymbol{a}, \boldsymbol{b} \in \mathrm{GF}(2)^n$; den Orthogonalraum eines Unterraums bildet man mittels des "symplektischen"[177] Skalarprodukts[178]

$$\Phi((\boldsymbol{a}|\boldsymbol{b}), (\boldsymbol{a}'|\boldsymbol{b}')) := \boldsymbol{a} \cdot \boldsymbol{b}' + \boldsymbol{a}' \cdot \boldsymbol{b}$$

   und definiert als Gewicht $d((a_1 \ldots a_n | b_1 \ldots b_n)) := |\{j \mid a_j \neq 0 \vee b_j \neq 0\}|$.

2. Im zweiten Schritt zeigt man die Äquivalenz zu einer Klasse additiver Codes über $\mathrm{GF}(4)$:

18.12   Von binären Räumen zu additiven Quantencodes

Mit jedem Vektor $\boldsymbol{v} = (\boldsymbol{a}|\boldsymbol{b}) \in \overline{E} = \mathrm{GF}(2)^{2n}$ lässt sich ein Vektor $\varphi(\boldsymbol{v}) := \omega \boldsymbol{a} + \overline{\omega} \boldsymbol{b}$ aus $\mathrm{GF}(4)^n$ (mit $\overline{\omega} = \omega^2 = \omega + 1$) assoziieren.[179] Aus der Definition ergibt sich sofort, dass mit dem in (1.) definierten Gewicht d und dem Hamminggewicht d_H gilt: $d_H(\varphi(\boldsymbol{v})) = d(\boldsymbol{v})$. Die Frage, wie sich das Skalarprodukt überträgt, führt zu:

---

[175] Ein solcher hat dann bezüglich einer Basis $\{\,|0>, |1>\,\}$ die Darstellung $|b> = \alpha|0> + \beta|1>$ mit $|\alpha|^2 + |\beta|^2 = 1$.

[176] Man kommt auf ihn, indem man die Faktorgruppe $\overline{E}$ der "Quantenfehlergruppe" modulo ihrem Zentrum, eine elementar-abelsche Gruppe der Ordnung 2^{2n}, als binären Vektorraum betrachtet. Bezeichnet also $\overline{E}$ einen $2n$–dimensionalen Vektorraum über $\mathrm{GF}(2)$, so lässt sich zeigen (cf. Calderbank et al. [1998] Theorem 1'): Ist $\overline{S}$ ein $(n-k)$–dim Unterraum von $\overline{E}$ mit $\overline{S} \subseteq \overline{S}^\perp$ und $d(\boldsymbol{c}) \geq d$ für alle $\boldsymbol{c} \in \overline{S}^\perp \setminus \overline{S}$, so erhält man (durch einen Eigenraum eines linearen Charakters von $\overline{S}$) einen quanten-fehler-korrigierenden Code Q, der k Qubits auf n Qubits abbildet und $(d-1)/2$ Fehler korrigieren kann; (dabei entspricht $\overline{S}$ der Untergruppe der Fehler, die keinen Einfluss auf den Codierungszustand haben).

[177] Jeder Vektor steht auf sich selbst senkrecht.

[178] $\boldsymbol{x} \cdot \boldsymbol{y}$ bezeichnet hier das kanonische Skalarprodukt, also $(x_1, \ldots, x_n) \cdot (y_1, \ldots, y_n) := \sum_{i=1}^n x_i y_i$.

[179] Analog zu 13.4 (b) und Tabelle 13.3 (– im jetzigen Kontext schreibt man meist ω statt α –) ist also $\mathrm{GF}(4) = \{0, 1, \omega, \omega^2\}$; und $x \mapsto \overline{x} \ (= x^2)$ definiert den nicht-trivialen involutorischen Automorphismus des Körpers $\mathrm{GF}(4)$. Man beachte, dass $(\omega, \overline{\omega})$ eine Basis von $\mathrm{GF}(4)$ als $\mathrm{GF}(2)$-Vektorraum bildet!

18.12.1   Definition: Spur-Skalarprodukt

Für Vektoren $\boldsymbol{a} = (a_1, a_2, \ldots, a_n)$ und $\boldsymbol{b} = (b_1, b_2, \ldots, b_n)$ aus GF(4)^n definiert man als *Spur-Skalarprodukt* [180]

$$\boldsymbol{a} * \boldsymbol{b} := \mathrm{tr}(\boldsymbol{a} \cdot \overline{\boldsymbol{b}}) = \sum_{i=1}^{n} \mathrm{tr}(a_i \overline{b}_i) = \sum_{i=1}^{n} (a_i b_i^2 + a_i^2 b_i)$$

mittels der durch $x \mapsto \mathrm{tr}(x) := x + \overline{x}$ gegebenen (additiven) Spurabbildung[181] von GF(4) auf GF(2). Für das in (1.) definierte symplektische Skalarprodukt Φ gilt:
$$\Phi(\boldsymbol{v}, \boldsymbol{v}') = \varphi(\boldsymbol{v}) * \varphi(\boldsymbol{v}').$$

Beweis:
Seien $\boldsymbol{v} = (\boldsymbol{a}|\boldsymbol{b})$ und $\boldsymbol{v}' = (\boldsymbol{a}'|\boldsymbol{b}')$; dann gilt (wegen $\boldsymbol{a}'\boldsymbol{b}, \boldsymbol{a}\boldsymbol{b}', \boldsymbol{a}\boldsymbol{a}', \boldsymbol{b}\boldsymbol{b}' \in$ GF(2)):
$\varphi(\boldsymbol{v}) * \varphi(\boldsymbol{v}') = \mathrm{tr}(\varphi(\boldsymbol{v}) \cdot \overline{\varphi(\boldsymbol{v}')}) = \mathrm{tr}((\omega \boldsymbol{a} + \overline{\omega}\boldsymbol{b})(\overline{\omega}\boldsymbol{a}' + \omega \boldsymbol{b}')) = \mathrm{tr}(\omega\overline{\omega}\boldsymbol{a}\boldsymbol{a}' + \overline{\omega}^2\boldsymbol{a}'\boldsymbol{b} + \omega^2\boldsymbol{a}\boldsymbol{b}' + \omega\overline{\omega}\boldsymbol{b}\boldsymbol{b}') = \mathrm{tr}(\boldsymbol{a}\boldsymbol{a}' + \boldsymbol{b}\boldsymbol{b}') + \mathrm{tr}(\omega\boldsymbol{a}'\boldsymbol{b}) + \mathrm{tr}(\overline{\omega}\boldsymbol{a}\boldsymbol{b}') = 0 + \mathrm{tr}(\omega)\boldsymbol{a}'\boldsymbol{b} + \mathrm{tr}(\overline{\omega})\boldsymbol{a}\boldsymbol{b}' = \boldsymbol{a}'\boldsymbol{b} + \boldsymbol{a}\boldsymbol{b}'.$ $\square$

Betrachte man nun $\mathcal{C} := \varphi(\overline{S})$, eine additiv abgeschlossene Teilmenge von GF(4)^n ! Wegen der Forderung $\overline{S} \subseteq \overline{S}^{\perp}$ verlangt man, dass $\mathcal{C}$ *selbst-orthogonal* ist, also enthalten in seinem Orthogonalraum (bzgl. des Spur-Skalarprodukts). So kommt man zu folgender Definition:

18.12.2   Definition: Quantencode

(i) Ein **additiver Quantencode** $\mathcal{C}$ mit Parametern $[[n, k]]$ bzw.[182] $[[n, k, d]]$ ist eine additiv abgeschlossene Teilmenge von GF(4)^n mit $|\mathcal{C}| = 2^{n-k}$ und $\mathcal{C} \subseteq \mathcal{C}^{\perp \mathrm{tr}}$; dabei definiert man $\mathcal{C}^{\perp \mathrm{tr}} := \{\boldsymbol{v} \in$ GF(4)$^n \mid \boldsymbol{v} * \boldsymbol{c} = 0$ für alle $\boldsymbol{c} \in \mathcal{C}\}$, den orthogonalen Code (bzgl. des Spur-Skalarprodukts). Ein Code $\mathcal{C}$ mit $\mathcal{C} \subseteq \mathcal{C}^{\perp \mathrm{tr}}$ heißt **selbst-orthogonal**. [183] Es lässt sich $\mathcal{C}$ dann[184] (als GF(2)$-$Linearkombinationen der Zeilen) mittels einer $(n - k) \times n-$Matrix M über GF(4) angeben, deren Zeilen paarweise (bzgl. $*$) aufeinander senkrecht stehen, also Spur-Skalarprodukt 0 haben; M heißt eine "**Stabilisator**"-Matrix [185]. $\mathcal{C}$ besteht dann aus dem Raum der 2^{n-k} Summen der Zeilen von M.

(ii) $\mathcal{C}$ heißt **linearer Quantencode**, falls $\mathcal{C}$ zusätzlich bzgl. der Multiplikation mit ω abgeschlossen, also Unterraum des **GF(4)**$-$Vektorraums GF(4)^n ist. Zur Darstellung reicht dann eine $(\frac{n-k}{2} \times n)-$Matrix aus, eine Generatormatrix im üblichen Sinne.

(iii) Laut Definition von $\mathcal{C}$ gilt $\mathcal{C} \subseteq \mathcal{C}^{\perp \mathrm{tr}}$; daher folgt $\dim_{\mathrm{GF(2)}}\mathcal{C}^{\perp \mathrm{tr}} = 2n - (n - k) = n + k$. Ist $\mathcal{C} = \mathcal{C}^{\perp \mathrm{tr}}$, so heißt $\mathcal{C}$ **selbst-dual**; $\mathcal{C}$ hat diese Eigenschaft genau dann, wenn $k = 0$

---

[180] $\boldsymbol{a} * \boldsymbol{b}$ ist gleich der modulo 2 reduzierten Anzahl der Komponenten, in denen $\boldsymbol{a}$ und $\boldsymbol{b}$ voneinander und von 0 verschiedene Einträge haben. Man kann zeigen, dass $*$ in beiden Komponenten additiv und damit bzgl. der Skalare aus GF(2) eine (symmetrische) Bilinearform ist.

[181] Es ist also $\mathrm{tr}(0) = \mathrm{tr}(1) = 0$ und $\mathrm{tr}(\omega) = \mathrm{tr}(\overline{\omega}) = 1$.

[182] Zur Minimaldistanz d siehe (iv) !

[183] In dieser Terminologie lautet dann der Satz von Calderbank et al. (Theorem 2): Ist $\mathcal{C}$ additiver selbst-orthogonaler Quantencode in GF(4)^n mit 2^{n-k} Vektoren derart, dass kein Vektor vom Gewicht kleiner d in $\mathcal{C}^{\perp} \setminus \mathcal{C}$ liegt, dann ist jeder Eigenraum von $\varphi^{-1}(\mathcal{C})$ ein additiver quanten-fehler-korrigierender Code mit Parametern n, k, d.

[184] da $\mathcal{C}$ als $(n - k)-$dimensionaler Unterraum des GF(2)$-$Vektorraums GF(4)^n aufgefasst werden kann und sich die Orthogonalität auf Summen von Vektoren überträgt

[185] Der Name stammt von der Tatsache, dass der ursprüngliche Quantencode elementweise durch die den Zeilen von M entsprechenden Gruppenelemente festgelassen wird.

gilt.[186]

(iv) Ist $\mathcal{C}$ Quantencode, so definiert man als **Distanz**: $d(\mathcal{C}) := d_H(\mathcal{C})$, falls $\mathcal{C}$ selbst-dual ist, anderenfalls $d(\mathcal{C}) := d_H(\mathcal{C}^{\perp \mathrm{tr}} \setminus \mathcal{C})$.

18.13   Beispiel eines additiven Quantencodes

Für $\quad M := \begin{pmatrix} \overline{\omega} & \omega & \omega \\ \omega & \overline{\omega} & \omega \\ \omega & \omega & \overline{\omega} \end{pmatrix} \quad$ ist $\quad \mathcal{C} = \mathcal{C}^{\perp \mathrm{tr}} = \{\overline{\omega}\,\omega\,\omega,\ \omega\,\overline{\omega}\,\omega,\ \omega\,\omega\,\overline{\omega},\ \overline{\omega}\,\overline{\omega}\,\overline{\omega}, 110, 101, 011, 000\}$

ein selbst-dualer additiver $[[3,0,2]]$−Quantencode; (s. auch 18.15 und 18.17 !).

A 18.1 (vgl. Calderbank et al. [1998] Th.3)
Sei $\mathcal{C}$ ein *linearer* Code über GF(4) ! Zeigen Sie: $\mathcal{C}$ ist selbst-orthogonal bzgl. des Spur-Skalarprodukts genau dann, wenn $\mathcal{C}$ bzgl. des hermiteschen Skalarprodukts $(\boldsymbol{u}, \boldsymbol{v}) := \boldsymbol{u} \cdot \overline{\boldsymbol{v}}$ selbst-orthogonal ist. *Lösungshinweis:* Betrachten Sie $\mathrm{tr}(\boldsymbol{u} \cdot \overline{\boldsymbol{v}})$ und $\mathrm{tr}(\boldsymbol{u} \cdot \overline{\omega}\boldsymbol{v})$!

A 18.2 (vgl. Calderbank et al. [1998] Th.4)
Ein Code heißt **gerade** , falls das Hamming-Gewicht eines jeden Codeworts gerade ist. Beweisen Sie: (i) Ein gerader additiver Code über GF(4) ist selbst-orthogonal. (ii) Ein selbst-orthogonaler *linearer* Code über GF(4) ist gerade.
Lösungshinweis: $d(\boldsymbol{u} + \boldsymbol{v}) \equiv d(\boldsymbol{u}) + d(\boldsymbol{v}) + \boldsymbol{u} * \boldsymbol{v} \pmod 2$ und $\boldsymbol{u} * (\omega\boldsymbol{u}) \equiv d(\boldsymbol{u}) \pmod 2$.

A 18.3
Der klassische Hamming-Code $\mathcal{H}$ der Länge 5 über GF(4) hat 4^3 Codewörter und Minimaldistanz 3. Zeigen Sie: (i) Der duale Code $\mathcal{H}^\perp$ (bzgl. des hermiteschen Skalarprodukts, s. A 18.1) mit Generator-Matrix $\begin{pmatrix} 0 & 1 & 1 & 1 & 1 \\ 1 & 0 & 1 & \omega & \overline{\omega} \end{pmatrix}$ ist selbst-orthogonal.

(ii) $\mathcal{H}^\perp$ ist auch ein linearer Quantencode $\mathcal{C}$; dieser hat die Parameter $[[5,1,3]]$! *Lösungshinweis:* Betrachten Sie u.a. $d(\mathcal{C}^{\perp \mathrm{tr}} \setminus \mathcal{C})$!

18.14   Von Quantencodes zu Quantenmengen von Geraden

Sei M eine Stabilisator-Matrix eines additiven Quanten-Codes mit Parametern $[[n, k, d]]$; im Folgenden habe jede Spalte mindestens zwei voneinander verschiedene Einträge[187] ungleich 0 !

18.14.1   Übergang zum projektiven Raum PG(n-k-1,GF(2))

M kann dann durch folgende (mit den beiden Additionen verträgliche) Abbildung τ in eine $(n - k) \times 3n−$Matrix mit Einträgen aus GF(2) umgewandelt werden:

$$\tau(0) := 000,\ \tau(1) := 110,\ \tau(\omega) := 101 \ \text{und} \ \tau(\overline{\omega}) := 011.$$

Wegen $\mathrm{tr}(x\overline{y}) = \tau(x) \cdot \tau(y)$ ist (zugleich mit dem Spur-Skalarprodukt zweier *Zeilen* von M) auch das kanonische Skalarprodukt zweier Zeilen von $T := \tau(M)$ gleich 0. Je drei *Spalten* $\boldsymbol{s}_1, \boldsymbol{s}_2, \boldsymbol{s}_3$ von T, die von einer Spalte von M kommen, haben [188] Summe 0, sind also linear

---

[186] Diesen Codetyp benötigt man zur Speicherung eines Wertes in einem Quantencomputer bzw. zum Überprüfen von Dekohärenz.

[187] Dies wird evtl. durch Streichen andersartiger Spalten ereicht.

[188] Denn jedes $\tau(x)$ hat die GF(2)−Quersumme 0

abhängig, und keine der Spalten ist eine Nullspalte, da laut Voraussetzung mindestens zwei Einträge jeder Spalte von M verschieden und ungleich 0 sind. Folglich sind s_1, s_2, s_3 homogene Koordinaten von drei Punkten einer Geraden von $\mathbb{P} := \mathrm{PG}(n-k-1, \mathrm{GF}(2))$ (vgl. 17.7) bzgl. eines geeigneten Koordinatensystems. Man kann dieses so wählen, dass die i–te Zeile von T der Hyperebene mit Gleichung $x_i = 0$ entspricht. Dies ist wegen der Zeilenzahl $n - k$ möglich. [189]. In $\mathbb{P}$ geht durch einen Unterraum der (geometrischen) Dimension $n - k - 3$ ein Bündel von genau drei Hyperebenen H_1, H_2, H_3, die den Raum überdecken. Man definiert $H_3 := H_1 + H_2$. Ist P ein Punkt einer Geraden aus L, so ist $P \in H_1 + H_2$ genau dann, wenn $P \in H_1 \cap H_2$ oder P weder Punkt von H_1 noch von H_2 ist. Daher entspricht der Summe von Hyperebenen genau die Summe der zugehörigen Zeilen von T. Insgesamt haben wir: Die Spalten von $\tau(M)$ bestimmen eine Menge L von n Geraden von $\mathbb{P}$ und die Bilder der Vektoren von $\mathcal{C} \setminus \{0\}$ unter τ genau die Menge der Hyperebenen. Damit ist gezeigt, dass L eine Quantenmenge von Geraden bildet. Dabei definieren wir:

18.14.2 Quantenmengen von Geraden

Definition (Glynn [2002]): Eine Menge L von Geraden des projektiven Raums $\mathbb{P} = \mathrm{PG}(n - k - 1, \mathrm{GF}(2))$ heißt eine **Quantenmenge von Geraden**, falls jeder Unterraum der (geometrischen) Dimension[190] $n - k - 3$ genau zu einer geraden Anzahl von Geraden aus L windschief ist.

18.15 Fortsetzung des Beispiels (cf. Glynn [2002])

Für die Matrix M aus 18.13 (vgl. auch 18.17) ergibt sich nach 18.14 die Matrix aus Bild 18.13 a. Das zugehörige Geradenbüschel ist eine Menge von 3 kopunktalen Geraden der 7–Punkte-Ebene, s. Bild 18.3 b).

18.16 Von Quantenmengen von Geraden zu Quantencodes

(Glynn l.c.) Sei L eine Quantenmenge von n Geraden $g_1, \ldots, g_n$ von $\mathbb{P}$! Die 3 Punkte jeder Geraden werden mit der Menge $\{1, \omega, \overline{\omega}\}$ "nummeriert".
(i) Jede Hyperebene H von $\mathbb{P}$ bestimmt dann einen Vektor $c(H) = c_1 \ldots c_n$ aus GF(4)^n wie folgt: Liegt die Gerade $g_j \in L$ in H, so sei $c_j = 0$; andernfalls schneidet g_j die Hyperebene in einem Punkt mit Nummer $s \in \{1, \omega, \overline{\omega}\}$; dann sei $c_j = s$ gewählt. Auf diese Weise erhält man einen Code $\mathcal{C}(L)$. Man kann zeigen [191], dass $\mathcal{C}(L)$ ein additiver Quantencode ist.

---

[189]Dass jede Gerade jede Hyperebene trifft, entspricht der Tatsache, dass in jeder Zeile von $s_1 s_2 s_3$ mindestens ein Eintrag 0 ist; (man beachte auch Aufgabe A 18.4 !

[190]Ein solcher Unterraum entspricht, wie oben angedeutet, dem Durchschnitt zweier Hyperebenen, deren zugehörige Zeilen Spur-Skalarprodukt 0 haben.

[191]Ähnlich wie in 18.14 zeichnen wir "Basis-Hyperebenen"von $\mathbb{P}$ aus, die zu den Zeilen einer Stabilisator-Matrix M führen. Zwei solcher Zeilen (zu Hyperebenen H_1 und H_2) entsprechen wieder einem Unterraum $U := H_1 \cap H_2$ der Dimension $n - k - 3$; eine Gerade, die U trifft, hat in "ihrer" Spalte von M in den H_1 und H_2 zugeordneten Zeilen mindestens eine 0 oder aber gleiche Einträge. Der Beitrag einer solchen Geraden zum Spur-Skalarprodukt ist damit 0. Eine Gerade, die U nicht trifft, kann nicht in H_1 oder H_2 (in denen U Hyperebene ist) liegen; die Einträge aus GF(4) an den entsprechenden Stellen sind daher unterschiedlich und ungleich 0; der Beitrag zum Spur-Skalarprodukt ist daher 1; wegen der geraden Anzahl der Geraden

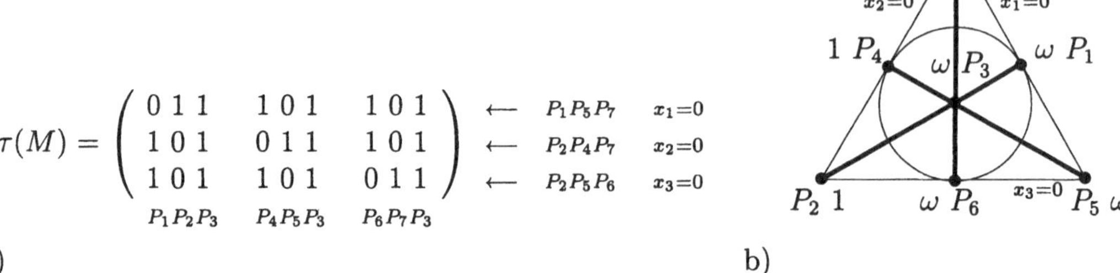

$$\tau(M) = \begin{pmatrix} 0\,1\,1 & 1\,0\,1 & 1\,0\,1 \\ 1\,0\,1 & 0\,1\,1 & 1\,0\,1 \\ 1\,0\,1 & 1\,0\,1 & 0\,1\,1 \end{pmatrix} \quad \begin{matrix} \longleftarrow & P_1 P_5 P_7 & x_1=0 \\ \longleftarrow & P_2 P_4 P_7 & x_2=0 \\ \longleftarrow & P_2 P_5 P_6 & x_3=0 \end{matrix}$$

$$ P_1 P_2 P_3 \quad P_4 P_5 P_3 \quad P_6 P_7 P_3$$

a)   b)

Bild 18.3: Matrix und Geradenbüschel zu Beispiel 18.15.

> Die Spalten von $\tau(M)$ entsprechen den Punkten, die Zeilen drei der Geraden. Beispiel
> einer weiteren Geraden: 110110000 (Summe der 1. und 2. Zeile), die Gerade $P_3 P_6 P_7$.

(ii) Zu jeder Transversalen t von L (Teilmenge mit höchstens einem Punkt pro Gerade
aus L) [192] mit Summe 0 erhält man (auf zu (i) analoge Weise) ein Codewort $c(t)$. Die
Menge dieser Wörter bildet einen Code, der sich als $\mathcal{C}(L)^{\perp \mathrm{tr}}$ erweist.

18.17 Fortsetzung des Beispiels aus 18.13

Bezeichnet man die Punkte des (etwas dicker markierten) Geradenbüschels aus Bild 18.3.
wie folgt:

$$\begin{array}{llll}
1. & P_1 \leftrightarrow \overline{\omega} & P_2 \leftrightarrow 1 & P_3 \leftrightarrow \omega \\
2. & P_3 \leftrightarrow \omega & P_6 \leftrightarrow \overline{\omega} & P_7 \leftrightarrow 1 \quad, \\
3. & P_3 \leftrightarrow \omega & P_4 \leftrightarrow 1 & P_5 \leftrightarrow \overline{\omega}
\end{array}$$

so erhält man nach der Konstruktion von 18.16 (i) bzw. (ii) den Code aus Bild 18.4 a).
Multipliziert man (gemäß A 18.4) die Spalten jeweils mit $\overline{\omega}$, so erhält man den Code aus
Bild 18.4 b), dessen 2.,3.und 4. Zeile die Matrix M aus 18.13 darstellen.

$$\begin{array}{rcccc|ccc}
P_2 P_7 P_4 & \leftrightarrow & 1 & 1 & 1 & \overline{\omega} & \overline{\omega} & \overline{\omega} \\
P_2 P_6 P_5 & \leftrightarrow & 1 & \overline{\omega} & \overline{\omega} & \overline{\omega} & \omega & \omega & \longleftarrow \\
P_1 P_7 P_5 & \leftrightarrow & \overline{\omega} & 1 & \overline{\omega} & \omega & \overline{\omega} & \omega & \longleftarrow \\
P_1 P_6 P_4 & \leftrightarrow & \overline{\omega} & \overline{\omega} & 1 & \omega & \omega & \overline{\omega} & \longleftarrow \\
P_1 P_3 P_2 & \leftrightarrow & 0 & \omega & \omega & 0 & 1 & 1 \\
P_3 P_6 P_7 & \leftrightarrow & \omega & 0 & \omega & 1 & 0 & 1 \\
P_3 P_4 P_5 & \leftrightarrow & \omega & \omega & 0 & 1 & 1 & 0 \\
 & & 0 & 0 & 0 & 0 & 0 & 0
\end{array}$$

              a)   b)

Bild 18.4 Zu Beispiel 18.17 bzw. 18.13: a) $\mathcal{C}(L)$ b) nach Multiplikation mit $\overline{\omega}$.

---

diesen Typs summieren sich diese Einsen aber zu 0. Die Additivität lässt sich ebenfalls beweisen.

[192]ähnlich wie bei der Konstruktion von Codes konstanten Gewichts aus Divisiblen Designs, s. Schulz
& Spera [2000]!

18.18   Satz von Glynn

(i) Mit 18.14 und 18.16 ist die erste Äquivalenz des folgenden Satzes von Glynn [2002] (Th. 3.4 und 3.6) gezeigt:

> **Satz** (Glynn): Für eine Menge L von n Geraden von $\mathbb{P} = \mathrm{PG}(n - k - 1, \mathrm{GF}(2))$ gilt:
>
> $\quad$ L ist eine **Quantenmenge von n Geraden** (, die $\mathbb{P}$ erzeugen).
> $\Leftrightarrow$ L ist äquivalent zu einem **additiven Quantencode** $\mathcal{C}$ mit Parametern $[[n, k]]$. [193]
> $\Leftrightarrow$ L ist erzeugt durch die symmetrische Differenz einer Menge von Geradenbüscheln.[194]

(ii) Man kann zeigen: Für $k = 0$ ist $d(\mathcal{C})$ gleich dem Minimum der Anzahl der Geraden von L, die nicht in H enthalten sind[195], wobei das Minimum über alle Hyperebenen H aus $\mathbb{P}$ zu bilden ist.

Für $k \neq 0$ ist $d(\mathcal{C})$ gegeben als die minimale Anzahl abhängiger Geraden von L, wobei nicht alle Geraden, die nicht in einer festen (einem Wort von $\mathcal{C}$ entsprechenden) Hyperebene liegen, genommen werden dürfen.

(iii) Eine Quantenmenge L von Geraden ergibt einen *selbst-dualen Quantencode* genau dann, wenn $|L| = n$ gilt und die Geraden aus L ganz [196] $\mathrm{PG}(n - 1, \mathrm{GF}(2))$ erzeugen.

(iv) Selbst-duale additive Quantencodes lassen sich auch als Graphen interpretieren, s. Glynn [2002 b] !

A 18.4

Zeigen Sie: Die Multiplikation einer Spalte von M mit einer Konstanten aus $\mathrm{GF}(4) \setminus \{0\}$ entspricht lediglich einer Umnummerierung der drei Punkte einer Geraden von L und einer Vertauschung der Spalten von T.

A 18.5

Bestehe L aus 4 Geraden der $7-$Punkte-Ebene, von denen keine 3 kopunktal sind. Zeigen Sie, dass dies eine Quantenmenge von Geraden zu einem additiven Quantencode der Parameter $[[4, 1, 2]]$ ist.

Literaturhinweise zu Teil B):

Calderbank et al. [1998], Glynn [2002 a], Glynn [2002 b],

http://homepage.mac.com/dglynn/quantum_files/Personal3.html (QEC Project, Aotearoa, Neuseeland)

http://www.qubit.org (Centre for Quantum Computation, Oxford/Cambridge)

http://www.qcaustralia.org/publications.htm (Centre for Quantum Computer Technology, Australien)

http://iaks-www.ira.uka.de/home/grassl/QECC/index.html (Institut für Algorithmen und Kognitive Systeme, Univ. Karlsruhe))

---

[193]und mit mindestens zwei verschiedenen Einträgen ungleich 0 in jeder Spalte von M.

[194]Menge von (in unserem Fall) 3 kopunktalen, d.h. mit einem Punkt inzidierenden, Geraden einer Ebene.

[195]Für in H enthaltene Geraden ist der Eintrag in der entsprechenden Zeile gleich 0, andernfalls $1, \omega$ oder $\overline{\omega}$.

[196]$k = 0$!

Zusammenfassung:

- Ein **quaternärer linearer Code** $\mathcal{C}$ ist definiert als eine Untergruppe von $(\mathbb{Z}_4^n, +)$.

- Die **Gray-Abbildung** $\tilde{\varphi} : \mathbb{Z}_4 \longrightarrow \mathbb{Z}_2^2$ mit $\tilde{\varphi}(0) = 00, \tilde{\varphi}(1) = 01, \tilde{\varphi}(2) = 11,$ und $\tilde{\varphi}(3) = 10$ lässt sich (komponentenweise) zu einer abstandstreuen Abbildung φ von $\mathbb{Z}_4^n$ (mit der Lee-Metrik) auf $\mathbb{Z}_2^{2n}$ (mit der Hamming-Metrik) fortsetzen. (18.3).

- Der binäre Code $\varphi(\mathcal{C})$ und die zu ihm permutations-äquivalenten Codes heißen $\mathbb{Z}_4-$**linear**.

- Generatormatrizen von quaternären Codes lassen sich mittels der Elemente eines Galoisringes R_{4^m} darstellen, die von der Form $\sum_{i=0}^{m-1} z_i \beta^i$ bzw. $a + 2b$ für $a, b \in \{0, 1, \ldots, \beta^{2^m-2}\}$ sind. (18.5).

- Beispiele von quaternären Codes und deren Bildern sind der Nordstrom-Robinson-Code, die Kerdock-Codes, die dazu dualen "Preparata"-Codes sowie die Delsarte-Goethals-Codes (18.4, 18.6, 18.9, 18.10).

- Unter einem **additiven Quantencode** mit Parametern $[[n, k]]$ versteht man eine additiv abgeschlossene $2^{n-k}-$Teilmenge von $\mathrm{GF}(4)^n$, die selbstorthogonal bzgl. des Spur-Skalarprodukts $\boldsymbol{a} * \boldsymbol{b} := \mathrm{tr}(\boldsymbol{a} \cdot \overline{\boldsymbol{b}})$ ist. Angegeben wird er durch eine $(n - k) \times n-$**Stabilisator-Matrix**. (18.12).

- Eine Geradenmenge L von $\mathbb{P} = \mathrm{PG}(n - k - 1, \mathrm{GF}(2))$ heißt eine **Quantenmenge von Geraden**, falls jeder Unterraum der Dimension $n - k - 3$ von $\mathbb{P}$ windschief zu genau einer geraden Anzahl von Geraden aus L ist. (18.14).

- Satz von Glynn: Eine Quantenmenge von n Geraden, die $\mathbb{P}$ erzeugen, ist zu einem additiven Quantencode mit Parametern $[[n, k]]$ äquivalent. (18.18).

Kap. IV: Kryptologie

19　Verschlüsselungverfahren[197] und Protokolle

Die Kryptologie (oft ebenfalls Kryptographie genannt) umfasst die beiden Gebiete **Kryptographie** (im engeren Sinne), also die Beschreibung von Datenschutz durch Verschlüsselung, und **Kryptoanalyse**, d.h. die Untersuchung der Sicherheit eines Systems im Hinblick auf die Möglichkeit unberufener Entzifferung. Die Verschlüsselung einer Nachricht kann u.a. folgende Ziele haben:

1. Schutz gegen Abhören (*"Geheimcode"* gegen Lauscher)
2. Schutz gegen Veränderung (*Authentifikation*)
3. Beweis der Urheberschaft (*elektronische Unterschrift*).

Wir behandeln hier zunächst einige klassische Verfahren, vornehmlich zum Schutz gegen Lauscher. [198] Der Paragraph schließt mit einer kurzen Einführung in "Zero-knowledge-Protokolle".

A) Klassische Chiffriersysteme[199]

19.1　Kryptosystem (schematisch)

Eine Nachricht im "Klartext" wird verschlüsselt und der erhaltene Geheimtext ("Chiffrat" oder "Chiffre") weitergeleitet (s. Bild 19.1).

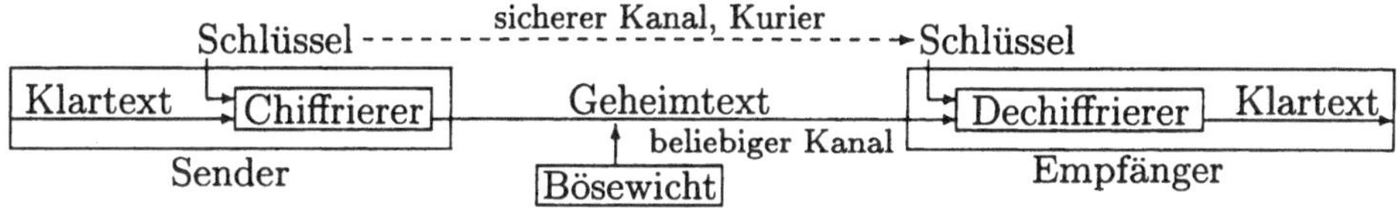

Bild 19.1: Schema eines Kryptosystems

Der Empfänger muss den Geheimtext erst dechiffrieren, bevor er den Klartext lesen kann. Der zum Chiffrieren benutzte "Schlüssel" (genauer dessen Umkehrung) muss dem Dechiffrierer bekannt sein. Die Geheimhaltung des Schlüssels ist ein entscheidender Faktor für die Sicherheit des Systems. Dem *Bösewicht* gelingt es aber manchmal, den Code auch ohne den Schlüssel zu knacken; (s. 19.4: Kryptoanalyse !).

Beispiel:　　*GHQ OHVHUQ GLHVHV EXFKHV YLHO HUIROJ*

Was heißt das ? Der Empfänger weiß, dass der Sender das System "Caesar" verwendet hat.

---

[197]Dieser Teil des Paragraphen war Gegenstand von Schülerseminaren und Lehrerfortbildungsveranstaltungen.

[198]Man beachte aber auch die Anmerkung zur Elektronischen Unterschrift, s. 19.10.1 !

[199]Wegen der Verwendung des selben Schlüssels bei Sender und Empfänger (– bei letzterem ist die Wirkung des Schlüssels rückgängig zu machen–) auch oft als "symmetrische Verfahren" bezeichnet.

19.2 Caesar-Chiffre (Nach Sueton von CAESAR verwandt)

Hierbei wird jeder Buchstabe des Alphabets durch den entsprechenden Buchstaben des um 3 Stellen zyklisch verschobenen Alphabets ersetzt: (s. Bild 19.2; vgl. z.B. Beutelspacher [1987] p.8, Witten et al.[1998] Teil 2 !) Beim Dechiffrieren ist dieser Vorgang umzukehren.

Klartext:	a	b	c	d	e	f	g	h	i	j	k	l	m	n	o
Geheimtext:	D	E	F	G	H	I	J	K	L	M	N	O	P	Q	R

p	q	r	s	t	u	v	w	x	y	z
S	T	U	V	W	X	Y	Z	A	B	C

Bild 19.2: Verschiebechiffre

Beispiel (Fortsetzung)

```
G  H  Q     O  H  V  H  U  Q     G  L  H  V  H  V
D  e  n     L  e  s  e  r  n     d  i  e  s  e  s

E  X  F  K  H  V     Y  L  H  O     H  U  I  R  O  J
B  u  c  h  e  s     v  i  e  l     E  r  f  o  l  g  !
```

Die Caesar-Chiffre ist ein *Spezialfall* der **Verschiebechiffre (additiven Chiffre)**, oft ebenfalls Caesar-Chiffre genannt, bei der das Geheimalphabet um eine feste Anzahl z von Stellen (bei Caesar $z = 3$) verschoben wird: $y_i = x_i + z \pmod{26}$, wobei x_i, y_i die Nummern zugeordneter Buchstaben des Klartext-Alphabets und des Geheimtext-Alphabets sind.[200] Eine weitere Verallgemeinerung ist die folgende Chiffrierung:

19.3 Chiffrierung mit festem Tauschalphabet

Eine Chiffrierung heißt *monoalphabetisch* (bzw. mit festem Tauschalphabet), falls jeder Buchstabe des Alphabets bei allen Ersetzungen stets zu dem selben Geheimtext-Buchstaben (der aus einem anderen Alphabet sein kann) chiffriert wird.

Dabei kann z.B. der Geheimbuchstabe durch *arithmetische* Veränderung (additiv s.o., multiplikativ oder gemischt) seiner Stellennummer im Alphabet beschrieben sein oder durch ein *Schlüsselwort* (s.u.), allgemein durch eine Permutation des Alphabets.[201]

Bei dem Verfahren mit **Schlüsselwort** wird in diesem zunächst jeder Buchstabe bei evtl. zweitem und weiterem Auftreten gestrichen, dabei das Wort mit einem (ebenfalls zum Schlüssel gehörenden) *Schlüsselbuchstaben* beginnend unter das Klartextalphabet geschrieben und dann zyklisch mit den verbleibenden Geheimtextbuchstaben (in alphabetischer Reihenfolge) aufgefüllt.

---

[200]Ein einfaches Hilfsmittel zum Ver- und Entschlüsseln ist dabei die Chiffrierscheibe nach Alberti, bei der Klartext- und Schlüsselalphabet auf zwei bewegliche, um z Sektoren gegeneinander verdrehte Kreisscheiben mit gemeinsamem Zentrum so angeordnet sind, dass jeweils der Buchstabe des Klartext- und des Geheimtextalphabets im gleichen Sektor liegen; s.z.B. Witten et al.[1998] Teil 2 !

[201]Interpretiert man "Wort" hier im Sinne von Buchstabenfolge, so ist jedes monoalphabetische Verfahren durch ein Schlüsselwort (der Länge des Alphabets) beschrieben.

Beispiel (A. Beutelspacher, [1987] p. 18/19) mit Schlüssel " Geheimschrift" (als Schlüsselwort) und "e" (als Schlüsselbuchstabe):

a	b	c	d	**e**	f	g	h	i	j	k	l	m	n	o	p	q	r	s	t	u	v
W	**X**	**Y**	**Z**	**G**	**E**	**H**	**I**	**M**	**S**	**C**	**R**	**F**	**T**	**A**	**B**	**D**	**J**	**K**	**L**	**N**	**O**

w	x	y	z
P	**Q**	**U**	**V**

Dieses Verfahren kann bei Chiffrierung einer natürlichen Sprache leicht geknackt werden. Es ist sehr unsicher:

19.4 Kryptoanalyse

Für den Kryptoranalytiker unterscheidet man folgende Ausgangsituationen:

(a) er kennt ein größeres Stück Geheimtext (*known ciphertext attack*)

(b) er kennt ein kleines Stück Klartext *(known plaintext attack)* (z.B. Eröffnungs- und Schlussfloskeln)

(c) er kann erreichen, dass ein ihm bekannter Klartext verschlüsselt wird und er daraus Rückschlüsse ziehen kann (*chosen plaintext attack*)

nach DIFF	Beutelsp.	
5,998	6,51	a
2,482	1,89	b
2,781	3,06	c
5,228	5,08	d
16,99	17,4	e
1,436	1,66	f
2,585	3,01	g
4,435	4,76	h
8,089	7,55	i
0,218	0,27	j
1,597	1,21	k
3,240	3,44	l
2,896	2,53	m
9,594	9,78	n
2,597	2,51	o
0,643	0,79	p
0,011	0,02	q
7,561	7,00	r
6,952	7,27	s
6,354	6,15	t
4,642	4,35	u
1,022	0,67	v
1,321	1,89	w
0,023	0,03	x
0,023	0,04	y
1,275	1,13	z

Bild 19.3: Häufigkeitsverteilung von Buchstaben in der deutschen Sprache nach DIFF [1988] (ä, ö , ü, ß zu Vergleichszwecken als ae, oe, ue, ss eingeordnet) und nach Beutelspacher [1987].

Wir betrachten hier Situtation (a) für monoalphabetische Chiffrierung. Grundlage für die Analyse ist dabei die Tatsache, dass in natürlichen Sprachen, z.B. auch im Deutschen, die Buchstaben und Buchstabenpaare etc. ungleichmäßig verteilt sind. Die Häufigkeitsverteilung erhält man aus längeren Stichproben, s. z.B. Bild 19.3 und Tabelle 19.1 ! Der häufigste

Buchstabe im Geheimtext wird entsprechend mit "e" dechiffriert, der zweithäufigste mit "n" usw. .

Buchst.-Paar	en	er	ch	te	de	nd	ei	ie	in	es	ea et
Häufigkeit	$3,88$	$3,75$	$2,75$	$2,26$	$2,0$	$1,99$	$1,88$	$1,79$	$1,67$	$1,52$	$\leq 0,5$

Tabelle 19.1 Häufigkeitsverteilung von Buchstabenpaaren in der deutschen Sprache (nach Beutelspacher)

Ein Beispiel einer Dechiffrierung durch Untersuchung der Häufigkeiten ist in Edgar Allan Poe's Geschichte "Der Goldkäfer" geschildert; (s. z.B. in Kippenhahn [1997] p.103, Witten et al. [1989] Teil 1 !).

A 19.1 (Beutelspacher [1987])
Folgender Geheimtext wurde mit Hilfe einer Schlüsselwortchiffrierung mit deutsch-sprachigem Schlüsselwort erstellt:

$$IEBTDKY\ YI\ CAJ\ IFHTWLY\ VYKTVJY\ BYVYOYIYD$$
$$KAVJ\ IEBTDKY\ KAVJ\ YI\ TMWL\ IWLED\ NYHJHTMBAWLY$$
$$CAJJYABMDKYD\ TBIE\ CAJJYABMDKYD\ XAY$$
$$DMH\ ZMYH\ YADY\ YADRAKY\ FYHIED\ EXYH$$
$$DMH\ ZMYH\ YADYD\ KTDR\ VYKHYDRJYD$$
$$FYHIEDYDSHYAI\ KYXTWLJ\ IADX\ ....$$

Lösungshinweis zu A 19.1: Häufigster Buchstabe in diesem "Text" ist Y. Wir gehen daher von der Chiffrierung $e \to Y$ aus. Ähnlich vermuten wir $n \to D$. Aus der Häufigkeit von Y schließen wir ferner (nach Tabelle 19.1), dass H für r, i oder s stehen könnte.

Aus 19.4 ergibt sich als **Ziel: die Verschleierung der Häufigkeiten.** Ein Verfahren, das als Vorbild für viele Chiffrierungen diente und lange Zeit als sicher galt, ist das folgende:

19.5   Vigenère-Chiffre (Verfahren der variablen Tauschalphabete)

(Nach Vigenère 1586): Dieses Verfahren benutzt verschiedene monoalphabetische Chiffrierungen im Wechsel ("polyalphabetisches Verfahren"). Die jeweilige Chiffrierung wird aus dem *Vigenère-Quadrat* bestimmt, das aus den 26 Verschiebechiffren in natürlicher Reihenfolge besteht, s. Bild 19.4 !
Die Bestimmung des aktuellen Alphabets geschieht mit Hilfe eines **Schlüsselworts**, und zwar in der folgenden Weise: Die Buchstaben des Schlüsselworts werden in ihrer Reihenfolge denen des Klartexts zugeordnet; falls der Klartext länger ist, wird dieser Vorgang solange wiederholt, bis die Länge des Klartexts erreicht ist: Beispiel (mit Schlüsselwort "B E R L I N"):

$$p \quad o \quad l \quad y \quad a \quad l \quad p \quad h \quad a \quad b \quad e \quad t \quad i \quad s \quad c \quad h$$
$$B \quad E \quad R \quad L \quad I \quad N \quad B \quad E \quad R \quad L \quad I \quad N \quad B \quad E \quad R \quad L$$

Die Chiffrierung eines Buchstaben des Klartexts erfolgt nun über die Zeile des Vigenère-Quadrats, in der der ihm zugeordnete Schlüsselbuchstabe der erste ist, also z.B.

$$p \quad \text{durch die} \quad \text{2. Zeile } (B \text{ entsprechend}), \text{ also zu} \quad Q$$
$$o \quad \text{durch die} \quad \text{5. Zeile } (E \text{ entsprechend}), \text{ also zu} \quad S.$$

Klartext:	a	b	c	d	e	....	z
Chiffren:	A	B	C	D	E	....	Z
	B	C	D	E	F	....	A
	C	D	E	F	G	....	B
	D	E	F	G	H	....	C
	E	F	G	H	I	....	D
			$\vdots$				
	Y	Z	A	B	C	....	X
	Z	A	B	C	D	....	Y

Bild 19.4: Das Vigenère-Quadrat (Ausschnitt)

Methoden zum Entziffern eines Vigenère-chiffrierten Texts beinhalten z.B. den Kasiski- oder den Friedman-Test[202]; (s. z.B. Witten et al. [1998] Teil 2, p.33-37).

19.6   Einige weitere Verfahren

(a) *Monoalphabetische Verfahren mit Verschleierung der Häufigkeit* durch
- vorherige Beseitigung von Redundanz durch Quellencodierung
- Chiffrierung von "e" durch *mehrere* Elemente eines (größeren) Alphabets.

(b) **"Transpositions-Chiffren"**: Hierbei wird der Klartext in Blöcke der Länge T zerlegt und jeder Block entsprechend dem Schlüssel, der eine feste Permutation von $\{1,\ldots,T\}$ ist, umgeordnet (Anagramm). ($\longrightarrow$ Novelle 'Mathias Sandorf' von Jules Verne.)

(c) **"Kaskaden-Chiffrierung"**:
Bei dieser werden Tausch- und Transpositionschiffren hintereinandergeschaltet.

19.7   One-Time-Pad Additionsverfahren[203]

Das Verfahren: Die Verschlüsselung eines Klartextes $a_1 \ldots a_n$ nach diesem (in Annäherung von G.S. Vernam, 1917, benutzten, aber auch von W. Kunze, R. Schauffler und E. Langlotz entwickelten) Verfahren [204] erfolgt mittels einer gleich langen zufälligen (s.u.)

---

[202]Wir erwähnen hier die bahnbrechende Erkenntnis von F. W. Kasiski (1863), dass bereits die Kenntnis der <u>Länge</u> des Schlüsselworts eine Dechiffrierung erlaubt; denn alle Zeichen, die unter dem gleichen Schlüsselbuchstaben stehen, sind monoalphabetisch verschlüsselt. Der *Kasiski-Test* geht davon aus, dass gleiche Buchstabenfolgen unter den selben Zeichen des Schlüsselwortes zu gleichen Zeichenfolgen des Geheimtextes führen. Der Abstand zwischen zwei Wiederholungen (Parallelstellen) im Geheimtext, der *Kasiski-Abstand*, ist daher evtl. ein Vielfaches der Schlüsselwortlänge. Leider treten auch "unechte" Parallelstellen auf. Eine sensiblere Methode (mittels Bestimmung der "Zeichenkoinzidenz Kappa", einer statistischen Größe des Vergleichs des Geheimtextes mit dem zyklisch verschobenen Geheimtext, s. z.B. Bauer [1995], p. 257-262, oder Witten et al. l.c.) ist der *Friedman-Test*, durch den man sogar die Sprache erkennen kann, in welcher der Klartext geschrieben ist.

[203]Im Gegensatz zu den *Blockchiffren* wie z.B. DES, TripleDES, IDEA oder AES (s. z.B. Wobst [1998],§4,5, Miller [2003]), bei denen die zu verschlüsselnden Nachrichten vorher in Blöcke gleicher Länge eingeteilt werden, handelt es sich hierbei um eine (symmetrische) "Strom-" oder "Fluss-Chiffre".

[204]s. Kippenhahn p.165 und p.258 !

Folge[205] von Schlüsselzeichen $k_1 \ldots k_n$ durch Addition (z.B. wieder nach Identifizierung mit ihrer Nummer im Alphabet) (s. Bild 19.5). Alternativ werden auch binäre Klartextfolgen und Schlüsselfolgen verwandt. Die Dechiffrierung erfolgt jeweils durch Subtraktion der Schlüsselfolge.

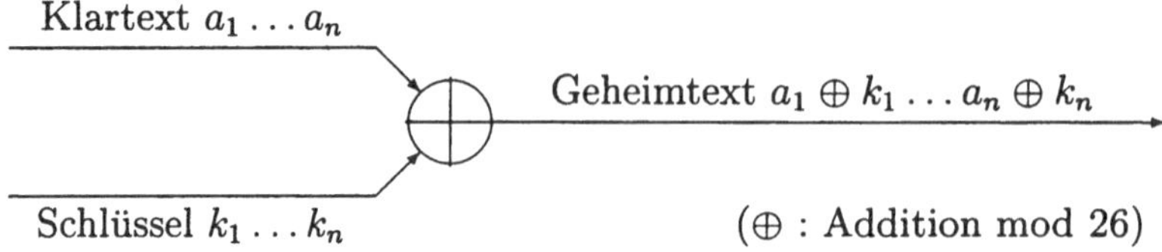

Bild 19.5: Chiffrierung mit einer Schlüsselfolge (One-time-pad Verfahren)

- **Ideale Voraussetzung:** Jede Schlüsselfolge sollte eine Zufallsfolge sein, in der die einzelnen Zeichen k_i unabhängig voneinander und aus gleichverteilter Grundgesamtheit sind, so dass alle Schlüsselfolgen der Länge n gleiche Wahrscheinlichkeit haben.

- **Ersatz-Voraussetzung:** Man wählt "pseudo-zufällige" Folgen statt zufälliger Folgen; diese Folgen sehen zunächst zufällig aus, sind aber durch wenige Daten bestimmt (– diese stellen im strengen Sinne den Schlüssel dar, und nur sie sind zu übermitteln).

- **Eigenschaft** (bei Erfüllen der idealen Voraussetzung): Das System ist unknackbar (s.u.).

- **Nachteil** des Verfahrens: Notwendigkeit der (sicheren) Übermittlung des Schlüssels, der die gleiche Länge hat wie der Klartext; (der Schlüsselaustausch kann – etwa durch Boten – zu einem früheren Zeitpunkt erfolgen, während der Zeitpunkt der Nachrichtenübermittlung situationsgebunden ist, z.B. beim "roten Telefon" Moskau–Washington).

Was heißt das nun, *"unknackbar"* zu sein ?

19.8 Chiffriersysteme und perfekte Sicherheit

(i) Ein *Chiffriersystem* besteht aus einer endlichen Menge M von Klartexten, einer endlichen Menge C von Geheimtexten und einer endlichen Menge F von umkehrbaren injektiven Abbildungen von M in C (bestimmt durch eine Menge K von gleichwahrscheinlichen Schlüsseln).

(ii) Ein ideales Chiffriersystem sollte so konzipiert sein, dass der Kryptoanalytiker durch seine Analyse nichts über den Klartext hinzulernen kann. Dies ist dann der Fall, wenn Klartexte und Kryptogramme stochastisch unabhängig sind. Oft wird diese Bedingung etwas anders formuliert: Für jeden Klartext $m \in M$ sei $p\,(m)$ die Wahrscheinlichkeit seines Auftretens (a priori Wahrscheinlichkeit; diese sei dem Kryptoanalytiker bekannt). Bei bekanntem Geheimtext c sei $p\,(m|c)$ die Wahrscheinlichkeit dafür, dass c vom Klartext m herkommt (a posteriori Wahrscheinlichkeit).

---

[205] Diese Folge wird als 'Ziffernwurm' auf Papierstapeln dem Sender und dem Empfänger zur Verfügung gestellt; nach *einmaliger* Verwendung wird dann das betreffende Blatt des Stapels (pad) vernichtet – daher der Name; gelegentlich spricht man auch von "Wegwerfschlüsseln".

Wäre nun $p\,(m|c) > p\,(m)$ (bzw. $p\,(m|c) < p\,(m)$), so könnte dies der Kryptoanalytiker evtl. feststellen und so aus c die Verschlüsselung der Mitteilung m vermuten (bzw. ausschließen); (vgl. 19.4 !). Man sagt nun:

(iii) Ein Chiffriersystem bietet **perfekte Sicherheit**, falls für jeden Geheimtext c und jeden Klartext m gilt: $p\,(m|c) = p\,(m)$. Tatsächlich ist diese Bedingung äquivalent zu der Forderung der stochastischen Unabhängigkeit von Klartext und Kryptogramm.

Es gilt nämlich[206] $p\,(m \mid c) = p\,(m)$ genau dann, wenn $\frac{p\,(m \wedge c)}{p\,(c)} = p\,(m)$, also

$$p\,(m \wedge c) = p\,(m) \cdot p\,(c) \text{ ist. (Dabei setzen wir } p\,(c) > 0 \text{ für alle } c \in \mathcal{C} \text{ voraus.)}$$

19.9 Satz (Shannon 1949)

Das One-time-pad-Verfahren bietet perfekte Sicherheit.

(Die Aussage lässt sich verallgemeinern; s. Beutelspacher [1987] p. 46 Übung !)

Beweis (angelehnt an einen Übersichtsartikel von A. Sgarro)[207]:

Sei m Variable für den Klartext, k für den Schlüssel und $c(= m + k)$ für das Kryptogramm; a_i, c_i, k_i seien Elemente des Alphabets A. Dann gilt:[208]

(i) $\quad p\,(m = a_1 \ldots a_n \wedge c = c_1 \ldots c_n) = p\,(m = a_1 \ldots a_n \wedge k = c_1 - a_1 \ldots c_n - a_n)$

$\qquad = p\,(m = a_1 \ldots a_n) \cdot p\,(k = c_1 - a_1 \ldots c_n - a_n) = p\,(m = a_1 \ldots a_n) \cdot \frac{1}{|K|}$

(wegen Unabhängigkeit des Schlüssels vom Klartext und der Gleichverteilung der Schlüssel, also $p\,(k) = \frac{1}{|K|}$). Andererseits erhält man :

(ii) $\quad p\,(c = c_1 \ldots c_n \wedge k = k_1 \ldots k_n) = p\,(m = c_1 - k_1 \ldots c_n - k_n \wedge k = k_1 \ldots k_n)$

$\qquad = p\,(m = c_1 - k_1 \ldots c_n - k_n) \cdot p\,(k = k_1 \ldots k_n) = p\,(m = c_1 - k_1 \ldots c_n - k_n) \cdot \frac{1}{|K|}.$

"Summiert" man über $k_1 \ldots k_n$, so deckt $c_1 - k_1 \ldots c_n - k_n$ für festes $c = c_1 \ldots c_n$ alle Klartexte (genau einmal) ab; man erhält: $\qquad p\,(c = c_1 \ldots c_n) = \sum_{k_1,\ldots,k_n} p\,(c = c_1 \ldots c_n \wedge k = k_1 \ldots k_n)$

$\underset{(ii)}{=} \frac{1}{|K|} \sum_{k_1,\ldots,k_n} p\,(m = c_1 - k_1 \ldots c_n - k_n) = \frac{1}{|K|} \sum_{m \in M} p\,(m) = \frac{1}{|K|}.$ $\qquad$ Es folgt durch Einsetzen

$p\,(m = a_1 \ldots a_n \wedge c = c_1 \ldots c_n) = p\,(m = a_1 \ldots a_n) \cdot p\,(c = c_1 \ldots c_n)$ für alle $a_1, \ldots, a_n, c_1, \ldots, c_n$ aus A, d.h. die Unabhängigkeit von m und c. $\qquad\qquad\qquad\qquad\qquad\qquad\qquad\Box$

A 19.2 Zeigen Sie für ein Chiffriersytem (M, C, F) mit perfekter Sicherheit:
(i) Jeder Klartext m kann mit einer zu F gehörenden Abbildung auf jeden beliebigen Geheimtext $c \in C$ abgebildet werden. (ii) Es gilt $|F| \geq |C| \geq |M|$.
(Dabei setzen wir $p(m) > 0$ für alle $m \in M$ und $F \neq \emptyset$ voraus.)

---

[206]s. Anhang A 4

[207]Die perfekte Sicherheit lässt sich durch folgende Plausibilitätsbetrachtung verdeutlichen (sie benutzt allerdings die zu beweisende Unabhängigkeit von Geheimtext und Schlüssel): Über dem gleichen Alphabet lässt sich zu jedem möglichen Klartext eine Schlüsselfolge angeben, die ihn auf den vorgegebenen Geheimtext abbildet. Da alle diese Schlüsselfolgen gleichwahrscheinlich sind, kommt damit jeder Klartext in Frage.

[208]s. Anhang A 4

B) Öffentliche Chiffrierverfahren

19.10   Grundsätzliches zu Public-key-Systemen
(öffentlichen Verschlüsselungsverfahren)

Bei den klassischen Verfahren ging man davon aus, dass ein System, das theoretisch entschlüsselbar ist, ungeachtet des für die Dechiffrierung benötigten Aufwands (z.B. der Rechenzeit) für kryptologische Zwecke ungeeignet ist.

Neuere Verfahren nutzen hingegen aus, dass es sogenannte **Einwegfunktionen** (*'one-way'-Funktionen*) **mit Hintertür** ('trap door'-Funktionen) gibt, deren Funktionswerte leicht zu bestimmen sind, deren Umkehrung aber in vielen Fällen ohne Zusatzinformation einen solchen Aufwand benötigt, dass praktisch (noch) Sicherheit gegeben ist. Solche Umkehroperationen sind z.B.:

- *das Logarithmieren in endlichen Körpern*[209],
- *das Zerlegen einer sehr großen Zahl in Primfaktoren.*

Man benutzt sie in "asymmetrischen" Verschlüsselungsverfahren. Eine richtungweisende Arbeit ist die von DIFFIE und HELLMAN [1976].

Voraussetzung: Jeder Teilnehmer T hat ein Paar von Schlüsseln:

einen *öffentlichen* $E = E_T$ (encryption) zur Verschlüsselung von Nachrichten **an T**

einen *privaten* $D = D_T$ (decryption) zum Entschlüsseln dieser Nachrichten **durch T**

derart, dass für jede Nachricht m gilt:

1. $D(E(m)) = m$ (und evtl. [210] $E(D(m)) = m$).

2. Aus E_T kann nicht auf D_T geschlossen werden.

Alle öffentlichen Schlüssel sind allgemein zugänglich in einer Datei (ähnlich dem Telefonbuch) gelistet, die privaten Schlüssel sind nur ihren Besitzern bekannt.

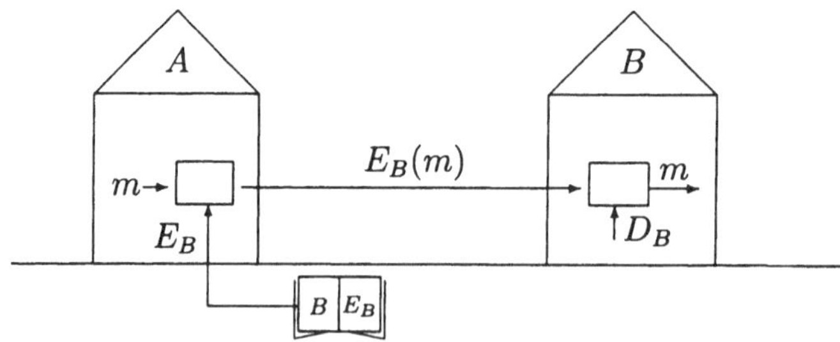

Bild 19.6: Schema zum öffentlichen Verschlüsselungsverfahren (Public key system)

---

[209]Ist g erzeugendes Element der endlichen zyklischen Gruppe G, und ist $b \in G$ gegeben, so heißt $x \in \mathbb{N}_0$ mit $g^x = b$ *diskreter Logarithmus* von b zur Basis g.

[210]für die elektronische Unterschrift, s.u.!

> Das **allgemeine Verfahren** (s. Bild 19.6) :
>
> 1. A(lice) will eine Nachricht m an B(ob) senden. Dazu sucht A den öffentlichen Schlüssel E_B von B heraus und sendet $E_B(m)$ an B.
>
> 2. B(ob) entschlüsselt $E_B(m)$ durch Anwendung seines geheimen Schlüssels $D_B(E_B(m)) = m$.

Kein anderer Teilnehmer kann $E_B(m)$ entziffern, da man laut Voraussetzung aus $E_B(m)$ nicht auf D_B schließen kann.

Anmerkung: Ein Modell für ein solches System ist das **Kofferbeispiel**: Jeder Teilnehmer stellt einen (offenen) Koffer mit Schnappschloss zur Verfügung, zu dem nur er den Schlüssel hat, der aber von beliebigen anderen Teilnehmern gefüllt und mittels des Schnappschlosses verschlossen werden kann.

Vorteile des Verfahrens: Es ist kein Schlüsselaustausch nötig; nur ein Schlüssel pro Teilnehmer[211] wird gebraucht.

19.10.1   Möglichkeit zur digitalen Unterschrift (Authentifizierung):

Die mit dem privaten Schlüssel D_A von A gegebene "**Signatur**" $D_A(m)$ unter der Nachricht m lässt sich mittels E_A von jedem Teilnehmer dechiffrieren (wegen $E(D(m)) = m$); außer A sollte aber keiner den zu E_A inversen Schlüssel D_A kennen und zur entsprechenden Verschlüsselung von m fähig sein. Ergibt sich also durch Anwendung von E_A auf die Signatur eine sinnvolle Nachricht, so zeigt dies die Urheberschaft von A. Zusätzlich kann von Fremden keine einzige Änderung an der "unterschriebenen Nachricht" $D_A(m)$ vorgenommen werden.[212]

Wir stellen nun konkrete Verwirklichungen vor (s. auch Buchmann [2001] Kap.7, Koblitz [1987] Kap.IV, DIFF [1988] 5.4), die oft nur zum Austausch von (symmetrischen) Sitzungschlüsseln und zur Signatur (s.o.) verwendet werden.

19.11   RSA-Algorithmus (RIVEST, SHAMIR, ADLEMAN [1978])

Dieses Verfahren beruht auf der Tatsache, dass sich eine sehr große Zahl n nur mit immenser Rechenzeit oder praktisch gar nicht faktorisieren lässt, wenn sie ein Produkt von zwei sehr großen Primzahlen (annähernd gleicher Länge aber nicht zu kleiner Differenz) ist. Mit zunehmender Leistungsfähigkeit moderner Computer und geschickteren Methoden (s. z.B. Boneh[1999]) verändert sich dabei die noch als sicher angesehene Stellenzahl von n. [213] Die heute (im März 2003) empfohlene Länge für einen sicheren Schlüssel ist 1024 Bit, für besonders wertvolle Informationen sogar 2048 Bit, (s. RSA-security [2003]!).

---

[211]nicht $s(s-1)/2$ wie bei klassischen Systemen mit s Teilnehmern

[212]Für praktische Signaturzwecke wird meist eine "Hash-Funktion" verwandt, d.h. eine nicht-injektive Einwegfunktion, die auf einen String wesentlich kürzerer Länge, den "Hashwert", abbildet; letzteren kann man als eine kryptographische Prüfsumme interpretieren (s. z.B. Schwenk [2002] !).

[213]Im Jahr 1999 konnte z.B. die 512 bit- und 155-dezimal-stellige mit "RSA-155" bezeichnete Zahl faktorisiert werden, s. RSA-security [2003].

Eine **Schlüsselvergabe**stelle (Zertifizierungsstelle, Trust Center) wählt zwei große Primzahlen p und q und berechnet $n := pq$ sowie[214] $\varphi(n) = (p-1)(q-1)$. Dann sucht sie zwei Zahlen e und d mit [215]

$$e \cdot d \equiv 1 (\mathrm{mod}\ (p-1)(q-1)) \ .$$

Danach werden dem Teilnehmer (e, n) als öffentlicher und d als geheimer Schlüssel mitgeteilt. (Die Vergabestelle braucht hier sehr viele große Primzahlen !)
Die Nachricht wird dargestellt in Form einer oder mehrerer natürlicher Zahlen $m \leq n$.

Ver- und Entschlüsselung beim RSA-Verfahren:

$$E: \quad E(m) \ := c \qquad \mathrm{mit} \quad c \ \equiv m^e \quad (\mathrm{mod}\ n).$$
$$D: \quad D(c) \ := m' \qquad \mathrm{mit} \quad m' \ \equiv c^d \quad (\mathrm{mod}\ n).$$

Behauptung: Für jedes $m \in \mathbb{N}$ mit $m \leq n$ gilt $m' \equiv m \ (\mathrm{mod}\ n)$.

Beweisskizze: Aus $c \equiv m^e \ (\mathrm{mod}\ n)$ folgt $m' = c^d \equiv m^{ed} \ (\mathrm{mod}\ n)$. Ist m zu p teilerfremd, so gilt (für geeignetes t): $m^{ed} = m^{t(p-1)(q-1)+1} = (m^{(t(q-1))})^{p-1} \cdot m$ und daher nach dem Satz von Fermat $m^{ed} \equiv 1 \cdot m \equiv m \ (\mathrm{mod}\ p)$. Ist m nicht zu p teilerfremd, so ergibt sich $m^{ed} \equiv 0 \equiv m \ (\mathrm{mod}\ p)$. Also erhält man in beiden Fällen $m^{ed} \equiv m(\mathrm{mod}\ p)$. Analog ergibt sich $m^{ed} \equiv m(\mathrm{mod}\ q)$. Insgesamt folgt, dass sowohl p als auch q und damit auch ihr Produkt $p \cdot q$ Teiler von $m^{ed} - m$ sind. Also gilt $m^{ed} - m \equiv 0 \ (\mathrm{mod}\ pq)$ und folglich $m' \equiv m \ (\mathrm{mod}\ n)$. $\square$

19.12   Das ElGamal Kryptosystem

Dieses Verfahren beruht auf der Tatsache, dass Logarithmieren in großen endlichen Körpern ungleich schwieriger durchzuführen ist als das Potenzieren.

Vorgegeben sei ein "sehr großer" endlicher Körper $K = \mathrm{GF}(q)$, ein Element $g \in K^*$ (möglichst ein erzeugendes Element), ferner eine Zuordnung der "Bausteine" einer möglichen unverschlüsselten Nachricht zu Elementen von K. Dies sei bekannt. Jeder Teilnehmer an dem Kryptosystem wählt nun eine beliebige ganze Zahl a zufällig als seinen geheimen Schlüssel aus und veröffentlicht $y := g^a$. Die Nachricht $m \in K$ wird nun folgendermaßen chiffriert:

Das Element g und der öffentliche Schlüssel des Adressaten $y = g^a$ werden nach Auswahl einer ebenfalls zufälligen Zahl k in die k-te Potenz erhoben und die Nachricht m durch Multiplikation mit y^k "maskiert". Übermittelt wird also

$$E(m) := (g^k, m \cdot y^k) = (b, c) \ .$$

Der Adressat, der als einziger a kennt, entschlüsselt dann wie folgt:

$$D(b, c) := (b^a)^{-1} \cdot c \ (= b^{(q-1-a)} \cdot c) \ .$$

Es gilt dann $D(g^k, my^k) = g^{-ka} \cdot mg^{ak} = m$.

---

[214]$\varphi(n)$ bezeichnet die Anzahl der zu n teilerfremden Zahlen $t \in \{1, 2, \ldots, n-1\}$ (Eulersche φ-Funktion).
[215]Ist e als zu $\varphi(n)$ teilerfremd gewählt, so erhält man (z.B. mittels des Euklidischen Algorithmus) eine Gleichung der Form $x \cdot e + y \cdot \varphi(n) = 1$. Modulo $\varphi(n)$ betrachtet, kann man dann $d = x$ wählen.

Um die maskierte Nachricht my^k mit Hilfe des "Hinweises" y unbefugt entschlüsseln zu können, müsste man entweder die Potenzen von y (als Divisor) solange durchprobieren, bis eine vernünftige Nachricht entsteht, oder bei bekanntem Paar g, g^a bzw. g^k den Exponenten a (bzw. k) bestimmen; dieses heißt aber, die Gleichung $g^x = \ell$ nach x aufzulösen, also den diskreten Logarithmus $\log_g \ell$ in GF(q) zu finden. Für große Körper ist dies aber, wie gesagt, sehr schwierig.

A 19.3
Entschlüsseln Sie folgende mit dem ElGamal-System mit $q = 29$ und $g = 4$ chiffrierte Aussage und zeigen Sie so, dass wesentlich größere Zahlen q und g hätten gewählt werden müssen.
Öffentlicher Schlüssel des Adressaten: $g^a = 20$.
Erste Komponenten der Übermittlung (der Einfachheit wegen für den ganzen Text): $g^k = 7$.
2.Komponente y^k: 6 | 28 | 22 | 14 | 28 | 14 | 1 | 6 | 22 | 27 | 14 | 19 | 12 | 18 | 17 | 14 | 14.

A 19.4 (Schlüsselaustausch nach Diffie und Hellmann, s. z.B. Buchmann [2001] 7.5 , Wobst [1998] 6.11.): Alice und Bob wollen über einen unsicheren Kanal einen geheimen Sitzungsschlüssel für eine symmetrische Kommunikation generieren. Dazu wählen sie eine große Primzahl p und ein erzeugendes Element g von $\mathbb{Z}_p^*$ aus. (p und g können allgemein bekannt sein.) Alice wählt eine große Zahl $a \leq p - 2$ und sendet $X \equiv g^a (\text{mod } p)$ an Bob. Analog wählt Bob ein b und sendet $Y \equiv g^b (\text{mod } p)$ an Alice. Diese berechnet $s \equiv Y^a (\text{mod } p)$, und Bob bestimmt $s' \equiv X^b (\text{mod } p)$. Zeigen Sie: 1.) Es gilt $s \equiv s' (\text{mod } p)$. 2.) Ist ein unberechtigter Lauscher in der Lage, diskrete Logarithmen zu berechnen, so kann er den Schlüssel s berechnen. 3.) Gibt es eine Verallgemeinerung auf beliebige zyklische Gruppen? 4.) Besteht ein Zusammenhang mit dem ElGamal-Verfahren? 5.) Für $p = 17$ und $g = 3$ wählen Alice $a = 7$ und Bob $b = 4$. Bestimmen sie den mit dem Diffie-Hellman-Verfahren berechneten Schlüssel s !

Literaturhinweise: Beutelspacher [1987], Beutelspacher et al. [1998], Buchmann [2001], DIFF [1988], Kippenhahn [1997], Schneier [1996], Wrixon [2000], Wobst [1998], Baumann [1996], Becket [1988], Beker& Piper [1982], Berendt [2000],[2002], Beth et al. [1983], Boneh [1999], Brands [2002], Delfs & Knebl [2002], Churchhouse [2002], CrypTool [2002], Denning [1983], Dewdney [1988], [1989], Henze & Homuth [1974], Horster [1985], Ihringer [2002] Kap.IV/5,, Kahn [1996], Koblitz [1987], Konheim [1981], Kranakis [1986], Menezes et al. [1994], Miller [2003], Newton [1997], Oberschelp [1986], Kurseinheit 3, RSA-security [2003], Rothe [2002], Salomaa [1990], Schwenk [2002], Shparlinski [1999], Siemon [2002], Singh [1999/2000], [2000], Sinkov [1966], Stinson [1995], Voss [2003], Wagner [2002], Welsh [1988], Welschenbach [2001], Witten et al. [1998/99].

C) **Quantenkryptographie** (vgl. Singh [1999/2000])

19.13 **Physikalische Grundlage (vereinfacht):**

Nach einem Satz der Quantenphysik ist es nicht möglich, einen unbekannten Quantenzustand zu duplizieren. Dies kann man in der Kryptographie ausnutzen. Ein experimentell (annähernd) gut zu erzeugender und zu handhabender Quantenzustand ist die Polarisation eines Photons. Ein Lauscher muss diese Polarisation direkt messen, wobei sie sich mit einiger Wahrscheinlichkeit durch die Messung ändert: Man kann sich vereinfacht vorstellen, dass durch einen vertikalen Polarisationsfilter

- vertikal polarisierte Photonen mit großer Wahrscheinlichkeit durchgelassen,
- horizontal polarisierte Photonen blockiert,
- diagonal polarisierte Photonen mit Wahrscheinlichkeit 1/2 blockiert, andernfalls durchgelassen und vertikal polarisiert werden.

19.14 Das Verfahren BB84 (Bennet und Brassard, s. Bennet et al.[1992])

(1) Senderin Alice übermittelt an Empfänger Bob zunächst eine Zufallsfolge aus 'Nullen' und 'Einsen' in Form einer Folge von zufällig rektilinear (horizontal und vertikal) oder diagonal nach dem untenstehenden Schema (Bild 19.7) (mittels eines Polarisators) polarisierten einzelnen Photonen.

Bob mißt die Polarisation dieser Photonen. Da er nicht weiß, welches Polarisationsschema Alice für das jeweilige Photon verwandt hat, wechselt er zufällig zwischen dem + - Detektor, der die Unterscheidung zwischen horizontal- und vertikal polarisierten Photonen ermöglicht, und dem ×-Detektor, der zwischen den diagonalen Richtungen unterscheiden kann (vgl. Bild 19.7).

Alices Schema	rektilinear				diagonal			
Alices Bit	1		0		1		0	
gesendetes Photon	↕		↔		↗		↘	
Bobs Detektor	+	×	+	×	+	×	+	×
Bob misst	↕	?	↔	?	?	↗	?	↘
Bobs Bit nach Kontakt mit Alice	1	-	0	-	-	1	-	0

Bild 19.7: Zur Quantencodierung[216] ('?' steht hier für einen unbestimmten Ausgang)

(2) Alice verständigt sich mit Bob, bei welchen der Photonen er die richtige Messmethode verwendet hat, aber nicht, wie das Messergebnis lautet. Beide streichen die Bits, bei denen Bob den falschen Detektor verwendet hat; so erhalten sie theoretisch [217] ein Paar übereinstimmender Bit–Folgen.

---

[216]Vgl. Singh [1999/2000] !

[217]Praktisch gibt es Abweichungen durch experimentelle Ungenauigkeiten, optische Abweichungen in der Glasfaser, Rauschen der Detektoren u. ä..

(3) Alice und Bob kontrollieren die Übereinstimmung ihrer One-time-pads, indem sie eine Reihe von Stellen abfragen (und diese dann ebenfalls streichen).

(4) Wenn die Kontrolle Fehler ergibt, so gehen sie davon aus, dass die Polarisation der Photonen von einem Lauscher gemessen und dadurch in einigen Fällen verändert wurde (vgl. A 19.5 !). Sie beginnen dann erneut mit der Übertragung. Andernfalls haben sie – so die Theorie[218] – mit absoluter Sicherheit ein geheimes Paar identischer Schlüssel bzw. One-time-pads.

A 19.5 Berechnen Sie, mit welcher Wahrscheinlichkeit von einem Lauscher abgehörte Photonen (i) bei Bob nicht ankommen (weil durch die Messung blockiert) und (ii) von Bob (nach Streichung der von ihm mit falschem Detektor gemessenen Ergebnisse) als fehlerhaft erkannt werden. Benutzen Sie dabei als Modell, dass ein falscher Detektor mit Wahrscheinlichkeit $0,5$ ein Photon blockiert und jeweils mit Wahrscheinlichkeit $0,25$ mit Polarisation in jeder der beiden Detektorebenen passieren lässt.

19.15 Anmerkungen

(i) **Alternativen:** Vorgeschlagen werden auch Phasencodierung statt Polarisation bzw. Übertragung von verschränkten Photonenpaaren (Zweiteilchensystemen).

(ii) **Realisierungen:** Die Erzeugung schwacher Impulse zur Simulierung von einzelnen Photonen ist bereits Routine. Quantenbit-Fehlerraten von wenigen Prozent ermöglichen es, Lauschangriffe festzustellen. Es existieren (im März 2003) bereits Systeme mit Übertragungs-Reichweiten von 87 km.

Literaturhinweise: Bennet et al. [1992], Singh [1999/2000], Tittel et al. [1999].

D) Zero-Knowledge–Protokolle

19.16 Definition

In einem Zero-Knowledge-Protokoll (auch "Null-Informations-Protokoll" oder "erkenntnisfreies Protokoll" genannt) beweist ein Teilnehmer A seine Kenntnis eines Geheimnisses, ohne dass er irgend eine Information über das Geheimnis selbst preisgibt. Dabei fordert man von dem Protokoll:

1. *Vollständigkeit:* Mit der Kenntnis des Geheimnisses ist A in der Lage, die erlaubten Fragen des "Kontrolleurs" B zu beantworten.

2. *Korrektheit:* Jeder, der das Geheimnis nicht kennt, wird fast sicher ertappt.

3. *Zero-Knowledge -Eigenschaft:* Man kann mit einer Doppelgängerin von A ohne Kenntnis des Geheimnisses ein vom Originalprotokoll für einen Außenstehenden ununterscheidbares Protokoll /Video (durch Löschung fehlgeschlagener Versuche) herstellen.[219]

---

[218]Dabei setzt man voraus, dass es keinem Lauscher möglich ist, Alice und Bob dem jeweils anderen vorzutäuschen, also eine "Mann dazwischen Attacke" ("man in the middle attack") unentdeckt vorzunehmen.

[219]Aus einem Protokoll, in das keine Information hineingesteckt werden muss (A' kann es ja ohne Kenntnis des Geheimnisses simulieren), kann man auch keine Information herausholen.

19.16.1 Die Magische Tür [220](Quisquater & Guillou 1989)

Alice kennt einen Zauberspruch, der eine magische Tür (s. Bild 19.8) öffnet. Kontrolleur Bob kennt den Zauberspruch nicht und soll auch nichts davon erfahren. Zum Beweis, dass Alice den Zauberspruch kennt, wird folgendes Experiment t–fach ausgeführt:

• Alice betritt den Vorraum des Gebäudes, geht zufällig durch die rechte oder linke Tür und schließt diese wieder. Bob weiss nicht, welche Tür sie gewählt hat.

• Nun erst darf Bob den Vorraum betreten. Er ruft jetzt (nach zufälliger Wahl) "linke Tür" oder "rechte Tür". Wenn Alice den Zauberspruch wirklich kennt, kann sie in jedem Fall durch die gewünschte Tür kommen.

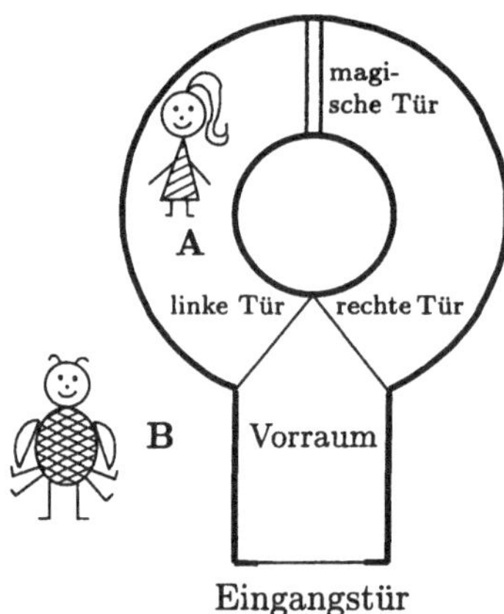

Bild 19.8: Die magische Tür (vgl. Beutelspacher & Schwenk [1993] !)

A 19.6 Zeigen Sie die Vollständigkeit und Korrektheit (mit Wahrscheinlichkeit $(\frac{1}{2})^t$) sowie die Zero-Knowledge-Eigenschaft des Versuchs mit der magischen Tür. Welche dieser Eigenschaften bleiben erhalten, wenn Alice und Bob immer gemeinsam in den Vorraum gehen, Alice stets durch die linke Tür geht und Bob immer die rechte Tür nennt?

Ein für Chipkarten wichtiges Verfahren ist:

19.16.2 Der Fiat-Shamir-Algorithmus (Feige, Fiat & Schamir 1986/88)

Dieses Zero-Knowledge-Verfahren beruht auf der Schwierigkeit, Quadratwurzeln in $\mathbb{Z}_n^*$ zu berechnen; dabei bezeichnet $\mathbb{Z}_n^*$ die Einheitengruppe (Gruppe der invertierbaren Elemente) von $\mathbb{Z}_n$; man kann zeigen, dass deren Elemente durch die zu n teilerfremden natürlichen Zahlen kleiner n repräsentiert werden können. *Beispiel:* In $\mathbb{Z}_{15}^* = \{1, 2, 4, 7, 8, 11, 13, 14\}$ mit der Multiplikation MOD 15 sind 2 und 7 Quadratwurzeln aus 4.

• *Geheimniserzeugung durch eine Zentrale:* Für zwei große Primzahlen p und q sei $n := pq$. Für jeden Teilnehmer, hier z.B. Alice, wird ein Geheimnis s und v mit $v = s^2 \, \text{MOD} \, n$ erzeugt. n und v sind öffentlich, p, q, s geheim.

---

[220]S. z.B. Beutelspacher & Schwenk [1993]! Im Originalartikel von Quisquater und Guillou [1990] geht es um die Höhle des Ali Baba und die rätselhafte Verbindung zwischen zwei ihrer Gänge.

• *Anwendungsphase:* Alice soll den Kontrolleur Bob davon überzeugen, dass sie das Geheimnis s kennt. Folgender Austausch wird t-mal wiederholt:

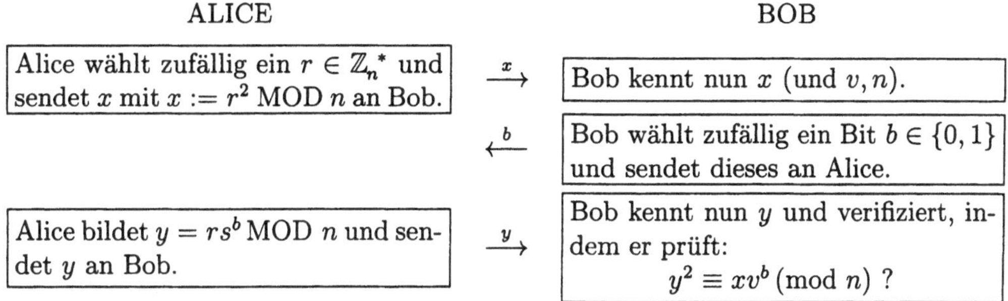

ALICE   BOB

Alice wählt zufällig ein $r \in \mathbb{Z}_n^*$ und sendet x mit $x := r^2 \, \mathrm{MOD} \, n$ an Bob.	$\xrightarrow{\ x\ }$	Bob kennt nun x (und v, n).
	$\xleftarrow{\ b\ }$	Bob wählt zufällig ein Bit $b \in \{0,1\}$ und sendet dieses an Alice.
Alice bildet $y = rs^b \, \mathrm{MOD} \, n$ und sendet y an Bob.	$\xrightarrow{\ y\ }$	Bob kennt nun y und verifiziert, indem er prüft: $y^2 \equiv xv^b \,(\mathrm{mod}\; n)$?

Tabelle 19.2: Zum Fiat-Shamir-Algorithmus

• **Eigenschaften:** a) *Vollständigkeit:* Es gilt $y^2 = (rs^b)^2 = r^2 s^{2b} = xv^b (\mathrm{mod}\ )$. b) *Korrektheit:* Könnte eine Person A' außer im Fall $b = 0$ auch die Frage für $b = 1$ beantworten, so wäre sie in der Lage, aus x, y mit $x = r^2$ und $y^2 = xv$ (mod n) wegen $(\frac{y}{r})^2 = v$ eine Wurzel aus v zu berechnen. Daher kann A' höchstens mit Wahrscheinlichkeit $\frac{1}{2}$ betrügen, in den t Runden also mit Wahrscheinlichkeit $(\frac{1}{2})^t$. c) *Zero-Knowledge-Eigenschaft:* A' wählt $i \in \{0,1\}$ und eine Zufallszahl r. An den Kontrolleur übermittelt sie $x := r^2 v^{-i} \, \mathrm{MOD} \, n$. Dieser wählt ein zufälliges $j \in \{0,1\}$. Wenn $i = j$ ist, speichert A' den Dialog (x, j, y) mit $y = r$ für das simulierte Protokoll. Andernfalls löscht sie die misslungene Runde.

Literaturhinweise: Beutelspacher & Schwenk [1993], Feige et al. [1988], Goldwasser et al. [1989], Rothe [2002], Quisquater & Guillou [1990].

Zusammenfassung:

Die folgenden **klassischen (symmetrischen) Kryptosysteme** sind angreifbar:
• (Caesar-)Verschiebechiffren und allgemeinere monoalphabetische Verfahren (durch die Häufigkeitsverteilung der Zeichen) (19.2 - 19.4).
• Vigenère Verfahren (z.B. mit dem Kasiski-Test) (19.5).
Bei korrekter Anwendung des **One-time-pad-Verfahrens** besteht **perfekte Sicherheit** (19.7).

Öffentliche Chiffrierverfahren benutzen Einwegfunktionen mit Hintertür, deren Umkehrung praktisch nicht berechenbar ist:
• RSA (– die Zerlegung in Primfaktoren ist schwierig) (19.11).
• ElGamal (19.12) und Schlüsselvergabe nach Diffie und Hellman (A 19.4) (– der diskrete Logarithmus ist schwer berechenbar).

In der **Quantenkryptographie** verändert ein unberechtigter Lauscher die Polarisationen einer Photonen-Folge und wird entdeckt. So ist die sichere Übertragung eines geheimen Schlüssels oder One-time-pads möglich (19.14).

• Durch **Zero-Knowledge-Protokolle** lässt sich die Kenntnis eines Geheimnisses (und dadurch evtl. die Identität des Teilnehmers) bestätigen, ohne Informationen über den Inhalt preiszugeben (19.16).

20   Elliptische Kurven in der Kryptographie

Das ElGamal–Verfahren mit der Verschlüsselung $m \mapsto (g^k, m(g^a)^k)$ für den geheimen Schlüssel a und dem öffentlichen Schlüssel g^a (s. 19.12) bzw. das abgeleitete Signaturverfahren lässt sich nicht nur über $\mathrm{GF}(q)^*$ realisieren, sondern auch in anderen Gruppen. Für die Sicherheit des Systems ist es dabei wieder wichtig, dass die Berechnung des diskreten Logarithmus (s. §19 !) äußerst schwierig ist[221]. Für die Anwendungen wichtige Gruppen stehen im Zusammenhang mit elliptischen Kurven (**elliptic curves**); die Public-key-Verfahren, die solche Kurven (in der sogenannten EC-Kryptographie, ecc) benutzen, liefern Alternativen zum RSA-Verfahren; sie kommen mit Primzahlen wesentlich geringerer Länge aus (z.Zt. etwa 200 Bit) und können damit hardware-mäßig (in Smart Cards ohne Koprozessoren) billiger implementiert werden. Daher führen wir hier kurz in die Theorie der elliptischen Kurven ein.[222]

20.1   Definitionen

Wir betrachten einen Körper L mit Unterkörper $K = \mathrm{GF}(p)$ für p prim oder $L = \mathbb{R}$ mit Unterkörper $K = \mathbb{Q}$. Eine **elliptische Kurve** (eine glatte ebene *kubische Kurve*) ist definiert als die Menge $\hat{\mathcal{E}}$ der Lösungen $(x, y) \in L^2$ einer Gleichung $\sum_{i+j \leq 3} a_{ij} x^i y^j = 0$ mit $a_{ij} \in K$, z. B. die Kurve der Gleichung $y^2 = x^3 + ax^2 + bx + c$ mit $a, b, c \in K$. (Wir beschränken uns hier auf diese *Weierstrasssche Normalform* der Gleichung einer elliptischen Kurve.) Diese Kurve heißt dabei *nicht-singulär*, falls $p \neq 2$ und falls $D \neq 0$ für die "Diskriminante" $D = -4a^3c + a^2b^2 + 18abc - 4b^3 - 27c^2$ gilt (vgl. Silverman & Tate [1992]). Beispiele mit $L = \mathbb{R}$ veranschaulicht Bild 20.1. Auch bei $K = \mathrm{GF}(p)$ wird, analog zu den Verhältnissen im reellen Fall,

$$\mathcal{E} := \hat{\mathcal{E}}(K) = \{(x, y) \in K^2 \,|\, y^2 = x^3 + ax^2 + bx + c\} \subseteq \hat{\mathcal{E}}$$

die Menge der *rationalen Punkte* der Kurve $\hat{\mathcal{E}}$ genannt.

Geht man zu "homogenen" Koordinaten (x_1, x_2, x_0) über, indem man $x = \frac{x_1}{x_0}$ und $y = \frac{x_2}{x_0}$ setzt, so kann man F durch Multiplikation mit x_0^3 in ein homogenes Polynom in 3 Variablen umwandeln (s. auch Beispiel 20.2). Mit (x_1, x_2, x_0) ist dann auch jedes andere Element von $(x_1, x_2, x_0)L$ eine Nullstelle dieses Polynoms, also der dem Punkt $(x, y) \in \mathcal{E}$ entsprechende Punkt der projektiven Ebene $\mathrm{PG}(2, L)$; zu $\mathcal{E}$ kommen in dieser Ebene noch "uneigentliche" (unendlich ferne) Punkte als Nullstellen und damit als Punkte der Kurve hinzu.

---

[221]In der zyklischen Gruppe $(\mathbb{Z}/p\mathbb{Z}, +)$ ist $g^x = g + \ldots + g = x \cdot g$, sodass x aus $x \cdot g = b$ durch Division b/g und damit sehr leicht bestimmt werden kann. Da es auch im Fall von $(\mathrm{GF}(q)^*, \cdot)$ subexponentielle Verfahren der Logarithmierung gibt, hat man nach anderen Verfahren zur Gewinnung von Einwegfunktionen gesucht: Für die (zyklische) Gruppe einer geeigneten elliptischen Kurve (s. 20.3 !) ist die Berechnung des (additiven) diskreten Logarithmus, also die Frage, wie oft das Element P addiert werden muss bis die Summe das Element Q ergibt, ein praktisch unlösbares Problem; entschlüsseln kann nur, wer diesen Faktor a mit $Q = aP$ kennt. Von entscheidender Bedeutung ist also nicht so sehr die mathematische Struktur der Gruppe, sondern die Art und Weise der Darstellung.

[222]Diese lassen sich durch sogenannte Weierstrasssche elliptische Funktionen parametrisieren, daher der Name.

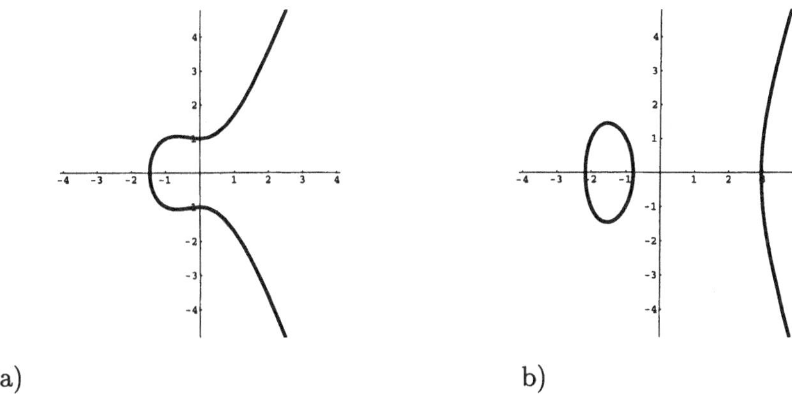

a)   b)

Bild 20.1: Beispiele kubischer Kurven im Reellen mit Gleichung
$$y^2 = (x - \alpha)(x^2 + \beta x + \gamma) := f(x), \text{ wobei } f(x) \quad \text{a) eine reelle Nullstelle}$$
$(y^2 = x^3 + x^2 + 1)$ b) drei reelle Nullstellen $(y^2 = x^3 - 7x - 5)$ besitzt.

20.2   Beispiel einer elliptischen Kurve über GF(5)

Sei $\hat{\mathcal{E}}$ die Kurve mit Gleichung $y^2 = x^3 + x + 1$ in der affinen Ebene über $K = \text{GF}(5)$ oder einem Erweiterungskörper von K. Sei $x \in K$; ist $f(x) := x^3 + x + 1$ ein Quadrat in K, so erhält man 'rationale' Punkte der Form (x, y) mit $x, y \in \text{GF}(5)$ und $y^2 = f(x)$. Da $f(1) = 3$ kein Quadrat in GF(5) ist, folgt

$$\mathcal{E} = \hat{\mathcal{E}}(K) = \{(0, \pm 1), (2, \pm 1), (3, \pm 1), (4, \pm 2)\}.$$

In homogenen Koordinaten erhält man aus $y^2 = x^3 + x + 1$ durch Einsetzen von $x = \frac{x_1}{x_0}$ und $y = \frac{x_2}{x_0}$ sowie Multiplikation mit x_0^3 die Gleichung

$$x_2^2 x_0 = x_1^3 + x_1 x_0^2 + x_0^3.$$

Zu den eigentlichen Punkten $\{(x, y, 1)K | (x, y) \in \mathcal{E}\}$ kommt in der projektiven Ebene PG$(2, 5)$ noch der uneigentliche rationale Punkt $\mathcal{O} := (0, 1, 0)K$ hinzu[223], den man als Fernpunkt der Parallelen zur y-Achse interpretieren kann.

20.3   Addition von rationalen Punkten

Wir betrachten elliptische Kurven über $\mathbb{R}$ oder GF(p) für $p > 3$. Sei $\bar{\mathcal{E}}$ die Menge der rationalen Punkte der nicht-singulären Kurve der Gleichung

$$y^2 = x^3 + ax^2 + bx + c$$

einschließlich des uneigentlichen Punktes $\mathcal{O} := (0, 1, 0)K$. Dann kann man auf $\bar{\mathcal{E}}$ eine Addition definieren. Wir beschreiben das Verfahren zunächst anschaulich geometrisch im reellen Fall, danach geben wir Formeln an.

---

[223]denn aus $x_0 = 0$ folgt $x_1^3 = 0$.

20.3.1   Geometrische Beschreibung

Sind P und Q mit $P \neq Q$ von $\mathcal{O}$ verschiedene[224] rationale Punkte, so bestimmen wir zunächst den dritten Schnittpunkt S der Geraden $g = PQ$ mit der Kurve $\bar{\mathcal{E}}$ (dabei wird jeder Schnittpunkt von g mit $\bar{\mathcal{E}}$ in der entsprechenden algebraischen Vielfachheit der Nullstelle gezählt); $P + Q$ sei dann der weitere Schnittpunkt der Parallelen zur $y-$Achse durch S mit $\bar{\mathcal{E}}$ (s. Bild 20.2 a) !). Ist $P = Q$ rational, so sei S der Schnittpunkt der Kurve mit der (lokalen) Tangente in P an die Kurve, d.h. mit der Geraden, die P als Schnittpunkt doppelter Vielfachheit (im algebraischen Sinne, also mit Ableitung 0) besitzt (siehe Bild 20.2 b) !); man kann zeigen, dass in beiden Fällen $P + Q$ wohlbestimmt und wieder rational ist, also nicht erst in der Ebene über einem Erweiterungskörper von $K = \mathbb{Q}$ bzw. $K = \mathrm{GF}(p)$ existieren. Schließlich definieren wir $P + \mathcal{O} := P =: \mathcal{O} + P$. Man kann zeigen, dass $(\bar{\mathcal{E}}, +)$ mit der so definierten Operation $+$ eine kommutative Gruppe ist. $\mathcal{O}$ ist das neutrale Element, das Kommutativgesetz ist klar, die Inversen erhält man wie in Bild 20.3 veranschaulicht. Der Beweis des Assoziativgesetzes ist etwas aufwändig.

20.3.2   Algebraische Beschreibung

Jetzt kommen wir zur algebraischen Darstellung (s. z.B. Silverman & Tate [1992], pp. 29-31, p. 107 f., Moreno [1991], Müller & Paulus [1998] oder Buchmann [2001] p. 195), die man durch Einsetzen der entsprechenden Geradengleichung in die Kurvengleichung erhält; alternativ kann man das Folgende auch als Definition nehmen :

$$(x, y) + (x, -y) := \mathcal{O} \quad \text{und} \quad P + \mathcal{O} := P =: \mathcal{O} + P$$

für alle Punkte (x, y) und P aus $\mathcal{E}$. Sind $P, Q \in \mathcal{E}$ mit $Q \neq -P$, und gilt $P = (p_1, p_2)$, $Q = (q_1, q_2)$, so setzt man $P + Q := (s_1, s_2)$ mit

$$s_1 = \lambda^2 - a - p_1 - q_1 \quad \text{und} \quad s_2 = \lambda p_1 - p_2 - \lambda s_1$$

für

$$\lambda = \begin{cases} \frac{q_2 - p_2}{q_1 - p_1} & \text{falls} \quad P \neq Q, -Q \\ \frac{3p_1^2 + 2ap_1 + b}{2p_2} & \text{falls} \quad P = Q. \end{cases}$$

(Hierbei ist $y = \lambda x + (p_2 - \lambda p_1)$ die Gleichung der Geraden PQ.)

20.4   Fortsetzung des Beispiels

Im Fall der Kurve mit der Gleichung $y^2 = x^3 + x + 1$ über $K = \mathrm{GF}(5)$ (s.o.) erhält man aus $\mathcal{E}$ zusammen mit dem uneigentlichen Punkt $\mathcal{O} = (0, 1, 0)K$ eine abelsche Gruppe der Ordnung 9. Wir fragen uns zunächst, ob diese zyklisch (von einem Element erzeugt) oder elementar abelsch ist, also insbesondere jedes Element $Q \neq \mathcal{O}$ die Ordnung 3 hat (, d.h. $3Q = Q + Q + Q = \mathcal{O}$ erfüllt). Mit $P = (0, 1)$ ergibt sich aus den zitierten Formeln (bei Rechnung mod 5): $P + P = 2P = (4, 2) \neq -P; 3P = (2, 1) \neq \mathcal{O}$; damit erzeugt P eine Untergruppe mit mehr als 3 Punkten; $(\mathcal{E} \cup \{\mathcal{O}\}, +)$ ist also eine zyklische Gruppe der Ordnung 9.

---

[224]Der Einfachheit wegen betrachten wir $\mathcal{O}$ gesondert.

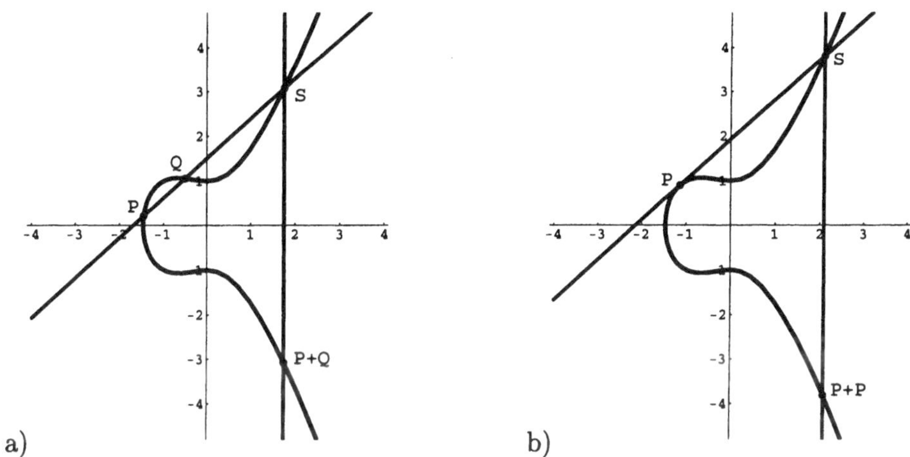

a)   b)

Bild 20.2: Zur Addition rationaler Punkte von elliptischen Kurven

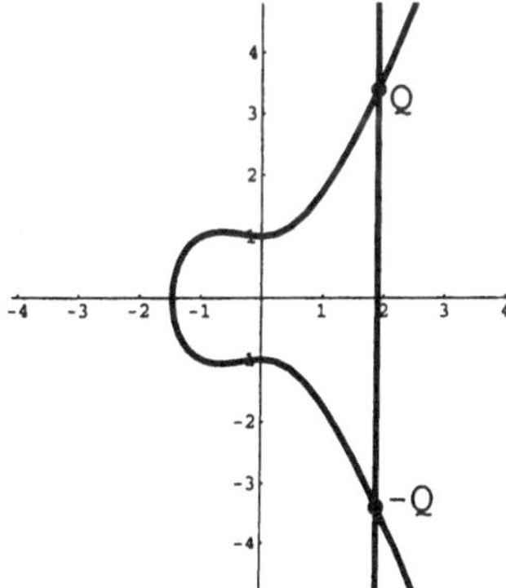

Bild 20.3: Zur Inversenbildung bei der Addition auf elliptischen Kurven

20.5 Übergang von $\hat{\mathcal{E}}(\mathbb{Q})$ zu $\hat{\mathcal{E}}(\mathbf{GF}(p))$

Die folgende Anmerkung zeigt, dass es möglich ist, von Eigenschaften der reellen Kurven
auf solche über GF(p) zu schließen und umgekehrt;(zu Anwendungen s. Silverman & Tate
[1992], pp. 124 f.): Nach einem Satz von NAGELL-LUTZ haben die Punkte der nicht-
singulären kubischen Kurve $\hat{\mathcal{E}}$ der Gleichung $y^2 = x^3 + ax^2 + bx + c$ mit Koeffizienten
$a, b, c \in \mathbb{Z}$, die endliche Ordnung haben (für die als $kP = \mathcal{O}$ mit geeignetem $k \in \mathbb{N}$ gilt),
ganzzahlige Koordinaten; s. z.B. Silverman & Tate l.c. . Sei die Diskriminante (s. 20.1)
nicht durch die Primzahl p (mit $p \neq 2$) teilbar, und bezeichne "$\sim$" die "Reduktion ganzer
Zahlen mod p", also die Abbildung, die jedem $z \in \mathbb{Z}$ den Rest von z bei Division durch
p zuordnet: $\mathbb{Z} \longrightarrow$ GF(p) mit $z \mapsto \tilde{z} = z$ Mod p ; dann ist die Kurve $\tilde{\mathcal{E}}$ über GF(p)
der Gleichung $y^2 = x^3 + \tilde{a}x^2 + \tilde{b}x + \tilde{c}$ ebenfalls nicht singulär, und es gilt der *Reduktion-
modulo-p-Satz:* Ist Φ die Gruppe der Punkte endlicher Ordnung in $\hat{\mathcal{E}}(\mathbb{Q}) \cup \{\mathcal{O}\}$, so liefert

die folgende Reduktion einen Isomorphismus von Φ auf eine Untergruppe von $\tilde{\mathcal{E}} \cup \{\tilde{\mathcal{O}}\}$:

$$P \mapsto \tilde{P} = \begin{cases} (\tilde{x}, \tilde{y}) & \text{falls } P = (x, y) \\ \tilde{\mathcal{O}} & \text{falls } P = \mathcal{O} \end{cases} .$$

20.6   Anmerkungen

1. Wir verweisen noch auf folgenden Satz (für den es eine Verallgemeinerung von WEIL auf Kurven vom Geschlecht g gibt):

Satz von HASSE:

Die Anzahl der Punkte einer elliptischen Kurve $\mathcal{E}$ mit Koordinaten in GF(p) *ist gleich $p + 1 + \varepsilon$ mit $|\varepsilon| \leq 2\sqrt{p}$.*

Dieser Satz stellt sicher, dass eine elliptische Kurve über GF(p) (für großes p) "genügend" viele Punkte enthält.

2. H. W. Lenstra hat 1987 einen **Algorithmus zur Faktorisierung von ganzen Zahlen** vorgeschlagen, der elliptische Kurven benutzt, insbesondere die Addition auf deren Punkten (s. z.B. Silverman & Tate, p.125 ff). Bis zu welcher Größe man natürliche Zahlen faktorisieren kann, ist eine wichtige Frage für die Kryptoanalyse von öffentlichen Chiffriersystemen, z. B. des RSA-Systems (s. §19 !).

3. Auch in der algebraischen Codierungstheorie finden Gruppen über elliptischen Kurven Anwendung.

Literaturhinweise: Blake et al. [1999], Buchmann [2001], Churchhouse [2002], Cohen [2001], Die Kurvenfabrik [2002], Moreno [1991], Müller & Paulus [1998], Silverman & Tate[1992], Werner [2002].

Zusammenfassung:

> Public-key-Verfahren über einer zyklischen Gruppe, die auf einer elliptischen Kurve definiert sind, (s. 20.1 und 20.3), bilden eine Alternative zu Verfahren über multiplikativen Gruppen von Körpern oder Ringen.

Anhang: Ausgewählte Definitionen und Sätze aus anderen mathematischen Disziplinen

A) Wahrscheinlichkeitsrechnung

Modell für wahrscheinlichkeitstheoretische Überlegungen ist in unserem Fall meist ein endlicher Wahrscheinlichkeitsraum.

1. Definition

Ein *endlicher* **Wahrscheinlichkeitsraum** $\mathcal{W} = (\Omega, \mathcal{P}(\Omega), p)$ besteht aus einer Menge $\Omega = \{\omega_1, \ldots, \omega_n\}$, deren Elemente *Versuchsausgänge* heißen, der Potenzmenge $\mathcal{P}(\Omega)$ (d.h. der Menge aller Teilmengen) von Ω als *Menge der* **Ereignisse** (darunter die *Elementarereignisse* $\{\omega\}$ mit [225] $\omega \in \Omega$) und einer Abbildung

$$p : \mathcal{P}(\Omega) \longrightarrow [0,1] = \{x \in \mathbb{R} \mid 0 \le x \le 1\}$$

der folgenden Eigenschaft:

(1) $\qquad p(\Omega) = 1$

(2) $\qquad p(A \dot\cup B) = p(A) + p(B)$ für alle $A, B \subseteq \Omega$ mit $A \cap B = \emptyset$.

p heißt *Wahrscheinlichkeitsmaß* , $p(A)$ *Wahrscheinlichkeit* von A; diese ist zu verstehen als die Wahrscheinlichkeit dafür, dass ein Versuchsausgang ω mit $\omega \in A$ eintritt. Statt $p(\{\omega\})$ schreiben wir kurz: $p(\omega)$. ($A \cup B$ kann als "A oder B" interpretiert werden.) Speziell gilt $p(C_\Omega A) = 1 - p(A)$; hierbei ist $C_\Omega A$ interpretierbar als Negation des Ereignisses A. Im Folgenden sei stets $\mathcal{W} = (\Omega, \mathcal{P}(\Omega), p)$.

Beispiel : Ist $\Omega = \{0, 1\}$ die Menge der einzelnen Signale einer binären Quelle ohne Gedächtnis, so ist $\mathcal{P}(\Omega) = \{\emptyset, \{0\}, \{1\}, \Omega\}$ ($\emptyset$ unmögliches Ereignis, Ω das sichere Ereignis) und p definiert durch $p(\emptyset) = 0$, $p(\{0, 1\}) = 1$, $p(0) = p$, $p(1) = 1 - p$.

2. Es gilt: $p(A) = \sum\limits_{\omega \in A} p(\omega)$ für jedes Ereignis $A \in \mathcal{P}(\Omega)$.

Das Wahrscheinlichkeitsmaß ist also in unserem Fall schon durch die Wahrscheinlichkeit der Elementarereignisse bestimmt.

3. $p(A \mid B) := \dfrac{p(A \cap B)}{p(B)}$ heißt **bedingte Wahrscheinlichkeit**; sie ist die Wahrscheinlichkeit für das Eintreten von Ereignis A für den Fall, dass man schon vom Eintreffen des Ereignisses B weiß oder ausgeht. (Dabei setzt man $p(B) > 0$ voraus.)

Für die bedingte Wahrscheinlichkeit gilt somit

4. $p(A \cap B) = p(A \mid B) \cdot p(B)$.

(Hierbei kann $A \cap B$ als "sowohl A als auch B" bzw. $A \wedge B$ interpretiert werden.)

5. Ist $\{B_i \mid i = 1, \ldots, m\}$ eine Zerlegung von Ω (also $\bigcup\limits_{i=1}^{m} B_i = \Omega$ und $B_i \cap B_j = \emptyset$ für $i \ne j$), so gilt:

$$p(A) = \sum_{i=1}^{m} p(A \mid B_i) \cdot p(B_i) \ .$$

6. Zwei Ereignisse $A, B \subseteq \Omega$ heißen **(stochastisch) unabhängig**, falls gilt: $p(A \cap B) = p(A) \cdot p(B)$, also $p(A \mid B) = p(A)$ (im Falle $p(B) > 0$).

---

[225]Meist identifiziert man ω mit $\{\omega\}$ und unterscheidet nicht zwischen "Versuchsausgängen" und "Elementarereignissen".

7. Definition: Produktraum

Sind $\mathcal{W}_i = (\Omega_i, \mathcal{P}(\Omega_i), \boldsymbol{p}_i)$ $(i = 1, \ldots, n)$ endliche Wahrscheinlichkeitsräume, so versteht man unter ihrem *Produktraum* den Wahrscheinlichkeitsraum

$$\prod_{i=1}^{n} \mathcal{W}_i := (\Omega_1 \times \Omega_2 \times \ldots \times \Omega_n, \mathcal{P}(\Omega), \boldsymbol{p}),$$

dessen Versuchsausgänge gerade die n-Tupel $(\omega_1, \ldots, \omega_n) \in \Omega_1 \times \ldots \times \Omega_n =: \Omega$ sind und dessen Wahrscheinlichkeitsmaß definiert ist durch

$$\boldsymbol{p}((\omega_1, \ldots, \omega_n)) = \boldsymbol{p}_1(\omega_1) \cdot \boldsymbol{p}_2(\omega_2) \ldots \boldsymbol{p}_n(\omega_n) \ .$$

Ist $\mathcal{W}_1 = \mathcal{W}_2 = \ldots = \mathcal{W}_n = \mathcal{W}$, so ist $\mathcal{W}^n = \prod_{i=1}^{n} \mathcal{W}_i$ Modell für das n-fache voneinander unabhängige Ausführen eines Experiments, jeweils mit Wahrscheinlichkeitsraum $\mathcal{W}$; ("n–stufiger Versuch").

Beispiel: Senden eines Worts der Länge 2 über einen binären symmetrischen Kanal mit Fehlerwahrscheinlichkeit p: Seien $\Omega_1 = \{f, r\}$ (f = falsche Übermittlung), ferner $\boldsymbol{p}_1 : \boldsymbol{p}_1(f) = p$, $\boldsymbol{p}_1(r) = 1 - p$. Damit ist $\Omega_1^2 = \{(f, f), (f, r), (r, f), (r, r)\}$ mit Wahrscheinlichkeiten

$$\boldsymbol{p}((f, f)) = p^2, \ \boldsymbol{p}((f, r)) = \boldsymbol{p}((r, f)) = p(1 - p), \text{ und } \boldsymbol{p}((r, r)) = (1 - p)^2.$$

8. Definitionen: Zufallsvariable und Erwartungswert

Ist $\mathcal{W} = (\Omega, \mathcal{P}(\Omega), \boldsymbol{p})$ ein endlicher Wahrscheinlichkeitsraum, so heißt jede Abbildung $F : \Omega \longrightarrow \mathbb{R}$ eine *Zufallsvariable* auf Ω. Für $B \subseteq \mathbb{R}$ definiert man als Wahrscheinlichkeit des Auftretens eines Funktionswerts aus B:

$$\boldsymbol{p}_F(B) := \boldsymbol{p}(\{\omega \in \Omega \mid F(\omega) \in B\}) = \boldsymbol{p}(F^{-1}(B)) \ .$$

$\boldsymbol{p}_F$ heißt die *Wahrscheinlichkeitsverteilung* von F. Statt $\boldsymbol{p}_F(\{x\})$ für $x \in \mathbb{R}$ schreibt man oft (symbolisch) $\boldsymbol{p}(F = x)$. Die Zahl

$$E(F) := \sum_{\omega \in \Omega} \boldsymbol{p}(\omega) \cdot F(\omega) = \sum_{x \in F(\Omega)} x \cdot \boldsymbol{p}(F = x)$$

heißt *Erwartungswert* von F. Sie gibt den gemäß den Wahrscheinlichkeiten des Auftretens "gemittelten" Wert von F an.

Beispiel (Fortsetzung): Für $\Omega = \{f, r\}^2$ mit $\boldsymbol{p}_1(f) = p = 1 - \boldsymbol{p}_1(r)$ sei
$$F : (\omega_1, \omega_2) \longmapsto g \text{ mit } g \text{ gleich der Anzahl der } f\text{'s in } (\omega_1, \omega_2) \text{ (Fehlerzahl).}$$
Es ist $\boldsymbol{p}(F = 0) = \boldsymbol{p}((r, r)) = (1 - p)^2$; $\boldsymbol{p}(F = 1) = \boldsymbol{p}(\{(r, f), (f, r)\}) = 2p(1 - p)$; $\boldsymbol{p}(F = 2) = \boldsymbol{p}((f, f)) = p^2$. Damit folgt
$$E(F) = 0 \cdot \boldsymbol{p}(F = 0) + 1 \cdot \boldsymbol{p}(F = 1) + 2 \cdot \boldsymbol{p}(F = 2) = 2p(1 - p) + 2p^2 = 2p.$$

Verallgemeinerung:

Seien $\Omega_1 = \{0, 1\}$ (0 = Misserfolg, 1 = Erfolg), $\boldsymbol{p}_1(1) = p = 1 - \boldsymbol{p}_1(0)$ mit $p \in [0, 1]$ und $\mathcal{W} = (\Omega_1^n, \mathcal{P}(\Omega_1^n), \boldsymbol{p})$ der Produktraum. Die Zufallsvariable F_b, die die Anzahl der Erfolge (bei n–facher Wiederholung des Experiments zu $(\Omega_1, \boldsymbol{p}_1)$) angibt, also F_b mit

$F_b((\omega_1,\ldots,\omega_n)) = g$, wobei g die Anzahl der Einsen in $(\omega_1,\ldots,\omega_n)$ ist, hat dann die "Verteilung"

$$p\,(F_b = k) = \binom{n}{k}p^k(1-p)^{n-k} \qquad (k = 0,\ldots,n)\ .$$

Eine solche Verteilung heißt **Binomialverteilung**. Man kann zeigen, dass für diese gilt: $E(F_b) = n \cdot p$ (für einen n–stufigen Versuch mit Erfolgswahrscheinlichkeit p des Einzelexperiments).

B) Algebra

1. Definition: Gruppe

<table>
<tr><td rowspan="7">$(G,*)$ Gruppe mit
neutralem Element e</td><td rowspan="4">$(G,*)$
Halbgruppe</td><td>G Menge, $G \neq \emptyset$</td></tr>
<tr><td>$* : G \times G \to G$</td></tr>
<tr><td>$(a,b) \mapsto a * b$
(innere Verknüpfung)</td></tr>
<tr><td>Assoziativgesetz
$\forall a,b,c \in G : a*(b*c) = (a*b)*c$</td></tr>
<tr><td>$e \in G$ neutrales
Element</td><td>$\forall a \in G : a * e = a = e * a$</td></tr>
<tr><td>Existenz der
Inversen</td><td>$\forall a \in G\, \exists b \in G : b * a = e = a * b$</td></tr>
</table>

Beispiel einer Halbgruppe, die keine Gruppe ist: $(\mathbb{N}, +)$.
Beispiele von Gruppen:
— additive Gruppen von Ringen, Körpern, Vektorräumen (s.u.),
— $(\mathcal{S}_M, \circ)$ Gruppe aller bijektiven Abbildungen von M auf sich mit
         Hintereinanderausführung $\circ$ als Verknüpfung,
— $\mathcal{S}_n := (\mathcal{S}_{\{1,\ldots,n\}}, \circ)$ Gruppe aller Permutationen von $M = \{1,\ldots,n\}$,
         d.h. alle bijektiven Abbildungen von M auf sich.

Eine **Untergruppe** U einer Gruppe $(G,*)$ ist eine Teilmenge von G, die bzgl. der durch $*$ auf U induzierten Verknüpfung selbst eine Gruppe ist. Ist $M \subseteq G$, so ist das **Erzeugnis** von M, in Zeichen $< M >$, definiert als der Durchschnitt aller M enthaltenden Untergruppen von G. $< M >$ ist die kleinste Untergruppe von G, die M enthält. Existiert ein $g \in G$ mit $G =< g >$, so wird G zyklisch genannt.

Ist G endliche Gruppe, so heißt $\mid G \mid$ die **Ordnung** von G und $\mid < g > \mid$ die Ordnung von $g \in G$. (Damit ist die Ordnung eines Elements $g \in G$ die kleinste Zahl $m \in \mathbb{N}$ mit $g^m = 1$. Ist $g^a = 1$, so folgt $m|a$ für die Ordnung m von g.) Für die Ordnung einer Gruppe gilt der folgende

Satz von Lagrange: Ist G endliche Gruppe und U Untergruppe von G, so folgt $\mid U \mid$ teilt $\mid G \mid$. Insbesondere ist die Ordnung jedes Elements von G ein Teiler von $\mid G \mid$, und es gilt $g^{|G|} = 1$ für jedes Element $g \in G$. Eine Gruppe $(G,*)$, heißt **abelsch (kommutativ)**, falls $\forall\, a,b \in G\ :\ a * b = b * a$ gilt.

Definition: Automorphismus

Unter einem Automorphismus einer Gruppe G versteht man eine bijektive Abbildung φ von G auf sich mit der Eigenschaft, dass für alle $a, b \in G$ gilt: $\varphi(a * b) = \varphi(a) * \varphi(b)$. Ist darüber hinaus $\varphi(a) \neq a$ für alle $a \in G \setminus \{e\}$, so heißt φ **fixpunktfrei**.

2. Definition: Ring

	R Menge, "+" $R \times R \to R$, "$\cdot$" : $R \times R \to R$
$(R, +, \cdot)$ **Ring**	$(R, +)$ kommutative Gruppe, d.h. Gruppe mit $\forall a, b \in R : a + b = b + a$
	$(R, \cdot)$ Halbgruppe
	Distributivgesetze: $\forall a, b, c \in R : (a + b) \cdot c = a \cdot c + b \cdot c$ und $a \cdot (b + c) = a \cdot b + a \cdot c$

Beispiele von Ringen: $(\mathbb{Z}, +, \cdot)$ Ring der ganzen Zahlen; Körper (s.u.);
$(K[X], +, \cdot)$ Ring der Polynome über dem Körper K (s.§13).

Wir betrachten meist kommutative Ringe, d.h. Ringe R mit der Eigenschaft

$$a \cdot b = b \cdot a \quad \text{für alle } a, b \in R.$$

3. Definition: Faktorring und Homomorphismus

Sei $(R, +, \cdot)$ ein Ring mit 1 (neutralem Element der multiplikativen Halbgruppe). Ein *Ideal* $\mathcal{I}$ ist eine Untergruppe von $(R, +)$, für die zusätzlich gilt[226]

$$R \cdot \mathcal{I} = \mathcal{I} = \mathcal{I} \cdot R \,.$$

Die Menge aller Nebenklassen $R/\mathcal{I} := \{r + \mathcal{I} \,|\, r \in R\}$ wird zu einem Ring, dem Faktorring (Restklassenring) von R nach $\mathcal{I}$, durch die Verknüpfungen
$$(r + \mathcal{I}) + (s + \mathcal{I}) = (r + s) + \mathcal{I} \qquad \text{und}$$
$$(r + \mathcal{I}) \cdot (s + \mathcal{I}) = r \cdot s + \mathcal{I}.$$

Statt $r + \mathcal{I}$ schreibt man auch kurz $\bar{r}$, falls keine Verwechslungen zu befürchten sind.

Beispiele:

(i) $\mathbb{Z}/m\mathbb{Z} =: \mathbb{Z}_m$: In dem Ring $\mathbb{Z}$ aller ganzen Zahlen betrachten wir für festes $m \in \mathbb{Z}$ die Menge aller Vielfachen von m, nämlich $\mathcal{I} = m\,\mathbb{Z} = \{m \cdot z \,|\, z \in \mathbb{Z}\}$; diese ist ein Ideal; jede Nebenklasse hat die Form

$$\bar{r} = r + \mathcal{I} = r + m\,\mathbb{Z} = \{r + m \cdot z \,|\, z \in \mathbb{Z}\} \;(\text{"Restklasse"}) \,.$$

---

[226] $A \cdot B := \{a \cdot b \,|\, a \in A \wedge b \in B\}$; $a + B := \{a + b \,|\, b \in B\}$

Ist $r \in \{0, \ldots, m-1\}$, so besteht $\bar{r}$ genau aus den ganzen Zahlen, die Rest r bei der Division durch m haben. [227] Die Elemente von $\mathbb{Z}/m\mathbb{Z}$ sind gerade die Mengen $\bar{0}, \bar{1}, \bar{2}, \ldots, \overline{m-1}$.

Rechenregeln : $\bar{r} + \bar{s} = \overline{r+s}$ und $\bar{r} \cdot \bar{s} = \overline{r \cdot s}$.

Anmerkung:
Es gilt $\bar{r} = \bar{s}$ genau dann, wenn m Teiler von $r - s$ ist; dies schreibt man auch in der Form $r \equiv s \pmod{m}$ (gelesen: r kongruent zu s *modulo* m).

$\mathbb{Z}_m$ ist genau dann nullteilerfrei, wenn m eine Primzahl ist. (Dabei heißt ein Ring R *nullteilerfrei*, falls aus $r \cdot s = 0$ mit $r, s \in R$ folgt, dass $r = 0$ oder $s = 0$ ist.) Es gilt der folgende Satz:

Kleiner Satz von Fermat:
   Ist p Primzahl, so gilt $a^{p-1} \equiv 1 \pmod{p}$ für alle $a \in \mathbb{Z}$ mit $p \nmid a$.

Beweisskizze: Mit $\bar{1}, \bar{2}, \ldots, \overline{p-1}$ sind auch $\overline{1 \cdot a}, \overline{2 \cdot a}, \ldots, \overline{(p-1) \cdot a}$ (genau) die Elemente von $\mathbb{Z}_p \setminus \{\bar{0}\}$. Daher ist $\prod\limits_{i=1}^{p-1} \bar{i} = \prod\limits_{i=1}^{p-1} \overline{i \cdot a} = (\prod\limits_{i=1}^{p-1} \bar{i}) \cdot \bar{a}^{p-1}$, woraus die Behauptung folgt. [228] $\square$

(ii) $K[X]/(P)$: Faktorring des Polynomringes nach dem "Hauptideal" (P) mit $(P) := P \cdot K[X]$ aller Vielfachen eines festen Polynoms $P \in K[X]$ (s. auch §13).

Eine Abbildung h von einem kommutativen Ring R_1 in einen kommutativen Ring R_2 heißt (Ring-) **Homomorphismus**, falls für alle $r, s \in R_1$ gilt:

$$h(r + s) = h(r) + h(s) \text{ und } h(r \cdot s) = h(r) \cdot h(s) .$$

Nach dem Homomorphiesatz gilt $h(R_1) \cong R_1/\text{Kern } h$,

wobei Kern $h = \{r \in R_1 \,|\, h(r) = 0\}$ ein Ideal ist und $R \cong S$ für Ringe bedeutet, dass ein **Isomorphismus** (d.h. ein bijektiver Homomorphismus) von R auf S existiert.

4. **Definition: Körper**

$(K,+,\cdot)$ **Körper**	$(K,+,\cdot)$ Schiefkörper	K Menge, $+$, $\cdot$ innere Verknüpfungen
		$(K,+)$ kommutative Gruppe
		$(K \setminus \{0\}, \cdot)$ Gruppe[229]
		Distributivgesetze (wie bei Ringen)
		$(K \setminus \{0\}, \cdot)$ kommutativ

---

[227]Ist $a \in \mathbb{N}$, so bezeichnen wir mit $r = a$ MOD m den Rest $r \in \{0, \ldots, m-1\}$ bei der Division von a durch m.

[228]$\prod \bar{i}$ und $\prod \overline{i \cdot a}$ entsprechen dem Produkt aller Elemente der ersten bzw. a–ten Spalte einer Multiplikationstafel von $\mathbb{Z}_p^*$.

Beispiele: $(\mathbb{Q}, +, \cdot)$; $(\mathbb{R}, +, \cdot)$; $\mathrm{GF}(p) := (\mathbb{Z}/p\mathbb{Z}, +, \cdot)$ für jede Primzahl p ; $\mathrm{GF}(p^n) \cong K[X]/(P)$ für ein irreduzibles Polynom $P \in K[X]$ vom Grad n über dem Körper $K = \mathrm{GF}(p)$ (s. §13 !).

Anmerkung : Man kann zeigen, dass je zwei endliche Körper mit q Elementen zueinander isomorph sind; Bezeichnung für einen solchen Körper: $\mathrm{GF}(q)$ (existiert für Primzahlpotenzen q).

C) Lineare Algebra

1. <u>Definition: Vektorraum</u>

<table>
<tr>
<td rowspan="6">$(V, \oplus, \dot{}_K)$
K-Vektorraum</td>
<td>V Menge, $(K, +, \cdot)$ Körper
" $\oplus$ " $: V \times V \to V \qquad$ "$\dot{}_K$" $: V \times K \to V$
(kurz auch als " $\cdot$ " geschrieben oder weggelassen)</td>
</tr>
<tr><td>$(V, \oplus)$ kommutative Gruppe (mit neutralem Element $\mathbf{0}$)</td></tr>
<tr><td>gemischte Distributivgesetze:
$(v \oplus w) \cdot k = v \cdot k \oplus w \cdot k$ und
$v \cdot (k + \ell) = v \cdot k \oplus v \cdot \ell$ für alle $v, w \in V, k, \ell \in K$</td></tr>
<tr><td>gemischtes Assoziativgesetz
$\forall \ell, k \in K \; \forall v \in V : v \cdot (\ell k) = (v \cdot \ell) \cdot k$</td></tr>
<tr><td>$\forall v \in V : v \cdot 1 = v$</td></tr>
</table>

Beispiele: $(K^n, \oplus, \dot{}_K)$ für festen Körper K, festes $n \in \mathbb{N}$ und komponentenweiser Verknüpfungen:

$$\begin{aligned}
(x_1, \ldots, x_n) \oplus (y_1, \ldots, y_n) &= (x_1 + y_1, \ldots, x_n + y_n)\\
(x_1, \ldots, x_n) \; \dot{}_K \; k &= (x_1 \cdot k, \ldots, x_n \cdot k)
\end{aligned}$$

Dabei ist $\mathbf{0} = (0, \ldots, 0)$ neutrales Element der Addition.

2. <u>Definition: Unterraum</u> Sei V ein K-Vektorraum, $U \subseteq V$; dann heißt U *Unterraum*, falls U bzgl. der auf U eingeschränkten Addition und Multiplikation mit Skalaren selbst K-Vektorraum ist.

Anmerkung: U Unterraum von $V \iff (U \neq \emptyset$ und $U + U \subseteq U$ sowie $UK \subseteq U)$.

3. <u>Definition: Lineare Unabhängigkeit, Basis</u>

Sei V ein K Vektorraum, $M \subseteq V$. Dann heißt M *linear unabhängig* , falls für jede endliche Teilmenge $\{m_1, \ldots, m_\ell\}$ von M und für alle $k_1, \ldots, k_\ell \in K$ gilt:

$$\sum_{i=1}^{\ell} m_i \cdot k_i = 0 \implies k_1 = k_2 = \ldots = k_\ell = 0.$$

Ist $\emptyset \neq M \subseteq V$, so versteht man unter dem *Erzeugnis* von M den Unterraum

$< M >:= \{\sum_{i=1}^{\ell} m_i k_i \,|\, \ell \in \mathbb{N}, \; m_1, \ldots, m_\ell \in V, k_1, \ldots, k_\ell \in K\}$ aller Linearkombinationen von M. Die Teilmenge M des Unterraums U heißt *Erzeugendensystem* von

---

[229]Die Multiplikation "$\cdot$" sei hierbei auf $K \backslash \{0\}$ beschränkt.

U, falls $U =< M >$ gilt. Ein linear unabhängiges Erzeugendensystem B von V heißt
Basis von V.

Beispiel: $\{(1,0,0,\ldots,0),(0,1,0,\ldots,0),\ldots,(0,0,\ldots,0,1)\}$ ist Basis von K^n, die
sogenannte kanonische Basis.

Anmerkung: B ist Basis von V genau dann, wenn B maximale linear unabhängige
Teilmenge von V ist, wenn B minimales Erzeugendensystem ist bzw. wenn jedes v
aus V sich auf genau eine Weise als Linearkombination von B, also als $v = \sum_{i=1}^{n} b_i k_i$
mit $b_i \in B$ darstellen lässt; ist $B = (b_1,\ldots,b_n)$ geordnet, so ist das n – Tupel
$(k_1,\ldots,k_n) \in K^n$ eindeutig durch v bestimmt; die k_i heißen Koordinaten von v
bzgl. B. Das Koordinaten-n-Tupel schreiben wir auch oft als Spalte

$$\begin{pmatrix} k_1 \\ \vdots \\ k_n \end{pmatrix} (=: (k_1 \ldots k_n)^T) \; .$$

4. Eigenschaften von Basen

(i) Basisergänzungssatz
Sei V ein K-Vektorraum, $A \subseteq S \subseteq V$ mit linear unabhängiger Menge A und
Erzeugendensystem S von V. Dann gibt es (mindestens) eine Basis B von V
mit $A \subseteq B \subseteq S$.(Zum Beweis wird das "Lemma von Zorn" benutzt.)
(Mit $A = \emptyset$ und $V = S$ folgt die Existenz mindestens einer Basis von V.)

(ii) Gleichmächtigkeitssatz
Je zwei Basen eines K-Vektorraums haben die gleiche Mächtigkeit.

Damit wird folgende Definition sinnvoll:

5. Dimension eines Vektorraums

Ist B Basis des K-Vektorraums V, so definiert man $\dim_K V := |B|$.

Beispiele: $\dim_K K^n = n = \dim_K K_n[X]$
$\dim_{GF(q)} GF(q^n) = n$, wobei $GF(q) \subseteq GF(q^n)$ vorausgesetzt und
$GF(q^n)$ als Vektorraum über $GF(q)$ aufgefasst wird.

6. Definition: Faktorraum

Sei V ein K-Vektorraum, U Unterraum von V. Auf $V/U := \{v + U \mid v \in V\}$, der
Menge der Nebenklassen nach U, werden Addition und Multiplikation mit "Skalaren" (Elementen von K) definiert durch

$$\begin{aligned} (v_1 + U) + (v_2 + U) &= (v_1 + v_2) + U \\ (v_1 + U) \cdot k &= v_1 k + U \;\; \text{für } v_1, v_2 \in V, \; k \in K \; . \end{aligned}$$

Die Verknüpfungen sind wohldefiniert und machen V/U selbst zu einem Vektorraum,
dem *Faktorraum* von V nach U.

Anmerkung: Ist V endlich-dimensional (also $\dim_K V < \infty$), so gilt
$$\dim_K(V/U) = \dim_K V - \dim_K U .$$

7. Definition und Darstellung linearer Abbildungen

Sind V_1, V_2 K-Vektorräume, und ist $f : V_1 \longrightarrow V_2$, dann heißt f *linear* (oder Vektorraum-Homomorphismus), falls gilt:

$$\begin{aligned} \forall v, w \in V_1 & \quad f(v + w) & = & \quad f(v) + f(w) \\ \forall v \in V_1, \forall k \in K & \quad f(vk) & = & \quad f(v) \cdot k \,. \end{aligned}$$

Beispiel: Sei $A = (a_{ij})_{\substack{i=1,\dots,m \\ j=1,\dots,n}}$ eine $m \times n$-Matrix (also ein $m \cdot n$-Tupel) mit Einträgen $a_{ij} \in K$; dann gilt:

$$f_A : \quad K^n \longrightarrow K^m$$

$$x = \begin{pmatrix} x_1 \\ \vdots \\ x_n \end{pmatrix} \longmapsto Ax := \begin{pmatrix} \sum_{j=1}^{n} a_{1j} x_j \\ \vdots \\ \sum_{j=1}^{n} a_{mj} x_j \end{pmatrix}$$

ist eine lineare Abbildung.

Anmerkung: Sind V, W K-Vektorräume endlicher Dimension mit (geordneter) Basis $B = (b_1, \dots, b_n)$ bzw. $C = (c_1, \dots, c_m)$, so ist die Matrix $M_C^B(f) := (a_{ij})_{\substack{i=1,\dots,m \\ j=1,\dots,n}}$ der linearen Abbildung $f : V \longrightarrow W$ eindeutig definiert durch die Bedingung $f(b_j) = \sum_{i=1}^{m} c_i a_{ij}$ für $j = 1, \dots, n$, und es gilt:

Ist $\begin{pmatrix} y_1 \\ \vdots \\ y_m \end{pmatrix}$ der Koordinatenvektor von $y = f(x)$ (bzgl. Basis C) und $\begin{pmatrix} x_1 \\ \vdots \\ x_n \end{pmatrix}$ derjenige von x (bzgl. Basis B), so ist

$$\begin{pmatrix} y_1 \\ \vdots \\ y_m \end{pmatrix} = M_C^B(f) \cdot \begin{pmatrix} x_1 \\ \vdots \\ x_n \end{pmatrix} \,.$$

8. Eigenschaften linearer Abbildungen

(i) **Satz von der linearen Fortsetzung**

Sind V und W K-Vektorräume, $B = (b_1, \dots b_n)$ Basis von V und $(w_1, \dots, w_n)$ aus W^n; dann gibt es genau eine lineare Abbildung $f : V \longrightarrow W$ mit $f(b_i) = w_i$ für alle $i = 1, \dots, n$.

(ii) Ist $f : V \longrightarrow W$ linear, so ist Kern $f := \{v \in V \mid f(v) = 0\}$ Unterraum von V und Bild $f := f(V) := \{w \in W \mid \exists v \in V \text{ mit } f(v) = w\}$ Unterraum von W, und es gilt der **Homomorphiesatz**:

$$V/\text{Kern } f \cong \text{Bild } f \,.$$

Dabei sind definitionsgemäß zwei K-Vektorräume V, W *isomorph* (in Zeichen $V \cong W$), falls es einen **Isomorphismus** (d.h. eine lineare Bijektion) von V auf W gibt (und damit auch einen Isomorphismus von W auf V).

(iii) **Dimensionssatz und Rang:** Sind V, W K-Vektorräume und $f : V \longrightarrow W$ lineare Abbildung; dann gilt mit Rang $f := \dim_K(\text{Bild } f)$ die Formel

$$\dim_K(\text{Kern } f) + \text{Rang } f = \dim_K V \ .$$

Sei, im endlich-dimensionalen Fall, $A = M_C^B(f)$. Wegen

$$\text{Rang}_K \ A : = \text{maximale Anzahl linear unabhängiger Zeilen von } A$$
$$= \text{maximale Anzahl linear unabhängiger Spalten von } A.$$

und $\quad$ Rang $f = \text{Rang}_K M_C^B(f) = \text{Rang}_K A \quad$ folgt für $\quad \dim_K V = n \quad$ dann $\dim_K(\text{Kern } f) = n - \text{Rang}_K \ A.$

(iv) Sind V und W K-Vektorräume gleicher endlicher Dimension, und ist $f : V \longrightarrow W$ linear, so gilt: f injektiv $\Longleftrightarrow$ f surjektiv.

9. <u>Anwendung auf lineare Gleichungssysteme</u>

Sei $A = (a_{ij})_{\substack{i=1,\ldots,m \\ j=1,\ldots,n}}$ eine Matrix mit Einträgen aus K und $b = \begin{pmatrix} b_1 \\ \vdots \\ b_m \end{pmatrix} \in K^m.$

Dann lässt sich das *lineare Gleichungssystem*

$$(*) \qquad \begin{cases} a_{11}x_1 & + \ldots + & a_{1n}x_n & = & b_1 \\ \ \ \vdots & & & & \\ a_{m1}x_1 & + \ldots + & a_{mn}x_n & = & b_m \end{cases}$$

auch in der Form

$$A \cdot \begin{pmatrix} x_1 \\ \vdots \\ x_n \end{pmatrix} = \begin{pmatrix} b_1 \\ \vdots \\ b_m \end{pmatrix}$$

oder $\qquad f_A(x) = b \qquad$ mit $\qquad x = (x_1, \ldots, x_n)^T$ schreiben.

Für den "Lösungsraum des homogenen Systems"

$$L_0 = \{x \mid f_A(x) = 0\}$$

gilt dann: $L_0 = \text{Kern } f_A$; damit ist L_0 Unterraum von V der Dimension $(n - \text{Rang}_K \ A)$. Der Lösungsraum L des Systems $(*)$, also $L = f_A^{-1}(b)$, ist dann entweder leer oder eine Nebenklasse von L_0, also (mit einer "Partikulärlösung" p von $(*)$):

$$L = \emptyset \quad \text{oder} \quad L = L_0 + p \quad \text{mit} \quad \dim_K L_0 = n - \text{Rang}_K A.$$

10. Matrizenmultiplikation

Sind $(a_{ij})_{\substack{i=1,\ldots,r \\ j=1,\ldots,m}}$ und $(\beta_{jk})_{\substack{j=1,\ldots,m \\ k=1,\ldots,n}}$ Matrizen über K, so definiert man (für $n = 1$ in Übereinstimmung mit dem Fall $A \cdot x$ aus Nummer 7)

$$(a_{ij}) \cdot (\beta_{jk}) = \left(\sum_{j=1}^{m} \alpha_{ij}\beta_{jk}\right)_{\substack{i=1,\ldots,r \\ k=1,\ldots n}} \quad .$$

Man kann dann zeigen, dass für Matrizen A und B über K mit

$$\text{Spaltenzahl von } A = \text{Zeilenzahl von } B$$

gilt: $f_{A \cdot B} = f_A \circ f_B$. Die Matrizen-Multiplikation ist also so definiert, dass sie verträglich ist mit der Hintereinanderausführung "$\circ$" der zugehörigen linearen Abbildungen.

Analog gilt (für K-Vektorräume V_i mit Basen B, C, D und linearen Abbildungen $g : V_1 \longrightarrow V_2$ und $f : V_2 \longrightarrow V_3$) :

$$M_D^B(f \circ g) = M_D^C(f) \cdot M_C^B(g) \; .$$

Ist A eine $n \times n$-Matrix über K und $I_n := \begin{pmatrix} 1 & & 0 \\ & \ddots & \\ 0 & & 1 \end{pmatrix}$, so folgt

$A \cdot I_n = A = I_n \cdot A$. Eine $n \times n$-Matrix A über K heißt *regulär*, falls $\text{Rang}_K A = n$ ist. Dies ist genau dann der Fall, wenn es eine multiplikative Inverse von A gibt, also eine Matrix A^{-1} mit $A \cdot A^{-1} = I_n = A^{-1} \cdot A$.

Literaturverzeichnis [230]

AHO, A.V., J.E. HOPCROFT & J.D. ULLMAN, 1983: Data Structures and Algorithms. Addison-Wesley Publ. Comp., Reading etc.

AIGNER, M., 1984: Graphentheorie. Teubner Verlag, Stuttgart.

AIGNER, M. & E. BEHRENDS, 2000: Alles Mathematik. Vieweg Verlag.

AMMON, U.v. & K. TRÖNDLE, 1974: Mathematische Grundlagen der Codierung. Oldenbourg Verlag, München, Wien.

ANDREW, A.M.,1972: Decimal numbers with two check digits. The Computer Bulletin, 16/3 p. 156-159.

ARTMANN, B., 1991[3]: Lineare Algebra. Birkhäuser Verlag, Basel.

ASSMUS, E.F. & H.F. MATTSON, 1967: On Tactical Configurations and Error-Correcting Codes. J. Comb.Th. **2**, p. 243-257.

ASSMUS, E.F. & J.D. KEY, 1992: Designs and their Codes. Cambridge Univ. Press, Cambridge.

ASSMUS, E.F. & J.D. KEY, 1996: Designs and Codes: An update. Designs, Codes and Cryptography **9**, p. 7– 27.

BABOVSKY, H., Th. BETH, H. NEUNZERT, M. SCHULZ-REESE, 1987: Math. Meth. i. d. Syst.Th.: Fourieranalysis. Teubner Verlag, Stuttgart.

BAUER, F.L., R. GNATZ & U. HILL, 1975: Informatik: Aufgaben und Lösungen 1. Teil, Springer Verlag, Berlin etc.

BAUER, F.L. & G. GOOS, 1971, 1982[3]: Informatik, 1. Teil. Springer Verlag, Berlin etc.

BAUER, F.L., 1995: Entzifferte Geheimnisse. Springer Verlag, Berlin/Heidelberg.

***BAUMANN, R., 1996:** Informationssicherheit durch kryptologische Verfahren. LOGIN **16**, 5/6, p. 52-61.

BECKET, B., 1988: Introduction to Cryptology. Blackwell Scientific Publ., Oxford etc.

BECKLEY, D.F. 1967: An optimum system with modulus 11. The Computer Bulletin **11**, p. 213-215.

BEKER, H. & F. PIPER, 1982: Ciphersystems. The Protection of Communications. Northwood Books, London.

BELYAVSKAYA, G. B., V. I. IZBASH & V. A. SHCHERBACOY, 2003: Check character systems over quasigroups and loops. Erscheint in Quasigroups and Related Systems **10**.

BENNET, C. H., G. BRASSARD & A. K. EKERT, 1992: Quantum Cryptography. Scientific America **267**/4, p.50–57.

BERENDT, G.: Notizen zur Kryptologie.
http://www.math.fu-berlin.de/ ~berendt/krypto/index.html

BERENDT, G., 2000: Elemente der Kryptologie.
http://www.emis.de/monographs/schulz/krypto.pdf.

BERGE, C. & A. GHOUILA-HOURI, 1969: Programme, Spiele, Transportnetze. BSB Teubner Verlag, Leipzig.

BERGER, M. 1987: Geometry I. Springer Verlag, Berlin etc.

---

[230]Schulbezogene bzw. allgemeinbildende Literatur ist durch * gekennzeichnet

BERLEKAMP, E.R., 1968: Algebraic Coding Theory. McGraw Hill, New York etc.

BETH, TH., P. HESS & K. WIRL, 1983: Kryptographie. Teubner Verlag, Stuttgart.

BETH, Th., M. HAIN, G. SAGER & M. SCHÄFER, 1979: Materialien zur Codierungstheorie II. Arbeitsberichte d. Inst. f. Math. Maschinen und Datenverarbeitung, Univ. Erlangen-Nürnberg, Bd.12 Nr.10, Erlangen.

BETH, Th., 1984: Verfahren der schnellen Fourier-Transformation. Teubner Studienbücher Informatik 61, Stuttgart.

BETH, Th., D. JUNGNICKEL & H. LENZ, 1999^2: Design Theory,I, II. Can. Univ. Press (1985,BI, Zürich).

BETTEN, A., H. FRIPERTINGER, A. KERBER, A. WASSERMANN & K. - H. ZIM-MERMANN 1998: Codierungstheorie, Konstruktion und Anwendung Linearer Codes, Springer Verlag, Berlin/Heidelberg.

BEUTELSPACHER, A., 1982, 1983: Einführung in die endliche Geometrie I bzw. II. BI, Mannheim etc.

*****BEUTELSPACHER, A., 1986:** Luftschlösser und Hirngespinste, §8. Vieweg Verlag, Braunschweig.

*****BEUTELSPACHER, A., 1987:** Kryptologie. Vieweg Verlag, Braunschweig (1991^2).

BEUTELSPACHER, A., 1994: Cryptology, Math.Ass. of Am., Washington D.C.

BEUTELSPACHER, A., 1995: Vertrauen ist gut, Kontrolle ist besser. Vom Nutzen elementarer Mathematik zum Erkennen von Fehlern. In: Jahrb. Überbl.d. Mathematik, Vieweg.

BEUTELSPACHER, A., 2000^4: Lineare Algebra. Eine Einführung in die Wissenschaft der Vektoren, Abbildungen und Matrizen. Vieweg, Braunschweig.

BEUTELSPACHER, A., J. SCHWENK, 1993: Was ist Zero-Knowledge? Math.Semesterber. **40**, p.73-83.

BEUTELSPACHER, A., J. SCHWENK & K.-D. WOLFENSTETTER $1998/2001^4$: Moderne Verfahren d. Kryptographie. Von RAS zu Zero Knowledge. Vieweg Verlag.

BEUTELSPACHER, A. & M.-A. ZSCHIEGNER, 2001: Lineare Algebra interaktiv (CD-Rom). Vieweg. Braunschweig/Wiesbaden.

BIGGS, N.L., 1985: Discrete Mathematics. Clarendon Press, Oxford.

BLACK, W.L., 1972: Error Detection in Decimal Numbers. Proc. IEEE (Lett.) 60, 331-332.

BLAHUT, R.E., 1979: Algebraic codes in the frequency domain; in G. Longo (Edit.): Algebraic coding theory and applications. CISM 258, Springer Verlag, Wien etc.

BLAHUT, R.E., 1983: Theory and Practice of Error Control Codes. Addison-Wesley P., Reading etc.

BLAKE, I.F. & R.C. MULLIN, 1976: An introduction to algebraic and combinatorial Coding theory. Academic Press, New York etc.

BLAKE, I.F., G. SEROUSSI & N. SMART, 1999: Ellyptic curves in cryptography. LMS Lecture Notes Series 265. Cambridge Univ.Press.

BONEH, E., 1999: Twenty Years of Attacks on the RSA Cryptosystem. Notices of the AMS 46(2) p. 203–213.

BOSCH, S., 2001: Lineare Algebra. Springer Verlag, Berlin.

BRANDS, G., 2002: Verschlüsselungsalgorithmen. Vieweg, Braunschweig/Wiesbaden.

BRIESKORN, E., 1983: Lineare Algebra und Analytische Geometrie, 1. Vieweg V., Braunschweig.

BROECKER, C., R.-H. SCHULZ & G. STROTH, 1997: Check Character Systems Using Chevalley Groups. Designs, Codes and Cryptography 10(2), 137–143.

BUCHMANN, J., 1991, 2001[2]: Einführung in die Kryptographie. Springer Verlag, Berlin etc.

CALDERBANK, A.R., E.M. RAINS, P.W. SHOR & N.J.A. SLOANE 1998: Quantum Error Correction via Codes over GF(4). IEEE Trans. on Inform. Th. 44/4, p. 1369-1387.

CALDERBANK, A.R., A.R. HAMMONS, P.V. KUMAR, N.J.A. SLOANE & P. SOLÉ, 1993: A Linear Construction for certain Kerdock and Preparata Codes. Bulletin of the AMS (29/2).

CAMERON, P. J. & J. H. VAN LINT, 1975: Graph Theory, Coding Theory and Block Designs. Cambridge Univ. Press, Cambridge.

CAPPELLINI, V. (Ed.), 1985: Data Compression and Error Control Techniques with Applications. Acad. Press.

CARLET, C., 1995: On $\mathbb{Z}_4$–Duality. IEEE–Transactions on Information Theory, 41/5, 1487-1494.

CARVAJAL, R., 1974: Modulus k check digits and the chromatic number problem. Inf. Proc. **74**, 521-523.

CHAMBERS, W.G., 1985: Basics of communicatons and coding. Clarendon Press, Oxford.

***CHURCHHOUSE, R., 2002:** Codes and Ciphers. Julius Caesar, the Enigma and the Internet. Cambridge Univ. Press, Cambridge.

COHEN, H., 2001: Zahlentheoretische Aspekte der Kryptographie. Inform. Spektrum 18/April, 189-199.

CONSTANTINESCU, I. & W. HEISE, 1995: On the concept of code-isomorphy. J. of Geom. **57**, p.63-69.

CRAMER, B., W. KRABS & BECKER, 1989: Informationstheorie. Eine Einf. aus mathem., elektromech. und sozialw. Perspektive. Skript. TH Darmstadt.

CRYPTOOL 2002: http://www.CrypTool.de/

DAMM, M., 1998: Prüfziffernsysteme über Quasigruppen. Diplomarbeit, Univ. Marburg.

DAMM, M., 2000: Check digit systems over groups and anti–symmetric mappings. Arch. Math. 75/6, 413-421.

DANKMEIER, W. 1994: Codierung. Vieweg Verlag, Braunschweig/Wiesbaden.

DELFS, H. & H. Knebl, 2002: Introduction to Cryptography. Springer Verlag, Berlin.

DEMBOWSKI, P., 1968: Finite Geometries. Springer Verlag, Heidelberg.

DÉNES, J. & A.D. KEEDWELL, 1974: Latin Squares and their Applications. New York, Academic Press.

DÉNES, J. & A.D. KEEDWELL, 1991: Latin squares. New Developments in the Theory and Applications. Annals of Discrete Mathematics **46**, North–Holland, Amsterdam.

DENNING, D.E.ROBLING, 1983[2]: Cryptography and Data Security. Addison- Wesley, Reading etc.

DEUTSCHES INSTITUT FÜR FERNSTUDIEN an der Univ. Tübingen. s. DIFF.

***DEWDNEY, A. K.:** Computer Kurzweil. Teil I: 12/1988 p.8-11, Teil II: 1/1989 p.6-10 Spektrum d. Wissenschaft.

DIFF 1970-1975: Grundkurs Mathematik, Tübingen.

DIFF 1988: (C. NIEDEDRENK-FELGNER): Algorithmen der elementaren Zahlentheorie, CM 1, Tübingen.

DIESTEL, R. 2000^2: Graph Theory. Springer Verlag, New York (1997).

DIFFIE, W. & M.E. HELLMAN, 1976: New Directions in Cryptographie. IEEE Trans. Inform. Th. IT-22 p.644-654.

DISCTRONICS 2001: DVD Physical Specifications. wysiwyg://23/www.distronics.co.uk/technology /dvdintro/dvd.specs.html.

DOTZAUER, E., 1971: Grundlagen der Datenverarbeitung Teil 2. Hanser Verlag, München.

*****DRESCH, P., G. FROBEL & H.J. KOSCHORRECK, 1986:** Informatik S II Bd. 3: Aufb., Arbeitsw. u. Anwend. v. Datenverarb.-Anlagen. Schöningh V., Paderborn.

DRESS, A., K.T. HUBER & V. MOULTON, 2001: Metric spaces in pure and applied Mathematics. Documenta Mathematica, Quadratic Forms, LSU, 121-139. http://www.mathematik.uni-bielefeld. de/documenta/lsu/vol-lsu.htlm

DUSKE, J. & K.H. JÜRGENSEN, 1977: Codierungstheorie. BI, Zürich.

DWORATSCHEK, S., 1970: Einführung in die Datenverarbeitung. De Gruyter Verlag, Berlin.

ECKER, A. & G. POCH, 1986: Check Character Systems. Computing 37/4, 277-301.

ECKHARDT, U., 1989: Anwendung der digitalen Topologie in der Binärbildverarbeitung. Mitt. d. Math. Ges. Hamburg XI/6, 727-744.

FEIGE, U., A. FIAT & A. SHAMIR, 1988: Zero knowledge proofs of identity. J. Cryptology 1, p. 77-94.

FISCHER, G., 2000^{12}: Lineare Algebra. Vieweg Verlag, Braunschweig.

*****FLENSBERG, K. & I. ZEISING, 1974:** Praktische Informatik. Bayerischer Schulb.-V., München.

*****FRICKER, F., 1990:** Neue Rekord-Faktorisierung. Spektr. d. Wissensch., Nov., 38-42.

FURRER, F.J., 1981: Fehlerkorrigierende Block-Codierung für die Datenübertragung. Birkhäuser V., Basel.

GALLIAN, J.A. & ST. WINTERS, 1988: Modular Arithmetic in the Marketplace. Amer. Math. Monthly 95/6, 548-551.

GALLIAN, J.A. & M.D. MULLIN, 1995: Groups with anti-symmetric mappings. Archiv der Mathematik 65(4), 273-280.

GIESE, S., 1999: Äquivalenz von Prüfzeichensystemen am Beispiel der Diedergruppe D_5. Staatsexamensarbeit, FU Berlin.

GLYNN, D.G., 2002a: On Sets of Points and Lines Connected with Classical and Quantum Codes. http://homepage.mac.com/dglynn/Public/QC8rev.pdf-link.pdf

GLYNN, D.G., 2002b: On Self-dual quantum codes and graphs. http://homepage.mac.com/dglynn/Public/SD-63.pdf-link.pdf

GOLDWASSER, S., S. MICALI & C. RACKOFF, 1989 The Knowledge of Interactive Proof Systems. SIAM J. Comput. 8/1, 186-208.

GOPPA, V.D., 1988: Geometry and Codes. Kluver Akad. Publ., Dordrecht etc.

GRAF, K.D., 1981: Informatik. Eine Einführung in Grundlagen und Methoden. Herder Verlag, Freiburg etc.

GRAMS, T., 1986: Codierungsverfahren. BI, Mannheim etc.

GRAUERT, H. & H. GRUNAU, 1999: Lineare Algebra und analytische Geometrie. Oldenburg V., München.

GUIASU, S. & A. SHENITZER, 1985: The Principle of Maximum Entropy. The Math. Intelligencer **7** No. 1 p.42 ff.

GUMM, H.P., 1985: A new Class of Check-Digit Methods for Arbitrary Number Systems. IEEE Trans. Inf. Th. IT**31**, 102-105.

HALL,M. & L.J. PAIGE, 1955: Complete mappings of finite groups. Pacific J.Math. **5** p. 541–549.

HAMMING, R.W., 1980: Coding and Information Theory. Prentice-Hall Inc. Englewood Cliffs (dt. 1987)

HAMMONS, A.R.,V. KUMAR,A.R. CALDERBANK,N.J.A. SLOANE & P. SOLÉ, 1994: The Z_4-Linearity of Kerdock, Preparata, Goethals, and Related Codes. IEEE Trans. on Inf. Th. **40/2**.

HARARY, F., 1974: Graphentheorie. Oldenbourg Verlag, München, Wien.

HARTMANN, N., 2002: Grundlagen: DVD-ROM, IDG Interactive. http://www.tecchannel.de/special/957/index.html

HAVLICEK, H. 2001: http://www.geometrie.tuwien.ac.at/havlicek/proj301.html

*HEIDEMANN, Chr. & V., 1988[2]:**   Algorithmen und Datenstrukturen. Dümmler Verlag, Bonn.

HEISE, W. & P. QUATTROCCHI, 1983, 1989[2], 1995[3] : Informations- und Codierungstheorie. Springer Verlag, Berlin, Heidelberg.

HEISS, St., 1997: Antisymmetric mappings for finite solvable groups. Arch. Math. **62**(6) 445-454.

HEISS, St., 1997: Antisymmetric mappings for fintite groups. Preprint.

HELD, G., 1983: Data Compression. J. Wiley, Chichester etc.

HELLESETH, T., 2001: Codes over $\mathbb{Z}_4$. In H. Alt(Ed.): Computational Discrete Mathematics. LNCS 2122,pp 47-55, Springer Verlag, Berlin.

HENZE, E. & H.H. HOMUTH, 1970: Einführung in die Informationstheorie. Vieweg V., Braunschweig.

HENZE, E. & H.H. HOMUTH, 1974: Einführung in die Codierungstheorie. Vieweg Verlag, Braunschweig.

***HERGET, W., 1989** Prüfziffern und Stichcode - "Computer-Mathematik" auch ohne Computer. Math.lehren **33**, 19-28 & 34.

HEUSER, H. & H. WOLF, 1986: Algebra, Funktionalanalysis und Codierung. Teubner V., Stuttgart.

HILL, R., 1986: A first course in Coding theory. Clarendon Press, Oxford.

HIRSCHFELD, J.W.P., 1985: Finite projective spaces of three dimensions. Clarendon Press, Oxford.

HIRZEBRUCH, F., 1989: Codierungstheorie und ihre Beziehung zu Geometrie und Zahlentheorie. N 370, Rhein. Westf. Akad. d. Wiss., Westdeutscher V., Opladen.

HOEVE, H., J. TIMMERMANS & L.B. VRIES, 1982: Error correction and concealment in the Compact Disc System. Philipps tech. Rev. **40**, 166-172.

HORSTER, P., 1985: Kryptologie. BI, Zürich.

HUGHES, D. R. & F. C. PIPER, 1985: Design Theory. Cambridge Univ. Press, Cambridge etc.

IHRINGER, Th., 2002: Diskrete Mathematik. Heldermann Verlag, Kap IV.

JÄNICH, K., 2002^9: Lineare Algebra. Springer Verlag, Berlin etc.

JAGLOM, A.M. & I.M. JAGLOM, 1965^2: Wahrscheinlichkeit und Information. Dt. Verl. d. Wiss., Berlin.

JONES, D.S., 1979: Elementary information theory. Clarendon Press, Oxford.

JUNGNICKEL, D., 1990^2: Graphen, Netzwerke und Algorithmen, BI, Mannheim etc.

JUNGNICKEL, D., 1995: Codierungstheorie. Spektrum Verlag, Heidelberg.

KAHN, D., 1967, 1996^2: The Codebreakers. MacMillan bzw. Scribner, New York.

KAMEDA T. & K. WEIHRAUCH, 1973: Einführung in die Codierungstheorie I. BI, Zürich.

KIPPENHAHN, R., 1997 Verschlüsselte Botschaften. Rowohlt Verlag, Reinbeck b. Hamburg.

***KIRSCH, A., 1973 a:** Eine moderne und einprägsame Fassung der kombinatorischen Grundaufgaben. DdM **1**, 113 - 130.

***KIRSCH, A., 1973 b:** Eineindeutige Zuordnung im 5. Schuljahr: Begründung des Zahlbegriffs oder Förderung der Kombinationsfähigkeit. Skript zum Vortrag. Worms 29.3.1973.

KITTER,H., 1978: Postscheckprüfzahl. Aufgabe 5 28 mit Lösung. PM **20**, 220-221.

KLINGENBERG, W. & P. KLEIN, 1971 [Bd.1], 1972 [Bd.2]: Lineare Algebra und Analytische Geometrie. BI Mannheim.

KLOTZEK, B., 1997: Analytische Geometrie und Lineare Algebra. H. Deutsch, Frankfurt/Main.

KNUTH, D.E., 1986 [Bd.1], 1969 [Bd.2], 1973 [Bd.3]: The Art of Computer Programming. Addison-Wesley.

KOBLITZ, N., 1987: A Course in Number Theory and Cryptography. Springer Verlag, New York, Berlin etc.

KÖRNER, O., 1990^2: Algebra. Aula-Verlag Wiesbaden.

KONHEIM, A.G., 1981: Cryptography. A Primer. John Wiley & Sons, New York etc.

KOWALSKY, H.-J. & G.O. MICHLER, 1995^{10} : Lineare Algebra. De Gruyter Verlag, Berlin.

KRANAKIS, E., 1986: Primality and Cryptography. J. Wiley & Teubner Verlag, Stuttgart.

KURVENFABRIK, 2002: http://www.cryptovision.com/Kurvenfabrik/textKurve.html.

LARSEN, H.L. 1983: Generalized double modules 11 Check Digit Error Detection. BIT **23**, 303-307.

***LERGENMÜLLER, A. & G. SCHMIDT, 1987:** Grundausbildung Computer. Klett Verlag, Stuttgart.

LIDL, R. & H. NIEDERREITER, 1997^2: Finite Fields. Cambridge Univ.Press, Cambridge.

VAN LINT, J.H., 1971: Coding Theory. Lectures Notes, Springer Verlag, Berlin etc.

VAN LINT, J.H., 1982: Introduction to Coding Theory. Springer Verlag, New York etc.

VAN LINT, J.H., 1995: Codes. In: Graham et al. (ed.) Handbook of Combinatorics, p.773-807.

VAN LINT, J.H., 2001, 2002^2: Die Mathematik der Compact Disc. In: M. Aigner, E. Behrends. Alles Mathematik, Vieweg Verlag.

LORENZ, F., 1994: Lineare Algebrea I/II. BI Mannheim.

LOVÁSZ, L., J. PELIKAN & K. VESZTERGOMBI, 2003: Discrete Mathematics. Elementary and Beyond. Springer V., New York.

LÜNEBURG, H., 1968: Transitive Erweiterungen endlicher Permutationsgruppen. Springer Verlag, Berlin etc.

LÜNEBURG, H., 1971: Kombinatorik. Birkhäuser Verlag, Basel.

LÜNEBURG, H., 1973: Einführung in die Algebra. Springer Verlag, Berlin etc.

LÜNEBURG, H., 1989: Tools and Fundamental Constructions of Combinatorial Mathematics. BI, Mannheim etc.

LÜNEBURG, H., 1993: Vorlesung über Lineare Algebra. BI, Mannheim.

LÜTKE-BOHMERT, W., 2003 Codierungstheorie. Vieweg, Braunschweig/Wiesbaden.

MACWILLIAMS, J. & N. SLOANE, 1977: The Theory of Error-Correcting Codes. North Holland, Amsterdam.

MASSEY, J.L., 1983: Was ist ein Bit Information ? Frequenz **37**/5, 110-115.

MASSEY, J.L., 1985: Coding Theory. Ch. 16 in: Handbook of Applicable Math. (Ed. W. Ledermann) Vol.5, Part B. Combinatorics and Geometry. J. Wiley.

MASSEY, J.L.: Foundation and methods of Channel Encoding (Preprint).

MASSEY, J.L., 1998: Codes and ciphers: Fourier and Blahut. In: Vardy, A. (ed.) Codes, curves and signals. Kluver, Boston, p.105-119.

MENEZES, A.J., P.C. VAN OORSCHOT and S.A. VANSTONE, 1996/1999^4: Handbook of applied cryptography. CRC Press.

McELIECE, R.J., 1977 The Theory of Information and Coding. Addison-Wesley, London etc.

McLAUGHLIN, ST., Y.-C. LO, C. PEPIN & D. WARLAND, 2002: Multilevel DVD: Coding beyond 3 bits/data-cell.ISOM/ODS.TechDig.p.380.

MEYBERG, K., 1975, (Teil I), 1976, (Teil II): Algebra. Hanser Verlag, München, Wien.

MILDENBERGER, O., 1990: Informationstheorie und Codierung. Vieweg V., Braunschweig.

MILLER, M., 2003: Symmetrische Verschlüsselungsverfahren. Design, Entwicklung und Kryptoanalyse klassischer und moderner Chiffren. Teubner V., Wiesbaden.

MORENO, C.J., 1991: Curves over Finite Fields. Cambridge.

MÜLLER, V. & S. PAULUS, 1998: Elliptische Kurven und Public Key Kryptographie. http://lecturer.ukwd.ac.id/vmueller/publications.php (bzw. DUD9/1998).

NEIDHARDT, P., 1964^2: Informationstheorie und automatische Informationsverarbeitung, Berliner Union, Stuttgart.

NEWTON, D.E., 1997: Encyclopedia of Cryptology. ABC-Clio. Santa Barbara.

NIEDERDRENK, K., 1984: Die endliche Fourier- und Walsh-Transformation mit einer Einführung in die Bildverarbeitung. Vieweg V., Braunschweig.

NIEDERDRENK-FELGNER, C., siehe DIFF.

OBERSCHELP, W. & D. WILLE, 1976: Mathematischer Einführungskurs für Informatiker - Diskrete Strukturen. Teubner Verlag, Stuttgart.

***OBERSCHELP, W., 1986:** Algorithmen und Computer im Unterricht. Kurseinheiten 1-7, Fernuniv. GSH Hagen, FB Math. und Informatik.

OPEN UNIVERSITY, The, 1982: Codes. Technology/Mathematics TM 361 14. The Open University Press, Walton Hal, Milton Keynes.

***PADBERG, F. & F. BRUNS, 1979:** Prüfziffern - eine praktische Anwendung von Restklassen. Praxis d. Math. **21**/9 , 257-263.

PAASCHE, 1977: Postscheck-Prüfzahl. Aufg. 510 mit Lösung, PM 19, p. 246–247.

PAIGE, L.J., 1974: A note on finite abelian groups. Bull. Amer. Math. Soc. **53**(2) 590-593.

PENFOLD – STREET, A. & W. D. WALLIS, 1977: Combinatorial Theory: An introduction. CBRC. St. Pierre.

PETERS, F.E., 1974: Einführung in mathematische Methoden der Informatik. BI, Zürich.

PETERSON, W.W., 1967: Prüfbare ud korrigierbare Codes. Oldenbourg, München, Wien (engl.: Error correcting codes, MIT Press 1961).

PHILIPS, 1999: DVD + Rewritable and how it works. Philips Disc Systems. Eindhoven.

PLESS, V., 1982: Introduction to the Theory of Error Correcting Codes. J. Wiley, New York.

PLESS, V. & E.C. HUFFMANN, (eds.), 1998: Handbook of coding theory I, II. Elsevier, Amsterdam.

PRETZEL, O., 1992: Error–Correcting Codes and Finite Fields. Clarendon Press, Oxford.

QUISQUATER, J.J., M., M., M., GUILLOU, L., M.A., G., A., G., S. & T. BERSON, 1998: How to explain zero-knowledge protocols to your children. CRYPTO '89. Lect. Notes Comp. Sci. 435, Springer Verlag, p.628-631.

REIFFEN, H.J., G. SCHEJA & U. VETTER, 1969: Algebra. BI, Mannheim etc.

RENYI, A., 1982: Tagebuch über die Informationstheorie. Birkhäuser V., Basel etc.

RIVEST, R.L., A. SHAMIR & L. ADLEMAN, 1978: A method for obtaining digital signatures and public key cryptosystems. Comm. of the ACM **21**/2 p.120 - 126.

ROBLING-DENNING, D.E., 1982: Cryptography and Data Security, Addison-Wesley.

ROMAN, S., 1992: Coding and Information Theory. Springer Verlag.

ROMAN, S., 1997: Introduction to Coding and Information Theory. Springer Verlag.

ROTHE, J., 2002: Kryptographische Protokolle und Null-Information. Informatik Spektrum Verlag, April, p. 120-131.

RSA Security http://www.rsasecurity.com/rsalabs/fag/index.html

RUPPRECHT, W., 1982[3]: Nachrichtenübertragung, Bd.II von **STEINBUCH und RUPPRECHT:** Nachrichtentechnik, Springer Verlag, Berlin etc.

***SACCO, W., W. COPES, C. SLOYER, R. STARK, 1988:** Information Theory. Saving Bits. Janson Publ., Providence.

SALOMAA, A., 1990: Public-Key Cryptography. Springer Verlag, Berlin etc.

SCHAAL, H., 1976: Lineare Algebra und Analytische Geometrie I. Vieweg Verlag, Braunschweig.

SCHAUFFLER, R., 1956: Über die Bildung von Codewörtern. A.E.Ü. **10**/7, p.303-314.

SCHEID, H., 1991: Zahlentheorie. BI, Mannheim etc.

SCHMIDT, W., 1984: Mathematikaufgaben. Anwendungen aus der modernen Technik und Arbeitswelt, Klett Verlag, Stuttgart.

SCHMITZ, H., & D. SEIBT, 1975: Einf. in die anwendungsorientierte Informatik. Verl. F. Vahlen, München.

SCHNEIER, B., 1996 Angewandte Kryptographie: Protokolle, Algorithmen und Sourcecode in C. Addison-Wesley, München etc.

SCHULZ, A., 1973: Informatik für Anwender. De Gruyter Verlag, Berlin etc.

*****SCHULZ, R.-H., 1984:** Wörterinterpretationen an Beispielen einfacher Codes. DdM **2**, 113-131.

*****SCHULZ, R.-H., 1987:** Übersetzen von Nachrichten für die digitale Übertragung. Ausgewählte Aspekte der Quellencodierung, MU **33**/3, 23-44.

*****SCHULZ, R.-H., 1988:** Informations- und Codierungstheorie. Eine Einführung.
http://www.emis.de/monographs/schulz/schulz.pdf.

*****SCHULZ, R.-H. 1990:** Prüfziffern und Teilbarkeit. MU **36**/5, 5 -16.

SCHULZ, R.-H., 1991 a: A Note on Check Character Systems using Latin Squares. Discr. Math. **97**, 371–375.

SCHULZ, R.-H., 1991 b: Some check digit systems over non-abelian groups. Mitt. Math. Ges. Hamburg **12**(3), 819-827.

SCHULZ, R.-H., 1996: Check character systems over groups and orthogonal Latin squares. Applic. Algebra in Eng., Commun. and Comput. AECC **7**, 125-132.

SCHULZ, R.-H. & A.G. SPERA, 2000: Automorphisms of constant weight codes and of divisible designs. Designs, Codes and Cryptography **20**, 89-97.

SCHULZ, R.-H., 2000: On check digit systems using anti-symmetric mappings. In: I. Althöfer et al. (eds.) Numbers, Information and Complexity. Kluver Acad.Publ., Boston, p.295-310.

SCHULZ, R.-H., 2001: Check Character Systems and Anti-Symmetric Mappings. In: H. Alt (Hrsg.): Computational Discrete Mathematics LNCS 2122. Springer Verlag, Berlin/Heidelberg, p.136-147.

SCHWENK, J., 2002: Sicherheit und Kryptographie im Internet. Vieweg V., Braunschweig/ Wiesbaden.

SEILER,R. & K. JUNG, 2000: Dicke Bilder durch dünne Leitungen: Konzepte und Algorithmen der Datenkompression. DMV-Mitteilungen **3**, 16-20.

SELMER, E.S., 1967: Registration Numbers in Norway: Some Applied Number Theory and Psychology. Journal of the Royal Statistical Soc. Ser. A **130**, 225-231.

SEYDEL, R. & R. BULIRSCH, 1986: Vom Regenbogen zum Farbfernsehen. Springer Verlag, Berlin etc.

SHPARLINSKI, I., 1999: Numbertheoretic Methods in Cryptography, Complexity lower bounds. Birkhäuser V., Basel etc.

SIEBEL, H.D., 1972: Codes in der Nachrichtentechnik. Verlag E. Geyer, Bad Wörishofen.

SIEBER, S., 1997: DVD-Digital Versatile Disc.
http://www.tu-chemnitz.de/informatik/RA/kompendium/vortraege_97/dvd/dvd.html

SIEMON, H., 1981: Anwendungen der elementaren Gruppentheorie in Zahlentheorie und Kombinatorik. Klett Verlag, Stuttgart.

SIEMON, H., 2002: Einführung in die Zahlentheorie. Verlag Dr. Kovač, Kap. 10.

SILVERMAN, J.K. & J. TATE, 1992: Rational points on elliptic Curves. Springer Verlag, New York.

*****SINGH, S., 1999/2000:** Geheime Botschaften. C. Hanser Verlag, München/Wien (Engl.: The Code Book. The Science of Secrecy... Fourth Estate, London).

SINKOV, A., 1966: Elementary Cryptoanalysis. Math.Ass. of America, Washington DC.

SLOANE, N.J.A., 1975: A short course on error corrrecting codes. CISM 188, Springer Verlag, Wien etc.

STEIN, S. & J.J. JONES., 1967: Modern Communication principles. McGraw Hill, New York etc.

STEINBRINK, B., 1997: DVD – die Zutaten. c't4/97 p.246
http://www.heise.de/ct/97/04/246/default.shtml.

STEVENS, P., 1991: A two-error-detecting arithmetical check system for decimal identification numbers. Europ. J. of operational Research **52**, p.378-381.

STINSON, D.R., 1995: Cryptography. Theory and Practise. CRS Press

STROTH, G., 1995: Lineare Algebra. Heldermann Verlag, Lemgo.

STRUTZ, T. 2002², 2000: Datenkompression. Grundlagen, Codierung, JPEG, MPEG, Wavelets. Vieweg Verlag, Braunschweig/Wiesbaden.

SUDAN, M., 1997: Decoding of Reed Solomon Codes beyond the error–correction bound. J. Complexity **13**, 180-193.

SWOBODA, J., 1973: Codierung zur Fehlerkorrektur und Fehlererkennung. Oldenbourg Verlag, München/ Wien.

TITTEL, W., J. BRENDEL, N. GISIN, G.RIBORDY & H.ZBINDEN, 1999: Quantenkryptographie. Physik. Blätter **55**/6, p. 25-30.

TOPSŒ, F, 1974: Informationstheorie. Teubner, Stuttgart.

TZSCHACH, H. & G. HASSLINGER, 1993: Code für den störungssicheren Datentransfer. Oldenbourg Verlag, München/Wien.

VERHOEFF, J., 1969: Error Detecting Decimal Codes. Math. Centre Tracts 29, Math. Centrum Amsterdam.

WAGNER, N.R., 2002: The laws of cryptography with Java Codes.
http://www.cs.utsa.edu/~wagner.

WAGON. ST., 1999²: Mathematics in action. Springer, New York.

WALDSCHMIDT, E.H. & H. WALTER, 1986²: Grundzüge der Informatik I, BI, Mannheim etc.

WALKER, J.L.: Codes and Curves, www.math.unl.edu/~jwalker/papers/rev.pdf

*****WEFELSCHEID, H., 1974:** Einführung in die Informationstheorie. MU **3**, 5-35.

WELSH, D., 1988: Codes and Cryptography. Clarendon Press. Oxford.

WELSCHENBACH, M., 2001² : Kryptographie in C und C^{++}. Springer Verlag.

WERNER, A., 2002: Elliptische Kurven i.d. Kryptographie. Springer Verlag.

WEST, D.B., 1996: Graph Theory. Prentice Hall.

WILEY, E.O., 1981: Phylogenetics. J. Wiley, New York.

WILLEMS, W., 1999: Codierungstheorie. DeGruyter, Berlin etc.

WINKLER-OSWATITSCH, R., A. DRESS & M. EIGEN, 1986: Comparative Sequence Analysis. Exemplified with tRNA and 5SrRNA, Chemica Scripta **26** B, 59-66.

***WITTEN, H., I. LETZNER & R.-H. SCHULZ:** RSA & Co. in der Schule; Teil 1: **1998**, LOG IN **18** 3/4 p. 57–65; Teil 2: **1998**, LOG IN **18**/5 p. 31–39; Teil 3: **1999**, LOG IN **19**/2, p. 50–57.

WOBST, R., 1998[2], 1997[1]: Abenteuer Kryptologie. Methoden, Risiken und Nutzen der Datenverschlüsselung. Addison-Wesley. Reading etc.

WOLF, J.K., 1973: A survey of Coding Theory 1967-1972. IEEE Transactions on Information Theory, IT- **19**,4 p. 381-399.

WRIXON, F.B., 2000: Codes, Chiffren u. andere Geheimsprachen. (Codes, Cyphers, and Secret Languages 1989, Codes and Ciphers 1992.) Könemann Verlagsgesellschaft, Köln.

YAGLOM s. JAGLOM

YOUNG, J.F., 1975: Einführung in die Informationstheorie. Oldenbourg Verl., München.

ZIESCHANG, H. 1997: Lineare-Algebra und Geometrie. Teubner Verlag, Stuttgart.

ZOBEL, R,: 1987 : Diskrete Strukturen. Eine angewandte Algebra für Informatiker. BI, Zürich.

Bezeichnungen

$A \vee B$	A oder B
$A \wedge B$	sowohl A als auch B (A und B)
$A \Longrightarrow B$ bzw. $C \Longleftrightarrow D$	Aus A folgt B bzw. C ist äquivalent zu D
$\mathbb{N}, \mathbb{N}_0 = \mathbb{N} \cup \{0\}$	Menge der natürlichen Zahlen (ohne bzw. mit 0)
$\mathbb{N}_n$	$= \{1, 2, \ldots, n\}$
$\mathbb{R}$	Menge (Körper) der reellen Zahlen
$\mathrm{GF}(q)$	Galoisfeld q (Körper mit q Elementen)
F^*	multiplikative Gruppe $(F \backslash \{0\}, \cdot)$ des Körpers F
$a \equiv b \pmod{m}$	a kongruent b modulo m (d.h. m teilt $a - b$)
$\mathrm{ord}_n q$, $\mathrm{ord}_{\mathrm{mod}\ n} q$	multiplikative Ordnung von q modulo n
$a = b \,\mathrm{MOD}\, n$ bzw. $a = R_n(b)$	a ist Rest von b bei Division durch n, $a \in \{0, \ldots, n-1\}$
$\mathbb{Z}_n$	Menge (Ring) der Restklassen modulo n
$A \times B$	$= \{(a,b) \mid a \in A, b \in b\}$ Paarmenge (kartesisches Produkt)
$a_1 \ldots a_n$	$= (a_1, \ldots, a_n)$ Wort der Länge n
$A^n = A^{\{1,\ldots,n\}}$	Menge der Wörter der Länge n über A
A^*	Menge aller Wörter über A endlicher Länge
$c^*(a_1 \ldots a_n)$	$c(a_1) \ldots c(a_n)$
$\mathcal{P}(M)$	Potenzmenge von M (Menge aller Teilmengen von M)
$\mathcal{C}_X Y$	Komplement der Teilmenge Y von X in X
$D = A \dot{\cup} B$	$D = A \cup B$ und $A \cap B = \emptyset$
$\binom{V}{m}$	Menge der m-Teilmengen von V
$\mathrm{ggT}(m,n)$	größter gemeinsamer Teiler von m und n
$\lfloor m \rfloor$	größte ganze Zahl, die kleiner gleich m ist
$\lceil m \rceil$	kleinste ganze Zahl, die größer gleich m ist
$\varphi(n)$	Anzahl der zu n teilerfremden Zahlen aus $\{1, \ldots, n-1\}$
$\binom{n}{m}$	Binomialkoeffizient n über m
$\boldsymbol{p}(A)$	Wahrscheinlichkeit des Ereignisses "A"
$\boldsymbol{p}(x|y)$	Wahrscheinlichkeit von x unter der Bedingung y
BSC	binärer symmetrischer Kanal
$\bar{\ell}$	mittlere Codewortlänge
$H(X \mid Y)$	bedingte Entropie (Vieldeutigkeit des Kanals)
$T(X)$	Transinformation von X
$f \circ g$	Hintereinanderausführung der Abbildungen f und g (f nach g)
$\mathcal{S}_n$	symmetrische Gruppe (Gruppe aller Permutationen) auf n Elementen
D_n	Diedergruppe der Ordnung $2n$
$< a, b >$	Erzeugnis der Elemente a, b (in einer Gruppe)
$K(\beta)$	Körpererweiterung von K durch Adjunktion von β
d_H	Hamming-Abstand

w_H	Hamming-Gewicht
$d_{\min}(\mathcal{C})$	Minimalabstand von $\mathcal{C}$ (Minimalgewicht, falls $\mathcal{C}$ linear)
$\mathcal{C} + e$	$= \{c + e \mid c \in \mathcal{C}\}$
$K_t(z)$	Kugel vom Radius t um z (bzgl. Hamming-Metrik)
$u \perp v$	u senkrecht v ($u \cdot v = 0$)
$M^{\perp}$	Orthogonalraum zu M in einem Vektorraum V (mit $M \subseteq V$)
$\dim_K U$	Dimension des K-Vektorraums U (bzw. eines Unterraums U)

$$(a_{ij})_{\substack{i=1,\ldots,m \\ j=1,\ldots,n}} = \begin{pmatrix} a_{11} & \ldots & a_{1n} \\ \vdots & & \\ a_{m1} & \ldots & a_{mn} \end{pmatrix}$$

$$\begin{pmatrix} a_{11} & \ldots & a_{1n} \\ \vdots & & \\ a_{m1} & \ldots & a_{mn} \end{pmatrix}^T = \begin{pmatrix} a_{11} & \ldots & a_{m1} \\ \vdots & & \\ a_{1n} & \ldots & a_{nn} \end{pmatrix} \quad \text{transponierte Matrix}$$

$$G = \begin{pmatrix} g_1 \\ \cdots \\ g_n \end{pmatrix} \qquad \text{Matrix mit Zeilen } g_1, \ldots g_n$$

$$G = (A \mid B) = \begin{pmatrix} a_{11} & \ldots & a_{1n} & b_{11} & \ldots & b_{1k} \\ \vdots & & & \vdots & & \\ a_{m1} & \ldots & a_{mn} & b_{m1} & \ldots & b_{mk} \end{pmatrix},$$

$$\text{falls } A = (a_{ij})_{\substack{i=1,\ldots,m \\ j=1,\ldots,n}}, \ B = (b_{ij})_{\substack{i=1,\ldots,m \\ j=1,\ldots,k}}$$

$K[X]$	Polynomring über K
$K_n[X]$	Menge der Polynome über K vom Grad kleiner n
$(P) = P \cdot K[X]$	Ideal, das von P erzeugt wird
$\overline{R} = R + (P)$	Restklasse nach dem Ideal (P)
$S \mid T$	S ist Teiler von T
$P * Q$	Rest von $P \cdot Q$ modulo $(X^n - 1)$
$p_0 X^0 + \ldots + p_{n-1} X^{n-1}$	$= p(X) \mathbin{\hat{=}} p_0 \ldots p_{n-1} = p$
$\overleftarrow{p} = p_{n-1} p_{n-2} \ldots p_0$	falls $p = p_0 \ldots p_{n-1}$
$\overleftarrow{p}(X)$	$\sum\limits_{i=0}^{n-1} p_{n-1-i} X^i$, falls $p(x) = \sum\limits_{i=0}^{n-1} p_i X^i$
$\hat{\mathcal{T}}$	Fortsetzung der Fouriertransformation $\mathcal{T}$
$P \, I \, b$	Der Punkt P inzidiert mit dem Block b .
$\mathrm{PG}(2, K)$	projektive Ebene über K
$\mathrm{PG}(n, K)$	$n - \dim$ projektiver Raum über K (Unterraumverband von K^n)
$T(c) = \hat{c}$	$= \{i \in \mathbb{N} \mid c_i \neq 0\}$ Träger von $c = c_1 \ldots c_n$
$t, v, k, \lambda_t, \lambda, r, b$	Parameter eines Designs
$F \cong G$	Isomorphie zwischen den (geometrischen oder algebraischen) Strukturen F und G
$\sum\limits_{i=0}^{n} a_i$	$= a_0 + a_1 + \ldots + a_n$
$\prod\limits_{i=1}^{n} a_i$	$= a_1 \cdot a_2 \ldots a_n$
$\square$	Ende des Beweises

Stichwortverzeichnis

Mathematik als Teil der Kultur

Martin Aigner, Ehrhard Behrends (Hrsg.)
Alles Mathematik
Von Pythagoras zum CD-Player
2., erw. Aufl. 2002. VIII, 342 S. Br. € 24,90   ISBN 3-528-13131-4

An der Berliner Urania, der traditionsreichen Bildungsstätte mit einer großen Breite von Themen für ein interessiertes allgemeines Publikum, gibt es seit einiger Zeit auch Vorträge, in denen die Bedeutung der Mathematik in Technik, Kunst, Philosophie und im Alltagsleben dargestellt wird. Im vorliegenden Buch ist eine Auswahl dieser Urania-Vorträge dokumentiert, die mit den gängigen Vorurteilen „Mathematik ist zu schwer, zu trocken, zu abstrakt, zu abgehoben" aufräumen.

Denn Mathematik ist überall in den Anwendungen gefragt, weil sie das oft einzige Mittel ist, praktische Probleme zu analysieren und zu verstehen. Vom CD-Player zur Börse, von der Computertomographie zur Verkehrsplanung, alles ist (auch) Mathematik.

Es ist die Hoffnung der Herausgeber, dass zwei wesentliche Aspekte der Mathematik deutlich werden: Einmal ist sie die reinste Wissenschaft - Denken als Kunst -, und andererseits ist sie durch eine Vielzahl von Anwendungen in allen Lebensbereichen gegenwärtig.

Die 2. Auflage enthält drei neue Beiträge zu aktuellen Themen (Intelligente Materialien, Diskrete Tomographie und Spieltheorie) und mehr farbige Abbildungen.

Abraham-Lincoln-Straße 46
65189 Wiesbaden
Fax 0611.7878-400
www.vieweg.de

Stand 1.7.2003. Änderungen vorbehalten.
Erhältlich im Buchhandel oder im Verlag.